Färberei und Zeugdruck

Die theoretischen Grundlagen

Von

Prof. Dr. **Robert Haller**
Riehen bei Basel

Mit 45 Textabbildungen

Springer-Verlag Wien GmbH
1951

ISBN 978-3-7091-3885-4 ISBN 978-3-7091-3884-7 (eBook)
DOI 10.1007/978-3-7091-3884-7

Ursprünglich erschienen bei Springer-Verlag in Vienna 1951.
Softcover reprint of the hardcover 1st edition 1951

Meinen lieben Kindern

Vorwort.

Ich habe als junger Kolorist stets vermißt, daß für mich kaum eine Möglichkeit vorhanden war, mich über die Beziehungen von Farbstoffen zu den jeweiligen Substraten sowie den durch diese bedingten Vorgängen in Färberei und Zeugdruck zu informieren. Veröffentlichungen über die Geschichte und die Entwicklung der Färbetheorien gab es zwar, ich nenne hier nur das Werk von Z a c h a r i a s „Die Theorie der Färbevorgänge" 1908, dann die Arbeit von S c h w a l b e „Neue Färbetheorien" 1904. Beide Werke gaben zwar eine gute Übersicht über das Gebiet und bilden, das gilt in ganz besonderem Maße für die erstgenannte Arbeit, eine vorzügliche Informationsquelle für alle (die) heterogenen Meinungen, welche bezüglich der Färbevorgänge herrschten. In den letzten Jahren sind aber, besonders auf dem Gebiete der Histologie und des Feinbaues unserer Gespinstfasern so bedeutende Beobachtungen gemacht worden, daß man beim Versuch der Erklärung von Vorgängen der Farbgebung in Färberei und Druckerei nicht achtlos an ihnen vorbeigehen kann. Außerdem wurden auf diesen Gebieten vollkommen neue Gesichtspunkte geschaffen, da man auf Grund kolloidchemischer Untersuchungen der Farbstofflösungen zu völlig neuen Anschauungen hinsichtlich der Farbstoffe in Lösung gelangte. Während in Veröffentlichungen auf diesem Gebiete der Zeugdruck keine nennenswerte Berücksichtigung fand, habe ich diesem Zweig der Textilveredlung besondere Beachtung geschenkt. Im besonderen wurde die Frage der Struktur der Verdickungen eingehend behandelt, auch den Vorgängen beim Dämpfen ist die erforderliche Aufmerksamkeit zuteil geworden.

Alle diese neuen Errungenschaften textilchemischer Forschung hieß es zusammenfassen, um mit ihrer Hilfe die früheren Anschauungen auf dem Gebiete der Färbetheorien zu revidieren, beziehungsweise zu vervollständigen.

Dies möglichst zu erreichen sollte Aufgabe dieser Arbeit sein. Ich habe daher in meiner Arbeit auch die Chemie und die Histologie der Gespinstfasern eingehender behandelt und sie in Beziehung zu den Färbe- und Druckvorgängen gebracht.

Auch die Farblehre glaubte ich in diesem Zusammenhang in ihren Grundprinzipien kurz berücksichtigen zu müssen.

Ich bin mir wohl bewußt, daß die vorliegende Arbeit nur eine Etappe auf dem weiteren Weg zur Erkenntnis aller der gekennzeichneten, zum Teil noch wenig geklärten, Vorgänge sein kann.

Als Kolorist möchte ich doch nicht vergessen darauf hinzuweisen, daß ich außerordentlich viele Anregungen zu meinen eigenen Untersuchungen meiner Berufstätigkeit als Textilchemiker verdanke. Es war fast immer die Praxis, welche mir die verschiedenen Probleme stellte, die dann im Laboratorium mit mehr oder weniger Erfolg zu lösen versucht wurden.

Auch heute noch hat der große Philosoph Wilhelm Busch recht, wenn er sagt:

„Sokrates, der alte Greis,
Sprach oft in tiefen Sorgen,
Oh, wie viel ist noch verborgen,
Was man immer noch nicht weiß."

Daß ich vieles noch nicht weiß, macht mir aber keine Sorgen, es ist vielmehr für mich ein Ansporn trotz meines hohen Alters auf dem eingeschlagenen Wege weiterzuschreiten, so lange es noch Zeit ist, denn „es will Abend werden und der Tag hat sich geneiget".

An dieser Stelle möchte ich meinem alten Freund und Kollegen Dr. H. Perndanner in Wien für seine wertvolle Mitarbeit am vorliegenden Werke meinen herzlichsten Dank aussprechen. Er ist mir besonders bei der Behandlung gewisser mechanisch-technischer Einzelheiten hilfreich zur Seite gestanden und hat bei der Anordnung des Stoffes wertvolle Mitarbeit geleistet.

Riehen bei Basel, im Frühjahr 1951.

R. Haller.

Inhaltsverzeichnis.

I. Einteilung.

A. Die Aufgaben der Pigmentierung und der Färbung.

Die Aufgabe der Pigmentierung und der Färbung von Substraten besteht darin, letztere in ihren optischen Eigenschaften so zu verändern, daß sie nur einzelne Bestandteile des weißen Lichtes reflektieren und so dem Auge in einer charakteristischen Farbe erscheinen.

Da schon Paracelsus, viel später dann Ostwald, sowohl Weiß als auch Schwarz als Farben bezeichnen, wird die obige Definition den natürlichen Verhältnissen insofern nicht vollkommen gerecht, weil auf Grund der gekennzeichneten Anschauungen, eigentlich alles, was uns in der sichtbaren Welt entgegentritt, von Haus aus gefärbt ist.

Es wurde oben zwischen Pigmentierung und Färbung differenziert; unter Pigmentierung ist eigentlich nur ein spezieller Fall der Farbgebung zu verstehen, wobei der Unterschied kein prinzipieller ist, sondern lediglich in der technischen Applikation der färbenden Substanz beruht.

Unter Pigmentierung haben wir den Vorgang zu verstehen, unlösliche gefärbte Substanzen mit Hilfe eines Bindemittels auf das Substrat aufzutragen, so daß erstere mit letzterem so verbunden werden, daß sie den auf sie wirkenden Einflüssen, atmosphärischer oder mechanischer Art, dann der Wirkung der Lichtstrahlen widerstehen. Das färbende Prinzip, das Pigment, tritt also nur bedingt in eine gewisse Bindung mit dem Substrat, unbedingt tut das lediglich das Bindemittel, so daß die Pigmentierung gewissermaßen als Aufklebevorgang aufzufassen ist. Die Pigmentierung beruht also vorzugsweise auf der Wirkung einer indifferenten Mittelsubstanz. Eine scharfe Trennung zwischen Pigmentierung und Färbung ist indessen nicht zu machen. Wir erkennen, wie später eingehend auseinandergesetzt werden soll, auch in gewissen, als eigentliche Färbung bezeichneten Vorgängen, die Anwendung solcher Mittelsubstanzen. Letztere vollziehen sich aber ausnahmslos im flüssigen, beinahe ausschließlich in wäßrigem Medium, während die Pigmentierung sich vorzugsweise hydrophober Medien, Firnissen, Harzen, Nitrocellulosen, Lösungen von Acetylcellulosen oder Benzylcellulose u. ä. bedient.

Auf Grund der soeben gegebenen Definition kann die Pigmentierung im Rahmen der vorliegenden Arbeit keinen Platz finden und sei diesbezüglich auf die einschlägige Spezialliteratur verwiesen.

Warum nun aber eine Färbung? Vom reinen Nützlichkeitsstandpunkt aus ist eine Färbung, soweit es sich um unsere Gespinstfasern handelt, keineswegs notwendig. Unsere Bekleidungsstücke würden ihren Zweck in ungefärbtem

Zustande genau so erfüllen, wie in gefärbtem, mit der einzigen Ausnahme, der schwarzen Stoffe, die im Winter infolge der größeren Wärmeabsorption wärmer sind als ungefärbte. Aber in den Tropen würde auch dieses Argument hinfällig sein.

Ich glaube, daß auch hier Goethe die richtige Erklärung gefunden hat; er sagt im Osterspaziergang:

„Aber die Sonne sie duldet kein Weißes,
Überall regt sich Bildung und Streben,
Alles will sich mit Farben beleben;
Doch an Blumen fehlt's im Revier
Sie nimmt geputzte Menschen dafür."

Die Freude an den Farben ist in der Seele der Menschen verankert und daß die Pflanzenwelt mit ihren Blumen den ersten farbigen Schmuck der primitiven Menschen lieferte, erkennt man heute noch deutlich. Dieses Schmücken mit Blumen ist dem Menschen bis heute geblieben, und wenn wir die Erzeugnisse unserer hochentwickelten Textilindustrie ansehen, so sind es vorzugsweise Blumenmotive, welche zur Dessingestaltung verwendet werden.

Wir kennen zwar heute das farbige Prinzip der verschiedenen Blüten[1]), über den biologischen Zweck desselben sind wir nur höchst ungenügend unterrichtet. Der Pflanzenbiologe sagt uns zwar, daß die farbigen Blüten die Insekten anziehen, um den Befruchtungsvorgang zu vermitteln, er läßt uns aber vollkommen im Ungewissen, warum diese Blume eine gelbe, wieder eine andere, vielfach zur selben Spezies gehörend, eine violette Blüte hervorbringt. Warum hat das für die Pflanze so lebenswichtige Chlorophyll gerade eine grüne Farbe und beispielsweise nicht eine rote oder gelbe? Das eine aber ist gewiß, die Natur schafft nichts unharmonisch; der rote Mohn in den grünen Kleefeldern, am schönsten auf Feldern der ungarischen Tiefebene; die blaue Kornblume in den grünen, dann gelben Getreidefeldern; der blaue Enzian und die rosarote Mehlprimelblüte auf dem saftigen Grün der Alpenweiden sind Meisterwerke der Natur.

Die Farben brauchen beim Menschen scheinbar keinerlei biologischen Zwecken zu dienen, obwohl Studien in dieser Richtung immerhin interessante Resultate zeitigen dürften. Harmonisch farbengeschmückte Kleider wirken angenehm auf das Auge und ziehen die Aufmerksamkeit auf sich in sympathischem Sinne. Geschmacklose Zusammenstellungen stoßen ab und es überträgt sich diese abstoßende Wirkung oft auch auf die Person des Trägers. Die Freude an harmonischen Farbeneffekten, wie die Freude an harmonischer Musik sind nicht allein Kennzeichen eines kulturell hochstehenden Individuums, sondern verraten auch den innerlich ausgeglichenen Menschen. Wilde Farbenzusammenstellungen, ebenso wie Geschmack an gewisser wilder Musik des 20. Jahrhunderts ist, zwar keineswegs immer, ein Beweis für kulturellen Tiefstand, wohl aber für eine gewisse innere Unausgeglichenheit und einen krankhaften Zustand der Seele.

---

[1]) Vgl. hierzu Wiesner, Rohstoffe des Pflanzenreiches. Leipzig 1927, Hofmann I, 225 usw.

B. Historischer Überblick über die Entwicklung der Färberei.

Die Anwendung von Farbstoffen, bzw. Pigmenten zwecks Veredlung von Geweben, sowohl aus vegetabilischem, als auch animalischem Material, ist sehr alt. Bemerkenswert ist, im Gegensatz zu heute, daß die zum Färben verwendeten Substanzen ausnahmslos dem Pflanzen- und Tierreich entstammten und keine künstlich dargestellt wurde. Synthetische Farbstoffe sind eine Errungenschaft der neueren Zeit und die Folge der gewaltigen Fortschritte in der Erkenntnis des Verhaltens der verschiedenen organischen Körper zueinander. Während nun aber die wissenschaftliche Chemie von Erfolg zu Erfolg eilte, begann die Erkenntnis der Färbevorgänge erst verhältnismäßig spät, um die Mitte des 18. Jahrhunderts. Von diesem Zeitpunkt an ist der Gegensatz der Anschauungen, ob die Färbevorgänge auf chemischen oder physikalischen Grundlagen beruhen, bis heute noch nicht völlig überwunden worden.

Bis zur wissenschaftlichen Bearbeitung der Färbevorgänge behauptete absolute Empirie das Feld; der Färber hatte seine Rezepte, die sich vom Vater auf den Sohn vererbten und an denen nur selten etwas geändert wurde, schon deshalb, weil jeder seine Vorschriften als strenges Geheimnis bewahrte; man griff vielfach zu den eigenartigsten Mitteln, um in den Besitz eines besonders gute Resultate gebenden Verfahrens zu gelangen, eine Gepflogenheit, welche sich übrigens, in vielleicht etwas anderer Form, bis auf den heutigen Tag erhalten hat.

Die Färberei der Gespinstfasern ist eine uralte Kunst, die sich in China bis zum Jahre 200 v. Christus nachweisen läßt. Die Chinesen kannten schon den Indigo und dessen Anwendung, sowie das Lakäo, ein Flavonderivat aus bestimmten Rhamnusarten stammend, welches vorzugsweise zum Färben von Seide diente.

Man wird nicht fehlgehen, wenn man die Kenntnisse der Färbemethoden in Japan und in Indien auf chinesischen Ursprung zurückführt. In Indien hat sich sowohl Färberei als auch die örtliche Färbung der Zeugdrucke zur hohen Blüte entwickelt, wir bewundern in den wundervollen Batikartikeln auch heute noch die hochentwickelte indische Technik der örtlichen Applizierung von Farbstoffen und Pigmenten. Auch hier spielte vorzugsweise der Indigo die Rolle des Farbgebers, doch stoßen wir auch schon auf die Anwendung anderer Pflanzenpigmente, besonders des Catechus und auch des Alizarins.

Von Plinius[2]) erfahren wir über eigenartige Färbeverfahren der Ägypter, nach welchen bestimmte „farbaufsaugende" Substanzen auf den Stoff aufgebracht wurden, welche aus demselben Färbebad, verschiedene Farben ergaben. Diese Stelle ist deshalb außerordentlich interessant, weil sie beweist, was uns hier vor allem interessiert, daß unzweifelhaft als Farbstoff Alizarin vorlag, daß also die Kenntnis der verschiedenen Metallacke dieses Farbstoffes damals schon vorhanden war. Aluminium aus Alaun, und auch

[2]) Hist. nat. 35, 150.

Zinnverbindungen waren damals bekannt, ob Chromsalze bekannt waren, ist mehr als fraglich, wohl aber Kupfersalze. Krapp war zu jener Zeit, Plinius überliefert uns das ebenfalls, bekannt, und wurde offenbar häufig angewendet. Daß die Färbungen kaum befriedigend gewesen sind, geht daraus hervor, daß präzise Farbenbezeichnungen in der damaligen Zeit vermieden wurden. Wenn man bedenkt, daß damals sowohl Farbstoff als auch Beize als unreine Produkte, daher auch von schwankendem Farbstoff-, bzw. Metalloxydgehalt zur Verarbeitung gelangten, kann man sich die Unregelmäßigkeiten im Ausfall der Färbungen erklären, ohne die mangelnden Nuancenbezeichnungen auf Farbenblindheit der damaligen Zeitgenossen zurückzuführen.

Wenn wir uns nur kurz mit den damals in der Färberei der Gewebe, es handelte sich wohl ausschließlich um Wolle, verwendeten Farbstoffen beschäftigen wollen, so ist der Indigo der älteste derselben und der einzige blaue Farbstoff organischen Ursprungs. In Europa war es der Waid (Isatis tinctoria), aus dem man den Farbstoff gewann, und Relikte der alten Waidkultur findet man heute noch zerstreut in Form von Waidpflanzen, welche insbesondere an den Eisenbahndämmen oft in üppiger Form gedeihen. In Europa scheint der indische Indigo schon in sehr früher Zeit bekannt gewesen zu sein; daß Marco Polo denselben um das Jahr 1300 nach Europa gebracht haben soll, scheint nach neueren Forschungen[3]) den Tatsachen nicht zu entsprechen. Im Stockholmer Papyros, der dem 3. Jahrhundert n. Chr. entstammt, ist schon von Indigo die Rede, ebenso von den Ansätzen des Färbebades mit Urin.

Vom Krapp, der Rubia tinctorum entstammend, war schon oben die Rede. Die Römer nannten den Krapp „varania", woraus im Französischen „garance" gemacht worden sein soll. In Ägypten hieß die Pflanze „Lizari", woraus Alizarin herstammen soll. Der oben genannte Stockholmer Papyros erwähnt den Krapp gleichfalls. Alkanna ist eine ebenfalls in alten Urkunden viel genannter Farbstoff von Sawsonia alba stammend; auch mit diesem Pflanzenprodukt wurden rote Färbungen erhalten.

Saflor, Färberginster, Wau, Lackmus und Orseille, dann offenbar die Kreuzbeeren waren Pflanzenprodukte, mit denen es gelang vor allem gelbe, dann aber auch rote Töne zu erhalten.

Tierischer Herkunft war die Kermesbeere[4]), welche die Larve einer auf Steineichen schmarotzenden Schildlaus darstellt; diese soll angeblich unter dem Namen Johannisblut auch in Deutschland gesammelt worden sein; dazu trat später die Cochenille, ebenfalls eine auf Kakteen schmarotzende Schildlaus; Chochenille gibt mit Zinnsalz auf Wolle schöne Purpurtöne.

Für Violett, nicht in unserem Sinne Purpur-Farbe, diente der Farbstoff der Purpurschnecke[5]), diese Technik war schon 1500 v. Chr. den Phöniziern bekannt. Die Färberei mit dem halbverfaulten Saft zerquetschter Purpurschnecken muß eine nicht gerade angenehme Arbeit gewesen sein. Friedländer gelang es im Jahre 1908 das färbende Prinzip der Purpurschnecke als den 6—6′ Dibromindigo zu erkennen. Die im antiken Purpur gefärbten

[3]) Reinking, Textilberichte 1924, Nr. 3.

[4]) Vgl. Schützenberger, Die Farbstoffe, Berlin 1870, ferner Pfister, Seminarium Kondakovianum, Prag 1933, S. 35.

[5]) Vgl. Reinking, Textilberichte 1929, 634, Ciba-Rundschau 1936, Nr. 4.

Gewänder waren zu jener Zeit Privilegium bestimmter Kasten; der Purpur wurde zur Auszeichnung der Fürsten und durfte nur von gekrönten Häuptern getragen werden.

Im Mittelalter sind viele alte Techniken zugrunde gegangen; auch die Färberei scheint unter den verworrenen politischen Verhältnissen gelitten zu haben, insofern als viele alte Erfahrungen in Vergessenheit gerieten. Nur in der Türkei hatte insbesondere die Anwendung des Krapps gewisse Fortschritte gemacht, es sei nur an die Bezeichnung „Türkischrot" oder „Adrianopelrot", für bestimmte, mit Hilfe von Krapp hergestellte Färbungen erinnert. In Venedig scheinen später, wohl importiert aus dem Orient, neue Verfahren auf färberischem Gebiete ausgeübt worden zu sein. Im Plichto de l'arte maggiore come per la comune" von Giovanventura Rosetti[6]) finden wir das erste Handbuch der Färberei im Jahre 1540 geschrieben: dasselbe erwähnt eine Menge von Verfahren für Wolle und Seide, vegetabilische Fasern sind nicht berücksichtigt, obwohl das früher erwähnte Türkischrot[7]), ausschließlich auf Baumwolle, bzw. veg. Fasern gefärbt wurde. Da zu jenen Zeiten alle Färberezepte geheimgehalten wurden, ist es besonders bemerkenswert, daß Rosetti überhaupt ein solches Rezeptbuch geschrieben, noch bemerkenswerter aber, daß es sich bis auf unsere Zeiten erhalten hat.

Durch die Entdeckung des Seeweges nach Ostindien gelangten vor allem Farbhölzer nach Europa und damit die Möglichkeit, die Färberei nach anderen Richtungen hin zu entwickeln. Insbesondere spielte das Blauholz eine wichtige Rolle zur Erzeugung von Schwarz, dasselbe ist auch heute noch nicht vollständig, wenigstens nicht in der Druckerei, sowie Seidenfärberei, von synthetischen Produkten verdrängt worden. Zwar ist der indische Indigo sicherlich schon um das Jahr 1400 in Europa, z. B. in Venedig, bekannt gewesen, denn der oben genannte Rosetti erwähnt ihn in seinem Plichto vielfach als „Indigo von Bagdad", was schon einen Hinweis für den Weg gibt, auf welchem das Pigment nach Europa gekommen ist. Daß in Europa vielfach die Meinung herrschte, Indigo werde auf bergmännischem Wege gewonnen, sei also mineralischer Natur, möge der Kuriosität wegen erwähnt werden[7a]). Im 18. Jahrhundert gab es sogar Bergwerke, welche um die Erlaubnis nachsuchten auf Indigo zu schürfen.

Da das indische Produkt wesentlich reiner war als der aus dem Waid gewonnene Indigo, dann aber auch infolge des weitaus höheren Gehaltes der Indigofera an Farbstoff, billiger zu stehen kam, wurde trotz dagegen arbeitender gesetzlicher Bestimmungen (1577), der Waidbau langsam verdrängt und der indische Farbstoff allgemein verwendet. Diese dominierende Stellung behält er bei, bis im Jahre 1897 der erste synthetische Indigo, ebenfalls vielfach angefeindet, seinen Siegeszug begann.

Langsam begannen sich die Färbereien in Europa zu verbreiten und zwar vorzugsweise aus den Zentren der Textilindustrie heraus. In Frankreich nahmen die Färbereien im Jahre 1619 bis 1685 dank dem Verständnis des Ministers Colbert für jede industrielle Entwicklung besonderen Aufschwung.

---

6) Neudruck, herausgegeben von Prof. Guareschi. Turin 1911.

7) Vgl. Haller, Vom Türkischrot zum Alizarinrot, Heidelberg 1938.

7a) Vgl. Vitalis, Lehrbuch der gesamten Färberei, Weimar 1847.

Merkwürdigerweise begann damals eine Trennung der Färber in zwei Färberkasten, die Schönfärber bzw. Gutfärber und die Schlechtfärber, von den sich die ersteren besonders auf das Färben mit Indigo und Krapp, letztere auf die Verwendung der Farbhölzer beschränkten.

Infolge der Protestantenverfolgungen in Frankreich wurde die Erkenntnis der Erfahrungen in der Färberei weit-, vorzugsweise in Holland, dann in Deutschland verbreitet. In Deutschland wurde die erste Schönfärberei in Gera gegründet. Zu Anfang des 18. Jahrhunderts finden wir wieder schriftliche Aufzeichnungen über das Gebiet der damaligen Färberei, welche erst in England erschienen, dann in Deutschland übersetzt wurden. Damals ist zum ersten Mal zwischen Farbstoffen und Beizen unterschieden worden. In einem im Jahre 1756 erschienenen Buch[8]) „Die recht- und wahrhafte Färbekunst", steht in der Vorrede: „In gleichen ist mit der Wissenschaft allein wenig ausgerichtet, denn ist die rechte Hand, die Erfahrung nicht dabei, kann ebenfalls nichts beständiges und genaues getan und ausgeübt werden"; womit die rein empirische Einstellung der damaligen Färberei gekennzeichnet ist. Doch begann man sich im 18. Jahrhundert auch schon darum zu kümmern, was die Ursache der Färbeprozesse sei. Hellot, Macker, Le Pilleur d'Appligny beschäftigten sich mit dem Problem, schon damals fand sich der auch heute noch da und dort bestehende Gegensatz der Anhänger der chemischen und der physikalischen Auffassung vom Zustandekommen der Färbung[9]).

Im 18. Jahrhundert begann die Färberei mit Krapp, welche bisher nahezu ausschließlich in der Türkei betrieben wurde, auch in Europa bekannt zu werden. Man fand in der Nachbehandlung mit Zinnsalzen eine Methode, welche es gestattete, das Rot wesentlich feuriger herauszubringen. Die Krappfärberei entwickelte sich in Frankreich immer mehr und mehr, besonders als die Regierung dort das Färben von Militärhosentuch in Krapp anordnete. Auch hier bereitete das 1870 von Gräbe und Liebermann künstlich hergestellte Alizarin der blühenden Krappkultur ein rasches Ende.

Im 19. Jahrhundert stoßen wir zum ersten Mal auf den Einfluß der Chemie auf dem Gebiete der Färberei und des Zeugdrucks. Nicht nur, weil schon auf künstlichem Wege hergestellte Farbstoffe zur Verfügung standen, sondern deshalb, weil die technische Herstellung bestimmter Produkte zu einem erschwinglichen Preise, zunächst die Vorbereitungsoperationen, der zum Färben bestimmten Rohgespinste und Rohgewebe wesentlich abkürzten. Die Zugänglichkeit von Schwefelsäure beispielsweise ersetzte die saure Milch, welche früher in den Bleichereien Europas ausschließlich verwendet wurde[10]). Die Erfindung der technischen Darstellung von Soda (1793) begann sich in der Beuche der Baumwoll- und Leinenware auszuwirken. Die bedeutendste Wirkung brachte die Darstellung des Chlorkalks (1798)[11]), durch dessen Bleichkraft die oft wochenlang dauernde, von der Witterung abhängige Dauer der Rasenbleiche auf einige Stunden reduziert werden konnte. Alle

[8]) Langensalze, vgl. Joh. Christian Martini, Verfasser unbekannt.

[9]) Vgl. Persoz, Traité d'Impression 1846, II, 126 bis 256.

[11]) Chaptal, Versuche über das Bleichen, Bern und Zürich 1812.

[10]) Die Kunst zu Bleichen, v. Kurrer, Nürnberg 1831, S. 160.

diese technischen Vervollkommnungen waren aber auch äußerst erwünscht, da etwa um dieselbe Zeit die Baumwoll-Gewebe und Gespinste den Kampf mit den aus Flachs hergestellten erfolgreich aufnahmen. Infolge weit größerer Billigkeit der ersteren steigerte sich die Nachfrage so, daß die alten Fabrikationsmethoden dem Bedarf nicht halbwegs hätten entsprechen können. Aus denselben Beweggründen suchte man auch die Herstellung von Druckware zu fördern und zu steigern, was die im Jahre 1785 erfolgte Konstruktion der Walzendruckmaschine erfolgreich gestaltete.

Den größten Umschwung brachte aber die Erfindung der synthetischen Farbstoffe, die in rascher Folge beginnend, mit dem ersten, dem Mauvein von Perkin, im Jahre 1856 dargestellt, dem Fuchsin von Verguin im Jahre 1858 entdeckt, dann Hoffmanns Violett den Reigen der künstlichen Farbstoffe, der Teerfarben eröffneten. Aus den Laboratorien der Färbereien hervorgehend, wurden bald selbständige Farbstoffabriken gegründet. 1860 Gerber-Keller in Basel, K. Oehler, Offenbach, Fr. Bayer, Elberfeld 1863. Meister Lucius und Brünning in Höchst, Kalle in Biberich, Bindschädler und Busch in Basel; 1865 die Badischen Anilin- und Sodafabriken in Stuttgart, dann in Ludwigshafen. Die Begeisterung, welche das Erscheinen der lebhaften, feurigen Farbstoffe auf dem Markte erweckte, machte bald insofern einer gewissen Enttäuschung Platz, als die Färbungen mit den neuen Produkten sehr bald als in vielen Fällen weitaus weniger echt als die bisher verwendeten Naturprodukte erkannt wurden. Alizarinrot galt mit Recht als der Prototyp der echten Färbung, auch Indigo gehörte damals zu den echtesten Färbemitteln. Gegen die Widerstandsfähigkeit dieser Färbungen konnten naturgemäß die mit Fuchsin und Methylviolett hergestellten nicht in Wettbewerb treten, ganz abgesehen davon, daß man sie nur auf animalischen Fasern anwenden konnte, da deren Fixation auf der Baumwolle mit Hilfe von Tannin erst 1870 bekannt wurde.

Bald änderte sich aber das Bild; Gräbe und Liebermann bauten die Synthese des Alizarins, das färbende Prinzip des Krapps auf, und man fand, daß mit diesem Produkt, ganz abgesehen von gleichen Echtheitseigenschaften der damit erhaltenen Färbungen, wegen seines konstanten Farbstoffgehaltes, viel angenehmer zu arbeiten war, als mit dem natürlichen Produkt. Sehr rasch fanden andere Abkömmlinge des Alizarins, mit denen von Rot verschiedene Farbtöne zu erhalten waren, den Weg in die Färbereien. Ebenso bedeutungsvoll war die Darstellung des äußerst wichtigen Indigos auf synthetischem Wege durch Adolf v. Bayer (1878), dann von Heumann und Sandmeyer. Allerdings verging von der synthetischen Darstellung im Laboratorium, bis zur Möglichkeit einwandfreie Handelsware zu einem annehmbaren Preis zu liefern, eine geraume Zeit, doch erfolgte der Austausch des natürlichen Produktes durch das synthetische, vom konstanten Farbstoffgehalt, nach Überwindung gewisser Bedenken von Seiten der Verbraucher, ziemlich rasch.

In rascher Folge erschienen nun Farbstoffgruppen auf dem Markt, die hinsichtlich ihrer Anwendungsweise einfacher waren als die oben erwähnten Beizenfarbstoffe. Peter Griess gab 1856 durch die Entdeckung der Diazoverbindungen den Anstoß zum Aufbau der ersten sauren Azofarbstoffe, der

Ponceaus, und dann weiter zu der für die Baumwollfärberei so bedeutungsvoll gewordenen Gruppe der direkten Baumwollfarbstoffe, Congorot, das im Jahre 1884 von Böttiger entdeckt wurde, kam zuerst in die Hände der Praktiker.

Die später von Engi aufgebauten Farbstoffe des substituierten Indigos, Cibablau 2 B usw., die von Friedländer dargestellten schwefelhaltigen, roten Küpenfarbstoffe und die der Anthrachinonreihe, ergaben Produkte, welche hinsichtlich der Widerstandsfähigkeit gegen Einflüsse aller Art, das Beste darstellten, was es, abgesehen vom alten Türkischrot, gab. Der Indigo, der seinerzeit als einer der echtesten Farbstoffe galt, wurde dadurch stark zurückgedrängt, ohne jedoch seine Bedeutung für die Technik ganz einzubüßen. Mit den unlöslichen, auf der Faser erzeugten Azofarbstoffen, dem Paranitranilinrot als Eröffner der Gruppe, dann mit den sich aus Naphtol AS und seinen Homologen herstellbaren Farbstoffen, den Rapidechtfarbstoffen, Rapidogenen, Rapidazolen sowie den Indigosolen wurden in den letzten Jahren Farbstoffgruppen geschaffen, die zusammen mit den Fortschritten in der Gestaltung höchster Echtheitseigenschaften, Chlorantinlicht-Coprantin-Farbstoffen, den Neolanen u. a. die Koloristik weitgehend unterstützten und in die Lage versetzten, wirklich Zeitgemäßes den Launen der Mode verfügbar zu halten. Wir erkennen, daß der Werdegang und die Entwicklung der Färberei eng mit der Arbeit der chemischen Großindustrie verknüpft ist. Erst nachdem von dieser Seite der Anstoß durch das Auffinden neuer Farbstoffe, Verbilligung der bisher aus dem Pflanzenreich gewonnenen, durch künstlichen Aufbau derselben gegeben wurde, war es der Färberei möglich, aus jahrhundertelanger Stagnation zu einer neuen Entwicklung zu gelangen. Trotz alldem müssen die seinerzeit mit den beschränkten Mitteln arbeitenden Färber und Drucker dem heutigen modernen und wissenschaftlich durchgebildeten Färbereitechniker Hochachtung abzwingen, insofern, als eine große Anzahl wahrhaft schöner Artikel von Leuten geschaffen wurden, welche in den seltensten Fällen auch nur mit den primitivsten chemischen Begriffen vertraut waren.

C. Farblehre und Farbmessungen[12]).

Während die Systematik der Tonfolge schon seit einigen Jahrhunderten Grundlage kompositorischer Arbeiten war, ist die Systematik der Farben, trotz ähnlicher physikalischer Grundlagen, der neuesten Zeit vorbehalten geblieben. Es war Paracelsus im 16. Jahrhundert, der zwar eine noch sehr primitive Farbenordnung aufstellte, jedoch schon erkannte, daß auch Schwarz und Weiß zu den Farben zu rechnen seien. Ostwald unterscheidet vor allem die bunten und die unbunten Farben. Letztere, mit dem Endpunkt Weiß und Schwarz, enthalten gleichabständig zwischen diesen beiden Endpunkten die verschiedenen durch Mischung von Schwarz und Weiß in variablen Verhältnissen erhaltenen Grau. Diese Grau sind nach dem Weber-Fechnerschen Gesetz geordnet, welches besagt, daß die

---

[12]) W. Ostwald, Farbenfibel, Leipzig; Physikalische Farbenlehre, Leipzig 1919.

Reize in geometrischen Reihen, also psychologisch gleichabständig empfunden werden sollen.

Es hat sich als zweckmäßig erwiesen, nicht allzuviel Graustufen zu verwenden, man kommt vielmehr in der Praxis mit acht dieser Stufen, nämlich:

98	56	36	22	14	8,9	5,6	3,6
a	c	e	g	i	l	n	p

aus, wobei die obenstehenden Zahlen den Weißgehalt der einzelnen Stufen in Prozenten darstellen. Über die Zahl p, also Grau mit noch geringerem Weißgehalt, wird man in der Praxis kaum je hinausgelangen. Als Grundlage für den Weißgehalt gilt das Bariumsulfat, in Teigform mit dem Weißgehalt 100. Als Endpunkt der Reihe, als Schwarz, gilt der vom Auge aufgenommene Eindruck einer runden Öffnung in einem mit schwarzem Samt ausgeschlagenen Kästchen. Beide Werte, das 100%ige Weiß und das 100%ige Schwarz, werden in der Färbereipraxis nie angetroffen. Das weißeste Gewebe, das durch die vollkommenste Bleiche erreicht wird, enthält etwa 87 bis 90% Weiß.

Während sich nun die unbunten Farben nur nach zwei Richtungen verändern lassen, entweder indem man einem Weiß oder einem bestimmten Grau, Schwarz oder indem man einem Schwarz oder bestimmten Grau, Weiß beimischt, finden wir bei den bunten Farben andere Verhältnisse. Hier kann man einmal den Farbton an sich ändern, indem man ihn wie beispielsweise bei einem Rot, durch Zumischung von Blau, bläulich macht, oder durch Zumischung von Gelb gelblicher (Nuancieren). Andererseits kann man ein und denselben Farbton durch Zumischung von Weiß aufhellen und durch Zumischung von Schwarz verdunkeln. Man kann aber auch sowohl Weiß als Schwarz zufügen, d. h. eine bestimmte Menge eines der Schwarz- und Weiß-Menge entsprechendes Grau. Bei der Variierung der Graureihe durch Zumischung von Schwarz, bzw. Weiß zu einem gegebenen Grau, kann es sich nur um Pigmente handeln, also beispielsweise Bariumsulfat einerseits oder Ruß andererseits. Man muß ferner überlegen, daß ein 100%iges Schwarz nur als optischer Effekt existiert; in der Praxis selbst wird auch das schwärzeste Pigment niemals diese Tiefe erreichen, sondern stets nur ein mehr oder weniger sattes Grau, also an sich schon eine Mischung von viel Schwarz mit wenig Weiß darstellen.

In der eigentlichen Färberei aber ist eine derartige Abwandlung der Graureihe überhaupt unmöglich, da es weder ein für die Färbung geeignetes Weiß, noch ein geeignetes Schwarz gibt. Da wir außerdem in unseren mit Grau oder Schwarz bezeichneten Farbstoffen niemals reine unbunte Töne vor uns haben, sondern stets Farben, welche einen bestimmten Anteil Farbigkeit besitzen — man wird beim Färben von Grau mit einem Schwarz stets finden, daß man entweder ein gelbstichiges, ein rotstichiges oder ein blaustichiges Grau erhält —, so ist die Herstellung einer neutralen Graureihe eine recht schwierige Angelegenheit, zumal auch geschulte Augen individuell reagieren, worauf ich noch zurückkomme.

Die bunten Farben, welche in uns eine farbige Empfindung auslösen, sind von Wilhelm Ostwald zum sogenannten 100teiligen Farbkreis vereinigt worden, eine Anordnung, welche Ostwald auf Grund des Sonnenspektrums getroffen hat. Als Ausgangspunkt wählte er das reine Gelb, möglicherweise aus der Empfindung heraus, die Farbe dazu auszuwählen, welche in der größten Reinheit erzielbar ist. In der Tat hat sich ergeben, daß Gelbtöne in der höchsten erreichbaren Reinheit färberisch herstellbar sind. Die Farben im Farbkreis sind so angeordnet, daß jede im Kreis sich diametral gegenüberliegende Farbe Gegenfarbe sein, d. h. sich bei geeigneter Mischung untereinander zu einem neutralen Grau vereinigen soll. Ferner ergibt die Mischung von zwei Farben stets eine Nuance, welche zwischen den angewandten Komponenten liegt. In dem auf Grund des Sonnenspektrums angewandten Farbkreis, mit Gelb als Anfangs- und Schlußpunkt, befindet sich nun zwischen Rot und Blau eine Lücke, welche ziemlich ein Fünftel des ganzen Farbkreises beträgt. Es sind die Purpurfarben, welche im Sonnenspektrum fehlen. Ostwald hat diese Lücke durch Einschaltung von Purpurtönen ausgefüllt, die er durch Mischen aus Farben aus beiden Enden des Spektrums erhielt. So wurden die fehlenden Zwischenfarben zwischen Rot und Blau in die Lücke des Farbkreises eingeschaltet und derselbe dadurch geschlossen. Da der 100teilige Farbkreis für die Praxis zu groß befunden wurde, wurde er auf 24 Farben reduziert. Mit der Systematisierung sowohl der unbunten als auch der bunten Farben ergibt sich auch die Möglichkeit der „Normung der Farbtöne", d. h., der Festsetzung einer bestimmten Anzahl von ausgezeichneten Fällen. Für die Graureihe ergibt sich die Normung durch die oben gekennzeichneten Fälle der Variationsmöglichkeit weitaus umfangreicher.

Bevor wir uns weiter mit der Normung beschäftigen, soll vorher noch der wichtigste Punkt der Farblehre behandelt werden, die Möglichkeit der Analyse der Farbtöne, die zahlenmäßige Bestimmung der Komponenten des Farbtones. Wilhelm Ostwald, dem das große Verdienst zugesprochen werden muß, nicht nur diese Möglichkeit erkannt zu haben, sondern auch die dazu erforderlichen Apparate konstruiert zu haben, kam, in Anlehnung an frühere von Hering niedergelegten Anschauungen, auf folgendem Wege zu Methoden, die es heute gestatten, jeden Farbton eindeutig, auf Grund der Mischungsverhältnisse seiner Komponenten zu bestimmen[13]).

Hering hat schon früher darauf hingewiesen, daß außer der reinen Buntfarbe, welche einen Idealfall darstellt, noch Weiß und Schwarz in den verschiedenen Farbtönen enthalten sei. Diese drei Veränderlichen mußten also zahlenmäßig erfaßt werden können, also meßbar sein, wollte man zu einer sinngemäßen Ordnung der Farben gelangen. Auf Grund einer Stelle in Lamberts Photometrie aus dem Jahre 1870, kam Ostwald auf die Möglichkeit der Bestimmung zunächst des Schwarz- und Weißgehaltes der Farben. Im roten Licht sieht ein rotes Papier ebenso hell aus wie ein weißes. Enthält aber die Farbe des roten Papiers Schwarz, so kann dasselbe ebenso hell aussehen wie ein Grau, das neben Weiß ebensoviel Schwarz enthält wie das rote Papier. Vergleicht man neben diesem roten Papier ein graues gleicher Helligkeit im roten Licht, so wird, vorausgesetzt, daß der Schwarzgehalt des

[13]) Vgl. darüber Ostwald, Physikalische Farbenlehre, Leipzig 1919.

grauen Papiers bekannt ist, auch der Schwarzgehalt des roten Papiers bekannt sein.

Im grünen Licht, der Gegenfarbe, wird das rote Papier ebenso hell aussehen, wie das graue Papier, das ebensoviel Weiß enthält. Ist der Anteil des grauen Papiers an letzterem bekannt, so kennt man auch den Gehalt des roten Papiers an Weiß.

Auf Grund dieser Erkenntnis gelangt Ostwald zu einer *Farbengleichung:*

$$\text{Vollfarbe (Buntfarbe)} + \text{Weiß} + \text{Schwarz} = 100$$
$$V + W + S = 100$$

Diese Formel sollte nun die Möglichkeit geben, auf rein rechnerischem Wege zum Gehalt an Vollfarbe zu gelangen. $V = 100 - (W + S)$. Die Erfahrung hat aber gelehrt, daß die letztere Formel dem Wert der Vollfarbe nicht vollkommen entspricht, vielmehr kommt dafür zunächst die eigentliche Helligkeit $H = V + W$ (Vollfarbe und Weiß) = Bezugshelligkeit in Betracht, so daß für den Anteil an Vollfarbe die Bezeichnung gilt: B (Index der Farbigkeit) $= \frac{V}{V+W} = \frac{V}{H}$ [14]. Die Messung sowohl von Weiß und Schwarz, mit Hilfe geeigneter Paß- und Sperrfilter, wurde mit dem von Wilhelm Ostwald konstruierten Polarisationsfarbenmischer (Pomi) oder Chrometer vorgenommen[15]. Von der Firma Zeiß in Jena wurde ein verbessertes Instrument, das Pulfrichsche Photometer gebaut, das erlaubte, die genannten Werte wesentlich genauer zu messen[16].

Während Wilhelm Ostwald den Farbton selbst, durch optische Mischung des zu untersuchenden Farbtons und der entsprechenden Gegenfarbe zu einem neutralen Grau mit Hilfe des Chrometers feststellte, wird heute mit Hilfe des Stufenphotometers der Farbton durch direkten Vergleich mit den jeweiligen Stufen des 24teiligen Farbkreises bestimmt. Dabei ist die Einrichtung des Instrumentes so beschaffen, daß man die Möglichkeit besitzt, auf optischem Wege, durch Zusatz von Weiß und Schwarz oder beiden, jeden beliebigen Farbton zu imitieren und daher auch den Ort im farbtongleichen Dreieck zu bestimmen.

Beide Apparate leiden aber am prinzipiellen Mangel, daß das Auge unentbehrlich ist, um die Vergleiche und Bestimmungen vorzunehmen. Zwei verschiedene Personen werden in den wenigsten Fällen vollkommene Übereinstimmung der Resultate erhalten. Außerdem sind die Messungen für das Auge auf die Dauer sehr mühsam, so daß im ermüdeten Auge an sich eine Fehlerquelle liegt.

Diesem Übelstand soll der Apparat von Toussaint[17] begegnen, der unabhängig vom menschlichen Auge die Konstanten der Farbtöne auf elektrischem Wege, mittelst eines Galvanometers und einer lichtempfindlichen Selenzelle bestimmt. Da die Versuche mit dem Apparat noch nicht abge-

---

14) Miescher, Zeitschrift für technische Physik *11*, 233 (1930).

15) Anleitung zum Gebrauch des Farbmessers, Verlag Unesma, Leipzig 1919.

16) Pulfrich, Zeiss, Jena Druckschrift 430 c.

17) Pinte, Tiba 1927/955, Bulletin de la Soc. Ind. de Mulhouse, Juni-Aug. 1931

schlossen sind, tut man besser, die Resultate der im Gang befindlichen Verwendbarkeitsprüfungen abzuwarten. Es kann zunächst vorweggenommen werden, daß der Apparat mit sechsfarbigen Filtern in den hauptsächlichsten Spektralfarben arbeitet. Das zu bestimmende Muster wird nacheinander mit Hilfe einer neutralen Lichtquelle mit den Filtern belichtet und das vom Muster zurückgeworfene Licht von einer photometrischen Zelle aufgefangen, wodurch elektrische Energie ausgelöst wird, welche mittelst eines Amperemeters gemessen wird. Man kann dann die Resultate der Filtermessung in ein Koordinatensystem eintragen und erhält dann in einer Kurve ein Bild von den Komponenten des zu prüfenden Farbtones. Daß dadurch auch die Abweichungen des Originalmusters von einem z. B. belichteten Muster bestimmt werden können, leuchtet ein.

Für jeden Farbton des Farbkreises konstruierte Ostwald das farbtongleiche Dreieck, welches gestattet, den geometrischen Ort aller Farbtöne genau festzustellen (Abb. 1):

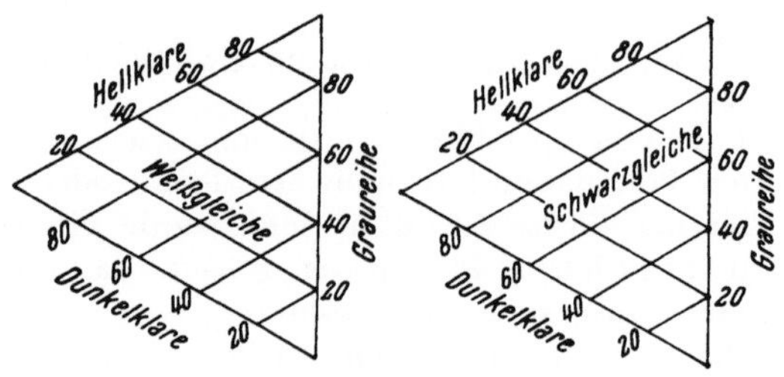

Abb. 1. Farbtongleiche nach Ostwald.

Ist V die Vollfarbe eines bestimmten Farbtones, so werden auf der Verbindungslinie zum Weiß W alle diejenigen Farbtöne liegen, welche aus V durch zunehmende Menge von Weiß entstehen. Der Endpunkt ist das vollfarbenfreie, reine Weiß; diese Serie der Farbtöne nennt man die *Hellklaren.* Ebenso liegen auf dem anderen Schenkel des Dreiecks die Farbtöne, welche aus V durch stetige Zunahme des Schwarzgehaltes entstehen, bis zum reinen Schwarz S; es sind diese Farbtöne die *Dunkelklaren.* Sowohl Hellklare wie Dunkelklare sind im praktischen Leben, also für den Färber beispielsweise, Idealzustände, welche niemals erreicht werden.

Wir erkennen auf der Verbindungslinie von W bis S nichts anderes als die uns schon bekannte Serie aller Weiß-Schwarz-Mischungen, die Graureihe, mit den Endpunkten W = Weiß und S = Schwarz.

Ausgezeichnete Reihen sind aber auch die parallel der hellklaren und der dunkelklaren Reihe verlaufenden, quer durch das farbtongleiche Dreieck verlaufenden, weil auf ihnen den parallel V bis S verlaufenden, der Weißgehalt konstant ist, bei den parallel V bis W verlaufenden, der Schwarzgehalt. Man nennt dieselben die *Weißgleichen* und die *Schwarzgleichen.*

Inmitten des Dreiecks liegen alle jene Töne, welche aus V durch Zusatz sowohl von Weiß als auch von Schwarz entstehen, die sogenannten *trüben Töne,* zu welchen alle vom Färber erreichbaren Nuancen gehören.

Für jeden Farbton ist also in einem, der sich von den Farben des Farbkreises ableitenden farbtongleichen Dreieck ein ganz bestimmter Platz.

Wenn sowohl Farbton als auch Schwarz- und Weißgehalt bekannt sind, so ist die Farbe eindeutig bestimmt. Zur Kennzeichnung irgendeiner Farbe genügen also neben der Kenntnis des Ortes im Farbkreis, noch die Mengen der beiden Komponenten.

Hat man z. B. ein bestimmtes Rot mit dem Farbton 25 durch Messung des Weißgehaltes den Wert 14% und ebenso den Schwarzgehalt zu 64% festgestellt, so lautet das *Farbzeichen:*

25. 14. 64.

oder es ist unter Berücksichtigung der oben angeführten Zahlenwerte die dazugehörige Buchstabenbezeichnung: 25. i. e., wobei man zu berücksichtigen hat, daß e = 100 − 64 = 36 bedeutet. Faßt man alle farbtongleichen Dreiecke so zusammen, daß man sie, um die Graureihe als Achse kreisförmig anordnet, so erhält man den sogenannten *Farbkörper.* Derselbe hat die Form eines Doppelkegels mit der einen Spitze Weiß und der entgegengesetzten Spitze Schwarz; also der Graureihe als Achse. Den oberen Doppelkegelmantel bilden die hellklaren Farben, den untern Kegelmantel die dunkelklaren Farben, während der Äquator durch den Farbkreis der reinen Farben gebildet wird. Im Innern des Kegels sind sämtliche trüben Farben untergebracht.

Die praktische Anwendung der Farblehre ist außerordentlich mannigfaltig. Zunächst kann vor allem die Bestimmung des Schwarz- bzw. Weißgehaltes dazu dienen, den *Bleichgrad* von Gespinsten und Geweben festzustellen. Derselbe konnte bisher nur auf dem Wege des Vergleiches mit einer als gut weiß bezeichneten Probe ermittelt werden. Da solche Handproben aber sehr dem Beschmutzen und Vergilben ausgesetzt sind, waren derartige Muster stets von sehr vergänglichem Wert[18]). Ferner kann mit der Methode die Veränderung einer Ausfärbung eines Farbstoffes bei *Ausfertigung von Verdünnungsreihen* zahlenmäßig und dabei auch graphisch festgelegt werden. Man kann darüber Rechenschaft erhalten, ob bei Veränderung der Konzentration der Färbebäder lediglich Intensitätsverringerung der Färbung resultiert oder ob mit der Verringerung der Tiefe der Färbung auch eine Veränderung des Farbtones an sich erfolgt, eine Erscheinung, welche eine große Zahl von Farbstoffen zeigt.

Nach der Methode von Ostwald findet jeder Farbstoff seine Stelle in einem klaren, leicht faßbaren Farbensystem, das unmittelbar veranschaulicht, wie weit der betreffende Farbstoff, d. h. die mit ihm erzeugte Färbung der Reinheit nach vom Ideal entfernt ist.

Die gesamte Beurteilung der Ausfärbungen und somit der Farbstoff wird objektiv, es lassen sich Beobachtungen über die Substitution und den Zusammenhängen zwischen Konstitution und Farbe nicht nur dem Farbton nach, sondern auch bezüglich der Reinheit festlegen. Unterschiede in den Echtheitseigenschaften können gleicherweise quantitativ, willkürfrei festgelegt werden.

---

[18]) Vgl. Färber-Zeitung (Lehre) 1916, 6.

Auf Grund der Fünffarbenlehre bei substraktiver Farbenmischung, können neutrale graue Farbstoffe eingestellt werden, die von der Beleuchtung prakttisch unabhängig sind. Das gleiche gilt natürlich auch für jede bunte Farbe. Gewünschte Farbenmuster können rein rechnerisch, annähernd eingestellt werden; außerdem können, wenn einmal sowohl Veredler als Konsumenten auf die Farblehre eingestellt sind, Mustervorlagen vollkommen überflüssig werden, da die Kennzahl für den Veredler vollkommen genügt, um den gewünschten Farbton herzustellen.

Außerordentlich wertvolle Dienste leistet die Möglichkeit der objektiven Erfassung der verschiedenen Farbtöne und Farbtonkomponenten bei der Feststellung der mannigfaltigen Veränderungen, die die Färbungen im Laufe der praktischen Verwendung erfahren, ich meine bei der Prüfung auf Widerstandsfähigkeit bei der Bestimmung der Echtheiten. Ich hatte schon sehr früh nachgewiesen, daß beispielsweise Indigofärbungen, nach verschiedenen Verküpungsmethoden hergestellt, keineswegs sowohl nach Farbton als auch nach Echtheit gleichwertig sind[19]. In der gleichen Arbeit konnte ich besonders die Waschechtheit durch Messung der Farbtonkomponenten und deren Veränderung durch die Waschoperation objektiv, zahlenmäßig erfassen. Dasselbe gilt auch für die Festlegung des Verhaltens am Licht; hier besonders sind die feinen Farbtonveränderungen, besonders nach Kurzbelichtung, viel schärfer festzustellen, als das bei Beurteilung durch das bloße Auge möglich ist. Was für Wasch- und Lichtechtheit gilt, gilt in gleichem Ausmaße für alle anderen Einflüsse physikalischer oder chemischer Natur, beispielsweise Wirkung von Schweiß, Chlor, Alkalien usw. Man hat damit die Echtheitsbeurteilung von Färbungen auf eine viel sichere Basis gestellt als das mit den üblichen empirischen Vergleichsmethoden möglich war.

Vollkommen irrtümlich ist es aber, wenn man auf die Farblehre, bzw. Farbmessung die Hoffnung bauen wollte, aus den Komponenten des zu messenden Farbtones auch die Komponenten der Färbung, bzw. des Färbebades selbst bestimmen und etwa die Mengenverhältnisse der Farbstoffe feststellen zu können, welche der Färbung zugrunde liegen. Die Komponenten des Farbtons und die des Färbebades sind zwei vollkommen verschiedene Dinge. Auch bei Anwendung nur eines Farbstoffes kann man keineswegs eventuelle Veränderungen des Farbtones durch Zugabe von Weiß und Schwarz hervorrufen, weil wir weder einen weißen noch einen schwarzen Farbstoff besitzen. Das Weiß wird hauptsächlich vom Substrat gestellt. Die Farblehre und die Farbmessungen machen also, weil Farbe nicht das gleiche bedeutet wie Farbstoff, den Färber und die Praxis keineswegs entbehrlich, wie das vielfach noch angenommen wird.

Es ist unbestreitbar, daß Ostwald die Grundlage für die praktische Auswertung der Systematisierung der Farben geschaffen hat, vor allem durch Festlegen der Kennzahl der einzelnen Farbtöne und die damit ermöglichte Einordnung der Farbnormen der vom 100teiligen Farbkreis ableitbaren Farbtonvarianten. Immerhin darf nicht übersehen werden, daß gewisse Fehler in der Ostwaldschen Systematisierung vorhanden sind, welche zu beseitigen

[19]) Textilberichte 1922, 433.

Aufgabe des weiteren Ausbaus der Farblehre sein wird. Vor allem fällt am Farbkreis sofort auf, daß die Stufen von einem Farbton zum nächstfolgenden nicht wie Ostwald angibt, gleich groß sind; im Grün beispielsweise sind die Stufen gegenüber dem Rot viel zu klein, so daß es Mühe macht sie ohne Anwendung eines geeigneten Instrumentes mit bloßem Auge zu erkennen. Weiter sollen die im Farbkreis einander gegenüberliegenden Farbtöne Komplementärfarben sein. Es müßte also die Mischung von Gelb 0 mit Blau 50 naturgemäß in gleichwertigen Anteilen, ein Weiß geben. Daß dies nicht der Fall sein kann, daß vielmehr ein Grün resultiert, ist offensichtlich. Auch die Meßmethoden für Weiß- und Schwarzgehalt der Farbtöne bedürfen einer Revision, da es sich durch spätere genauere Untersuchungen erwiesen hat, daß die von Ostwald angewendeten Meßarten mit Filtern in einzelnen Fällen unrichtige Resultate ergeben, so daß zwei unter gleichen Bedingungen gleich erscheinende Farben sehr oft nicht die gleichen Kennzahlen liefern, wie es eigentlich sein müßte, wenn die Methode einwandfrei wäre.

Maßgebende Stellen sind damit beschäftigt, zunächst wirklich einen gleichabständigen Farbkreis zu konstruieren, ferner die exakten Meßmethoden aufzufinden, welche es in einfacher Weise erlauben, einwandfreie Zahlenwerte für die Farbtonkomponenten zu erhalten. Erst wenn diese Grundlagen geschaffen sind, wird sich der praktische Wert der Farblehre von selbst ergeben.

II. Die Gespinstfasern.

Allgemeines.

Einteilung.

I. Anorganische (Asbest, Glaswolle, Schlackenwolle, Metallfäden)

II. Organische

- A. Celluloseabkömmlinge, aus C, O und H bestehende, linear polymerisierte Ringsysteme
    1. *Native:*
        - a) Samenfasern (Baumwolle, Pappelwolle, Wollgras)
        - b) Bastfasern (Flachs, Hanf, Jute, Ramie, Nessel, Ginster)
        - c) Blattfasern (Manila-Sisalhanf, Neuseelandflachs, Yukka)
        - d) Fruchtfasern (Kokos)
        - e) Torffasern
    2. *Native,* durch chemische Eingriffe ohne Strukturveränderung beeinflußte:
        - a) Laugenbehandlung (Merzerisation)
        - b) Schwefelsäurebehandlung (Pergament, Organdi, Glasbatist)
        - c) Hydratisieren durch Chlorzinkbehandlung (Vulkanfiber)
        - d) Verwollen mit Salpetersäure (Philana)

e) Kuoxambehandlung (Arlinisieren)
f) Benzoylieren (Immungarne)
g) Linificieren, Cottonificieren
h) Papiergarne

3. *Native,* in ihrer Strucktur durch Lösungs- und Fällungsreaktionen veränderte:
   a) Nitrocellulosen (Kollodiumwollen, Chardonnetseide)
   b) Xanthogenatkunstseiden (Kunstseide schlechthin, Vistra, Zellwolle)
   c) Kupferkunstseiden
   d) Acetatkunstseiden
   e) Erdalkalisalze der Alginsäure

B. Eiweißabkömmlinge, aus C, O, N, H, ev. S und P bestehende Kolloide.
1. *Native:*
   Wolle, Seide, Haare, Federn, Sehnen, Häute
2. *Native,* durch Chemikalien ohne Strukturveränderung beeinflußt:
   a) gechlorte Wolle
   b) gezinnte Wolle
   c) erschwerte Seide
3. *Native,* durch chemische Eingriffe in ihrer Struktur veränderte:
   a) Kaseinwolle (Lanital, Thiolan)
   b) Fisch- und Sojabohneneiweißwolle

C. Mischungen aus A—3—b und B 3 a oder b (Cisalfa, Vistralan)

D. Vollsynthetische Faserstoffe;
1. Polymerisate der Type $-CH_2-CH_R-(CH_2-CH_R)-CH_2-CH_R$
   a) R = Cl P C—Faser
   b) R = CH_3CO Vinyonfaser
2. Polykondensate der Type $-CONH(CH_2)_x-CONH(CH_2)_y-$ —CONH—Perlon, Nylonfaser
3. Mischungen von Polymerisaten und Polykondensaten: Kautschukfäden

In vorstehender Tabelle sind auch anorganische Faserstoffe berücksichtigt, obwohl sie für das Thema dieser Abhandlung kaum in Frage kommen, ihre Veredlung liegt außerhalb der Arbeitsmethoden der Veredlungsindustrie organischer Faserstoffe, sie wurden nur der Vollständigkeit wegen erwähnt.

Auch andere Teile dieser Tabelle werden im folgenden nur zu streifen sein, weil die Veredlungsvorgänge ganz nahe oder gleich den mit ihnen verwandter Faserstoffe sind.

Wir verstehen unter Gespinstfasern im allgemeinen native, native durch chemische Lösungs- und Fällungsmethoden auch im strukturellen Aufbau beeinflußte oder veränderte Faserstoffe vegetabilischer und animalischer Herkunft; in neuerer Zeit sind die stark an Bedeutung zunehmenden vollsynthetischen Faserstoffe dazugekommen.

Die Gespinstfasern verwenden wir nach entsprechender mechanischer und meist auch chemischer Vorbehandlung zur Herstellung von Erzeugnissen, für welche der Handelsname Textilien allgemein gebräuchlich ist.

Faserstoffe sind dreidimensionale Gebilde, deren eine Dimension auf Kosten der beiden anderen besonders und verhältnismäßig stark ausgebildet ist. Textilfasern besitzen im trockenen und nassen Zustande arteigene, je nach Faserart verschiedene Festigkeit gegen Zug und Druck, ein bestimmtes Dehnungsvermögen, charakteristisches optisches Verhalten, Färbbarkeit in den verschiedenen Farbstoffgruppen und mehr oder minder starkes Quellungsvermögen.

Aus Gründen, auf welche ich im weiteren zurückkommen werde, verwende ich für gewisse Kunstseidenfasern, deren Herstellung die Auflösung und Wiederausfällung der Ausgangsmaterialien bedingt, den Sammelnamen *„desorganisierte“* Faserstoffe. Um diesen Begriff zu definieren, muß notwendigerweise der Begriff *„organisierte“* Faserstoffe zuerst behandelt werden.

Den Begriff organisiertes Gebilde verdanken wir v. Nägeli[20]). Es heißt in dieser Literaturstelle: Die festen Körper zerfallen nach der Anordnung ihrer kleinsten Teile und den damit zusammenhängenden Eigenschaften in zwei große Kategorien — in organisierte und unorganisierte Körper. Erstere sind quellungsfähig, d. h. sie besitzen das Vermögen, Wasser und wäßrige Lösungen bis zu einem bestimmten Grenzverhältnis, das nicht überschritten wird, zwischen ihre kleinsten Teile einzulagern und beim Trocknen abzugeben, ohne dabei ihre Molekularkonstitution zu ändern. Letztere dagegen sind nicht quellungsfähig: eine Einlagerung von Wasser findet entweder nur in gröbliche Räume statt, oder sie bedingt, wenn das Wasser in hinreichenden Mengen geboten wird, die Lösung des Körpers.“

In diesen Äußerungen des Botanikers v. Nägeli sind Anschauungen niedergelegt, die den Textilchemiker, in hervorragendem Maße aber den Färber unmittelbar berühren, da vor allem alle Gespinstfasern in größerem oder geringerem Grade derartige organisierte Gebilde darstellen, dann deshalb, weil Färbe- und Beizprozesse ausnahmslos in wäßrigem Medium verlaufen. Wir werden später sehen, wie außerordentlich befruchtend diese Anschauungen auf die Erklärung der Färbeprozesse eingewirkt haben.

Vor allem muß hier interessieren, was v. Nägeli unter kleinsten Teilchen versteht, da deren Anordnung und Größe, wie wir später sehen werden, im engsten Zusammenhang mit den Färbeprozessen der verschiedenen Fasern stehen. Bevor wir aber in die Behandlung der Primärteilchen der Fasern eingehen, soll hier noch ein gewisser Überblick über die einzelnen histologischen Elemente der Fasern Platz finden.

Wir können bei allen nativen Gespinstfasern 1. *mikroskopische,* 2. *submikroskopische* und 3. *amikroskopische* Aufbauelemente unterscheiden, je nachdem diese bei einfacher mikroskopischer Beobachtung, unter Anwendung der zugänglichen Vergrößerungen erkennbar sind (1.), oder wenn sie erst mit besonderen Beleuchtungsapparaten, beispielsweise im Dunkelfeld (2.) oder endlich mit unseren gewöhnlichen mikroskopischen Beobachtungsmöglich-

[20]) Das Mikroskop, Leipzig 1877, S. 422.

keiten überhaupt nicht mehr auflösbar sind (3.) Daß hier das moderne Elektronenmikroskop weitere Differenzierungen zulassen könnte, soll, bis ausreichende diesbezügliche Untersuchungen vorliegen, dahingestellt bleiben.

Wenn v. Nägeli von den Primärteilchen spricht, so spricht er stets in histologischem Sinne, also nicht etwa von Molekülen im chemischen Sinne, welche ja schließlich die Bausteine der Cellulose darstellen, von Molekularkomplexen, die er als „Micelle" bezeichnet. Micellen sind also nach v. Nägeli die kleinsten Teile einer organisierten Sustanz im histologischen Sinne.

Wir dürfen hier eine weitere Anschauung über den Feinbau der organisierten Körper nicht übersehen, es ist die Dermatosomentheorie von Wiesner[21]). Dieser Forscher hat mit Hilfe eines von ihm „Zerstäubungs-Verfahren" genannten Verfahrens die organisierten Substanzen mittelst Behandlung in verdünnter Salzsäure und Trocknen bei 60° C in kleine Bruchstücke zerteilt, gewaschen und dann mit Ätzalkalien behandelt. Diese Behandlungen werden jeweils einige Male wiederholt, wobei diese Bruchstücke in feine Fibrillen zerfallen und diese dann wieder in feine Körnchen, welche der Autor als „Dermatosomen" bezeichnet (Abb. 2). Es sind dies aber nicht die Elementarteilchen, vielmehr sind dieselben wiederum aufgebaut aus den „Plasomen", welche im Gegensatz zu den Dermatosomen, mit den damals zur Verfügung stehenden Hilfsmitteln nicht mehr erkennbar waren. Nach Wiesner sind diese feinen Teilchen durch eine Kittsubstanz miteinander verbunden, während die Nägelischen Micellen durch Adhäsionskräfte verschiedener Orientierung zusammenhalten.

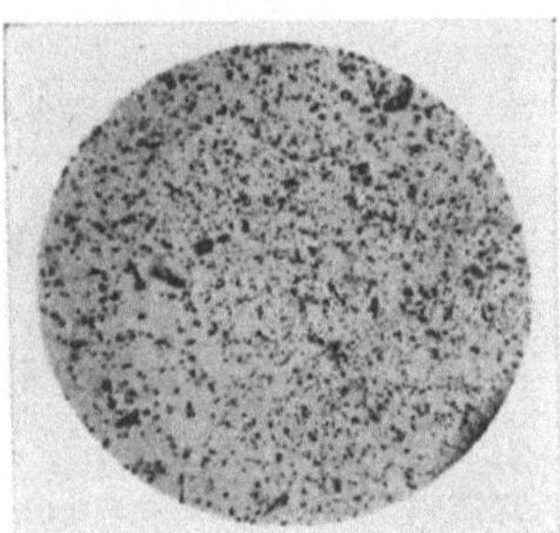

Abb. 2. Dermatosomen nach Wiesner.

Daneben tritt die Auffassung von Nägeli, der ebenfalls die Existenz von Elementarteilchen annimmt, (loc. cit), welche er „Micelle" nennt; er will aber die organisierte Substanz aus zwei verschiedenen Arten von Micellen bestehen lassen, deren Anordnung einem Backsteinmauerwerk zu vergleichen ist (Abb. 3, 4 und 5), wo die eine Art der Micelle dem Backstein, die andere dem Mörtel vergleichbar wäre. „Im trockenen Zustande passen die verschiedenen Micellenlagen völlig aufeinander wie die Oberfläche eines beliebigen Objektes und seines galvanoplastischen Abdrucks", wie sich v. Nägeli sehr anschaulich ausdrückt. Er nimmt weiter an, daß die zwischen den Micellenschichten liegenden Räume, die sogenannten Micellarinterstitien, Flüssigkeit aufnehmen können, wodurch die Micellarlagen mehr oder weniger weit voneinander entfernt werden[22]).

Wir finden hier zwei Anschauungen über den Feinbau der organisierten Substanz, welche beide mit Elementarteilchen operieren, die Nägeli durch Adhäsionskräfte in bestimmter Orientierung verbunden wissen will, während

[21]) Elementarstrukturen 1892, S. 160. Vergleiche auch Haller, Schweizer Archiv für angewandte Wissenschaft und Technik 14 (1948), 365.

[22]) Nägeli, Das Mikroskop 1877, S. 425.

Wiesner von einer eigenen Kittsubstanz spricht und dieselbe für die von ihm besonders genau untersuchten Gespinstfasern als „Nichtcellulosen", nach dem Vorschlag von Heß, als „begleitende Kohlehydrate" bezeichnet. Durch die von ihm angeordnete Zerstäubungsmethode werden die Nichtcellulosen chemisch verändert und in bestimmten Mitteln löslich, so daß die „Dermatosomen" bzw. „Plasomen" aus ihrem Verband gelöst werden können.

Wir haben aber gesehen, daß auch v. Nägeli zwei Arten von Micellen annimmt und die von ihm gegebene und oben wiedergegebene schematische Zeichnung der Micellaranordnung zeigt deutlich genug, daß zwischen der Kittsubstanz Wiesners und der einen Micellarart v. Nägelis ein prinzipieller Unterschied eigentlich nicht besteht.

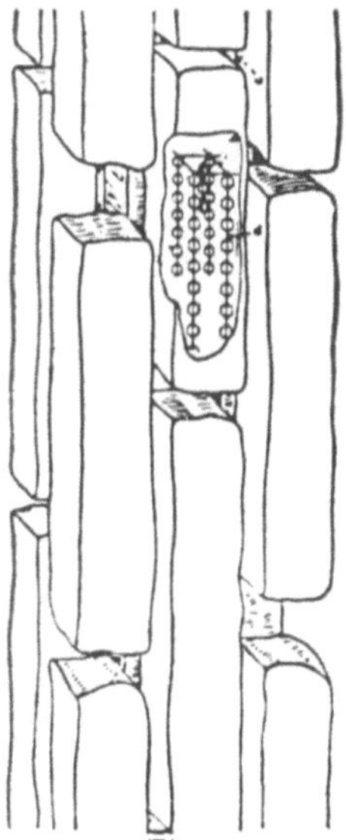

Abb. 3.

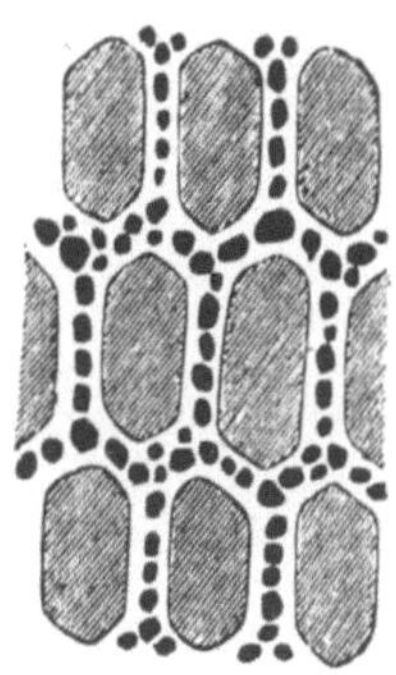

Abb. 4.

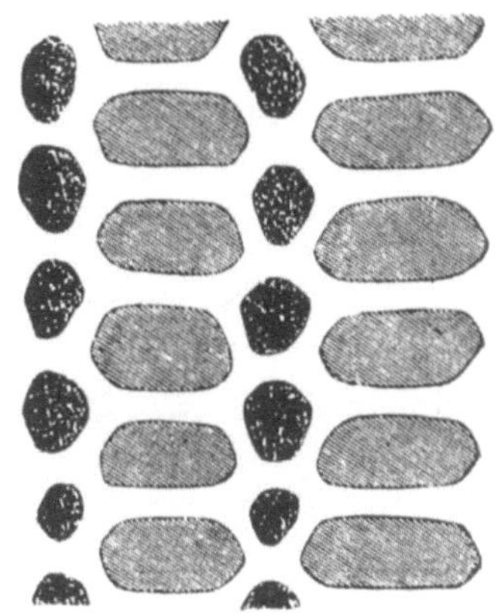

Abb. 5.

Schema der Auffassung vom Bau der Micelle nach von Nägeli.

Nun haben aber neue Untersuchungen[23]) an den Fasern von nativen Cellulosen ergeben, daß man mit oxydativen Prozessen und darauffolgender Behandlung mit Alkalien, einen Teil der ursprünglichen Substanz herauslösen kann, wobei bei wiederholten Behandlungen eine Fraktion oxydativ nicht mehr beeinflußbarer Substanz zurückbleibt, die alle Reaktionen reiner Cellulose gibt[24]). Die weggelöste Fraktion ist also ursprünglich ein durch oxydative Prozesse beeinflußter Körper gewesen, im Gegensatz zu der nach Entfernung derselben zurückbleibenden Substanz.

Es liegt nun sehr nahe anzunehmen, daß diese oxydativ beeinflußte Substanz, im Falle Wiesner die Kittsubstanz, im Falle v. Nägeli die Micelle sein wird, welche, um beim Nägeli'schen Bilde zu bleiben, die Mörtelsubstanz repräsentiert.

Man sieht also, daß die beiden gekennzeichneten Anschauungen über den Feinbau der organisierten Substanz nicht allzuweit auseinander liegen.

[23]) Vgl. Hess, Chemie der Cellulose 1928, S. 455.

[24]) Hess, An. 455, S. 214.

In neuerer Zeit aber hat eine Auffassung über die Form und Art des Bauelementes der micellaren Struktur Platz gegriffen, besonders auf Grund von neuen Untersuchungen von Staudinger[25]), dann von Frey-Wyssling[26]). Während man anfangs geneigt war, die von Staudinger besonders festgestellten langen Moleküle in der Micelle als Bündel annähernd

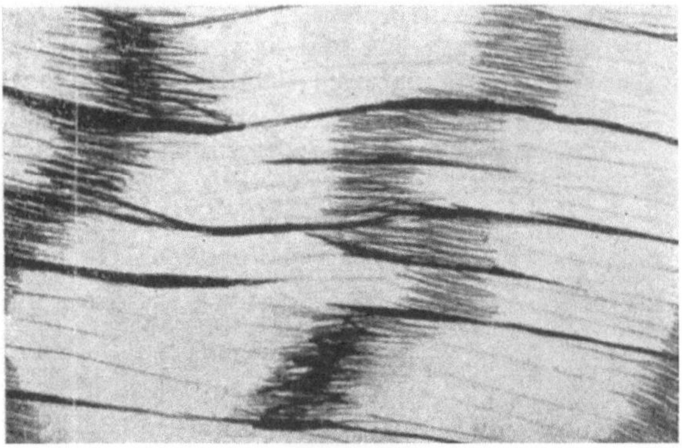

Abb. 6. Schema der Submikrostruktur eines Fibrillausschnittes aus einer Zellulosefaser. Starre kristalline Fibrillenbereiche sind durchsetzt mit submikroskopischen ultrakristallinfibrillären Gitteraufsplitterungen, die hohe Beweglichkeit unter weitgehender Festigkeitserhaltung ermöglichen.

gleich langer Fadenmoleküle nebeneinander gelagert anzunehmen (Abb. 6 und 7), vertritt die neuere Anschauung den Aufbau des Cellulosemicelles als ultramikroskopischen Mischkristall von Celluloseketten verschiedener Länge.

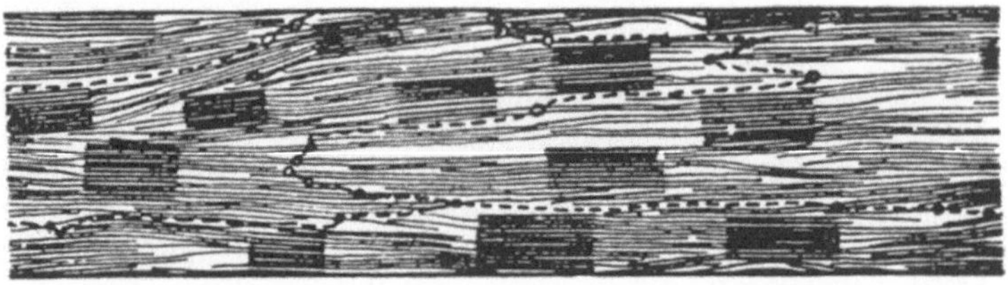

Abb. 7. Schema des Aufbaues einer makromolekularen Faserwand nach Schrameck[26a]).

Die Enden der langen Ketten ragen über das Ende der Micelle heraus, wodurch ein Bild, ähnlich einem ausgefransten Faden zustande kommt (Abb. 8).

Man hat deshalb diese Micelle auch „Fransenmicelle" benannt. Die Fransen haben infolge der im Kern des Micells zwischengelagerten kürzeren Fäden so große seitliche Abstände, daß sie von der Waalschen Kräften nicht mehr

[25]) Cellulosechemie *20,* 1 bis 14 (1942).

[26]) Protoplasma *25,* 193, 265 ff.

[26a]) Koll. chem. Beihefte 1935(42)331.

zusammengehalten[27]) werden. Es sei hier bemerkt, daß Staudinger die Annahme von Fransenmicellen ablehnt.

Wenn wir die Lagerung dieser Fransenmicellen beim Aufbau der Fibrillen, beispielsweise am Schema nach Frey-Wyssling (Abb. 9) betrachten, so erkennt man, daß die Fransenmoleküle sich durch dazwischenliegende amorphe Partien erstrecken. Die Moleküle liegen also in bestimmten Partien parallel (Micelle). Die Enden der Moleküle liegen nicht vorzugsweise im amorphen Gebiet, sondern im micellaren System verteilt.

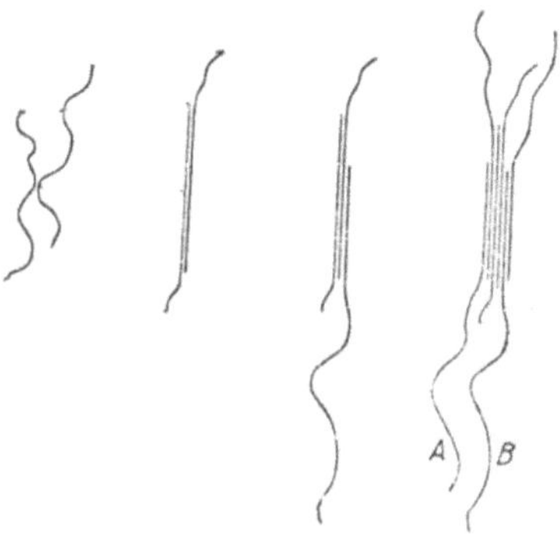

Abb. 8. Aufbau der Fransenmicelle aus einzelnen Fadenmolekülen[27]).

Die Anschauungen v. Nägelis vom Aufbau der organisierten Substanzen sind auf die uns interessierenden nativen Gespinstfasern zu übertragen, wobei Nägeli als Aufbauelement die Micelle als Kristallit aufgefaßt wissen will (Abb. 3, 4 und 5). S. 19 kennzeichnet den Mörtel, der chemisch von den Bausteinen verschieden ist. Die oben angeführten Befunde von Hess (loc. cit.) scheinen diese Auffassung zu bestätigen. v. Nägeli war der Ansicht, daß bei der Auflösung organisierter Substanzen die Micelle als Kristallite in der Lösung vorhanden seien. Staudinger[28]) fand aber, daß die hochpolymeren Naturstoffe, also auch Cellulose, als einzelne Fadenmoleküle in Lösung gehen. Nun lassen sich diese Fadenmoleküle im Schema v. Nägelis deshalb nicht gut unterbringen, weil sie länger als die kristallinen Bereiche, welche durch die v. Nägelischen Micellen repräsentiert werden. v. Nägeli hat zwar auch den Fall ins Auge gefaßt, daß die Micellen unter Umständen auch ineinandergreifen, gewissermaßen ineinander hineinwachsen. Frey-Wyssling (loc. cit.) kommt auf Grund von Untersuchungen an Metallfärbungen von Gespinstfasern zu einer anderen Auffassung vom Feinbau organisierter Substanzen, welche auf Grund von röntgenologischen Untersuchungen Aufschluß geben sollte über die Anordnung der intermicellaren Räume. Er fand, daß die Lagerung der Silberteilchen auf ein Cellulosegerüst schließen lasse, in welchem die Intermicellar-

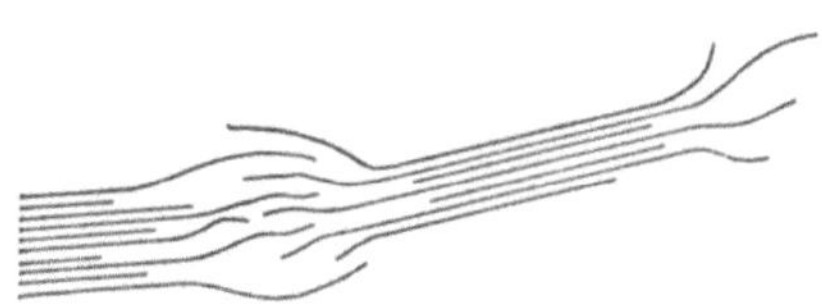
Abb. 9. Zusammenhalt zweier Micellen durch Verbindung der Fransen mittels der van der Waal'schen Kräfte.

Abb. 10. Schema der Anordnung der Fadenmoleküle auf Grund neuester Anschauungen.

---

27) Kratky, Z. f. angew. Chemie *53*, 153 bis 176 (1940).

28) Die hochpolymeren organischen Verbindungen, Berlin 1932.

räume in logitudinaler Richtung orientiert seien, wobei dieses Zellengerüst untereinander kommuniziere, was im Schema (Abb. 10 und 11) gekennzeichnet ist. Auch das Intermicellarsystem ist zusammenhängend; es ist leicht einzusehen, daß einem derartigen System die Staudingerschen langen Fadenmoleküle leicht untergebracht werden können. Am Schluß dieses Kapitels soll auf Grund von Erfahrungen in der praktischen Textilveredlung untersucht werden, ob diese Auffassungen v. Nägelis oder von Frey-Wyssling den Beobachtungen der Praxis besser Rechnung tragen.

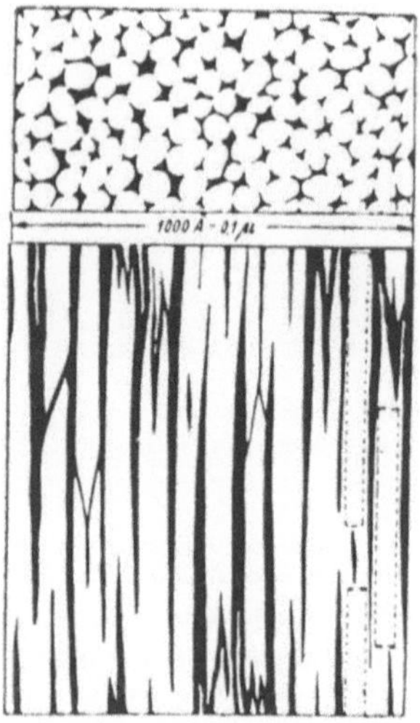

Abb. 11. Schema der Lagerung der krystallinen Phase in Bastfasern zur Kennzeichnung des Zusammenhanges des Intermicellarsystems mit dem Zellulosegerüst[26]).

Es ist vielleicht zweckmäßig, besonders für das Verständnis der später zu behandelnden Erörterung der Färbevorgänge, Definitionen für die verschiedenen Zustände im Feinbau der organisierten Substanzen zu geben. Schon Nägeli hat vor 60 Jahren für Gel-Strukturen die Begriffe „micellar", „intermicellar" und „intramicellar" geprägt. Es soll im folgenden die erweiterte Definition für diese Begriffe, wie sie Frey-Wyssling[29]) aufstellt, wiedergegeben werden:

1. Unter Struktur ist eine bestimmte Lage der mikroskopischen und submikroskopischen, morphologischen Einheiten zu verstehen.

2. Micellarlehre ist die Lehre von den Gelen, insbesondere der Gel-Struktur.

3. Micellare Kolloide sind Kolloide mit einer Struktur.

4. Molekulargerüst ist das Gerüst der zu einem Netz vereinigten Fadenmoleküle.

5. Intermicellarsubstanzen sind Stoffe, welche in den Zwischenräumen des Micellargerüstes gelagert sind.

6. Interstitialsubstanzen sind Stoffe, die in den Zwischenräumen des Molekulargerüstes gelagert sind.

7. Intermicellare Vorgänge sind Geschehnisse, welche sich *zwischen* den Balken oder Ketten des Strukturgerüstes abspielen.

8. Intramicellare Vorgänge sind Geschehnisse, welche sich *innerhalb* der Balken des Gerüstes abspielen.

Diese scharfe Trennung, welche übrigens im verschiedenen Verhalten der einzelnen Faserarten begründet ist, festhaltend, beschäftigen uns zunächst die vegetabilischen Fasern.

---

[29]) Submikroskopische Morphologie des Protoplasmas und seine Derivate, Berlin 1938, S. 87.

A. Die vegetabilischen Gespinstfasern (Morphologie).

1. Morphologie.

Wir unterscheiden eine große Anzahl dem Pflanzenreich entstammender Fasern, welche geeignet sind, zu Gespinsten und Geweben verarbeitet zu werden. Es ist notwendig, im Hinblick auf den Aufbau und die Entstehung der Faser auch hier wieder eine Trennung vorzunehmen und zwischen

a) Samenhaaren,
b) Bastfasern,
c) Blattfasern und
d) Fruchtfasern

zu unterscheiden.

Die ersteren sind von der Natur offenbar dazu bestimmt gewesen, als Flugapparat der Verbreitung des Samens zu dienen. Die zum Teil, z. B. bei der

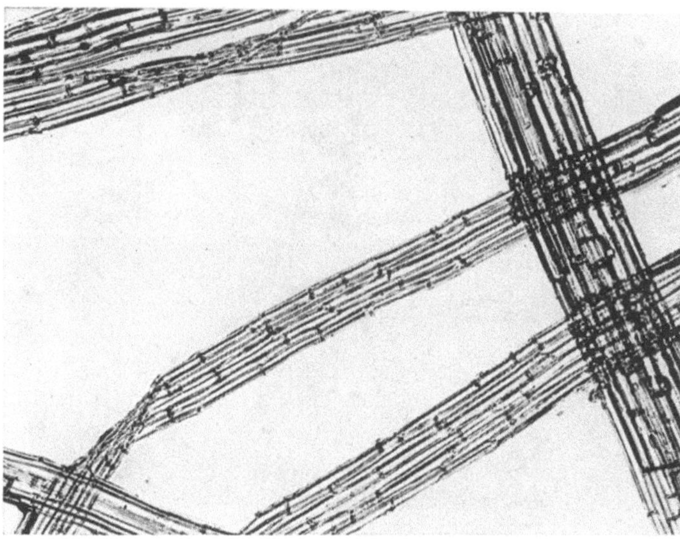

Abb. 12. Samenhaar des Wollgrases (Eriophorum) 120 ×.

Baumwolle, sehr langen Haare, waren aber nicht allgemein im Stande, dem Samen als Flugapparat zu dienen und denselben auf weite Strecken hin zu verbreiten[30]). Der einzige industriell verwendete angebliche Flugapparat ist die Baumwolle. Während des im Krieg entstandenen Mangels an dieser Faser wurden andere Flugapparate zur Herstellung von Textilfasern vorgeschlagen, z. B. das Samenhaar des Wollgrases „Eriophorum", das sich aber infolge seiner Sprödigkeit als vollkommen ungeeignet erwies (Abb. 12).

Die *Bastfasern* sind Konsolidierungselemente des Stengels der Pflanzen und erfüllen einen ganz anderen Zweck, sie festigen den Stengel gegen Bean-

[30]) Vgl. Ber. der schweiz. bot. Gesellschaft *53*, 84 (1943).

spruchung auf Biegung und Bruch. Bastfasern sind Zellbündel und bestehen nicht wie die Baumwollfaser aus einer einzigen Zelle (Abb. 13). Die einzelnen Zellen, welche die Bastfaser aufbauen, sind parallel zur Längsachse gelagert und in ihrem Verband durch besondere Kittsubstanzen festgehalten. Während die Baumwolle als solche schon in spinnfähigem Zustande geerntet wird, erfordern die Bastfasern zu ihrer Freilegung eine mehr oder weniger umfangreiche Aufbereitung. Da den Bastfasern als solchen heute besonders erhöhte Bedeutung zukommt, sollen sie neben der Baumwolle behandelt werden, welche heute immer noch eines der Rohmaterialien darstellt, welchen im Handel und der Textiltechnik eine gewaltige Bedeutung zukommt.

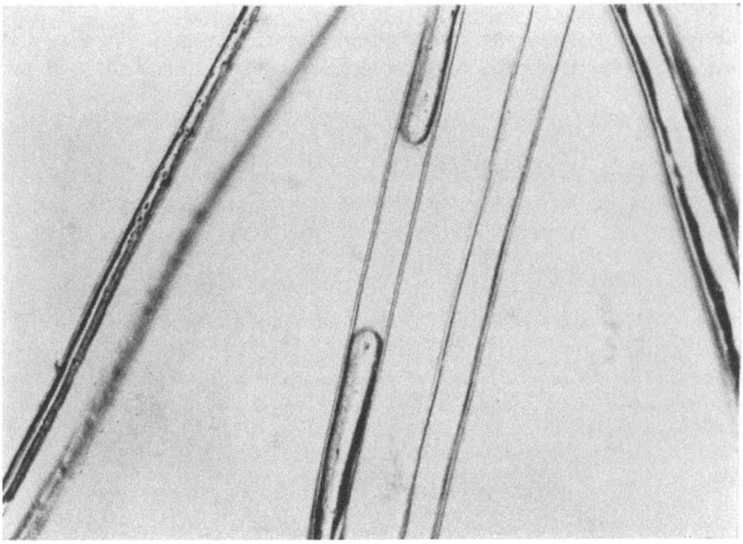

Abb. 12a. Samenhaar der Pappel 120 ×.

Man glaubte auch im Samenhaar der Pappel eine für die Textilindustrie geeignete Faser gefunden zu haben. Aus dem mikroskopischen Bild (Abb. 12 a) ergibt sich aber, daß ein Samenhaar mit derart schwach entwickelten Zellwänden und so weitem Lumen sich zwar als Flugapparat sehr gut eignet, niemals aber als Textilfaser. Die wirklichen Flugapparate haben eine, im Gegensatz zur Baumwollfaser, sehr stark verkorkte Zellwand, die vollkommen andere Reaktionen gibt als die nahezu aus reiner Cellulose aufgebaute Zellwand der Baumwolle; außerdem zeigen die Quellungsreaktionen in Äthylendiamin-Kupfer da und dort vollkommen anderes Verhalten. Bei Pappelwolle beispielsweise treten beim Quellen in Äthylendiamin-Kupfer die perlschnurartigen Quellungen erst nach Behandlung in Alkalien und darauf in Oxydantien (ClO_2) auf. Schon die Behandlung der nativen Baumwollfaser mit Alkali allein, läßt beim Quellen in Äthylendiamin-Kupfer die tonnenförmigen Quellungen völlig vermissen.

1. Die Baumwolle.

Schon T e o p h r a s t erwähnt die indische Baumwolle und gibt auch Angaben, in welcher Weise die Baumwolle gepflanzt wurde. In China scheint die Baumwolle erst 1000 Jahre nach Chr. wirklich kultiviert worden zu sein, während sie vordem lediglich, gewissermaßen als heilige Pflanze, in der Nähe der Tempel zu finden war. Aus Indien erhalten wir erst verhältnismäßig spät Kunde von Baumwollkulturen; die ersten Nachrichten beziehen sich auf die baumförmigen Arten, welche nicht eigentlich kultiviert wurden sondern das Material zu den heiligen Gewändern der Brahminen lieferten. Die heute in Indien kultivierten Arten sind vollkommen von den baumförmigen verschieden und auf keinen Fall so ausdauernd wie diese.

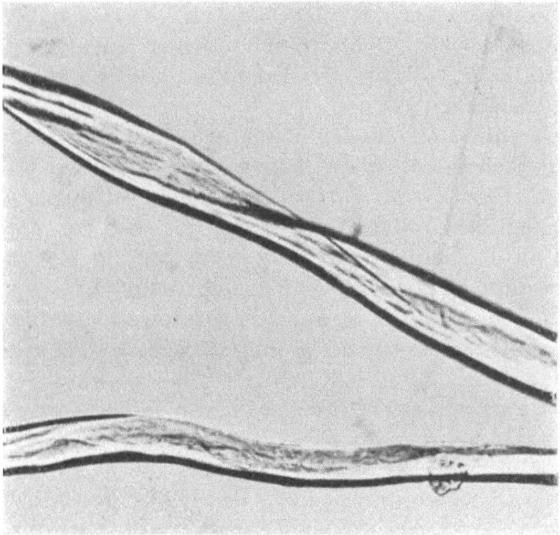

Abb. 13. Samenhaar nativer Baumwolle 180 ×.

Im 9. Jahrhundert brachten die Araber die Baumwolle nach Sizilien und im 10. Jahrhundert nach Spanien. In beiden Ländern hat sich aber von diesen Kulturen kaum mehr etwas erhalten, wenn man von Versuchen absieht, die man in neuester Zeit in Italien gemacht hat, aber bald wieder aufgab.

Im 15. Jahrhundert hört man zum erstenmal vom englischen Baumwollhandel; Ende des 15. Jahrhunderts wurden schon fertige Stücke Baumwolle in England aus Guinea eingeführt und bei der raschen Verbreitung dieser Waren und der zunehmenden Nachfrage begann auch Nordamerika als Baumwollproduzent aufzutreten; aber erst am Anfang des 17. Jahrhunderts begann dort die planmäßige Kultur.

In der neuen Welt muß aber die Kultur der Baumwolle schon weit früher betrieben worden sein, denn C o l u m b u s fand 1492 diese Faser zu Kleidungsstücken verarbeitet vor; außerdem muß die Färberei der Baumwolle bei den Ureinwohnern Südamerikas schon auf einer hohen Stufe der Entwicklung gestanden haben. Aus Gräberfunden geht hervor, daß insbesondere die Peruaner schon sehr früh Baumwolle verwendeten; Beauchamp fand dort aus diesem Material hergestellte Hängematten sowie Kleidungsstücke. Es scheint sich in Brasilien zweifellos um Kulturen gehandelt zu haben, denn schon 1570 wurde brasilianische Baumwolle in Ulm auf dem Markt angeboten. In Nordamerika begann man mit der Kultur der Baumwolle zuerst in Virginien im Jahre 1621; auf Süd-Carolina 1733 und etwas später in Georgia. Sehr rasch entwickelte sich dieselbe in diesem vom Klima außerordentlich begünstigten Gegenden, man produzierte dort die wertvollste und feinste aller Baumwollen, die Sea-Island-Baumwolle von Gossypium barbadense var. maritima Watt.

In neuester Zeit sind auch Rußland und die Türkei als Baumwollproduzenten aufgetreten; derartige Baumwollen wurden jedenfalls in Deutschland versuchsweise verarbeitet, obwohl die Produktion dieser Ländern den eigenen Landesbedarf nicht decken konnte.

Man hat sich aber auch in den klimatisch günstigen Gebieten Europas, beispielsweise in Rumänien, schon längere Zeit mit der Kultur der Baumwolle beschäftigt. Proben von rumänischer Baumwolle, die mir zu Gesicht kamen, zeigen einen guten Stapel, sind recht rein und vor allem schön weiß. Welche Spezies in Rumänien kultiviert wird, konnte ich nicht ermitteln, da mir Herbarexemplare nicht zur Verfügung standen.

Alle Versuche, in Italien und Spanien Baumwolle zu pflanzen, sind als mißlungen zu betrachten, dagegen scheinen in Südostafrika gute Erfahrungen gemacht worden zu sein.

Die Baumwolle stammt von einer Anzahl von wilden Gossypium-Arten ab; alte Forscher dieser Arten nennen sieben Arten (Parlatore, Todaro)[31]), andere wieder zehn (Schürmann und Engler-Prantl, natürliche Pflanzenfamilien), während der neueste Bearbeiter der Spezies Gossypium, Sir George Watt[32]), 42 Arten und Varietäten aufstellt. Alle diese Spezies sind vorzugsweise auf Asien, Afrika, Indien, China, Ägypten verteilt. Europa selbst kultiviert Baumwolle kaum in nur einigermaßen erheblichen Mengen, wenn man von Rußland absieht, das schon vor 1914 in Turkestan ganz bedeutende Mengen für den Inlandbedarf kultivierte und nach neuen Angaben gegenwärtig die Produktion an diesem wichtigen Rohstoff wesentlich gesteigert hat.

Man unterscheidet auf dem Markt, wie erwähnt, eine erhebliche Anzahl von Baumwollsorten, die aber keineswegs alle von botanisch verschiedenen Spezies stammen. Es sind genau bestimmte Spezies, die in den einzelnen Ländern die Hauptstocks liefern. In Amerika haben wir, abgesehen von der Sea-Island-Baumwolle, von Gossypium barbadense var. maritima Watt, vor allem die Spezies Gossypium hirsutum, welche vorzugsweise in Texas gebaut wird. Doch auch von dieser gibt es eine Anzahl von Sorten, welche im Handel besonders bezeichnet werden; besonders wertvolle sind die Upland-Baum-

[31]) Le specie dei cottoni Firenze, 1866; Cultura dei cottoni, Roma 1877–78.

[32]) The wild and cultivated cotton plants of the world, London 1907.

wollen. Indien pflanzt vorzugsweise die Sorte Gossypium obtusifolium var. Wightania Watt, China wiederum Gossypium Nanking, Kleinasien Gossypium Herbaceum Lin. In Ägypten wurde Gossypium barbadense var. maritima Watt angebaut, später aber Gossypium brasiliense und zweifellos auch Kreuzungen dieser beiden Arten.

Jedes Land ist naturgemäß, was die Kultur der Baumwolle anbelangt, auf die Arten angewiesen, welche unter den obwaltenden klimatischen Verhältnissen die optimalsten Erträge und die besten Fasern liefern[33]).

Es sei an dieser Stelle besonders darauf hingewiesen, daß je nach den Witterungseinflüssen, je nach den mehr oder weniger günstigen Verhältnissen, unter denen die Baumwolle zur Reife gelangt, die Qualität ein und derselben Baumwollsorte großen Schwankungen unterworfen ist. Es werden daher an den wichtigsten Baumwollhandelplätzen New York, dann Liverpool und Bremen, alljährlich bestimmte Typen und Bewertungen aufgestellt, nach denen die Verkäufe erfolgen.

Die verschiedenen Sorten werden, abgesehen von deren Provenienz, nach bestimmten Eigenschaften beurteilt. Vor allem wird der *Stapel*, die mittlere Länge eines Baumwollfaserbündels, dann besonders noch *Farbe* und *Griff* beurteilt. Zum Messen des Stapels sind neuerdings geeignete Apparate in den Handel gebracht worden, welche die bisherigen Bestimmungen durch Handarbeit zu ersetzen berufen sind (Apparat von Ernst Müller).

Aus dem mikroskopischen Bild von Baumwollfasern (Abb. 13) sowie aus deren Länge und Breite auf die Provenienz derselben schließen zu wollen, ist außerordentlich bedenklich. Die Angaben, die man in der Literatur über derartige Methoden ab und zu vorfindet, sind mit aller Vorsicht zu gebrauchen. Halbwegs zuverlässige Resultate erhält man nur dann, wenn es gelingt, aus Blatt- und Samenschalenfragmenten Anhaltspunkte über die jeweilige Spezies zu gewinnen; Material für solche Untersuchungen lassen sich nur aus Rohfaser, Rohgarn oder Rohgewebe gewinnen[34]). Gelingt es, die Spezies zu bestimmen, so gibt dies Anhaltspunkte über Provenienz der untersuchten Proben. Da jedes Baumwoll-produzierende Land den klimatischen Verhältnissen besonders angepaßte Spezies besitzt, ist die Herkunft aus den Resultaten der Speziesbestimmung leicht festzustellen.

Die Baumwollfaser ist ein einzelliges Samenhaar von durchschnittlich 3 bis 4 cm Länge. Jede Faser stellt eine eigene Zelle dar, welche das Zellumen unter dem Mikroskop noch deutlich erkennen läßt. Durch geeignete Färbung lassen sich im Innern des Lumens noch die Überbleibsel des Zellinhaltes, des Protoplasten, kenntlich machen. Die Baumwollfaser besteht zu 83 % aus reiner Cellulose; dieser Gehalt wechselt je nach der Art in engen Grenzen. Neben der Cellulose enthält die Baumwollfaser noch 6,74 % Wasser, 0,71 % Wachs und Fett, 1,5 % Proteinsubstanzen, 5,29 % stickstoffreien Extrakt, 1,65 % Asche.

---

[33]) Hinsichtlich der Kultur und der verschiedenen Arten der Baumwollpflanze informiert man sich in dem vorzüglichen Werk von L. Wittmark, Botanik und Kultur der Baumwolle. Julius Springer, Berlin 1928.

[34]) Vgl. Haller, Versuche der Diagnostizierung der Baumwollarten im Rohgespinste und Rohgewebe, Ziemsen Verlag, Wittenberg a. d. Elbe.

Auch der Wassergehalt kann in weiten Grenzen schwanken, so daß man sich gezwungen sah, wie bei der Seide, eine Konditionierung der Baumwolle einzuführen und einen Wassergehalt der Handelsware, welcher 8% übersteigt, zu beanstanden.

Was die übrigen Bestandteile der Rohbaumwolle anbelangt, so ist der geringe Prozentsatz von Wachs und Fett die Ursache der schweren Benetzbarkeit der rohen Faser. Diese Verunreinigungen lassen sich aus ihr durch Extraktion mit Äther oder Petroläther entfernen. Man erhält dann diese in Form einer vaselineähnlichen Masse von gelblicher Farbe, deren Zusammensetzung noch ungenügend bekannt ist. Am besten kann man alle diese Begleitkörper, mit Ausnahme der Eiweißsubstanzen, aus den alkalischen Kochlaugen der Beuchprozesse gewinnen, wie das seinerzeit Schunk[35]) getan hat. Man kann durch Fällen dieser Abkochlaugen mit Säure einen braunen Körper zur Ausscheidung bringen, welcher den größten Teil der Begleitkörper der Rohbaumwolle enthält. Der wesentliche Bestandteil ist Pektinsäure, dann neben den oben erwähnten Fetten und Wachsen noch bestimmte Mengen brauner natürlicher Farbstoffe, von denen einer in Alkohol leicht, der andere schwer löslich ist, die jedenfalls dem Gossypin, dem braunen Farbstoff der Baumwollsamen, nahestehen.

Über die in der Baumwolle enthaltenen Nichtcellulosen oder Hemicellulosen oder nach dem Vorschlag van Hen „begleitende Kohlehydrate" hat erstmals Schunk[36]) bestimmte Angaben gemacht. Er fällte eine alkalische Abkochung von Baumwolle mit Säure und erhielt einen braunen amorphen Körper, aus welchem er zwei braune Farbstoffe extrahierte, von denen der eine in kaltem, der andere nur in heißem Alkohol löslich war. Außerdem fand er ein gelbliches Wachs und als vorwiegendsten Bestandteil eine bräunliche amorphe Masse, welche vermutlich aus Pektinsäuren besteht.

Viel eingehender hat sich in neuerer Zeit Tschilikin[37]) mit Bestandteilen der Baumwolle, die nicht aus Cellulosen besteht, befaßt. Auch er hat aus den in die Kochlaugen beim Beuchen übergegangenen Begleitkörpern einzelne Bestandteile zu isolieren und zu identifizieren versucht. Nach ihm darf die alkalische Kochung nicht als einfacher Verseifungsprozeß aufgefaßt werden, da der in der Baumwolle enthaltene Stickstoff neue Gesichtspunkte eröffnet. Die Verseifung geht vor allem bei den Glyceriden vor sich. Tschilikin konnte aus den Beuchlaugenrückständen eine organische Säure von weitaus größerer Emulsionskraft als die Palmitin- und Stearinsäure erhalten. In reinem Zustande stellt sie ein schwarzes Pulver dar, unlöslich in Wasser, leicht löslich in Alkalien und Alkalikarbonaten, löslich in 8%iger Essigsäure und unschmelzbar. Dieser Bestandteil macht den Zusatz von besonderen Emulgatoren in der Beuche entbehrlich. Nach Tschilikin bewirkt das Abkochen von Baumwolle mit Natronlauge folgende Vorgänge:

1. Verseifung aller Olein-Palmitin- und Stearinsäure-Glyzeride.

2. Nur in geringem Maße wachsartige Substanzen, der Ester der Cerotin-, Karnauba- und Melininsäure, deren größter Teil unverseift bleibt.

[35]) Chem. News 1888, 118. Dingl. polyt. Journal *88*, 469 (1868).

[36]) Loc. cit.

[37]) Mell. Textilberichte 1928, 397.

3. Die Bildung von Natronsalzen aus den Zersetzungsprodukten stickstoffhaltiger Substanzen.

4. Die Bildung der Natronsalze der Säuren, die bei der Kochung durch Zersetzungsprozeß gebildet werden.

5. Die Bildung von Alkalizersetzungsprodukten von Pentosanen und Hexosanen, wie Pflanzengummi, Stärke und ihren Abbauprodukten.

6. Hauptsächlich aber das Emulgieren und Dispergieren der Kohlenwasserstoffe wie $C_{30}H_{62}$, der Gossypin-Ceryl- und Karnauba-Alkohole und der Ester dieser letzteren mit Karnauba-Cerotin- und Melininsäure.

Die Zellwand der Baumwollfaser selbst ist mächtig entwickelt und läßt nur Raum für ein beschränktes Lumen, das außerdem kräftig zusammengedrückt ist und nur geringe Mengen Luft einschließt. Die Zellwand selbst ist recht kompliziert aus einem übereinanderliegenden System von Lamellen aufgebaut, welche mit dem Zweck der Verbreitung des Samens durch den Wind wohl nicht in Einklang zu bringen sind.

Ob die Baumwollhaare für die Verbreitung durch Weidetiere möglicherweise in Betracht kommen können, ist ebenfalls problematisch und könnte natürlich nur für die wilden Arten in Betracht kommen, dazu aber ist ihr Bau zu kompliziert. Möglicherweise könnten sie den Zweck haben, den Samen von allzu großen Wasserverlusten, der die Keimfähigkeit beeinträchtigen könnte, zu schützen, dafür spricht die schwere Benetzbarkeit des Baumwollhaares infolge der Fett- und Wachsarten, welche als Inkrusten des Baumwollhaares nachweisbar sind; aber auch dazu würde die Natur einen einfacheren Bau als zweckmäßig vorgezogen haben.

Welche biologische Bedeutung das Baumwollsamenhaar für die Pflanze hat, steht heute noch zur Diskussion. Man behauptet zwar, wie eben erwähnt, verschiedentlich, daß das Baumwollsamenhaar der Pflanze zur Verbreitung der Spezies durch den Wind dient[38]). Um diesen Zweck einwandfrei zu erfüllen, müßte diese Faser morphologisch anders gebaut sein; das wird uns erst deutlich klar, wenn wir Samenhaare, die effektiv der Windverbreitung des Samens dienen, betrachten, siehe Abb. 12 und 12 a.

Die Samenhaare der Weide, der Pappel, dann auch die des Wollgrases (Eriphorum), lassen diesen Unterschied deutlich erkennen. Letztere, welche wie das Baumwollsamenhaar einzelne Zellen darstellen, zeigen sehr dünne Zellwandungen mit kräftig entwickeltem, luftgefülltem Lumen, sind also für die Verbreitung durch den Wind ideal ausgestattete Organe. Die Samen bei den letzterwähnten Arten sind winzig klein, die Samenhaare 50- bis 100mal länger als der Samen. Wenn wir daneben die Baumwollsamen betrachten, so sind hier die Verhältnisse völlig anders. Der Samen wiegt 70 bis 90 mg, die Samenhaare sind im günstigsten Falle zehnmal so lang als der Samen selbst, also Maßverhältnisse, die für die Windverbreitung ungeeignet sind.

Was die *Morphologie* der *Baumwollfaser* anbelangt, so wurde oben schon darauf hingewiesen, daß die Faser eine einzelne Zelle darstellt. Die Zellwand an sich besteht aus reiner Cellulose, sie wird überzogen von einem außerordentlich feinen Häutchen, der Kutikula, welche andere chemische Eigen-

---

[38]) Schneider, Wörterbuch der Botanik, Leipzig 1917, S. 234.

schaften besitzt als die Zellwand selbst. Während diese, als nahezu reine Cellulose, in Äthylendiamin-Kupfer löslich ist, läßt sich die Kutikula mit diesem Reagenz nicht beeinflussen, so daß es gelingt letztere von der Zellwand zu trennen und gesondert zu studieren.

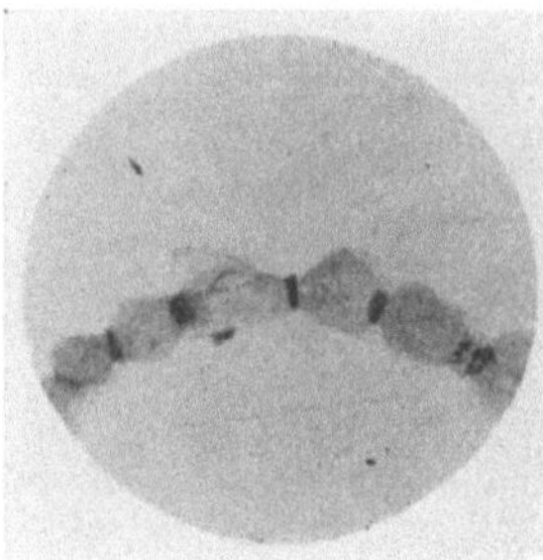

Abb. 14. Baumwolle in Äthylendiamin-Kupferlösung behandelt. (Die Existenz verschiedener Lamellen und ihre Einschlußhäute sind gut zu sehen.)

Unter dem Mikroskop erscheint besonders dann, wenn man die Faser nicht in Wasser einbettet, sondern Luft als umgebendes Medium hat, die Kutikula als gefältete, — ab und zu bei Anwendung stärkerer Vergrößerungen, — spiralig oder netzförmig gestreifte Schicht.

Einlegen in Äthylendiamin-Kupfer läßt die Faser unter eigenartigen Bewegungen zunächst aufquellen und dann tonnenförmige Ausstülpungen bilden[39]), zwischen denen die Kutikula eingeschnürt und zusammengeschoben als Ring erscheint (Abb. 14). Nach neuen Forschungen handelt es sich um einen eigenartigen Aufbau der Baumwollfaser aus verschiedenen, übereinander gelegten Schichten, welche sich beim Behandeln mit Quellungsmitteln unter bestimmten Bedingungen feststellen lassen[40]). Diese eigentümlichen Schichtungen lassen sich am besten beim Behandeln von Faser-Querschnitten unter dem Mikroskop mit Äthylendiamin-Kupfer beobachten (Abb. 15). Jede dieser Innenschichten ist wie die ganze Faser scheinbar von einer Haut umgeben, ebenso erscheinen die Innenschichten, genau wie die unter der Kutikula folgende erste Schicht, unregelmäßig in Richtung der Faser aufeinanderfolgende Einheiten unterteilt zu sein. Die Kutikularsubstanz zeigt nicht dasselbe Verhalten wie die Zellwand selbst. Mit den üblichen J-Reagenzien erhält man nicht die Cellulosereaktion, sondern die braune Färbung verkorkter Membrane. Vermutlich ist die Kutikula keine selbständige Membran, sondern durch Einlagerung bestimmter

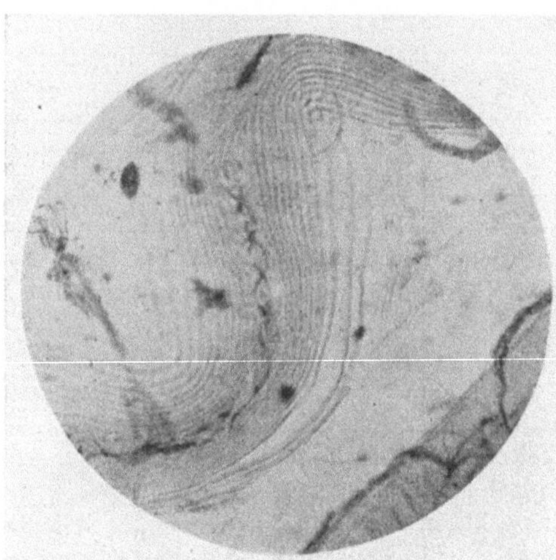

Abb. 15. Lamellarer Aufbau der Baumwollfaserzellwand (Äthylendiamin-Kupferlösung).

[39]) Cramer, 3 gerichtl. mikroskopische Expertisen betr. Textilfasern, Zürich 1881.

[40]) Lüdke, Ann. 1928, 466, S. 27 bis 58, Zellulosechemie 1932, H. 11, 12, 1933, H. 1, auch Wiener Mikrophotogr. Wien 1867, S. 99.

korkartiger Substanzen entstanden, welche biologisch den Schutz gegen zu rasche Verdunstung zu übernehmen haben[41]). Trennt man diese Körper von der Kutikula, so erhält letztere wieder den Cellulosecharakter und gibt auch die Cellulosereaktion. Gewisse Behandlungen, z. B. die mit Ätzalkalien (Mercerisation) lösen aus der Kutikula bei längerer Wirkung die inkrustierenden Substanzen größtenteils heraus, denn gut mercerisierte Baumwolle zeigt mit Äthylendiamin-Kupfer kein Kutikula mehr. Das heißt nicht, daß die Kutikulamembran an sich gelöst worden wäre, sondern, daß die, durch Intussuszeption in die äußersten Schichten der Zellwand eingelagerten Körper, wie Suberin, Fette und dgl., herausgelöst worden sind, so daß sich diese äußere Schicht in nichts mehr von der Zellwand selbst unterscheidet. Die Baumwollfaser zeigt im rohen Zustande eigenartige korkzieherartige Windungen, die sich, je nach der Art, auf die ganze Faser ausdehnen können, oder aber auch nur auf bestimmten Partien der Faser in Erscheinung treten. Bei einzelnen Arten (Gossypium conglomeratum) fehlen diese Windungen zuweilen ganz. Lüdtke[42]) glaubte durch besondere Behandlung von nativer Faser ein neues Strukturelement, verwachsen mit der Kutikula der Faser aufgefunden zu haben, auf welche er die Kugelquellung der Baumwollfaser zurückführen möchte. Der Verfasser, der sich mit diesen „Querelementen" beschäftigte, konnte deren Existenz nicht feststellen, sondern bestätigte die alte Auffassung von Wiesner[43]), daß die Kugelquellung auf den zwischen den bei der Quellung sich zusammenschiebenden Kutikularringen beruhe. Diese Auffassung wurde, außer vom Verfasser[44]), auch von Schlotmann[45]) vertreten. Es sei bei dieser Gelegenheit auch auf die Arbeiten von Sakostschikoff[46]) und auf die Entgegnung des Verfassers verwiesen[47]).

Abb. 16. Acetatkunstseidenfaser naß gesponnen, oberflächlich verseift und mit Jodschwefelsäure behandelt.

In neuester Zeit[48]) wurde vom Verfasser der Beweis erbracht, daß Querelemente im Sinne von Lüdke und Sakostschikoff in den nativen

[41]) Haller, Textile Forschung *3*, 20 (1921). Helv. Chim. acta 1931, 578.
[42]) Ann. 466, 27 (1928).
[43]) Einleitung in die technische Mikroskopie, Wien 1867, S. 99.
[44]) Helv. Chim. acta XV, pg. 383 bis 392, *15*, 383 bis 392.
[45]) Arch. für wissenschaftliche Botanik *19*, 329 (1933).
[46]) Mell. Textilberichte 1930, 441; 1935, 244.
[47]) Helv. Chim. acta. *20*, 199.
[48]) Helv. Chim. acta. *24*, 149.

Fasern nicht existieren können. Wenn nach dem Naßspinnverfahren hergestellte Acetatkunstseidenfasern, welche im Gegensatz zu den trocken gesponnenen, einen runden Querschnitt besitzen, oberflächlich verseift werden, so erhält man bei der Behandlung derselben zuerst in Jod, dann in Schwefelsäure 60° Bé. Quellungen, welche völlig identisch mit der Kugelquellung nativer Faser erscheinen (Abb. 16). Da in der Acetatkunstseide naturgemäß Querelemente nicht vorgebildet sein können, so sind dieselben in den nativen Fasern als Kunstprodukte, beruhend auf besonderen Quellungsverhältnissen, anzunehmen. Für die Entstehung von Kugelquellungen müssen daher folgende Bedingungen erfüllt werden:

1. Der Querschnitt der Faser muß rund sein, damit der Quellung überall derselbe Widerstand entgegengesetzt wird.

2. Die Faser muß aus zwei konzentrisch angeordneten Schichten bestehen, von denen die eine innere, im Quellungsmittel quellbar, die andere, äußere, nicht oder nur schwer quellbar ist.

3. Es muß ein geeignetes Quellungsmittel verwendet werden. Unter solchen Bedingungen sind sowohl bei nativen als auch bei Kunstfasern, Kugelquellungen zu erhalten (Abb. 17).

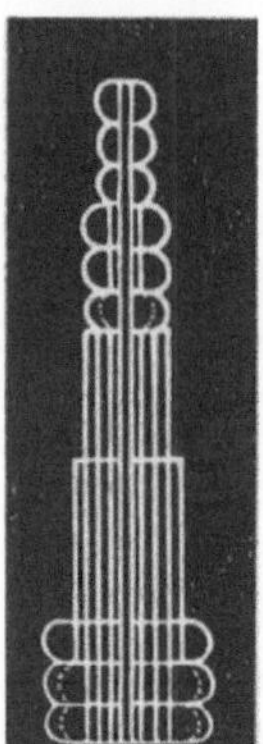

Abb. 17. Schema der Kugelquellung bei Holzfasern (Bambus) zur Demonstration der Wirkung der Zwischenhäute bei der Quellung von Bastfasern [44]) und [55]).

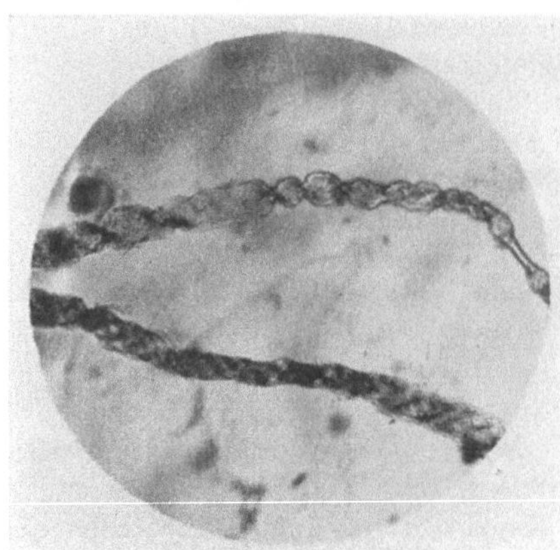

Abb. 18. Native Baumwolle mit Schwefelsäure spez. Gew. 1,535 behandelt.

Durch Behandlung mit Quellungsmitteln, konz. Schwefelsäure[49]), gewissen Salzen, z. B. Rhodankalzium, bei der Mercerisation erfolgt Aufdrehung derselben unter beträchtlicher Verkürzung. Die Oberfläche wird glatt und glänzend.

Unter gewissen Bedingungen gelingt es auch nachzuweisen, daß die Aufbauelemente der Baumwollfaser spiralig angeordnet sind. Legt man eine mercerisierte, also mit Natronlauge von 30° Bé. behandelte Baumwollfaser in das bekannte Cellulosereagenz Chlorzink-Jod ein, wobei infolge der Wir-

---

[49]) Mell. Textilberichte 1944, H. 12.

kung des Chlorzinks eine kräftige Quellung eintritt und übt dann auf das Deckglas einen bestimmten Druck aus, so erfolgt eine Trennung gewisser Schichten der Baumwollfaser, wodurch ausgesprochene spiralige Strukturen aufgedeckt werden, deren Charakter und Entstehung aber noch der näheren Untersuchung bedürfen (Abb. 19).

Wir haben oben von den verschiedenen Anschauungen über den Feinbau von Cellulosemembranen und damit von unseren vegetabilischen Gespinstfasern Kenntnis erhalten. Es drängt sich nun unwillkürlich die Frage auf, welche beiden prominenten Anschauungen, die von v. Nägeli einerseits, oder die von Frey-Wyssling andererseits, den Vorgängen bei der Textilveredelung, insbesondere denjenigen der Bleiche am besten gerecht werden. Die Charakteristika beider gekennzeichneten Theorien vom Aufbau der organisierten Substanz, einerseits die von v. Nägeli, beruhend auf dem micellaren Aufbau, andererseits die von Frey-Wyssling, welcher der Zellwand eine Kontinuität micellarer Strukturen mit einem micellaren Gerüst und dazwischenliegenden, untereinander kommunizierenden Intermicellarräumen zugrunde legt, wurden auf S. 19 u. 20 eingehendst auseinandergelegt.

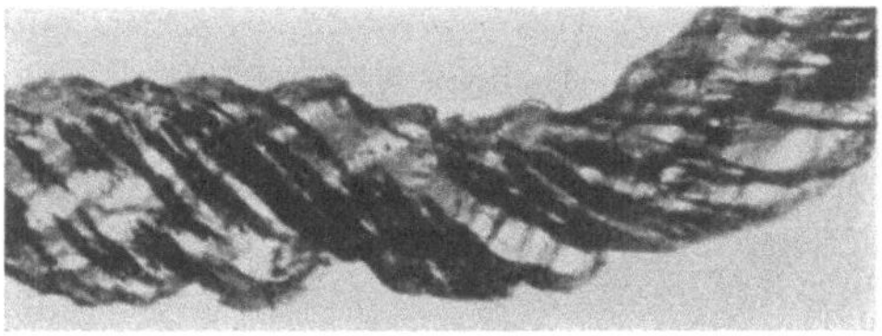

Abb. 19. Makobaumwolle, mercerisiert Chlorzink-Jod-Behandlung im polarisierten Licht.

Solche Theorien müssen aber aus dem Verhalten des jeweiligen Objektes begründen lassen. Welche der beiden oben angezogenen Anschauungen über den Feinbau der Gespinstfaserzellwände läßt sich mit den Erfahrungen in der Praxis der Veredlung der Gespinstfasern am besten in Einklang bringen?

Hier kann als Prüfstein wohl am besten die Bleicherei dienen. Wenn wir uns daran erinnern, daß unsere vegetabilischen Gespinstfasern in nativem Zustande zwar vorwiegend aus Cellulose aufgebaut sind, daß aber neben dieser Substanz, je nach der Art der Faser eine ganze Anzahl von Begleitkörpern figurieren, Farbstoffe, Fette, Wachse, Pektine, bei einzelnen derselben auch noch Lignin vorkommt, so müssen wir uns fragen, in welcher Weise diese „begleitenden Kohlehydrate", wie Hess die Gesamtheit dieser Begleitkörper bezeichnet, mit der Hauptmasse der Zellwand, dem Cellulosegerüst verbunden sind.

Darüber hat sich zunächst Wislicenus[50]) geäußert, indem er für die Holzsubstanz annimmt, daß die Ligninsubstanzen mit dem Cellulosegerüst in adsorptiver Verbindung vorhanden seien.

Wir können diese Auffassung sicherlich auch für die den Gespinstfasern charakteristischen Nichtcellulosen heranziehen.

Neuerdings hat nun Frey-Wyssling[51]) zu dieser Frage ebenfalls das Wort ergriffen. Auf Grund seines oben näher gekennzeichneten Schemas (siehe Abb. 11, S. 22) vom Bau der Zellwand, erklärte er, daß sich die

[50]) Koll.-Zeitschrift *27*, 209 (1924).

[51]) Protoplasma *25*, 272 (1936).

Hauptmasse der cellulosefremden Substanzen, Mineralstoffe, Pektine, Lignin in den von ihm angenommenen Intermicellarräumen befindet. Mit welcher von diesen beiden Anschauungen lassen sich nun Erfahrungen, welche wir in der Bleichereipraxis machen, in Einklang bringen?

Die Bleiche, unter diesem Ausdruck sei im vorliegenden Falle nur die sogenannte „Beuche", das Kochen der nativen Gespinstfaser in alkalischen Bädern verstanden, hat den Zweck die Fasern von den begleitenden Kohlehydraten möglichst restlos zu befreien. Wir können aber auch mit den gründlichsten Bleichoperationen kaum eine 100%ige Cellulose erhalten.

Durch die Bleiche erleidet das Fasermaterial einen größeren oder geringeren Substanzverlust. Betrachten wir zunächst die Auswirkung der Bleiche auf eine Cellulosemembran, welche gemäß den v. Nägelischen Anschauungen, wie sie oben geschildert wurden, aufgebaut ist. Die begleitenden Kohlehydrate sollen zunächst, nach der Auffassung von Wislicenus, an den Oberflächen der Micelle adsorbiert sein. Durch die Einwirkung der Alkalien unter Druck werden diese Adsorptionskomplexe gelöst, die begleitenden Kohlehydrate gehen in molekulare, möglicherweise auch in kolloide Lösung und lassen das Cellulosegerüst in mehr oder weniger reinem Zustande zurück. Durch Lösung dieser Substanzen sollten nun eigentlich Lücken im Micellargefüge entstehen, die aber, immer die Anschauungen v. Nägelis vorausgesetzt, durch Zusammenrücken der Micelle ausgeglichen würden. Ein poröses Gefüge könnte nicht entstehen, da die Micelle als beweglich, also nicht in starrer Bindung, die entstehenden Lücken schließen würde. Eine Lockerung des Gefüges der Zellmembran findet infolgedessen nicht statt und damit auch keine Lockerung im Zusammenhalt der Faser selbst, also auch keine Festigkeitsabnahme. Es entspricht diese Schlußfolgerung durchaus den Erfahrungen der Bleichereipraxis; eine normale Bleiche, mit Vermeidung jeder Gelegenheit zur Oxycellulosebildung, ergibt eine Ware, welche in ihrer Festigkeit in keiner Weise geschädigt, vielmehr in gewissen Fällen sogar eine Festigkeitsverbesserung aufweist, obwohl, wie das durch Fällen der Bleichlauge mit Säure augenscheinlich gemacht wird, recht erhebliche Substanzverluste, bis zu 4%, erfolgen.

Betrachten wir das Gegenstück, den mutmaßlichen Verlauf der Bleiche, wenn wir das Schema von Frey-Wyssling zugrunde legen. Hiernach muß der Effekt der Bleiche auf den inneren Aufbau der Faser wesentlich verschieden sein von dem, den wir vorher am v. Nägelischen Micellargefüge studiert haben. Nachdem Frey-Wyssling die begleitenden Kohlehydrate in den Micellarräumen untergebracht wissen will, so müssen diese durch die Einwirkung der Bleiche, mehr oder weniger leer werden. Die Faser erhält daher ein feines poröses Gefüge, denn die Wände der Intermicellarräume, welche gewissermaßen ein starres System darstellen, können sich nicht im Ausmaße des Verschwindens des Inhaltes nähern; ein Kollabieren tritt also nicht ein. Als Folge dieser Substanzverluste der Faser müßte also ein Lockerwerden des Gefüges der Fasermembran eintreten, damit eine Verringerung des inneren Zusammenhaltes, damit ferner eine Abnahme der Reißfestigkeit entstehen. Wir wir oben gesehen haben, ist das nach Ablauf einer normalen Bleiche niemals der Fall.

Wir sehen also, daß die sehr reichlichen Erfahrungen in der Bleichereipraxis der v. N ä g e l i schen Anschauung vom Feinbau der Zellmembran das Wort reden. Viel schwieriger aber ist das Schema von F r e y - W y s s l i n g mit diesen Erfahrungen in Einklang zu bringen[52]).

a) Das chemische Verhalten der Baumwolle.

Für die Färberei hat vor allem das Verhalten der *Baumwollfaser* gegenüber Alkalien und Säuren und gegenüber Oxydations- und Reduktionsmitteln kennenzulernen Interesse.

Verhalten gegen Alkalien. Verdünnte Alkalien verändern im allgemeinen die Baumwollfaser bei gewöhnlicher Temperatur kaum. Konzentrierte Lösungen von Alkalikarbonaten beeinflussen die Baumwolle auch bei höherer Temperatur nicht. Anders ist es aber, wenn verdünnte Alkalien in Gegenwart von Luft bei höherer Temperatur auf Baumwolle einwirken. Die Cellulose wird verändert, ein Teil wird mit goldgelber Farbe in Alkalien löslich, wodurch die Struktur der Faser gelockert, die Festigkeit derselben stark beeinflußt wird. Da die Reaktionen dieses Umwandlungsproduktes, der sogenannten *Oxycellulose,* von denen der Ausgangssubstanz verschieden sind, muß wohl eine chemische Veränderung angenommen werden. H e s s verneint allerdings die Oxydationsprodukte, wie sie sonst der Kohlensäurebildung vorauszugehen pflegen, da für die Bildung von Aldehyden oder Ketonen kaum Anhaltspunkte vorhanden sind[53]). Je nach der Art der Einwirkung der Oxydantien beobachtet man die Bildung dieser Produkte in größeren oder geringeren Mengen, aber die Textiltechnik kennt eine Anzahl von Operationen, bei denen trotz energischer oxydativer Einwirkung auf Baumwolle, die Bildung von Oxycellulose kaum beobachtet wird. Die infolge Oxycellulosebildung erfolgende Festigkeitsverringerungen an Gespinsten und Geweben sind daher sehr davon abhängig, in welcher Form und unter welchen Bedingungen der Sauerstoff auf die Baumwolle einwirkt.

Was die von normaler Cellulose abweichenden Reaktionen anbelangt, welche die sogenannte Oxycellulose charakterisieren, so ist vor allem ein weitaus höheres Reduktionsvermögen nachgewiesen worden, das Schwalbe veranlaßt hat, mit seiner Kupferzahl ein Maß für die Bildung von Oxycellulose zu schaffen[54]). K a u f m a n n[55]), bedient sich insofern einer anderen Methode als er aus dem oxycellulosehaltigen Material durch wiederholte Extraktion mit Lauge bei höherer Temperatur die löslichen Anteile auszieht, zum Trocknen eindampft und mit Kaliumpermanganat die organischen Anteile des Extraktes bestimmt (Abkochzahl, Permanganatzahl). R i s t e n p a r t benützt die größere oder geringere Intensität von Methylenblaufärbungen oxycellulosehaltigen Materials zur Bestimmung des Gehaltes des letzteren an veränderter Cellulose. Er benützt das Stufenphotometer zur Messung der Farbintensität, bzw. des Schwarzgehaltes der Methylenblaufärbung.

---

[52]) Vgl. Mell. Textilberichte 1944, 270.

[53]) Hess, Cellulosechemie 1928, 455 in flg., Haller Helv. Chim. acta 1931, 578.

[54]) Ber. *40,* 1347 (1907) Chemie der Cellulose 1911, S. 129.

[55]) Textilberichte *4,* 333, 388 (1923).

Qualitative Bestimmungen nimmt man vor, indem man das Material z. B. mit Fehlingscher Lösung kocht. Größere Mengen Oxycellulose verraten sich durch vollkommene Reduktion der Lösung, geringere erkennt man an der Ablagerung von Kupferoxydul auf dem Substrat. Mit dem Mikroskop sind auch noch ganz geringe Mengen makroskopisch nicht mehr erkennbarer Mengen nachzuweisen. Mit Natronlauge 10 % erwärmt erhält man nach einiger Zeit goldgelbe Farbe der Lösung und den eigenartigen Geruch nach Beuchlauge. Eine kleine Probe des oxycellulosehaltigen Materials mit etwas Natronlauge und wenig Indanthrengelb G in Teig erwärmt, gibt nach und nach blaue Färbung durch Reduktion des Pigmentes; ammoniakalische Silberlösung färbt oxycellulosehaltige Gespinste und Gewebe braun bis schwarz. Nessler Reagens färbt grau.

Der Verfasser hat seinerzeit eine neue Methode zum Nachweis von Oxycellulose angegeben, beruhend auf einer Beobachtung bei der Differenzierung der Mittellamelle bei Bastfasern[56]). Man legt das zu prüfende Material, nachdem man eventuell vorhandene Appretur entfernt hat, in eine schwach mit Essigsäure angesäuerte Lösung von Stannochlorid ($SnCl_2$). Man beläßt etwas eine Stunde kalt darin, wäscht mit destilliertem Wasser aus und legt in sehr verdünnte Lösung von Goldchlorid. Ist Oxycellulose anwesend, so färbt sich das Material mehr oder weniger braunrot (Cassiusscher Goldpurpur). Die Reaktion tritt bei Hydrocellulose nicht ein. Sie wird auch dann noch positiv, wenn das Untersuchungsmaterial schon eine alkalische Behandlung erfahren hat.

Eine weitere Probe besteht auch darin, das zu untersuchende Material in eine braune Lösung von gleichen Teilen 1/10n Ferrichlorid und Ferricyankalium, die zweckmäßig etwas angesäuert ist, einzulegen. Oxycellulosehaltige Fasern färben sich mehr oder weniger blau; Hydrocellulose gibt die Reaktion nicht.

Weitere, für die Oxycellulose spezifische diagnostische Reaktionen sind die folgenden:

Man legt die zu prüfende Faser oder Gewebe in eine sehr verdünnte Lösung von Ferrichlorid während einer Stunde ein, wäscht gut aus, und behandelt mit einer Lösung von Ferrocyankalium. Oxycellulosehaltiges Material färbt sich intensiv blau.

Man kann auch zunächst in einer Lösung von Ferrosulfat behandeln, dann noch auswaschen in Ferricyankalium, und erhält auch so eine blaue Färbung.

Von F. Müller[57]) wurde die Methode des Verfassers mit Zinnsalz und Gold modifiziert und außerdem der Nachweis noch auf andere Weise erbracht. Zunächst ersetzt Müller das Zinnchlorür durch Natriumhydrosulfit und ließ dasselbe bei ca. 80° C einwirken. Die Behandlung mit Goldchlorid gibt dann eine weitaus kräftigere Färbung. Er glaubt damit die Existenz von Carbonylgruppen in den mit Oxydationsmitteln behandelten Fasern nachgewiesen zu haben. Er baute die Reaktion aber weiter aus, durch

[56]) Textile Forschung II. 1920, 22, 23.

[57]) Helv. Chim. acta 22, 208 und 217.

Behandlung oxydativ behandelter Faser, wozu ich auch Kunstseide rechne, mit Phenylhydrazinen. Wenn man nämlich anstelle von Phenylhydrazin Hydrazin-o-naphtosulfosäuren bei Gegenwart von Natriumacetat oder aber auch mit der freien Säure allein einwirken läßt, so werden diese Kupplungskomponenten am Ort der Oxycellulose gebunden und es lassen sich dann mit Diazolösungen intensiv Färbungen entwickeln. Ganz besonders für den Zweck geeignet ist 1-Hydrazin-8-Naphtol-3,6-disulfosäure.

Ganz allgemein besteht die Müllersche Methode darin, daß man auf oxydierte Cellulose gebundene Arylhydrazone als Kupplungskomponenten, dann Diazokomponenten einwirken zu lassen, wobei am Ort des oxydativen Angriffes Azofarbstoffe gebildet werden.

Gewisse aromatische Hydrazine, wie die Hydrazinonaphtaline — und Hydrazinonaphtolsulfonsäuren, sowie entsprechende Derivate des Diphenyls lassen sich nur mit oxydierter Cellulose, nicht mit Hydrocellulose in Reaktion bringen.

Auch mit NaOH behandeltes, oxycellulosehaltiges Material gibt die Reaktion noch, so daß offenbar gewisse, in Alkali unlösliche Abbauprodukte der Cellulose, in der mit Oxydantien behandelten Baumwollfaser zurückbleiben.

Man achte bei diesen Proben darauf, daß Oxycellulose, welche sich beim Beuchprozeß gebildet hat, auf dem Gewebe nach den vordem genannten Reaktionen kaum mehr nachgewiesen werden kann, da die alkalische Lauge dieselben gelöst hat. Mit der oben angegebenen Reaktion ist aber auch in diesem Falle Oxycellulosehaltiges Material noch zu erkennen.

Konzentrierte Laugen wirken wesentlich anders als verdünnte, und zwar ist eine Wirkung schon in der Kälte zu beobachten. Laugen von 16° Bé ab, andere nehmen Veränderungen schon bei niederer Konzentration an, veranlassen die Baumwollfaser zu quellen, die korkzieherartigen Windungen aufzuwinden, die Fasern zeigen nach dieser Behandlung nach dem Auswaschen erhöhte Affinität zu Baumwollfarbstoffen. Je mehr man die Konzentration der Lauge erhöht, um so stärker zeigt sich die Wirkung in der gekennzeichneten Richtung. Je stärker die Lauge, um so stärker die Quellung und um so erheblicher auch die Schrumpfung der Faser; sehr hoch konzentrierte Laugen zeigen eine wesentlich geringere Schrumpfung als die von vorstehend mitgeteilter Konzentration. Eine Konzentration von 25 bis 27° Bé dürfte als optimale Konzentration gelten, über welche hinaus eine Zunahme der Veränderung nicht mehr zu bemerken ist. Behandelt man Baumwollgespinste oder Gewebe mit konzentrierten Laugen in der Kälte, indem man entweder die Schrumpfung der Faser durch vorheriges Spannen verhindert, oder indem man das mit Lauge imprägnierte Textilmaterial durch nachträgliche Spannung auf die ursprüngliche Länge streckt, so erhöht man bei bestimmten langstapeligen Baumwollen, vorzugsweise denen ägyptischer Provenienz, den schon in beschränktem Maße vorhandenen Seidenglanz (Mercerisation). Bei der Behandlung der Cellulose mit Natronlauge bildet sich eine wenig stabile, einem Alkoholat vergleichbare Verbindung, welche beim Auswaschen der Lauge zerfällt und Cellulose regeneriert. Von verschiedenen Forschern wird die Existenz eines derartigen Alkoholates in Zweifel gezogen[58]), doch muß wegen des eigentlichen Verhaltens gegenüber chemischen Agentien auf die Existenz einer alkoholatähnlichen Verbindung geschlossen werden[59]). Insbesondere ist die Xanthogenatreaktion, die beim Behandeln von alkalihaltigen Cellulosen mit Schwefelkohlenstoff eintritt und die in dem Moment ausbleibt, wo man das Alkali durch Auswaschen aus dem Material entfernt, ein positives Argument für die Existenz einer Alkalicelluloseverbindung von Alkoholatcharakter. Wir kommen auf die Wirkung von konz. Laugen später, bei der Behandlung der Mercerisation, zurück.

Die Wirkung der Erdalkalien auf Baumwolle entspricht etwa der verdünnter Alkalien. Beim Erhitzen der Baumwolle mit Ätzkalk usw. unter Druck, kann bei Gegenwart von Luft ebenfalls Oxycellulosebildung eintreten. Diesem Umstand ist bei der Kalkbeuche, die noch hin und wieder angewendet wird, Rechnung zu tragen.

Die kohlensauren Alkalien, Soda und Pottasche lassen die Baumwolle, auch unter den oben gekennzeichneten Bedingungen, ebenso beim Erhitzen unter Druck in wäßriger Lösung vollkommen intakt. Soda allein wurde früher vielfach zum Beuchen von Baumwolle verwendet, sie wird heute als billig häufig zusammen mit Ätzalkalien in der Beuche eingesetzt.

Das Verhalten der Baumwolle gegenüber Säuren[60]) ist für die Textilveredlung ebenso wichtig, wie das gegenüber Alkalien. Verdünnte Säuren können unter gewissen Bedingungen außerordentlich energisch auf die Fasern einwirken; sie verlieren an Festigkeit und können unter Umständen vollständig zerfallen. Das entstehende Produkt bezeichnet man als *Hydrocellulose,* wobei dieser Name, ebenso wie der der Oxycellulose keineswegs einen chemischen Begriff darstellt, sondern lediglich als Bezeichnung für Substanzen mit bestimmten Reaktionskomplexen dienen soll. Kalte, verdünnte Säure wirkt jedoch auf Cellulose kaum ein, solange sie in deren Lösung eingelegt wird. Sobald aber die Säuren auf der Faser eintrocknen und dadurch natürlich auch konzentrierter werden, tritt besonders bei Temperaturerhöhung Schädigung ein.

Konzentrierte Säuren schädigen die Baumwolle beim Einwirken schon in der Kälte. Ganz besonders intensiv ist die Wirkung von konz. Schwefelsäure. Die Faser wird gallertig, quillt stark auf und zerfällt nach einiger Zeit vollkommen. Längerdauernde Einwirkung, besonders in der Wärme, führt die Cellulose in Traubenzucker über. Konz. Salzsäure wirkt nicht so energisch, die Faser schrumpft zwar ein, aber beim Auswaschen ist kaum eine Einbuße an Festigkeit festzustellen.

Es ist bekannt und wird auch technisch verwertet, daß Schwefelsäure von verhältnismäßig hoher Konzentration 52 bis 56° Bé in der Kälte die Baumwolle, wenn nicht bei zu langer Einwirkung, insofern intakt lassen, als ein Zerfall nicht eintritt. Dagegen verändert sich der Aspekt der Faser vollkommen — 52° Bé Säure. bewirkt ein Opakwerden der Faser, 56° Bé ein Transparentwerden derselben. Wir kennen diese Erscheinung in der Technik,

---

[58]) Hess, Chemie der Cellulose 1928, 272.

[59]) Schrameck, Kolloidchemische Beihefte 40 (1924) H. 3–6, 42 (1935) H. 4–9.

[60]) Vgl. Schwalbe, Cellulose 1911, 55.

als Opal- und Transparentgewebe, die eine hohe Bedeutung in der Veredlungsindustrie erlangt haben. Die so behandelten Fasern zeigen ungefähr die Reaktionen der mercerisierten Cellulose; Chlorzink-Jod beispielsweise gibt violettblaue Färbung, welche in Wasser nur recht langsam verschwindet.

Die Behandlung von Baumwolle mit konz. Säure war schon v. Kurrer bekannt[63]).

Es hat sich ergeben, daß beispielsweise eine Schwefelsäure von 1,535 spez. Gew. = 50° Bé in ganz ähnlicher Weise wirkt wie die bekannten Quellungsmittel Kupferoxydammoniak und Äthylendiamin-Kupfer. Die Faser quillt in der Kälte, wobei sich die Kutikula manschettenartig zusammenschiebt und die bekannten perlschnurartigen Quellungsbilder zeigt[64]) (Abb. 18, S. 32). Schwefelsäure von 40° Bé. bleibt, wenn nur kurze Zeit auf Baumwolle einwirkend, sogar bei einer Temperatur von 70° C ohne Einfluß auf die Festigkeit; auf dieser Beobachtung hat Freiberger sein Nitratätzverfahren auf indigoblauer Ware aufgebaut, bei welchem Schwefelsäure von 40° Bé bei 70 bis 80° C einige Sekunden auf mit Nitraten bedruckte indigoblaugefärbte Ware zur Einwirkung gelangt[61]).

Bei der Freibergerschen Nitratätze ist das Moment zu berücksichtigen, daß zwei verschiedene Säuren auf die Cellulosefasern einwirken. Die unbedruckten Stellen kommen nur mit der Schwefelsäure in Berührung, die in der kurzen Zeit der Einwirkung keine Zeit hat, die Faser merklich zu modifizieren. An den mit Nitrat bedruckten Stellen dagegen tritt die Kombinationswirkung der heißen Schwefelsäure mit der in statu nascendi sich örtlich bildenden Salpetersäure auf. Man kann nun an solchen geätzten Partien, im Gegensatz zu den nur der Schwefelsäure ausgesetzten, verschiedene Reaktionen feststellen. Die bedruckten Stellen geben im Gegensatz zu den unbedruckten in J + JK, eine auch beim Auswaschen längere Zeit gleichbleibende hellblaue Färbung, die auf nativer Baumwolle nur bei Kombination von erst Jod, dann Schwefelsäure von bestimmter Konzentration entsteht. Das Fixierungsvermögen für Metalloxyde, insbesondere Eisenoxyd, ist an den bedruckten Stellen weit kräftiger ausgeprägt, als an den unbedruckten. Fehlingsche Lösung wird von den bedruckten Stellen, im Gegensatz zu den unbedruckten, merklich reduziert. Man hat also an den mit der Freibergerschen Nitratätze bedruckten Stellen, wo die Einwirkung von gewissermaßen „Nitriersäure" erfolgt, die Reaktion, die mercerisierte Baumwolle zeigt.

Konzentrierte Salpetersäure verändert die Cellulose bei kurzer Einwirkung in dem Sinn, daß sie erhöhte Aufnahmefähigkeit für Farbstoffe, auch für basische, zeigt. Außerdem erhält die Faser einen wollartigen Griff. Ch. Schwarz[62]) hat diese Beobachtung zu einem Veredlungsverfahren ausgebaut, das Gewebe ergibt eine Veränderung, die infolge ihres eigenartigen wollähnlichen Griffes, als Wollimitat verwendet werden kann (Philana).

---

[61]) Zeitschr. für gesamte Textilindustrie (1923) 168.

[62]) U. S. A. Patent L 384 677.

[63]) Vgl. die neuesten Entdeckungen und Erfindungen in dem Gebiete des Drucks und der Färbekunst, Berlin 1858, S. 12.

[64]) Mell. Textilberichte 1945, H. 12.

Was die organischen Säuren anbelangt, so schädigen die fixen organischen Säuren, Oxalsäure, Weinsäure, Zitronensäure, die Faser ebenfalls, wenn ihre Lösungen auf derselben eintrocknen, besonders bei erhöhter Temperatur. Weitaus harmloser sind Milchsäure, Essigsäure und Ameisensäure; sie wirken, wenn frei von Mineralsäure, auf Baumwolle nicht ein.

Baumwolle ist gegenüber der *Wirkung von Oxydationsmitteln* keineswegs indifferent. Wir haben die Wirkung von heißen Alkalien in Gegenwart von Luftsauerstoff und die dadurch erfolgte Bildung von Oxycellulose erwähnt. Die in der Textilveredlung gebräuchlichen Oxydationsmittel sind alle mit Vorsicht zu gebrauchen. Vor allem kommt hier die Wirkung der unterchlorigsauren Salze in Betracht, die heute zum Bleichen vorzugsweise verwendet werden. Verdünnte Hypochloritlösung wirkt auf Baumwolle milde ein, obwohl Oxycellulosebildung auch hier stets im geringen Ausmaße beobachtet werden kann, unter besonderen Bedingungen sogar sehr erheblich. Die zum Bleichen verwendeten Laugen von 0,2 bis 0,5° Bé = ca. 1 bis 2 g act. Chlor/Liter sind, zweckmäßig angewendet, harmlos. Konzentrierte Laugen von 1° Bé (ca. 4 g akt. Chlor/Liter) ab, wirken schon bedenklich und beim Kapillarisieren derartiger Lösungen durch Gewebestreifen kann von der Eintauchstelle ab nahezu vollkommene Brüchigkeit der Faser festgestellt werden. Die Kohlensäure der Luft wirkt hier naturgemäß rascher spaltend als bei normaler Anwendung in der Bleiche.

Für Bleichzwecke kommen außer unterschlorigsauren Salzen noch *Permanganate* in Betracht, deren Wirkung unter Umständen eine sehr energische sein kann, gründet sich doch eine Herstellung von Oxycellulose auf der Einwirkung von Permanganat in alkalischem Medium auf Baumwolle[65]). Im allgemeinen ist die Einwirkung in saurem Medium weniger gefährlich als im alkalischen; 1 bis 2 g pro Liter ist die Maximalkonzentration, welche in den Fällen, wo Permanganat in der Technik gebraucht wird, in Anwendung kommen kann.

Auch *Wasserstoffsuperoxyd* findet in der Garn- und Stückbleiche insbesondere für Mischgewebe immer mehr steigende Anwendung. Auch hier, wie bei der Anwendung aller Persalze, Persulfate und Perborate ist Vorsicht geboten, 30%iges Wasserstoffsuperoxyd löst Cellulose in der verhältnismäßig kurzen Zeit von 8 bis 10 Wochen unter Abbau zu Traubenzucker auf[66]).

Heermann hat seinerzeit auf das Verhalten von Perboraten in handelsüblichen Waschmitteln hingewiesen, die besonders bei Anwesenheit katalytisch wirkender Substanzen durch energische Sauerstoffabspaltung verderbliche Wirkung ausüben können. Andere Oxydationsmittel, insbesondere Chlorate und *Chromsäure* haben in der Druckerei, kaum aber in der Färberei als Oxydationsmittel für Baumwollerzeugnisse Bedeutung. In neuester Zeit wurden auch Chlorite ($NaClO_2$) in der Bleicherei aufgenommen. Sie wirken in saurer Lösung vor allem auf begleitende Kohlehydrate, kaum aber auf die Zellulose, ihre Verwendung ist unbedenklicher als die von Hypochloriten[66a]).

[65]) Kurz, Zeitschr. für Farben und Textilchemie 1902.

[66]) Haller, Textile Forschung *2*, 79 (1920).

[66a]) Melliands Textilberichte 1950, 696.

Von einer schädigenden Wirkung von *Reduktionsmitteln* ist bisher kaum etwas bekanntgeworden. *Zinnchlorür* und *Titantrichlorid,* die durch Abspaltung von Salzsäure schädigend wirken können, besitzen in der Druckerei, nicht aber in der Färberei vegetabilischer Gewebe eine gewisse Bedeutung, hier ist die schädigende Wirkung auf abgespaltene Salzsäure und nicht auf Reduktionswirkung zurückzuführen.

Was die Wirkung von Salzen anbelangt, so sind im allgemeinen, wenn es sich um neutrale Salze handelt, schädigende Wirkungen nicht festzustellen. Saure Salze können allerdings ähnlich wirken wie die freien Säuren. Die Baumwollfaser kann z. T. aus basischen Salzen bedeutende Mengen des Metallhydroxyds, oder (was noch nicht einwandfrei festgestellt ist) basische Salze als solche fixieren. Darauf besteht unter anderem der Beizprozeß zur Herstellung des Alizarinrotes und das Beizen zum Färben in Chromfarbstoffen. Außerordentlich energisch wird aus Ferrisalzlösungen Ferrihydroxyd fixiert, dann erhebliche Mengen Bleihydroxyd aus Bleisalzen. Der Reinheitsgrad der Faser spielt hinsichtlich der Menge der fixierten Hydroxyde eine bedeutende Rolle[67]). Oxy- und Hydroxycellulose absorbieren größere Mengen von Hydroxyden als reine Cellulose.

Salze, welche leicht dissoziieren, z. B. Magnesiumchlorid, werden als Schlichtezusatz (Erschwerung) verwendet, es kann aber beim Sengen eine Schwächung der Faser durch Abspaltung von Salzsäure eintreten. Ebenso gefährlich ist unter bestimmten Bedingungen Chlorkalzium. Auch Zinkchlorid als Reserve kann ähnlich wirken, insbesondere wenn es mit Nitraten vermischt zur Verwendung kommt.

Fermente, wie sie heute vielfach zum Entschlichten Anwendung finden, beeinträchtigen die Eigenschaften der Baumwolle in keiner Weise; dagegen können unter bestimmten Bedingungen ungeeignete Schlichten, feuchte Lagerung durch Schimmelpilzkulturen, die sich entwickeln, Schädigungen hervorrufen. Es ist daher zweckmäßig, derartigen Imprägnierungen antibakterielle Mittel zuzusetzen; als solche kommen in Frage: bestimmte Metallsalze, Zinksulfat, Kupfervitriol, Na-bifluorid, Borate, Phenol, Salicylsäure, Na-Benzoat, Aktivin u. a. in geringen Mengen.

b) Das physikalische Verhalten der Baumwolle.

Baumwollene Gewebe bleiben dem Licht ausgesetzt lange Zeit ohne besondere Veränderungen; längerdauernde, intensive Sonnenlichtbestrahlungen ergeben aber eine Schwächung der Faser durch Bildung von Oxycellulose[68]). Einwirkung von Wärme kann beim Überschreiten von 130° C die vegetabilische Faser schon recht erheblich schädigen. Erhitzen roher Baumwollfasern mit Dampf von 3 bis 4 Atü bräunt die Faser, ohne sie wesentlich zu schwächen. Dieses Verhalten wurde dazu verwendet, amerikanischen Baumwollen das Aussehen von Makobaumwolle zu geben[69]). Einfrieren nasser Baumwollfasern ruft keinerlei Festigkeitseinbuße hervor; Gewebe können

67) Haller, Chem.-Z. 1918, 597.

68) Witz, Bull. Rouen 1882, 454, 1883, 222, vgl. Zeitschrift f. d. Ges. Textilindustrie *40,* H. 19, 273.

69) Deutsche Färberzeitung, Über Makobaumwollen (Verlag Zeimsen Wittenberg).

allerdings unter solchen Bedingungen brechen, sie brechen aber nicht, weil die Faser geschwächt wurde, sondern weil Eisinkrustate das Gewebe spröde machten, eventuell Eiskrusten sie zerschneiden können.

Die Diskussion über die Möglichkeit Baumwolle aufzulösen ist noch nicht abgeschlossen. Wir kennen zwei technisch angewendete Verfahren, nach denen man Cellulose in Lösung bringen kann; das erste ist das von Cross und Bevan gefundene Verfahren über das Celluloseexanthogenat, wobei aber nicht die Cellulose selbst in Lösung geht, sondern eine chemische Modifikation derselben, aus der sich aber allerdings wieder ein celluloseähnliches Produkt regenerieren läßt, das aber von der nativen Cellulose verschiedene Eigenschaften aufweist. Von einer eigentlichen Lösung der Cellulose kann man also nicht sprechen. Das zweite Verfahren verwendet als Lösungsmittel Kupferoxydammoniak oder Äthylendiamin-Kupfer (Traube). Man erhält so viskose Lösungen, aus welchen eine früher als „reorganisiert" bezeichnete Cellulose durch Fällung mit Säuren abgeschieden werden kann. Ich habe in einem früheren Kapitel für diese Cellulose den Ausdruck „desorganisierte" Cellulosen als besser am Platze vorgeschlagen (siehe S. 17).

Die gefällten Produkte geben mit Fehlingscher Lösung eine sehr kräftige Oxycellulosereaktion, so daß angenommen werden kann, daß es sich nicht lediglich um einen Lösungsvorgang gehandelt hat, sondern daß sich vielmehr kräftige Oxydationswirkungen nebenher abgespielt haben, was bei einer Reaktion, die im stark alkalischen Medium vor sich geht, bei der Luftabschluß nicht absolut möglich ist, nicht verwunderlich ist. Man darf daher auch hier nicht von einer Lösung im strengen Sinne des Wortes sprechen, denn Ausgangsprodukt und Fällungsprodukt sind chemisch nicht identisch.

Man findet in der Literatur eine Menge von Angaben über die Möglichkeit, Cellulose in Lösung zu bringen, aber vollkommen unveränderte Cellulose ist bis heute in solchen Lösungen nicht gefunden worden. Auch die Angaben über ein kräftiges Lösungsvermögen der Cellulose in Kaliumquecksilberjodid konnte nicht bestätigt werden (loco cit.).

P. v. Weimarn[70]) hat seinerzeit eine aufsehenerregende Mitteilung gemacht, nach welcher Cellulose praktisch in Lösungen aller Neutralsalze mehr oder weniger löslich sei. Er ließ sich diese Beobachtung patentrechtlich schützen[71]). Diese Angaben wurden nun von verschiedenen Seiten nachgeprüft, keiner der Prüfenden konnte sie aber restlos bestätigen. Der Verfasser hat sich selbst mit der Prüfung befaßt[72]) und konnte feststellen, daß eine nur scheinbare Lösung stattgefunden hatte, daß aber die in Lösung gegangene Substanz nicht mehr Cellulose, sondern den Reaktionen nach Hydrocellulose war. Vor allem waren es die Lösungen in konzentrierten Lösungen von Lithiumchlorid, übrigens der einzige Lösungsversuch, über welchen v. Weimarn konkrete Angaben gemacht hatte.

Die von Begleitkörpern durch den Bleichprozeß möglichst vollständig befreite Baumwollfaser hat ein spezifisches *Anfärbevermögen* nur gegenüber

[70]) Koll. Zeitschrift *11*, 41 (1912).

[71]) D. R. P. 275.882.

[72]) Klepzig, Text. Zeitschrift *22*, 645 (1941).

Gruppen direkter (substantiver) Farbstoffe, auch Küpenfarbstoffe haben an sich kein Anfärbevermögen, es kann erst nach einer eingreifenden chemischen Veränderung der Küpenfarbstoffe in der alkalisch-reduktiven Verküpung ein Aufziehen und im Reoxydationsprozeß Affinität erzielt werden. Bei basischen und Beizenfarbstoffen ist eine Färbung nur durch Ablagerung gewisser Mittelsubstanzen auf und in der Faser zu erzielen. Es handelt sich also eigentlich um eine Fällung von Lacken auf und in der Faser. Die native Cellulose hat allerdings ein Anfärbevermögen für basische und saure, doch ist dieses in Begleitkörpern der nativen Fasern begründet, Pektinsubstanzen, also Eiweißkörper, wohl auch Fette und Wachse sind die Ursache[73]).

Bei dieser Gelegenheit sei auf die Arbeiten von Tobler über diese Fragen hingewiesen[74]).

2. Die Bastfasern.

Die technischen Bastfasern, d. h. die Fasern der pflanzlichen Baststränge, welche nach bestimmten Reinigungsoperationen als Gespinstfasern in der Textilindustrie Verwendung finden, unterscheiden sich grundsätzlich in ihrer chemischen Zusammensetzung nicht von den Baumwollfasern, da auch hier die Grundsubstanz aus Cellulose besteht, zeigen aber gegenüber der genannten Faser ein verändertes Verhalten, insbesondere bei der Einwirkung von Quellungsmitteln, ferner auch gewissen chemischen Reaktionen gegenüber und vor allen Dingen in ihrem histologischen Aufbau.

Ganz allgemein kann man diesen Aufbau wie folgt charakterisieren:

Die Bastfasern stellen keine einheitlichen Gebilde dar, wie die Baumwollfaser. Wir haben es hier mit einer großen Anzahl von Bastfaserzellen zu tun, welche longitudinal gelagert sind und in eine Art Kittsubstanz in lamellarer Form eingebettet sind, die man als „Mittellamelle" bezeichnet; möglicherweise ist diese ebenfalls auf Cellulosebasis aufgebaut. Den Hauptanteil dieser Kittsubstanz bilden wohl Pektinkörper. Man kann diese Mittellamelle, gerade auf Grund ihres Gehaltes an Pektinkörpern, sehr gut nachweisen, wenn man die Eigenschaft der Pektinkörper benützt, Metalloxyde zu speichern[75]). Legt man z. B. Querschnitte durch ein Bastfaserbündel in eine verdünnte Lösung von Stannochlorid ein und wäscht nach einiger Zeit gut aus, um sie dann in eine Lösung von Goldchlorid zu übertragen, so wird man unter dem Mikroskop eine sehr scharfe Differenzierung der Mittellamelle durch dort abgelagerten Cassiusschen Goldpurpur feststellen. Die eigentliche aus Cellulose bestehende Membran bleibt völlig ungefärbt (Abb. 20).

Es liegt auf der Hand, daß die Entfernung der Mittellamelle, welche die Verbindung der einzelnen Bastzellen untereinander aufrecht erhält, die Isolierung der einzelnen Bastfaserzellen zur Folge hat. Man kann diese Isolierung zum Studium der Morphologie der Einzelzellen, beispielsweise durch Erwärmen im Schultzschen Reagenz, einer konzentrierten Salpetersäure, die einige Körnchen Kaliumchlorat enthält, bewirken, wird aber in diesem

[73]) Zeitschrift für Farben und Textilchemie 1907, 126.

[74]) Faserforschung XII, 178; XIII, 49.

[75]) Textile Forschung *2*, 22 (1920).

Falle alle Begleitkörper zerstören, ebenso wird die isolierte Zelle nicht mehr reine Cellulose, sondern eine modifizierte Cellulose darstellen, deren Reaktionen von reiner Cellulose recht verschieden sind.

Zum Studium der unveränderten Bastzellen kann man sich nur solcher Isolierungsmethoden bedienen, welche weder den chemischen noch den morphologischen Charakter verändern. Man gelangt am besten zu isolierten Bastfaserzellen durch Maceration in Wasser unter Zusatz von etwas Na-Bicarbonat[76]). Bei länger andauernder Maceration, wobei man durch zeitweises

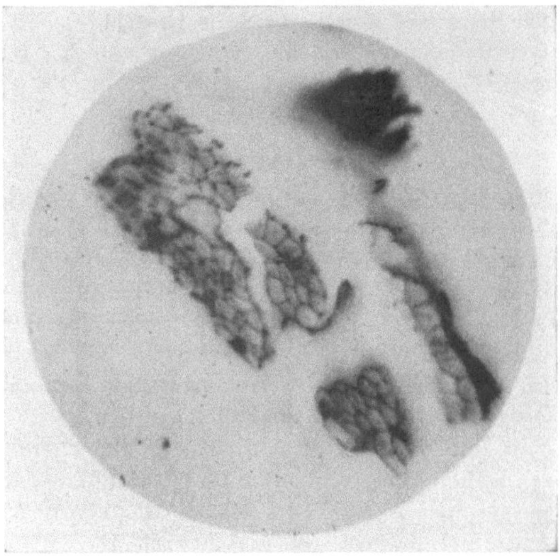

Abb. 20. Querschnitt durch ein Bastfaserbündel (Hanf), $SuCl_2$ und $HAuCl_4$ behandelt.

Erwärmen den Prozeß beschleunigen kann, erhält man ein aufgelockertes Material, aus dem sich sehr leicht einzelne Bastfaserzellen herauspräparieren lassen.

An schonend präparierten isolierten Bastfasern kann man in den meisten Fällen zwei Membrane oder Schichten feststellen, vor allem die Primärmembran, die in gewissem Sinne der Kuticula der Baumwollfaser vergleichbar ist, aber eine verschiedene Zusammensetzung besitzt, dann die mächtige Sekundärmembran, die eigentliche Zellwand, die bei Flachs und Hanf aus Cellulose besteht, bei Jute jedoch auch cellulosefremde Inkrustate enthält. Die Primärmembran schließt unmittelbar an die Mittellamelle an und ist von dieser oft nur schwer zu unterscheiden. Die in Quellungsmitteln, oft nur nach vorausgehendem Behandeln in Macerationsmitteln, z. B. Chlorperoxyd, entstehenden, perlschnurähnlichen Quellungsbilder sind auf die besondere Zusammensetzung der Primärmembran im Verhältnis zur eigentlichen Bastfaserzellwand zurückzuführen, sie fehlen merkwürdigerweise bei der Flachsfaser vollständig.

[76]) Textile Forschung 3, 26 (1921).

Alle natürlichen Bastfasern färben sich in gleichen Teilen Ferrichlorid und Ferricyankaliumlösung mehr oder weniger intensiv indigoblau[76a]).

In neuerer Zeit hat man sich, besonders in Ländern von autarkischer Einstellung, bemüht, den Baumwollimport zu drosseln, und diese Faser durch sogenannte „kotonisierte" Bastfasern zu ersetzen. Das *Kotonisieren* besteht in der Isolierung der Elementarfaser der technischen Bastfaser, die sich infolge ihrer Länge von 1,5 bis 2,6 cm auf den üblichen Baumwollspinnapparaten verspinnen lassen sollte. Man hat aber feststellen müssen, daß ein 100%iger Ersatz von Baumwolle, weil schlecht spinnbar, nicht erreichbar ist; wo es gelingt, fehlt dem entstandenen Faden die notwendige Festigkeit. Auf diesen Umstand hat schon J o h a n n s e n aufmerksam gemacht, der die Baumwolle als *lebendige Faser,* die kotonisierte Faser als *tote Faser* bezeichnet, da letzterer die durch die korkzieherartigen Windungen der Baumwollfaser bedingte Federkraft fehlt. Nach den persönlichen Erfahrungen des Verfassers läßt sich ein verwendbares Gespinst mit Hilfe von kotonisierten Fasern nur dann auf den üblichen Baumwollspinnmaschinen erzeugen, wenn man beispielsweise ein Gemisch von 50% Baumwolle mit 50% kotonisierter Faser verwendet. Weiter wie zur englischen Baumwollnummer 20 wird man mit einem solchen Material kaum kommen. Die Zerlegung der technischen Bastfaser, eines an sich hochwertigen Spinnmaterials, ist, wo nicht besondere Gründe für eine solche Mißhandlung vorliegen, derzeit als Fehlschlag anzusehen und hat nur Berechtigung, wenn aus Bastfaserabfällen, die als solche unverwendbar wären, durch Mischen daraus hergestellter kotonisierter Fasern mit anderen Spinnfasern eine brauchbare Faser hergestellt werden kann. Man verändert eine Faser, die ganz hervorragende Festigkeitseigenschaften besitzt, so, daß man daraus eine Gespinstfaser herstellt, die, wenn 100%ig aus kotonisierter Faser bestehend, kaum den primitivsten Anforderungen genügen kann. Auch in Mischung mit Baumwolle oder Zellwolle erreicht das Gespinst nicht im entferntesten die Festigkeit der aus nativen oder technischen Fasern hergestellten Gespinste.

Der technische Prozeß, der sich mit der Isolierung der Bastfasern befaßt, wird mit *Kotonisierung* bezeichnet. Man versteht darunter, wie schon der Name sagt, einen Prozeß, der das Ziel verfolgt, aus den Bastfasern ein der Baumwolle möglichst ähnliches Spinnmaterial herzustellen, das wie diese Faser auf den üblichen Spinnmaschinen zu Garnen der verschiedensten Nummern verarbeitet werden kann. Diese Isolierungsprozesse müssen aber so geleitet werden, daß die endgültige Faser in ihren Festigkeitseigenschaften möglichst wenig beeinträchtigt wird.

Die Technik der Kotonisierung beruht darauf, daß man versucht, die Kittsubstanzen, welche die Einzelbastzellen zusammenhalten, möglichst ohne Beeinträchtigung der Bastfaserzellen selbst zu lösen und den Verband so zu lockern, daß die Isolierung durch gewisse mechanische Operationen, beispielsweise Krempeln, möglich wird. Im allgemeinen besteht der Kotonisierungsprozeß in einer vorausgehenden Behandlung mit Ätzalkalien oder Alkalikarbonaten. Dieser läßt man in den meisten Fällen eine Behandlung mit Oxydationsmitteln, vorzugsweise Hypochloriten, folgen, eine Operation, die inso-

[76a]) Berichte der schweiz. botanischen Gesellschaft 56, 319.

fern gefährlich ist, als sie, wenn nicht sehr vorsichtig gearbeitet wird, das zu erzielende Endprodukt in seiner Festigkeit beeinträchtigt.

Das oben erwähnte Verfahren mit Hilfe der Macerisation mit Wasser in Gegenwart von Na-Carbonat kommt für die technische Darstellung von Bastzellen nicht in Frage, da der Zerfallprozeß viel zu lange dauert. Es soll hier nicht auf verschiedene andere Verfahren, welche fast in allen Fällen auf der Vorbehandlung des Rohmaterials in Ätzalkalien und in einer Nachbehandlung mit Oxydationsmitteln bestehen, eingegangen werden. Ein Verfahren[77]) jedoch, das unter weitgehender Schonung des Endproduktes arbeitet, soll aber deshalb näher charakterisiert werden, weil es auf der oben angeführten Affinität der Mittellamelle zu Metalloxyden beruht. Es liegt auf der Hand, daß insbesondere die Wirkung von Oxydationsmitteln nur schwer auf die Mittellamelle zu beschränken sein wird. In der Tat sind die erzielten Endprodukte stets mehr oder weniger oxycellulosehaltig und dadurch in ihrer Festigkeit erheblich geschwächt. Sie bedingen daher durch die Wirkung der verschiedenen Spinnoperationen, insbesondere des Öffnens, dann besonders des Krempelns empfindliche Verluste durch Bruch einzelner Fasern. Der Abfall ist daher recht erheblich.

Nach dem oben angeführten Verfahren gelingt es, die Wirkung der Oxydantien auf die Mittellamelle zu lokalisieren. Auf der Erkenntnis beruhend, daß diese Metalloxyde zu binden vermag, kann man auch Oxyde, wie Eisen, Kupfer, Mangan und dergleichen, welche als typische Katalysatoren, beispielsweise für Hypochlorit bekannt sind, in die Mittellamelle einlagern. Wenn man das in Natronlauge vorbereitete Material, die Lauge bewirkt lediglich eine Lockerung der technischen Faser, vor der Oxydationsbehandlung in Lösungen von Metallsalzen behandelt, auswäscht und dann erst die Oxydationsmittel einwirken läßt, erhält man ein sehr verwendbares Material, das die meisten mechanischen Eigenschaften beibehalten hat.

Mit diesem Material wurden Spinnversuche im Großen gemacht, welche ein sehr gutes Resultat ergeben haben[78]).

Es sei aber nochmals betont, daß Garne mit 100% kotonisierter Faser nicht herzustellen sind, da solchen jeder innerliche Halt fehlt. Johannsen[79]) bezeichnete, wie erwähnt, die kotonisierten Bastfasern als *tote Fasern,* im Gegensatz zur Baumwolle als *lebendige (elastische) Fasern.* Die toten Fasern besitzen infolge ihres starren Habitus nur ein geringeres Haftvermögen untereinander und müssen, um zu einem brauchbaren Garn verarbeitet werden zu können, mit der elastischen Baumwolle, welche infolge ihrer korkzieherartigen Windungen eine gewisse Federung aufweist, vermischt werden. Die Windungen der Baumwolle greifen ineinander ein und geben dann auch den beigemischten kotonisierten Fasern den gewünschten Halt. Ein Verhältnis 1 : 1 beider Fasern ergibt gute Resultate, welche aber rasch verschlechtert werden, wenn man dasselbe zugunsten der kotonisierten Faser ändert.

---

[77]) Textile Forschung, loc. cit.

[78]) D. R. P. 696.695 (Ciba).

[79]) Johannsen, Über den Spinnwert der elementarisierten Flachsfasern. Mitteilungen des deutschen Forschungsinstitutes für Textilindustrie, Reutlingen-Stuttgart, Juli 1933.

Ich möchte bezüglich der Kotonisierung eine bestimmte Ansicht über den Sinn einer solchen Operation nicht unterdrücken. Vom wirtschaftlichen Standpunkte aus wird die Kotonisierung der Bastfaser der Baumwollfaser niemals ernstlich Konkurrenz machen können. Es geht dies schon daraus hervor, daß beispielsweise für Italien, wo die kotonisierten Fasern von der Regierung stark gefördert wurden, 1 kg Baumwolle loco Genua etwa 4 Lire kostete, während der gesetzlich bestimmte Abnahmepreis der Industrie für kotonisierten Hanf 11 Lire betrug. Dabei bedenke man, daß kotonisierte Faser an sich, wie oben schon hervorgehoben wurde, als ausgesprochenes Surrogat anzusehen ist, und die Baumwollfaser nirgends restlos zu ersetzen vermag.

Sobald sich die Kotonisierung auf Bastfaserabfälle beschränkt, aus denen normalerweise keine verspinnbaren Fasern gewonnen werden können, kann man von einer Veredlung sprechen; im Falle der Desintegrierung von technischen Bastfasern muß von *Verschlechterung* gesprochen werden.

Makroskopisch- und mikroskopisch-morphologisch stellen die Bastfaserzellen langgestreckte, auf beiden Seiten spitz zulaufende, schlanke, spindelförmige Gebilde dar. Ihre Länge ist je nach der Art der Bastfaser, bzw. der Pflanze, der die Bastfaser entstammt, verschieden; sie kann mehrere Zentimeter betragen, aber auch nur, wie bei der Jute, 0,8 bis 4 mm lang sein. Die bedeutendste Länge von Bastfaserzellen wurden bei der Ramie beobachtet und zu 260 mm festgestellt.

Mikroskopisch-morphologisch ist das allen Bastfaserzellen gemeinsame Merkmal, daß sie, falls ihre Isolation ohne zu gewaltsame Mittel erreicht wurde, die Anwesenheit einer Kutikularschicht zeigen, die, wie bei der Baumwolle, durch bestimmte Quellungsmittel, wie Äthylendiamin-Kupfer, perlschnurartige Quellungen aufweisen, hervorgerufen durch die zwischen den sich manschettenförmig zusammenschiebenden Kutikularpartien quellende Zellwand (siehe Abb. 14 und 15, S. 30). Diese Kutikularschicht wird zweifellos eine von der Baumwolle verschiedene chemische Zusammensetzung haben, da die biologische Bedeutung derselben da und dort verschieden ist. Über diese Verhältnisse ist aber bisher noch kaum etwas bekannt geworden.

Im Gegensatz zur Baumwollfaser quellen die Bastfasern sehr stark auf, ohne sich völlig im Reagenz zu lösen. Die Form des das Lumen auskleidenden Schlauches ist dann oft von diagnostischem Wert, wenn es darauf ankommt, die Art der Bastfaser zu bestimmen. Es wurde wie bei der Baumwolle seinerzeit von Lüdtke[80]), dann besonders eingehend von Sakostschikoff[81]) auf ein angeblich bisher unbekanntes Strukturelement aufmerksam gemacht, das als „Querelement" bezeichnet wurde und das Sakostschikoff durch Quellung in konzentrierter Schwefelsäure sichtbar zu machen glaubte. Es hat sich aber erwiesen[82]), daß diese Querelemente nur Querelemente vortäuschen, daß es sich vielmehr um unter ganz bestimmten Bedingungen sich bildende Zusammenschiebungen, wie sie die genannten Forscher festzustellen glaubten, handelt; tatsächlich existieren diese Quer-

80) An. 466, 27.

81) Mell. Textilberichte 1930, 441; 1935, 244.

82) Haller, Helv. Chim. acta. *18*, 800; *20*, 199; *24*, 149.

elemente weder in der Baumwollfaser, noch in den Zellen von Bastfasern. Im folgenden soll auf die einzelnen technischen wichtigen Bastfasern eingegangen werden.

Über den strukturellen Aufbau wurde oben das Erforderliche im Zusammenhang mit der Behandlung der Bastfaser im allgemeinen gesagt. Was das chemische Verhalten der *Flachsfaser* anbelangt, so ist sie eine Gespinstfaser, welche in gewisser Beziehung der Baumwolle am nächsten steht. Die Faser besteht zu 65 bis 90 % aus Cellulose; diese große Spannung beruht vor allem darauf, welcher Art die Pflanze war, unter welchen Bedingungen sie gezüchtet wurde, ob zur Erzeugung von Gespinstfasern oder zur Ölgewinnung. Ferner kommt es darauf an, welchem Teil der Pflanze man Material zur Bestimmung des Cellulosegehaltes entnimmt[83]), ob in der Mitte des Stengels, an der Spitze oder an den unmittelbar der Wurzel benachbarten Teilen. Auch die Art der Düngung übt einen Einfluß auf den Cellulosegehalt der Faser aus.

Auf das Verhalten gegenüber Metallsalzen wurde oben schon hingewiesen. Herzog weist auf ein gegenüber Baumwolle höheres Aufnahmevermögen für Kupfersulfat hin; hier werden sicherlich auch die Nichtcellulosen der Mittellamellensubstanz beteiligt sein und nicht die Cellulose selbst.

Die in der Faser, und zwar vorzugsweise in der Mittellamelle lokalisierten Pektinkörper, welche wohl auch dem Färbevermögen der Flachsfaser in Cyanin zugrunde liegen, da reine Baumwollcellulose mit nahezu 97 % Cellulosegehalt keinerlei Affinität zu diesem Farbstoff hat. Um bei den Pektinstoffen etwas länger zu verweilen, soll hervorgehoben werden, daß diese die nicht unerhebliche Menge von 6 bis 7 % des trockenen Fasermaterials ausmachen. Durch Auskochen unter Druck, wie dies im allgemeinen bei den Bleichprozessen, die zudem in alkalischem Medium vor sich gehen, der Fall ist, können naturgemäß neben Pektinen, Fett und wachsartigen Stoffen bis zu 20 % des trockenen Materials entfernt werden. Die Anwesenheit eines sogenannten „Flachswachses" ist nachgewiesen und steht dasselbe vielleicht nicht chemisch, aber histologisch, wie bei der Baumwollfaser, mit dem Aufbau der Kuticularschicht in Verbindung; von anderer Seite wird zwar behauptet, daß die Wachssubstanzen im ganzen Faserkörper verteilt seien[84]).

Über den Stickstoffgehalt von Leinen hat Tschilikin[85]) eingehende Untersuchungen vorgenommen. Nach Tschilikin charakterisiert der Stickstoffgehalt des Leinens die erzielte Reinheit des Gewebes beim Bleichprozeß. Wir wissen schon von früheren Untersuchungen, daß der verhältnismäßig hohe Stickstoffgehalt der Leinenfaser bei der Behandlung mit Hypochloriten Veranlassung zur Bildung ziemlich stabiler Chloramine geben kann. Der genannte Forscher hat diese Verbindungen isoliert. Nach Tschilikin findet man in den Bastfasern des Flachses 0,88 % Stickstoff. Nach Makrinow gelingt es diesen Stickstoffgehalt durch die Einwirkung bestimmter Bakterien kräftig zu reduzieren; dagegen werden die in der Faser enthaltenen Proteine durch Fermente, beispielsweise Novo-Fermasole, nicht

[83]) Herzog, Zeitschrift f. Farben und Textilchemie 1905, S. 12.

[84]) Münch, Leinenindustrie *45*, 348 (1927).

[85]) Mell. Textilberichte 1929, 884.

abgebaut. Ebensowenig kann man den Stickstoffgehalt durch Behandlung in reiner Schwefelsäure von ¾° Bé beeinflussen. Durch eine alkalische Beuche unter Druck werden hingegen die Proteine entfernt. In den Kochlaugen wurden durch Neutralisation mit Säure Niederschläge erhalten, die bis zu 4 % Stickstoff enthielten.

Von der Baumwolle unterscheidet sich die Flachsfaser auch durch vollständige Abwesenheit von Farbstoffen. Die bei der Baumwolle in der Kuticula lokalisierten Farbstoffe, die zweifellos dem Gossypin, dem Farbstoff der Samenschale, nahestehen oder möglicherweise mit ihm identisch sind, fehlen im Flachs völlig. Das Chlorophyll kann vielleicht die Farbe etwas beeinflussen, aber von einem eigentlichen Farbstoffgehalt kann nicht gesprochen werden.

Dagegen sind in der Faser Gerbstoffe, welche sicherlich die Ursache der bemerkenswerten Widerstandsfähigkeit der Faser gegen längerdauernde Benetzung, wie dies in der Röste der Fall ist, enthalten. Die ebenfalls anwesende Glykose und andere Zuckerarten sind jedenfalls die Ursache der bei der Röste rasch in Erscheinung tretenden Gärung mit gleichzeitiger Bildung von Essigsäure und Buttersäure.

Was den morphologischen Aufbau der Flachsfaser anbelangt, so fügt sich derselbe in die im allgemeinen Überblick gegebenen Mitteilungen ein. Die Dimensionen der einzelnen Zellen, also nicht der technischen Faser, werden außerordentlich verschieden angegeben; wir finden Angaben von 20 bis 50 mm (W i e s n e r)[86] und 1 bis 12 mm (T a m m e r). Der Durchmesser der Einzelfaser schwankt zwischen 17 und 20 und 30 und 60 μ. Solche Diskrepanzen können nur so erklärt werden, daß man annehmen muß, daß nicht allein Rasse des Flachses, sondern auch die klimatischen Verhältnisse, unter denen das jeweilige Untersuchungsmaterial zur Reife gelangte, zweifellos auch der Teil der Pflanze, welcher die Fasern entstammen, eine bedeutende Rolle spielen.

Die Form der Einzelzelle ist am besten mit einem mehrkantigen langgestreckten Körper, der beiderseitig zu einer feinen Spitze ausgezogen ist, zu vergleichen. Kombinierte Untersuchungen an Querschnitten, mit den in der Längsrichtung gelagerten Fasern und deren Enden, gestatten das Bild einer solchen Einzelzelle zu konstruieren. Die Enden der Flachszellen zeigen sehr oft merkwürdige Verdickungen. Die Membrandicke der Einzelfaser ist recht bedeutend, so daß das Lumen oft nur als sehr kleine rundliche Öffnung erkennbar bleibt. Man hat diese mächtige Wandstärke mit der bekannt schweren Färbbarkeit der Flachsfaser in Verbindung bringen wollen. Dies ist sicherlich nicht der Fall, da auch die Baumwolle mit ihrer leichten Färbbarkeit eine bemerkenswert kräftige Wandstärke aufweist. Wir werden bei der Behandlung der substantiven Färbung auf diese Verhältnisse zurückkommen. Im übrigen sei darauf hingewiesen, daß über die Färbbarkeit von

[86]) Rohstoffe der Pflanzenwelt, 1903, S. 296.

kotonisierten reinen Flachsfasern, wobei bekanntlich nur Einzelfasern in Frage kommen, nichts bekannt ist; da heute ausschließlich Gespinste zur Verwendung kommen, die aus technischen Flachsfasern bestehen, kommen hier ganz andere Verhältnisse in Frage. Jede Faserzelle zeigt ein Zellumen, das auf dem Querschnitt punktförmige, auch linienförmige Form annehmen kann. Ab und zu findet man Erweiterungen des Lumens, in der Längsansicht feststellbar, die mit plasmatischem Inhalt gefüllt sind.

Die Zellmembran ist ziemlich kompliziert aufgebaut. Man findet auch hier, wie bei der Baumwolle, nach Einwirkung geeigneter Quellungsmittel, wie Äthylendiamin-Kupfer, einen lamellaren Aufbau der Zellwand. Ob diese

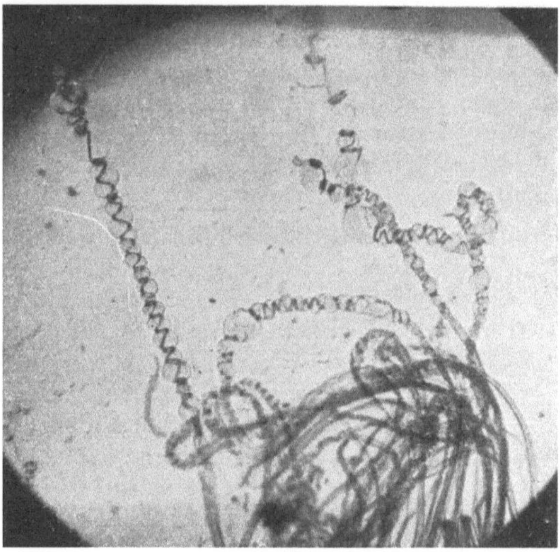

Abb. 21. Hanffaser in Äthylendiamin-Kupferlösung nach Mazeration mit Na-bicarbonatlösung behandelt.

einzelnen Schichten gesondert von einer Sekundärkuticula überzogen sind, ist vielfach angenommen worden, in neuerer Zeit wurde dies aber wieder in Abrede gestellt. Man hat hier wohl zwischen der Mittellamelle und der kuticulaähnlichen Außenschicht der einzelnen Zellwandlamellen zu unterscheiden. Erstere stellt die eigentliche Kittsubstanz zwischen den einzelnen Bastfaserzellen dar, letztere kann bei vorsichtiger Isolierung der Bastzellen durch Einwirkung von Äthylendiamin-Kupfer durch die perlschnurartige Quellung gesondert beobachtet werden (Abb. 21).

Die eigentliche Zellmembran besteht aus Cellulose und gibt daher auch die Cellulosereaktion. Die Primärmenbran färbt sich mit Chlorzink-Jod gelbbraun und mit Rutheniumrot rot an; besteht also vermutlich, wie bei der Kuticula der Baumwolle, aus Cellulose als Grundsubstanz, mit einem hohen

Gehalt an adsorptiv mit der Cellulose verbundenen Begleitkörpern. In dieser Richtung fehlen uns noch einzelne Untersuchungen (Abb. 22).

Diese Strukturverhältnisse können durch Anwendung der physikalischen Kondensation von Färbungen nach H a l l e r - R u p e r t i[87]) deutlich demon-

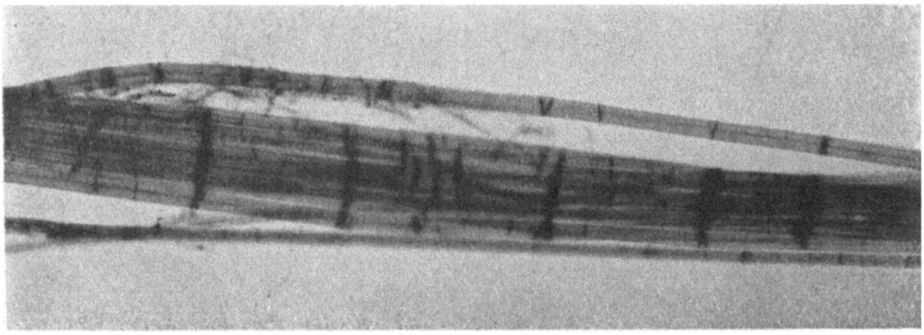

Abb. 22. Flachsfaser in Chlorzink-Jod behandelt, deutlich sichtbare Verschiebungen 120 ×.

striert werden. Der Verfasser und O c k a n y - S c h w a r z[88]) haben in Cibaviolett B gefärbte Faser der physikalischen Kondensation unterworfen und so

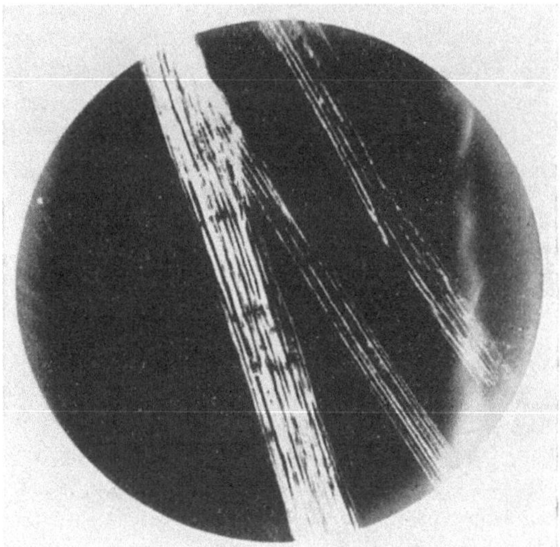

Abb. 23. Techn. Hanffaser gefärbt in Cibaviolett B und der physikal. Kondensation unterworfen (im Dunkelbild treten die einzelnen Bastfasern gut hervor).

den Farbstoff nicht allein in die Lumina der Bastzellen, sondern auch in der Mittellamelle, also zwischen den einzelnen Bastzellen zur Ablagerung gebracht (Abb. 23).

[87]) Mell. Textilberichte 1925, 669.

[88]) Dissertation Zürich 1933, Helv. Chim. acta XVII, 761.

Wir möchten bei dieser Gelegenheit darauf aufmerksam machen, daß die Methode der physikalischen Kondensation an gefärbten Fasern sich außerordentlich zum Studium des histologischen Aufbaus, besonders vegetabilischer Fasern, geeignet erwiesen hat. Auch bei der Seide hat diese Behandlung bemerkenswerte Resultate gezeitigt[89]).

Ob die Bastzellen Poren besitzen, ist heute noch nicht eindeutig festgestellt! Reimers will zwar solche, und zwar in der Längsrichtung als äußerst feine Linien beobachtet haben. Ein anderer Forscher wiederum, Nodder, findet Poren in der Querrichtung. Diese Widersprüche zeigen, daß die Anwesenheit von Poren zunächst noch problematisch bleibt. Jedenfalls hat man sich zu hüten, dieselben zur Erklärung von Färbevorgängen heranzuziehen, wie das zur Zeit der Anfänge färbetheoretischer Betrachtungen von verschiedenen Forschern geschah.

Charakteristisch für die Bastfasern, also auch für den Flachs, ist die Anwesenheit von sogenannten Verschiebungen, die besonders deutlich bei der Behandlung in Chlorzink-Jod, dann in bestimmten direkten Farbstoffen sichtbar werden[90]). Über die Entstehung derselben herrscht noch keineswegs Klarheit; es wurde angenommen, daß dieselben schon in der nativen Faser vorgebildet wären, während neuerdings andererseits die Anschauung vertreten wird, daß diese Folgen der mechanischen Bearbeitung der Bastfasern seien. Daß bei der Aufbereitung des Flachses durch die Gewaltsamkeit der dabei üblichen Operationen solche Verschiebungen in der Zellmembran möglich sind, sei ohne weiteres zugegeben, daß dieselben jedoch schon bei Herauspräparieren von Fasern aus dem Stengel[91]) gebildet werden sollen, halte ich für durchaus ausgeschlossen. Untersucht man derartige Verschiebungen bei Dunkelfeldbeleuchtung, so stellt man an diesen Stellen eine Verdichtung der Fasersubstanz fest[92]). Solche „Stauchungen" können meines Erachtens nur durch erheblichen Druck oder Zug, oder vielleicht unter dem Einfluß beider als Quetschung zustande kommen (Abb. 22).

Es ist aber keineswegs von der Hand zu weisen, daß das Vorhandensein dieser Verschiebungen, welche zu intensiven örtlichen Färbungen Veranlassung geben, wie das bei der Behandlung mit Jod-Reagenzien und beispielsweise bei der Färbung in Safranin der Fall ist, auch auf den normalen Färbeprozeß nicht ohne Einfluß sein kann.

Die Hanffaser steht der Flachsfaser, besonders in bezug auf den histologischen Aufbau außerordentlich nahe. Es gilt hier hinsichtlich der Feinstruktur, dann dem lamellaren Aufbau der Zellwand dasselbe, was für den Flachs gesagt wurde.

Im Querschnitt erkennt man die polyedrische Form der Bastzelle des Hanfs, sie ist von der des Flachses leicht zu unterscheiden. Die Enden der Bastzellen sind nicht wie bei Flachs spitz zulaufend, sondern mehr abgerundet,

---

89) Dissertation Zürich 1933, Helv. Chim. acta XVII, 761.

90) Vgl. Höhnel, Mikroskopie, Wien 1887, S. 35.

91) Der Flachs, Technologie der Gespinstfaserung, Berlin 1930, S. 158.

92) loc. cit.

vereinzelte zeigen sogar eine Gabelung, obwohl behauptet wird, daß solche Gabelungen auch experimentell erzeugt werden können, also Kunstprodukte darstellen. Man darf daher solche Formen nur mit Vorsicht diagnostisch verwerten. Mit Quellungsmitteln zeigen Hanfbastzellen, vorausgesetzt, daß deren Isolierung chemisch schonend erfolgt, mit Äthylendiamin-Kupfer die bekannten perlenschnurartigen Quellungsbilder, als Beweis einer in ihrem Verhalten von der aus Cellulose bestehenden Zellwand verschiedenen Lamelle, die nur bedingt mit der Kuticula der Baumwolle in Vergleich gezogen werden kann.

Jod-Reagenzien verhalten sich etwas anders als beim Flachs. Chlorzink-Jod beispielsweise gibt keine reine Cellulosereaktion, ebensowenig Jod, dann Schwefelsäure. Man erhält hier eine grünliche Färbung, wohl hervorgerufen durch Superposition der blauen Cellulosefärbung mit der gelbbraunen Färbung der Hemicellulosen in diesem Reagens.

Die Innenauskleidung des Lumens bildet bei dieser Quellung einen ziemlich breiten, gefältelten Schlauch, sehr verschieden von dem wurmförmigen des Flachses.

Man wird sehr oft in die Lage kommen, Flachs- und Hanffaser unterscheiden zu müssen. Diese Aufgabe ist nicht immer leicht; auf Querschnitten wird die Querschnittform der einzelnen Bastzellen gewisse Anhaltspunkte geben. Auch die kräftiger hervortretende Schichtung der Hanffasern gegenüber den Flachsfasern gibt diagnostisch verwertbare Anhaltspunkte. Allerdings weist Cramer[93]), der wohl der erste war, der sich mit solchen Differenzierungen befaßte, darauf hin, daß die Querschnittform keineswegs eine sichere Bestimmung zuläßt. Auch der Gabelung der Enden der Hanfbastzellen legt er keinen großen diagnostischen Wert bei, ebenso der angeblich verschiedenen Weite der Lumina der beiden Fasern. Auch die Jod-Schwefelsäure-Reaktion ist seiner Ansicht nach keineswegs verwertbar, da frische Hanfbastzellen auch eine reine blaue Färbung ergeben. Er kommt zum Schluß, daß die Bastzellen des Hanfes und des Flachses sich für sich allein unter dem Mikroskop in keiner Weise, selbst unter Zuhilfenahme von Reagenzien, so sicher unterscheiden lassen als dies für eine gerichtliche Expertise wünschenswert ist.

Er macht aber darauf aufmerksam, daß man beim Hanf zahlreiche langgestreckte, meist tangential verbreitete Zellen findet, welche mit einem intensiv rotbraunen Inhalt angefüllt sind, welche dem Flachs vollkommen fehlen.

Hanausek[94]) benützt die verschieden verlaufende Quellung von Flachs- und Hanffasern im Wiesnerschen Chromsäure-Schwefelsäuregemisch (Mischung von Kaliumbichromat mit überschüssiger Schwefelsäure, wobei man nach dem Ausscheiden der Chromsäure mit dem gleichen Volumen Wasser verdünnt) und macht bei dieser Gelegenheit auf die in Form von braunen Strängen zurückbleibenden Sekretmassen aufmerksam, welche der

---

93) Die gerichtlich mikroskopische Expertise, Zürich 1888.

94) Zeitschrift für Farben-Industrie 1908, S. 105.

Wirkung der Chromsäuregemische lange widerstehen. Diese sind wohl identisch mit jenen, welche schon von Cramer früher beobachtet wurden.

Eine weitere diagnostisch verwertbare Reaktion ist die verschiedene Quellung in konzentrierter Kalilauge von 25° Bé. Die Flachsfaser zeigt vollkommen gleichmäßige Quellung; die Hanffaser zeigt in dem Reagens völlig unregelmäßige Konturen. Mißt man nun die Breitenzunahme der Faser, so zeigt die Flachsfaser solche von 87%, während die Hanffaser nur 25% zunimmt[95]).

Auch die *Jute* soll hier behandelt werden, obwohl sie nur in beschränktem Maße für Färbeartikel in Betracht kommt. Sie nimmt aber unter den Bastfasern infolge ihres besonderen chemischen Verhaltens eine Ausnahmestellung ein. Als kotonisierte Faser hat sie keinerlei Bedeutung, da die Bastzellen höchstens eine Länge von 5 mm haben, daher wird man die Jute immer in Form der technischen Faser antreffen.

Morphologisch läßt sich die Jutefaser scharf von der des Flachses und des Hanfes differenzieren. Die nach irgend einem Macerationsverfahren, beispielsweise Chromsäure-Schwefelsäure isolierte Jutebastzelle ist durch eine ungleichförmige Stärke der Zellwand charakterisiert. Man kann mikroskopisch feststellen, daß an einzelnen Stellen das Lumen weit offen ist. Der Querschnitt zeigt polygonale Form mit scharf ausgeprägten Kanten. Bei der Behandlung der Jutebastzellen mit Quellungsmitteln, wie Äthylendiamin-Kupfer, ergibt sich ein ähnliches Bild wie bei der Flachsfaser; auch hier läßt sich die Anwesenheit einer Art Kuticularschicht nachweisen, die ebenso wie bei den anderen Bastfaserzellen perlschnurartige Quellung bewirkt. Besondere Charakteristika bietet die gequollene Faser nicht.

Die Jute enthält verhältnismäßig sehr hohe Anteile von Begleitkörpern. Die Ligninreaktion mit Anilinchlorhydrat und Phloroglucin und Salzsäure ist sehr intensiv. Ebenso intensiv ist das Färbevermögen in basischen Farbstoffen, ob auf Grund von Gerbstoffen oder Pektinkörpern ist nicht festzustellen.

Jodlösung färbt intensiv gelb, ebenso Chlorzink-Jod. Jod wird in erheblichem Maße von der nativen Faser aufgenommen. Mit Chromsäure oder Kalilauge vorbehandelte Jutefaser färbt sich nachträglich in Jod und Schwefelsäure blau. In diesem Zustande ist sie auch löslich in Äthylendiamin-Kupfer; es wurde also dadurch das Cellulosegerüst bloßgelegt. Ätzlaugen, ja schon Wasser bei langer, heißer Einwirkung unter Druck zerstören die technische Faser durch Auflösung der Mittellamelle und der Begleitsubstanzen vollständig. Man erhält dann einen Brei der Bastfaserzellen, der die Reaktion der Cellulose gibt. Eine alkalische Behandlung von roher Jutefaser, behufs Reinigung derselben ist daher nur mit Vorsicht anzuwenden.

Cross & Bevan[96]) haben für Jute eine außerordentlich charakteristische Reaktion angegeben, die allerdings nicht, wie sie sagen, nur bei sogenannten Lignocellulosen, zu denen sie die Jute zählen, erhalten wird,

---

[95]) Haller, Deutsche Faserstoffe und Spinnpflanzen 1919, 228.

[96]) Cellulose, 1913, 124.

sondern auch bei bestimmten Baumwollsorten beobachtet werden kann[97]). Behandelt man die nativen Jutefaser in einem kalten Gemisch von gleichen Teilen der normalen Lösung von Ferrichlorid und Ferricyankalium, so färbt sich die Faser in der braunen Lösung tief indigoblau. Keine andere Bastfaser zeigt diese Reaktion, sie beruht zweifellos auf der Anwesenheit aldehydartiger Körper, welche reduzierend auf das Ferrichlorid oder aber auf das Ferricyankalium wirken.

Im obigen wurden nur die Bastfasern erwähnt, welche heute eine bleibende technische Verwertung gefunden haben. In Mangelzeiten hat man auf eine Menge anderer Quellen zurückgegriffen, um die fehlenden Gespinstfasern zu ersetzen. Vor allem ist hier die *Nesselfaser* zu nennen, aus Urtica dioica L. welche schon sehr früh eine wertvolle Gespinstfaser geliefert hat. Bedauerlicherweise ist die Ausbeute sehr gering und die Kultur schwierig. Dann hat man aus *Ginster,* Sarothammus scoparius, eine sehr haltbare Faser gewonnen, deren Isolierung aber eine durchgreifende chemische Behandlung verlangt[98]). Auch *Lupinen,* Lupinus luteus, sollten zur Fasergewinnung herangezogen werden, doch ist die anfallende Faser grob und nur als Ersatz für Jute geeignet. Auch *Schilf,* Typha augustifolia L., wurde zur Fasergewinnung herangezogen, doch ist das Material kurz und grob. Der Bast der Rinde des *Maulbeerbaums* liefert eine schöne Faser, in Italien unter der Bezeichnung „Gelsofil" bekannt. Sogar das *Kartoffelkraut* wurde für die Fasergewinnung nutzbar gemacht, doch ist die Ausbeute sehr gering und die Qualität der gewonnenen Bastfaser minderwertig.

Alle Bastfasern lassen sich durch bestimmte Reaktionskomplexe, welche in der beifolgenden Tabelle niedergelegt sind, auseinanderhalten, wobei selbstredend die mikroskopische Untersuchung die Grundlage abzugeben hat. (Siehe Tabelle 3, S. 62.)

3. Die verschiedenen Zustandformen der Cellulose.[99])

Cellulose ist chemisch ein durchaus feststehender Begriff, welcher durch die Bruttoformel $C_6H_{10}O_5$ ausreichend definiert ist. Was wir in der Natur, auch in der Technik antreffen, kommt bei der Analyse dieser Bruttoformel zwar mehr oder weniger nahe, wird aber nie mit derselben übereinstimmen. Die Natur produziert Cellulose, welche mehr oder weniger mit sogenannten Hemicellulosen verunreinigt ist; die Baumwolle enthält davon beispielsweise je nach der Provenienz 4 bis 6%. Diese Hemicellulosen und Verunreinigungen setzen sich vorwiegend aus Pektinsubstanzen, den Wachsarten, den Fetten sowie geringen Mengen brauner Farbstoffe zusammen. Die nativen Bastfasern, Flachs, Hanf, Jute usw. enthalten neben Pektinkörpern oft noch Lignin und Substanzen wenig bekannter Zusammensetzung.

Nun kennt man aber verschiedene Zustandsformen der Cellulose, wie sie durch die moderne Technik der Textilveredlung und die Kunstfaserindustrie

[97]) Haller, Färber-Zeitung, *26,* H. 12 bis 13 (1915).
[98]) Mell. Textilberichte.
[99]) Ciba Rundschau Nr. 30 (Okt. 1938), S. 1116.

produziert werden. Neben der nativen Cellulose kennen wir die gebleichte Cellulose, welche aus ersterer durch bestimmte, chemische Operationen, welche die begleitenden Kohlehydrate und Begleitstoffe entfernt, hervorgeht. Beide Zustandsformen können durch bestimmte Reaktionen auseinandergehalten werden. Diese Reaktionen beruhen auf dem Nachweis der Anwesenheit oder Nichtanwesenheit der begleitenden Kohlehydrate. Diese Differenzierung ist aus der am Schluß aufgestellten Tabelle 5 ersichtlich. Der Unterschied ist insbesondere durch die mehr oder weniger intensive Färbung in Rutheniumrot, das nur die Pektine, nicht aber die Cellulose färbt, eindeutig erkennbar.

Nun treffen wir aber in der Literatur sehr oft auf den Ausdruck „regenerierte Cellulose". Darunter fallen aber nicht allein die Verseifungsprodukte veresterter und verätherter nativer Cellulose, sondern auch die nach vollständiger Desorganisation des Cellulosematerials durch Herstellung von Cellulosepseudolösungen regenerierte Cellulose, beispielsweise die Viskosekunstseide und die Kupferkunstseide, in gewissem Sinne auch die verseifte Acetatkunstseide. Untersuchen wir nun insbesondere die letzten Produkte, so werden wir finden, daß sie immer in stärkerem oder minderem Maße mit Abbauprodukten der Cellulose, aus der Fabrikation herrührend, verunreinigt sind. Mit Fehling scher Lösung färben sie sich schwächer oder stärker rot. Verseifungsprodukte aus Estern und Äthern nativer Cellulose geben diese Reaktion nie. Wir besitzen also mit dieser Reaktion die Möglichkeit der Differenzierung von regenerierten Cellulosen verschiedener Erzeugung. Man wird daher zweckmäßig zwischen Cellulose, erhalten durch Verseifung veresterter oder verätherter nativer Faser und solcher, erhalten durch Fällung aus Cellulosepseudolösungen, unterscheiden, und zwar so, daß man erstere allein als „regenerierte Cellulose" und letztere als „desorganisierte Cellulose" bezeichnet.

Es bleibt nun aber noch die Differenzierung zwischen nativer Cellulose und regenerierter Cellulose in oben gekennzeichnetem Sinne, zwei Zustandsformen, welche, da die Faserstruktur noch vorhanden, sich logischerweise sehr nahestehen sollten. Man hat nun im Goldchlorid ein Mittel diese beiden Fasern auseinander zu halten. Es hat sich nämlich gezeigt, daß alle Celluloseester und -Äther, auch Acetatseide eine hohe Affinität zu Goldchlorid haben und dasselbe aus seinen Lösungen, wohl adsorptiv, fixieren. Behandelt man solche Fasern mit Phenylhydrazinchlorhydrat, so wird das Goldsalz reduziert und die Faser nimmt eine dunkelgraue bis schwarze Farbe an. Eigenartigerweise haben nun verseifte Ester und Äther die Affinität zu Goldchlorid zum Teil beibehalten. Während native, auch gebleichte Fasern, eine nur blaß silbergraue Färbung nach Behandlung mit Goldchlorid und Phenyldrazinhydrat zeigen, färben sich die regenerierten Fasern dunkelgrau bis schwarz. So hat man also in dieser Reaktion ein Mittel, native, bzw. gebleichte Fasern, aus unter Erhaltung der Faserstruktur veresterter oder verätherter und durch Verseifung regenerierter Fasern, auseinander zu halten[99a]).

[99a]) Helv. Chim. acta XXIV, 85.

Wir können also auf Grund der gekennzeichneten Reaktion die Cellulosen, zunächst vier Zustandsformen derselben, auseinanderhalten. 1. Native Cellulose. 2. Gebleichte Cellulose. 3. Regenerierte Cellulose. 4. Desorganisierte Cellulose. Diese sind auf Grund ihrer Reaktionen, laut untenstehender tabellarischer Aufstellung auseinander zu halten, wobei auch das Verhalten gegenüber Äthylendiamin-Kupfer berücksichtigt ist.

Die 5. Zustandsform der Cellulose ist das Cellulosehydrosol[100]), eine milchweiße, orange opalisierende Flüssigkeit von bemerkenswerter Stabilität, welche aber bisher keine technische Verwendung gefunden hat. Das eingetrocknete Sol gibt alle Reaktionen der Cellulose und reduziert Fehlingsche Lösung nicht.

Ich halte es für zweckmäßig zum besseren Verständnis meiner weiteren Ausführungen einige tabellarische Zusammenstellungen einzufügen.

Garnnumerierung.

Die Feinheit eines Garnes wird bei Seiden und Kunstseiden durch den Titer, bei den übrigen Gespinsten durch die Nummer gekennzeichnet. Sowohl Titer wie Nummer sind Verhältniszahlen eines bestimmten Garngewichtes zu einer bestimmten Garnlänge oder umgekehrt einer bestimmten Garnlänge zu deren Gewicht.

Die metrische Numerierung: Sie ist die einfachste, gebräuchlichste, wenn auch nicht allgemein angenommene. Die metrische Nummer „N_m" gibt an, wie viele Meter eines Gespinstes 1 Gramm wiegen.

Die englische Nummer „N_e" gibt an, wie viele Garnstränge von 840 Yards auf 1 Pfund (lb) engl. gehen, d. h. 768 Meter auf 453,6 Gramm.

Die französische Nummer „N_f" gibt an, wie viele Stränge von 1000 Meter Länge in 500 Gramm enthalten sind.

Es gilt somit:

$$N_m = N_e \times 1{,}693 = N_f \times 2; \quad N_e = N_m \times 0{,}591 = N_f \times 1{,}18$$
$$N_f = N_m \times 0{,}5 = N_e \times 0{,}847.$$

Für Bastfasern, Leinen, Hanf, Jute und Ramie wird auch eine englische Leinennummer verwendet, welche die Anzahl von Strängen von 300 Yards Länge in einem lb angibt.

Für Wolle ist eine englische Garnnumerierung üblich, sie gibt die Anzahl von Strängen von 560 Yards Länge an, die auf ein lb kommen.

Alle Numerierungen zeigen in einer höheren Nummer ein feineres Garn an. Hochfeine Nummern sind begrenzt durch die N_e 200 bis 300, feine N_e 100 bis 200, mittelfeine N_e 30 bis 100, grobe durch N_e 4 bis 30.

Seiden und Kunstseiden werden in Denier gemessen. 1 Denier ist das Gewicht eines Fadens von 9000 Metern und einem Gramm gleichgesetzt. Mit dem Steigen des Titers wird das Garn somit gröber.

---

100) Koll. Zeitschr. *94*, 310 (1941).

Tabelle 1. *Reagentien zu mikroskopischen Untersuchungen an Textilmaterial.*

1. *Wasser*	verwendbar nur als destilliertes Wasser.
2. *Salpetersäure*	vom spez. Gewicht 1.5 und je nach Bedarf mit dest. Wasser verdünnt.
3. *Schwefelsäure*	vom spez. Gew. 1.535 zur Quellung von Zellmembranen und zur Vornahme der Cellulosereaktion des vorher in Jod-Jodkaliumlösung behandelten Materials.
4. *Salzsäure, chem. rein*	Sie muß vollkommen farblos sein, darf also keine gelbe Farbe zeigen. Nach Behrens[101]) erhält man eine *nicht* rauchende Säure von 20.2 Prozent, wenn man die konzentrierte Säure bis auf 110° erhitzt. Diese Säure eignet sich besser zum Arbeiten und greift auch die Objektträger nicht an. Man verwendet Salzsäure unter anderem zur Vornahme der Carbonisation nach Wiesner[102]).
5. *Jodreagentien:*	a) *Jodwasser.* Man gibt einige Splitter Jod in eine mit dest. Wasser gefüllte und mit Glasstopfen verschlossene Flasche und schüttelt gut um. Man erhält nach öfterem Umschütteln eine hellgelbe Lösung. b) *alkoholische Jodlösung.* c) *Jod-Jodkalium.* 3 g krist. Jodkalium werden in 60 ccm dest. Wasser gelöst und zu dieser Lösung 1 g metallisches Jod zugefügt. d) *Chlorzinkjod.* Eine gesättigte Lösung des käuflichen, reinen Zinkchlorids wird mit einigen Kristallen Jodkalium versetzt und dann metallisches Jod zugegeben, bis die Lösung dunkelbraun geworden ist.
6. *Natriumhydroxyd.*	Man wird davon eine konz. Lösung durch Lösen der käuflichen Natriumhydroxydstangen herstellen, sodann eine weitere, verdünnte Lösung von $^1/_{10}$ n-Stärke, hergestellt nach den in der analytischen Chemie gebräuchlichen Verfahren. Die Glasgefäße, welche zum Aufbewahren der Lösungen dienen, werden je nach der Glassorte immer mehr oder weniger angegriffen und sind mit Gummistopfen zu verschließen.
7. *Kaliumchlorat*	ist ein reines Handelsprodukt.

[101]) Hilfsbuch zur Ausführung mikroskopischer Untersuchungen, Braunschweig 1883, S. 236.

[102]) Elementarstrukturen, S. 160.

Fortsetzung

Tabelle 1. *Reagentien zu mikroskopischen Untersuchungen an Textilmaterial.*

8. *Kaliumbichromat,*	käufliches, reines Salz.
9. *Ammoniak,*	die käufliche, wäßrige Lösung.
10. *Eisenchlorid,*	am besten die käufliche Liquor ferri sesquichlorati.
11. *Chromsäure.*	Die käufliche Säure, die schwefelsäurefrei sein soll, wird am besten zu 1 Teil in 6 Teilen Wasser gelöst verwendet.
12. *Kupferoxydammoniak*	als Cellulose-Lösungsmittel, wurde zuerst von Schweizer 1857 dargestellt. Man stellt sich zur Herstellung desselben zunächst reines Cuprihydroxyd dar durch Fällung einer *kalten* Lösung von Kupfersulfat mit Ätznatronlösung. Das ausgeschiedene blaue Kupferhydroxyd wird abgenutscht, auf der Nutsche gut ausgewaschen und dann in konz. Ammoniaklösung zu einer dunkelviolett-blauen Lösung gelöst. Dieselbe muß gut verschlossen aufbewahrt werden und ist nur kurze Zeit wirksam.
13. *Äthylendiamin-Kupfer-Lösung.*	Eine Suspension des wie oben angegeben hergestellten reinen Cuprihydroxyd in Wasser, wird tropfenweise mit Äthylendiamin versetzt, wobei das Cuprihydroxyd mit dunkelviolett-blauer Farbe in Lösung geht. Die Wirkung prüft man an nativen Baumwollfasern, welche vom wirksamen Präparat zu den tonnenförmigen Quellungsformen verändert werden. Ist die Wirkung ungenügend, so setzt man der Lösung noch etwas trockenes Cuprihydroxyd zu, oft noch etwas Äthylendiamin. Diese Lösung ist, gut verschlossen aufbewahrt, monatelang haltbar und zuverlässiger in der Wirkung als Kupferoxydammoniak.
14. *Rutheniumrot.*	Das käufliche Präparat wird in destilliertem Wasser, dem man einige Tropfen Ammoniak zugesetzt hat, gelöst. Das Produkt ist sehr teuer, doch braucht es nur sehr geringe Mengen, um eine brauchbare Lösung zu erhalten. Die Lösung ist nicht lange haltbar, daher stellt man sie nur in kleinen Mengen, 1 bis 3 ccm, dar. Dient zum Nachweis von Pectinsubstanzen.
15. *Ferri-Ferricyankalium.*	Gleiche Teile der normalen Lösungen von Ferrichlorid einerseits und Ferricyankalium andererseits werden miteinander gemischt und ergeben eine dunkelbraune Lösung. Dieselbe ist nur frisch zu verwenden, da ihre Haltbarkeit gering ist.

Fortsetzung

Tabelle 1. *Reagentien zu mikroskopischen Untersuchungen an Textilmaterial.*

16. *Zinn-Gold-Reaktion*[103]).	Zur Bestimmung der Oxycellulose wird die Probe zunächst in eine verdünnte Lösung von 1% Stannochlorid, dem 1 bis 2 Tropfen Eisessig zugesetzt wurden, während 1 Stunde eingelegt. Stannichlorid ist unwirksam. Dann wäscht man die Probe gut aus und legt sie in eine sehr verdünnte Lösung des käuflichen Goldchlorids. Braune Färbung zeigt Anwesenheit von Oxycellulose an. Diese Reaktion wurde von Fritz Müller[104]) in zweckmäßiger Weise so modifiziert, daß er zunächst statt des Stannochlorids eine Lösung von Natriumhydrosulfit verwendete. Weiter verwendete er Hydrazinonaphtolsulfosäuren, besonders die aus H-Säure leicht erhältliche 1-Hydrazino-8-naphtol-3,6-disulfosäure. Diese Substanzen reagieren dann mit den Carbonylgruppen oxydierter Cellulose und können durch Diazonium-Verbindungen von Aminosulfosäuren (Sulfanilsäure, Naphtionsäure oder Clevesche Säuren) zu Azofarbstoffen entwickelt werden.
17. *Anilinchlorhydrat.*	Das weiße, in Blättern krist. Salz wird in Wasser gelöst und zum Nachweis von Lignin verwendet. Gelbfärbung zeigt die Anwesenheit von Lignin an.
18. *Phloroglucin.*	Zum Nachweis von verholzter Zellmembran. Das Produkt wird in Alkohol gelöst, damit die Probe getränkt, dann abgepreßt und in konz. Salzsäure eingelegt. Rosafärbung zeigt Verholzung an.
19. *Ammoniakalische Silberlösung.*	Eine Lösung von Silbernitrat wird solange mit Ammoniak versetzt, bis der entstehende Niederschlag wieder aufgelöst ist.
20. *Jaquemainsche Lösung.*	Eine Lösung von 1‰ Fuchsin in destilliertem Wasser wird solange mit Ammoniak versetzt, bis die Lösung vollständig entfärbt ist.
21. *Fehlingsche Lösung.*	Lösung I: 34.64 g Cuprisulfat werden in 500 ccm dest. Wasser gelöst. Lösung II: 173 g Seignettesalz (weinsaures Kalium-Natrium) und 5 g festes Ätznatron werden zu 500 ccm gelöst. I und II werden getrennt zu gleichen Teilen gemischt und gut geschüttelt, daß eine klare, blaue Lösung entsteht.
22. *Diazoreaktion nach Pauly.*	2 g Sulfanilsäure (in 3 ccm Wasser und 2 ccm konz. Salzsäure suspendiert, wird mit 1 g Natriumnitrit in 2 ccm Wasser gelöst), diazotiert. Die entstehende Diazobenzolsulfosäure wird abfiltriert, auf dem Filter gut gewaschen und in 10%iger Sodalösung gelöst verwendet.

[103]) Vgl. Mell. Textilberichte 1931.
[104]) Helv. Chim. acta XXII, 208, 217.

Tabelle 2.

Reaktionen	Hydrocellulose	Oxycellulose
Fehlingsche Lösung. Gleiche Teile einer Lösung von 34,6 g Kupfersulfat in 500 ccm H_2O 73 g Seignettesalz + 150 ccm Kalilauge in 500 ccm H_2O Gleiche Teile beider Lösungen mischen.	Kochen mit der Probe. Es erfolgt bei Anwesenheit von Hydrocellulose erst gelber, dann roter Niederschlag.	Wie Hydrocellulose.
Normale Natronlauge.	Kochen mit der Probe. Gelbfärbung der Lösung und Beuchgeruch.	Wie Hydrocellulose.
Millionsches Reagens. 1 ccm Quecksilber in 9 ccm Salpetersäure (2 g spec. Gew. 1,5) lösen und verdünnen mit dem gleichen Volumen Wasser.	Erwärmen der Probe in der Lösung gelbe bis braune Färbung.	Wie Hydrocellulose.
Ammoniakalische Silberlösung. Man versetzt eine Lösung von Silbernitrat mit Ammoniak, bis der Niederschlag sich wieder gelöst hat.	Einlegen in der Lösung ergibt bei Anwesenheit von Hydrocellulose braune Färbung.	Wie Hydrocellulose.
Zinngold-Reaktion. Einlegen in eine verdünnte Lösung von Zinnchlorür ($SnCl_2$), dann nach 1 Std. auswaschen in dest. Wasser und einlegen in verdünnte Lösung von Goldchlorid.	Gibt keine Färbung.	Braune bis dunkelbraunrote Färbung.
Ferrichlorid-Ferrocyankalium. Einlegen der Probe in verdünnte Ferrichloridlösung, auswaschen und einlegen in verdünnte Ferrocyankaliumlösung.	Keine Färbung.	Blaue bis dunkelblaue Färbung.
Ferrosulfat-Ferricyankalium. Einlegen der Probe in verdünnte Ferrosulfatlösung, auswaschen, dann übertragen in verdünnte Lösung von Ferricyankalium.	Keine Färbung.	Blaue bis dunkelblaue Färbung.
Müllersche Probe. Erst Einwirken von 1 Hydrazin-8-Naphtaldisulfosäure, dann behandeln mit einer Diazoniumverbindung.	Keine Färbung.	Intensive Färbung.

Tabelle 3. *Reaktionstabelle nativer vegetabilischer Fasern.*

	Chlorzink-Jod	Jodlösung, dann konz. Schwefelsäure	Rutheniumrot	Phloroglucin Salzsäure	Anilinchlorhydrat	Ferrichlorid + Ferricyankali	Äthylendiamin-Kupfer
Gruppe 1 Baumwolle merc. Baumwolle zeigt im allgemeinen die Reaktionen der nativen Faser. Mit Chlorzink-Jod färbt sich die Faser dunkelviolett; in dest. Wasser verschwindet die Färbung sehr langsam im Gegensatz zur nativen Faser.	violette Färbung in destiliertem Wasser raschverschwindend	indigoblaue Färbung	keine Färbung	keine Färbung	keine Färbung	keine Färbung	tonnenförmige Quellung, dann Lösung
Gruppe 2 Nessel Flachs Ginster Ramie	violette Färbung	grüne Färbung	rote Färbung	keine Eärbung	keine Färbung	grüne Färbung	Quellung ohne vollständige Lösung
Gruppe 3 Hanf Typha Lupinen	trübe violette Färbung	grünlichblaue Färbung	rote Färbung	blaßrosa Färbung	blaßgelb	grüne Färbung	Quellung ohne vollständige Lösung
Gruppe 4 Samenhaare von Wollgras Pappel Weide	gelbbraune Färbung	gelbbraune, dann grüne Färbung	keine Färbung	keine Färbung	keine Färbung		Quellung ohne Lösung
Gruppe 5 Jute	gelbbraune Färbung	dunkelolive Färbung	int. rote Färbung	rote Färbung	gelbe Färbung	dunkelindigoblaue Färbung	Quellung ohne Lösung

Tabelle 4. *Proben zur Unterscheidung der geschaffenen Faserstoffe.*

	Viscose- u. Kupferkunstseiden bzw. -Zellwollen:	Acetatkunstseiden- bzw. -Zellwollen	Kaseinfasern	Animalisierte Zellulosefasern	Polyamidfasern	Polyvinylfasern
Brennprobe	rasch abbrennend, Geruch nach verbranntem Papier	schwarze kugelige Schmelzstellen. Geruch nach Essigsäure.	Geruch ähnlich wie bei verbrannter Wolle	brennen rasch ab	schmelzen, schwer entflammbar	schmelzen, Geruch stechend
Aceton	unlöslich	löslich	unlöslich	unlöslich	unlöslich	löslich
Methylenchlorid	unlöslich	starke Quellung	unlöslich	unlöslich	unlöslich	löslich
Eisessig	unlöslich	löslich	Quellung	unlöslich	unlöslich	unlöslich
Ameisensäure 85%	unlöslich	löslich	unlöslich	unlöslich	löslich	unlöslich
Schwefelsäure konz.	löslich	löslich	unlöslich	löslich	löslich	unlöslich
Kupferoxydammoniak Äthylendiamin-Kupfer	löslich	starke Quellung	Quellung tiefblaue Anfärbung	löslich	unlöslich	unlöslich
Testex Ciba	Viskose: rötlich/blau Kupferkunstseide: blau	gelb	scharlachrot	Cisalfa: hellblau Artilana: kräftig violett Vistralan: hellila	elfenbein	hellrosa

Tabelle 5.

	Rutheniumrot	Aethylendiamin-Kupfer	Goldchlorid und Phenylhydrazin-chlorhydrat	Fehlingsche Reaktion
1. Native Cellulose. Pflanzliches Rohmaterial	rosa Färbung in Rutheniumrot	gibt Kugelquellung	silbergraue Färbung	keine Färbung
2. Gebleichte Cellulose. Pflanzliches Rohmaterial.	keine Färbung	keine Kugelquellung	silbergraue Färbung	keine Färbung
3. Regenerierte Cellulose aus unter Erhaltung der Faserstruktur hergestellten Estern und Aethern, durch Verseifung erhalten	keine Färbung	keine Kugelquellung	dunkelgrau bis schwarz	keine Färbung
4. Desorganisierte Cellulose aus Cellulosepseudolösungen durch Fällung erhalten. Verseifte Acetatseide	*Viskosekunstseide:* blaß rotviolett *Kupferkunstseide:* blaß blauviolett *Verseifte Acetatkunstseide:* blaß rotviolett	keine Kugelquellung	hellgraue Färbung	mehr oder weniger intensive Rotbraun-Färbung

B. Die animalischen Gespinstfasern.

1. Die Wolle.

a) Morphologie der Wolle.

Unter Wolle versteht man ganz allgemein das Haarkleid des Schafes, das als Ganzes als Vlies bezeichnet wird. Je nach Rasse der Tiere ist das Haar feiner oder gröber. Es ist bekannt, daß die Qualität der Wolle bei ein und demselben Individuum verschieden ist, je nach dem Körperteil auf dem das Haar gewachsen ist. Rücken und Flanken liefern das wertvollste Material, die Bauchhaare und die an den Gliedern wachsenden Haare sind geringwertiger. Da das Vlies bei der Schur als Ganzes entfernt werden kann, gelingt es durch Sortieren der einzelnen Partien desselben, die guten und minderen Wollen auch nach Farben zu trennen („Skirten" der Vliese).

Die Wolle von geschlachteten Tieren oder von solchen, welche geschlachtet werden mußten oder eingegangen sind, heißt *Sterblingswolle* und ist minderwertig. Dasselbe gilt auch von der Gerberwolle, obwohl diese heute nach schonendem Verfahren vom Fell entfernt wird, so daß sie zu gröberen Garnen oder Geweben verwendet werden kann.

b) Struktur des Wollhaares.

Das Haar ist ein Produkt der Epidermis und ist in seiner chemischen Zusammensetzung den Klauen, Federn und dem Horn verwandt. Die Wollfaser ist nicht wie die Baumwolle ein einheitliches Gebilde, sondern ist aus einer großen Zahl einzelner Zellen aufgebaut und histologisch bis zu einem gewissen Grad mit den Bastfasern zu vergleichen. Mit dem Mikroskop lassen sich an der Wolle meist drei verschiedene Aufbauelemente unterscheiden, die Schuppen, die Rindensubstanz und an vielen Haaren das Mark. Letzteres ist bei feinen Wollen seltener zu finden und mehr ein Anzeichen für mindere Wollsorten. Die dünnsten Wollhaare besitzen einen Durchmesser von 10μ ($1\mu = 1/1000$ mm). Das Schuppenepithel des Wollhaares ist je nach der Art der Anordnung und dem Bau außerordenlich verschieden hinsichtlich der Anzahl und der Form der Epithelzellen. Je nach der Provenienz wechselt sowohl Anordnung, Form und Zahl, man kann daraus eventuell auf die Herkunft der Wolle schließen[105]). Die Schuppen umfassen das Haar vielfach vollkommen, was bei den feinen Sorten ausnahmslos der Fall ist. Bei gröberen Sorten sind ab und zu am Umfassen des Haares durch das Epithel mehrere einzelne Schuppen beteiligt. Die Elemente der Rindenschicht bestehen aus einzelnen Zellen, deren Länge zwischen 50 und einigen Mikronen schwankt. Bei der Schafwolle mißt man eine Länge von 80μ. Die nur bei einzelnen Wollsorten vorkommenden *Markzellen* zeigen verschiedene Formen, doch wird man diese meist als rundliche oder kurz-zylindrische, sehr dünnwandige Zellen beobachten können, die vielfach Pigmente enthalten.

Die getrennte Beobachtung der genannten Aufbauelemente unter dem Mikroskop, wie dies insbesondere bei gefärbten Fasern ab und zu erforderlich ist, ist ohne tiefgreifende chemische Veränderung der Aufbausubstanzen kaum möglich. Konzentrierte Schwefelsäure trennt wohl die Bestandteile, ebenso konzentrierte Natronlauge; aber die einzelnen Zellen werden rasch aufgelöst. Die ersteren zwei Reagenzien eignen sich für gefärbte Fasern in den wenigsten Fällen, da sowohl Farbstoff als auch Faser zerstört werden.

Unter diesen Umständen sind die Strukturverhältnisse nur schwer zu beobachten. Die Zellen der Rindensubstanz erkennt man erst bei der Untersuchung von Querschnitten durch die Faser. Behandlung mit Schwefelsäure oder Kalilauge bewirkt einen Zerfall der Haare in ihre Elemente, während dies, trotz wiederholter Angaben in der Literatur, nach meinen Erfahrungen mit konzentriertem Ammoniak erst nach längerer Einwirkung gelingt[106]). In

[105]) H a n a u s e c k, Techn. Mikroskopie 1901, 118 bis 119.

[106]) N a t u s i u s, Wollhaare des Schafes, 1866, 47.

Kupferoxydammoniak quillt das Wollhaar sehr stark; einen Zerfall in die Aufbauelemente kann man dabei nicht beobachten, dagegen eine intensive Blaufärbung der gequollenen Faser.

Es wurde schon früher betont, daß das Macerationsverfahren für Wolle mit konzentriertem Ammoniak sich in den meisten Fällen zum Studium der Wollfaserelemente in gefärbtem Zustande als ungeeignet erwiesen hat, da infolge der erforderlichen langen Einwirkungsdauer die meisten Farbstoffe verändert werden. Außerdem sind eigenartigerweise gefärbte Fasern gegen die Einwirkung von Ammoniak viel widerstandsfähiger. In gewissen proteolytischen Enzymen[107]), und zwar mit einem Pankreasdrüsenpräparat in hoch konzentrierter Form, von der Ferment A.-G. Basel, gelingt es in der verhältnismäßig kurzen Zeit einer Einwirkung von 24 Stunden bei 45° C die Wollfaser in ihre Elemente zu zerlegen. In Methylenblau gefärbte Faser zerfällt unter diesen Bedingungen in die intensiv gefärbten Rindenzellen und in die ungefärbten Epithelzellen. Der Zerfall wird zweifellos bewirkt durch die rasche Verdauung der von Holl und mir als Lanain bezeichneten und isolierten Kittsubstanz[108]) (Abb. 24).

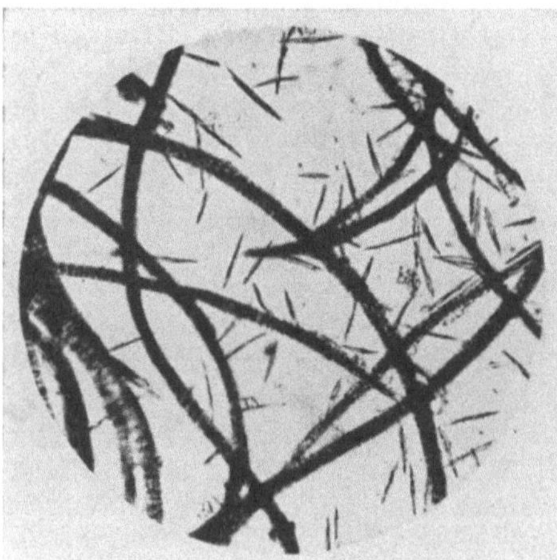

Abb. 24. Isolierung der Rindenzellen der Wolle durch Enzymeinwirkung (Novofermasol, Ferment A.-G. Basel) bei 35° C, 2 × 24 Stunden.

Neben den normalen, unmittelbar dem Schafe entstammenden Wollen, kennt man heute auf dem Markte eine ganze Anzahl von Qualitäten, welche nicht ganz zutreffend als „Kunstwolle" bezeichnet werden. Es sind dies Fasern, welche bei den verschiedenen Arbeitsprozessen abfallen; dann Reißwollen getragener Wollwaren (regenerierte Wollfasern), ferner solche Wolle, die man durch Karbonisieren und Reißen von Halbwollmaterial gewinnt. Im allgemeinen sind in den meisten Wollstücken derartige Fasern eingearbeitet, entweder durch Anwalken, Verfilzen oder Beigabe beim Spinnprozeß. Die Faserlänge aller dieser Kunstwolle erreicht naturgemäß niemals die der Normalwolle und geht kaum je über 3 cm hinaus. Derartige Kunstwollen sind unter den Namen *Alpaka* oder *Mungo* bekannt; sie werden fast ausschließlich in der Streichgarnspinnerei verwendet, stammen meist von ungewalkten Waren, besitzen einen weichen Griff und guten Stapel und können mit guter Wolle zusammen im Tuchartikel verarbeitet werden. *Mungo* besitzt schon wesentlich kürzere Fasern, da das Material aus gewalkten Stoffen stammt, die beim Reißen stärker beansprucht werden. Auch Mungowolle

[107]) Mell. Textilberichte 1937, 6.
[108]) Mell. Textilberichte 1936, 645.

kann nur in Gemeinschaft mit guter Wolle oder anderen längeren Fasern (z. B. Zellwolle) verarbeitet werden, für sich allein ist sie unbrauchbar. Abfälle der Spinnerei und Weberei, dann besonders von den Rauh- und Schermaschinen werden vielfach den Streichgarnen beigemischt und so zu natürlich geringeren Materialien weiterverarbeitet.

Es ist außerordentlich wichtig, feststellen zu können, ob einer Wollware Kunstwolle beigemischt ist oder nicht. Da ist vor allem die mikroskopische Untersuchung wichtig[109]). Vorkommen von gefärbter Baumwolle ist beispielsweise ein Beweis für die Anwesenheit von Abfallfasern. Pinselförmige Enden von Fasern lassen ebenfalls meistens auf die Verwendung von Abfall schließen, doch kommen solche Pinselenden zuweilen auch bei Naturwolle vor. Verschiedenfarbigkeit der Fasern läßt auch darauf schließen, daß Kunstwolle aus verschieden gefärbten Lumpen verwendet wurde, da die Farben durch die Karbonisation meist nicht oder nur unvollkommen zerstört werden[110]).

Bevor auf die Einzelheiten des verschiedenen Verhaltens der Wollfaser gegen chemische Einflüsse eingegangen wird, soll besonders betont werden, daß man es im Wollhaar, nicht wie bei der Baumwolle, mit einer Substanz zu tun hat welche chemisch einheitlich aufgebaut ist, sondern mit einem chemisch durchaus heterogenen Gebilde. Wir kennen zunächst zwei Keratine als Aufbauelemente der Wolle; das Keratin A und das Keratin C. Ersteres bildet die Substanz der Epidermiszellen, aus letzterem sind die Rindenzellen aufgebaut. Die verschiedenen histologischen Aufbauelemente der Wollfaser werden durch gewisse bis heute noch chemisch unvollständig charakterisierte Bindesubstanzen zusammengehalten, von denen das Lanain[111]) durch längeres Einwirken in konzentriertem Ammoniak isoliert werden konnte. Von Reumuth[112]) wurde unter den gut beobachtbaren Epidermiszellen eine gesonderte Schicht festgestellt, die er *Subcutis* nennt, und die er mit Hilfe von Neocarmin von der eigentlichen Epidermis differenzieren konnte[112a]).

Alle histologischen Verhältnisse stehen in engem Zusammenhang mit einer Anzahl von charakteristischen chemischen Reaktionen der Wolle, vor allem vermutlich mit der später eingehender zu behandelnden Alwördschen Reaktion. Auch der Effekt der Chlorbehandlung muß mit diesen verschiedenen Schichten in Zusammenhang gebracht werden. Färberisch verrät sich der heterogene Aufbau der Wollfaser dadurch, daß das Keratin A, oder die Substanz der Epidermiszellen kaum Affinität zu Farbstoffen hat; diese konzentriert sich auf Substanzen der Rindenzellen, dem Keratin C. Es erscheint daher äußerst problematisch, theoretische Erörterungen lediglich auf Grund der Wollfaser als solcher aufbauen zu wollen. Erst wenn der chemische Charakter der Keratine erkannt ist, wird man mit Erfolg das Verhalten gegenüber Farbstoffen studieren können.

109) Hanausek, Techn. Mikroskopie 1901, S. 130 ff.

110) idem, S. 118 bis 119.

111) Haller und Holl, Mell. Textilber. *17,* 644 ff (1936).

112) Beiträge zur Histologie und Pathologie der Wolle, München-Gladbach 1938.

112a) Vergleiche hiezu die Arbeit von Merzer und die Replik von Zahn, Mell. Textilberichte 1950, 694 ff.

c) Physikalische Eigenschaften der Wolle.

Die Farbe der Rohwolle ist gelblich, in einzelnen Fällen aber auch braun und schwarz. Diese Naturfarben besitzen eine bemerkenswerte Widerstandsfähigkeit gegen chemische Einflüsse, es ist kaum möglich, ohne Schädigung der Faserqualitäten, diese Pigmente restlos zu entfernen. Man muß also solche Wollen zu dunklen Artikeln verarbeiten. Im ultravioletten Licht der Quarzlampe leuchtet Wolle mit bläulichweißer Fluoreszenz.

Die Länge der Faser beträgt je nach der Rasse und dem Körperteil 10 bis 15, bei Kammwolle 10 bis 30, oft 40 bis 50 cm. Charakteristisch für das Wollhaar ist dessen ausgesprochene Kräuselung, wobei je nach der Art und Herkunft des Haares, auf den engl. Zoll = 2,54, nach dem Wollklassifikator Sorge 12 bis 32 Ausbuchtungen kommen. Die Kräuselung bedingt zum Teil das hohe Wärmeisolierungsvermögen der Wolle.

Wolle leitet Wärme und Elektrizität kaum; die Festigkeit des Wollhaares zeigt eine Reißlänge von 8 bis 9 km, die Dehnung beträgt 30 bis 40 %.

Die Wolle zeigt eine gewisse Formbarkeit, besonders in feuchtem und warmem Zustand, worauf gewisse technische Arbeitsprozesse, besonders das Formen von Filzhüten, Brennen, Krabben, Fassonieren in der Schneiderei beruhen.

Eine besonders hervorstechende Eigenschaft der Wolle ist ihre hohe Hygroskopizität; sie kann bis zu 30 % vom Eigengewicht an Wasser aufnehmen, ohne daß sie sich naß anfühlt. Diese Eigenschaft bedingt bei Käufen das Konditionieren, d. h. die amtliche Bestimmung des Wassergehaltes, wonach sich dann das sogenannte Handelsgewicht errechnet (normal 17 %).

Wolle ist gegen höhere Temperaturen weitaus empfindlicher als Baumwolle; schon bei 130° C, bei welcher Baumwolle beispielsweise noch keinerlei Veränderung zeigt, beginnt die Wolle sich nach gelb zu verfärben; bei 140 bis 150° C entweichen schwefelhaltige Gase. Wolle verbrennt mit dem eigentümlichen und durchaus charakteristischen Geruch nach verbranntem Haar und bildet durch einen gewissen Schmelzvorgang am Ende des Haares eine Kohlenkugel. Handelsübliche Wollsorten: Die Qualitätsbezeichnung erfolgt im allgemeinen nach der Schafrasse, Merino, Croßbreed, Elektoral, Leicesterwolle usw. Manchmal wird auch das Zuchtland beigefügt. Die Feinheit, die auch je nach den Körperstellen desselben Schafes schwankt, wird in einer Gütebezeichnung fixiert, die meist eine Skala A (feinst) bis F (grob) wiedergibt. Die Skala ist damit nicht vollständig, man kennt AAAA, AAA, AA, AB usf.

d) Verhalten der Wolle physikalischen und chemischen Einflüssen gegenüber.

Schon längeres Kochen mit Wasser kann die Wolle merklich verändern; es geht dabei 1,6 % des Wollgewichtes in Lösung. Man kann dann im Wasser durch die Biuretreaktion[113]) Eiweißprodukte nachweisen. Kochen mit Wasser unter Druck bringt Wolle vollkommen in Lösung; auch heißer Dampf kann Schädigungen hervorrufen, was besonders in der Färberei der Wolle zu beachten ist.

---

[113]) Becke, Färberei-Zeitung 1912, 45.

Durch *trockene Hitze* wird Wolle besonders in ihrem Färbevermögen beeinflußt; man hat daher in der Praxis zu beachten, Wolle weder mit direktem Dampf noch mit Metallen (Dampfröhren) in Berührung zu bringen. Beim Verbrennen zeigt die Wolle vollkommen anderes Verhalten als beispielsweise die vegetabilischen Spinnfasern. Aus der Flamme genommen, erlöscht die Wolle sofort. Die beim Verbrennen entstehenden Gase reagieren alkalisch, bei vegetabilischem Material, unter den gleichen Bedingungen, sauer.

Von Bergen [114]) hat die oft sehr einschneidende Wirkung des Lichtes auf die Wolle nachgewiesen, welche Veränderungen schon am Körper des lebenden Schafes veranlassen können. So belichtete Wolle ist in Natronlauge leicht löslich und verhält sich Farbstoffen gegenüber anders als normale Wolle.

Einwirkung von Säuren auf Wolle[115]). Im Gegensatz zu vegetabilischen Fasern zeigt die tierische Faser eine ganz bedeutende Säurebeständigkeit, es ist festzustellen, daß die Wollsubstanzen außerordentlich kräftig Säuren, besonders Schwefelsäure, zurückhalten, welche im allgemeinen durch einfache Waschoperationen nicht aus der Wolle zu entfernen sind. Das Verhalten dieser mit Säuren behandelten Wollen, gegenüber Farbstoffen ist so, daß insbesondere saure Farbstoffe kräftiger aufgenommen werden, basische dagegen geringere Affinität zeigen. Ob diese Säurereste chemisch an die Wollsubstanz gebunden sind, ist nicht festgestellt. Salzsäure und Salpetersäure zeigen Wolle gegenüber ähnliches Verhalten, doch läßt sich erstere leichter auswaschen. Salpetersäure wirkt zweifellos chemisch auf die Wolle ein, unter kräftiger Gelbfärbung (Xanthoproteinreaktion), konzentrierte Säuren, insbesondere Schwefelsäure, läßt die Wollfaser zunächst in ihre Aufbauelemente zerfallen, um dieselben nach einiger Zeit vollkommen aufzulösen.

Salpetrige Säure wirkt auf die Wolle ein und färbt sie gelb; man glaubte, daß dadurch eine Diazotierung erfolge und wollte daraus die Existenz freier Amidogruppen in der Wollsubstanz ableiten. Emil Fischer[116]) bestreitet die Bildung einer Diazoverbindung, welche von Richard seinerzeit, auf Grund von diesbezüglichen Untersuchungen[117]) bestimmt angenommen wurde.

Wenn man aber ein Gemisch von Schwefelsäure und Salpetersäure, sogenannte Nitriersäure, auf Wolle in der Kälte nur kurze Zeit einwirken läßt, so erhält man eine Faser, welche Nitrogruppen enthält. Man kann dieselbe dann mit Hydrosulfit behandeln, wobei diazotierbare Amidogruppen gebildet werden. Vergleicht man nun Wolle, welche als solche mit Nitrit und Säure behandelt wurde und solche, welche im Nitriergemisch vorbehandelt wurde, kuppelt dann beide in einer schwach alkalischen Lösung von Beta-Naphtol-Natrium, so erhält man im ersteren Fall eine blaß-bräunliche Färbung, im zweiten Falle aber eine intensive braunrote Färbung, da erst unter diesen Bedingungen der Azofarbstoff sich gebildet hat.

---

[114]) Textilberichte 1923, 23; 1926, 451.
[115]) Vgl. Ristenpart-Herzfeld, II, 195.
[116]) Färber-Zeitung 1901, S. 238.
[117]) Journ. Soc. Dyers und Col. 1888, 881.

Freie Amidogruppen sind in den Wollsubstanzen nicht enthalten[118]); die Annahme des amphoteren Charakters der Wolle wird dadurch selbstverständlich problematisch, um so mehr als freie Carboxylgruppen in, wenn man sich so ausdrücken will, nativer Wolle auch noch keineswegs einwandfrei nachzuweisen sind.

Auch organische Säuren werden von Wolle kräftig absorbiert. Nahezu keine Affinität zeigt die Faser gegenüber Tannin; eine Nachbehandlung von mit Tannin behandelter Wolle mit Metallsalzen, insbesondere mit Zinnsalzen, vermag aber das Färbevermögen der Wolle gewissen Farbstoffgruppen gegenüber nahezu aufzuheben[119]). Eine ähnliche Wirkung wird auch durch eine Behandlung mit Essigsäureanhydrid und Schwefelsäure erzielt[120]). Katanol WWL und WRL, extra konzentriert, verhindern das Aufziehen von Farbstoffen auf Wolle und Seide.

Besonders bedeutsam für die chemische Technologie der Wolle ist eine Behandlung mit Säuren oder sauren, leicht dissoziierbaren Salzen, die man allgemein als *Karbonisation* bezeichnet. Unter Karbonisation versteht man die Beseitigung aller vegetabilischen Beimengungen der Wolle, wie Kletten und dgl., dann aber auch die Behandlung von Halbwollabfällen mit Säure bei erhöhter Temperatur, zur Regenerierung der darin enthaltenen wertvollen Wollfasern, zwecks Herstellung von reiner Kunstwolle (Shoddy). Die Karbonisation des mit Schwefelsäure von 2% imprägnierten Materials geschieht bei einer Temperatur von ca. 50 bis 80° C. Erst bei 55° C soll der eigentliche Zerfall der vegetabilischen Faser beginnen. Die Karbonisation mit Schwefelsäure geschieht in eigenen Apparaturen, welche nach dem Gegenstromprinzip arbeiten, so daß die mit H_2SO_4 imprägnierte Wolle langsam einem warmen Luftstrom entgegengeführt wird. Die Karbonisation mit Salzsäuregas geschieht so, daß das Gas durch eine heizbare Trommel geführt wird, in der das zu karbonisierende Material lagert. Die Trommel ist drehbar und das Gas kommt daher mit der Gesamtheit des in Bewegung befindlichen Materials in Berührung. Man erwärmt die Trommel auf 100 bis 150° C und arbeitet zwei Stunden.

Säurespaltende Salze, wie Aluminiumchlorid, Magnesiumchlorid, finden gleichfalls zur Karbonisation Verwendung. Von den verschiedenen Karbonisierungsverfahren ist das mit Schwefelsäure wohl das billigste, ganz besonders dann, wenn man die Wolle nicht, wie das gewöhnlich geschieht, mit Soda neutralisiert, sondern die säurehaltige Wolle sofort weiter mit sauren Farbstoffen färbt und so auch den Säurezusatz zu den Färbebädern zum größten Teil entbehrlich macht. Das Salzsäure-Verfahren greift die Apparate außerordentlich an, die Säure muß auf jeden Fall durch Sodabäder aus der Faser wieder entfernt werden. Die Karbonisation mit Salzen erfordert um die Dissoziation auszulösen, einen weitaus größeren Wärmeaufwand, die Vorteile gegenüber Säure sind gering, außerdem finden Ablagerungen von Metalloxyden statt, welche nicht von Vorteil sind.

[118]) Vgl. Gränacher, Abderhalden, Biologische Arbeitsmethode, Abt. I, Teil II, S. 871.

[119]) Haller, Wollegenden T. B. 1930.

[120]) Becke und Beil, D. R. P. 137 947.

Die Karbonisation wird nicht allein bei Rohwolle vorgenommen, sondern auch fertige Stücke können karbonisiert werden. Ganz besonders vorteilhaft erweist sich wie oben erwähnt die Karbonisierung bei der Wiedergewinnung von wertvollen Wollmaterialien aus Halbwollabfällen und aus Lumpen.

Was die Entwicklung dieser Operation anbelangt, so reinigte man insbesondere Stückware früher, und zwar um 1847 herum, rein auf mechanischem Wege von den vegetabilischen Verunreinigungen. Erst viel später, im Jahre 1853, versucht man auf chemischem Wege die mechanische Reinigung zu erreichen. Senton und Crone nahmen im Jahre 1853 ein englisches Patent auf, ein Verfahren, die Wolle mit Säure zu behandeln, um sie dann durch höhere Temperatur von pflanzlichen Verunreinigungen zu befreien.

Es folgen dann rasch einige ähnliche Verfahren, z. B. das französische Patent 19 675 vom 2. Mai 1854, wo Salzsäure zum gleichen Zweck empfohlen wurde.

Vielfach will man die Wollfaser selbst vor zu starkem Angreifen durch heiße Säure schützen, man verwendet zu diesem Zweck gewisse Schutzsubstanzen, wozu Zinksulfatbehandlung empfohlen wird. (F. P. 25.909 vom 26. Dezember 1855). Auch Alaun soll sich nach dem F. P. 49.970 für diesen Zweck eignen.

Bis jetzt wurde die chemische Reinigung der Wolle von pflanzlichen Beimengungen ausschließlich bei Lumpen und roher Wolle angewendet. Da man sich noch nicht getraute, Stückware so zu behandeln, und eine Schädigung der Wolle und damit der Stücke befürchtete. Man hat bei der Karbonisation auf vollkommen gleichmäßige Imprägnierung mit der Säure zu achten, insbesondere auch bei der Vorentwässerung auf Zentrifugen und beim Vortrocknen. Mit Karbonisiermitteln behandelte Ware soll nicht in Schichten liegen und direktes Sonnenlicht ausgeschaltet werden, da sich sonst beim Färben Ungleichheiten zeigen. Mit Säure behandelte Wolle färbt sich nämlich, besonders in sauren Farbstoffen, intensiver an als unbehandelte Faser. Kochende Behandlung von Wolle in schwefelsauren Bädern vermag die Wolle nicht unerheblich zu schädigen. Ristenpart[121]) hat in dieser Richtung interessante Untersuchungen angestellt und gefunden, daß mit 3 % Schwefelsäure doppelt so lange gekocht werden kann als mit 5 %; entsprechend ist das Verhältnis zwischen 1 und 3%. 7% zersetzten die Wolle langsam beim Kochen. Die Schwefelsäure wird zum Teil von der Faser wohl chemisch gebunden. Merkwürdig ist, daß die Reißfestigkeit der Wolle bis zu etwa 5% aufgenommener Schwefelsäure ansteigt. Durch bloßes Waschen in Wasser kann die Wolle nicht vollständig säurefrei gemacht werden[122]).

Wollsurrogate, wie Lanital, Thiolan aus Kasein, Fischeiweiß-, Pflanzeneiweißfasern, sind nicht karbonisierbar.

Wirkung von Alkalien auf die Wollfaser. Während Säuren in mäßigen Konzentrationen auf Wolle, im Gegensatz zur Baumwolle, kaum einen verändernden Einfluß ausüben, ist es bei der Einwirkung von Alkalien gerade

---

[121]) Ristenpart-Herzfeld, Chemische Technologie der Gespinstfaser 1928, II. Teil, S. 193; 197 bis 199.

[122]) ibidem, S. 200 bis 202.

umgekehrt. Dieselben sind auf Baumwolle, von besonderen Verhältnissen abgesehen, lediglich in physikalischer Hinsicht wirksam, während Wolle auch von verdünnten Alkalien, besonders kräftig in der Wärme, chemisch stark beeinflußt wird. Die erste Wirkung auch von verdünnter Lauge, besteht im Loslösen der Schuppen und in einer kräftigen Quellung mit nachfolgender Auflösung. Merkwürdig ist allerdings, daß konzentrierte Lauge von 40 bis 45° Bé, kurze Zeit in der Kälte einwirkend, einen ähnlichen Einfluß auf die Färbbarkeit der Wolle ausübt, wie wir ihn, als *Mercerisation* bezeichnet, von der Baumwolle her kennen. Bei 20° Bé scheint das Maximum der Schwächung der Wolle bei Einwirkung von Lauge verschiedener Konzentration zu liegen. Während bei Baumwolle die Behandlung mit Laugen unter bestimmten Bedingungen kräftige Schrumpfung (Crêpon-Effekte) hervorruft. Ganz intensiv abbauende Wirkung hat die Behandlung von Wolle mit Alkalisulfiden zur Folge. Der Angriff dieser Substanzen ist weitaus kräftiger als der von konzentrierten kaustischen Alkalien[123]).

Schwächere Alkalien, z. B. Ammoniak, wirken unter gewöhnlichen Verhältnissen kaum auf Wolle ein, kräftiger jedoch unter Druck. Wenn konzentriertes Ammoniak längere Zeit auf Wolle einwirkt, so gelingt es, die Faser in ihre histologischen Elemente aufzulösen. Schwächere Soda- und Pottaschelösungen sind für Wolle, bei nicht allzu hoher Temperatur, 50 bis 60° C, ohne besondere Schädigung. Höhere Temperaturen der Lösungen führen auch hier zu einer empfindlichen Schwächung der Wollfaser. Mit Alkalien behandelte Wollen sollen stets nach dem Auswaschen noch abgesäuert werden, um Alkalischädigung beim Trocknen durch Konzentration der Alkalien zu vermeiden.

Schwache Alkalien, wie Kalkwasser, entziehen der Wolle den Schwefel, doch wurde festgestellt, daß die wesentlichen Eigenschaften der Faser durch diesen Entzug kaum berührt werden[124]). Formaldehyd-Behandlung soll die Wolle bis zu einem gewissen Grade vor Alkalischädigungen schützen.

Der Schwefelgehalt der Wolle, der nach den Untersuchungen des Verfassers[125]) auf das Färbevermögen der Wolle von geringem Einfluß ist, hat aber doch gewisse Wirkungen, welche für den Veredler durchaus beachtenswert sind. Vor allem ist es zweifellos der Schwefel, welcher für die geringe Alkalibeständigkeit der Wolle verantwortlich zu machen ist. Es ist bekannt, daß Alkalisulfide und Alkalisulfhydrate Keratine außerordentlich rasch abbauen[126]); viel rascher als dies reine Ätzalkalien tun. Nun werden bei Einwirkung von Alkalien auf Wolle, infolge des Schwefelgehaltes der Wolle, von dem ein Teil zweifellos in molekularer Form der Faser eingelagert ist, Alkalisulfide oder Sulfhydrate entstehen, die in statu nascendi die Wollsubstanz energisch angreifen. Versuche mit möglichst entschwefelter Wolle einerseits und überschwefelter Wolle andererseits haben ergeben, daß die

[123]) G r ä n a c h e r, Abderhalden, Biologische Arbeitsmethoden, Abt. I, Teil 11, S. 871.

[124]) Mell. Textilberichte 1933, Nr. 8.

[125]) Mell. Textilberichte 1929, Nr. 7.

[126]) G r ä n a c h e r und A b d e r h a l d e n, Handbuch der biologischen Arbeitsmethoden, loc. cit.

Alkaliempfindlichkeit im ersten Falle viel geringer ist als im zweiten[127]). Wolle, welche nach Chevreul mit reinem Kalkwasser entschwefelt wird, ergibt beim Ansäuern des dazu verwendeten Kalkwassers eine kräftige Entwicklung von Schwefelwasserstoff, der anderswo als aus gebildeten Kalziumsulfiden kaum herstammen kann.

Von Alkali geschädigte Wolle zeigt negative Allwördensche Reaktion; diese soll aber nicht allein nach Alkalischädigungen, sondern auch nach Lichtdauereinwirkung ausbleiben[128]). Die Allwördensche Reaktion auf Wollschädigung wird durch Behandlung der zu untersuchenden Faser mit gesättigtem Chlorwasser unter dem Mikroskop vorgenommen[129]). Eine intakte Wollfaser läßt auf Zusatz von frischbereitetem Chlor- auch Bromwasser unter dem Mikroskop unter den Schuppen merkwürdige blasenförmige Gebilde hervortreten, welche leicht übersehen werden können, die aber besonders bei Anwendung der schiefen Beleuchtung, aber auch im Dunkelfeld leicht beobachtbar sind. Die Ursache dieser Blasenbildung ist noch ungenügend untersucht; sie soll auf die Wirkung von Chlorwasser auf das hypothetische sogenannte „Elastin" der Wolle zurückzuführen sein. Ob nicht vielleicht hier die von Reumuth (loc. cit.) beobachtete Subcutis eine Rolle spielt? Geschädigte Wolle zeigt diese Blasenbildung nicht. In Kombination oder als Ergänzung der Allwördenschen Reaktion zur Feststellung von Wollschäden kann noch die Färbung mit Baumwollrot 10 B (Ciba) nach Dr. Sieber herangezogen werden. Die schadhaften Stellen der Faser färben sich rot, während die normalen Partien ungefärbt bleiben. Den Nachweis von Alkalischädigung kann man mit der Paulyschen Diazoreaktion mit Hilfe von diazotierter Sulfanilsäure erbringen. Intakte Wolle in 10% Soda gelöster Diazosulfanilsäure gelegt, färbt nur die Schnittflächen des Haares. Beschädigte Wolle färbt sich mehr oder weniger orangerot an[130]). Becke benützte die Biuret-Reaktion mit alkalischer Kupferlösung zur Feststellung von in Lösung gegangenen Wollabbauprodukten. Je größere Mengen dieser Abbauprodukte in Lösung gegangen sind, um so intensiver ist die in der Lösung entstandene Violettfärbung[131]).

Mit Zinnsalz erhält man bei Schädigung der Wolle durch Alkali eine mehr oder weniger intensive Braunfärbung, hervorgerufen durch Umsetzung des aus dem Schwefel der Wolle gebildeten Alkalisulfids mit Zinnsalz.

Einwirkung von Reduktionsmitteln. Gebräuchliche Reduktionsmittel verändern die Wollfaser in keiner Weise. Eine Art von Mercerisiereffekt soll Behandlung mit heißen Lösungen von Natriumsulfit ergeben[132]). Unterphosphorige Säure H_3PO_2 löst in konzentriertem Zustande nach einer Beobachtung von Perndanner und Hackl Keratine unter Abbauerscheinungen.

---

127) Mell. Textilberichte loc. cit.

128) Engeler, Dissertation, SMPA, St. Gallen.

129) Vgl. Textile-Forschung I, 94 (1919).

130) Vgl. Fröhlich-Spöttel-Tänzer, Wollkunde, Berlin 1929, 223.

131) Färber-Zeitung 1912.

132) D. R. P. 233 210.

Oxydationsmittel, wie beispielsweise Chromsäure, können die Wolle erheblich schädigen. Gewisse Oxydantien, wie Wasserstoffsuperoxyd und Permanganat, werden in der Bleiche der Wolle mit Erfolg und ohne Nachteil verwendet. Wesentlich verschieden von normaler Oxydationswirkung ist der Einfluß von Chlor auf Wolle. Chlorgas kann rasch zerstören, Hypochlorite verändern dagegen zuerst das physikalische Verhalten der Wolle; das Filzvermögen der Wolle wird vermindert und unter Umständen ganz aufgehoben, der Glanz dagegen erheblich erhöht. Ganz bedeutende Steigerung des Farbstoffaufnahmevermögens der Wolle wird bei Behandlung mit unterchloriger Säure bewirkt; Chlor wird in bemerkenswerten Mengen aufgenommen und die Wolle wird gelb und erhält einen harten Griff, ebenso wie Chlor wird auch Brom und besonders Jod adsorbiert[133]). Ob man die Wirkung von Chlor auf Wolle so ohne weiteres als Oxydation bezeichnen darf, muß nach den neuesten Untersuchungen verneint werden. Wir wissen zunächst, daß beispielsweise Jod aus reinen Lösungen von Wolle in recht beträchtlichen Mengen aufgenommen wird, die entstehende braune Verbindung zeigt alle Charakteristika einer Adsorptionsverbindung. Thiosulphat beispielsweise entfärbt sehr rasch. Die braune Adsorptionsbindung Jod-Wolle ist sehr beständig. Sie verändert sich beim Lagern nur wenig, was bei der Flüchtigkeit dieses Halogens bemerkenswert ist. Am Licht hält die Färbung sehr lange stand. Wolle, welcher durch Thiosulfat das Jod entzogen worden ist, zeigt färberisch kein abnormales Verhalten.

Anders scheinen die Verhältnisse bei Chlor zu liegen. Bei Abwesenheit von Wasser, ein Fall, der bei der Veredlung der Wolle niemals eintritt, kommt es kaum zu einer chemischen Reaktion zwischen Halogen und Wollsubstanz; hier findet fast ausschließlich Adsorption statt. Anders bei Gegenwart von Wasser, wie es bei der praktischen Arbeit immer der Fall ist. Hier tritt Bildung von unterchloriger Säure, wohl auch Chlorwasserstoffsäure ein, wovon erstere mit den aktiven Gruppen des Eiweißmoleküls reagiert, wobei möglicherweise eine Veränderung (Aufspaltung) des Moleküls unter Bildung von Säuren und Nitriten erfolgt. Diese Veränderungen im Molekül haben bekanntlich eine Änderung der Aufnahmefähigkeit von Farbstoffen im positiven Sinne zur Folge, was besonders im Druckartikel von Wichtigkeit ist.

Eigenartig ist die Wirkung von Chloramin NH_2Cl auf Wolle. Bekanntlich entsteht diese Substanz bei der Einwirkung von Hypochlorit auf Ammoniak, Ammonsulfat, aber auch auf Proteine. Behandelt man Wolle mit Chloramingas in wäßrigem Medium, so wird dasselbe von der Faser begierig aufgenommen, sie färbt sich gelb und dann braun und erlangt damit ein höheres Farbstoffaufnahmevermögen, besonders für saure Wollfarbstoffe. Da nun die Proteine der Wolle bei Behandlung dieser Faser mit Hypochlorit wohl unter Bildung von Chloramin reagieren, so ist die höhere Aufnahmefähigkeit für saure Wollfarbstoffe verständlich geworden[134]).

Man pflegt der Wolle vielfach kräftig reduzierende Eigenschaften zuzuschreiben, doch haben neue Untersuchungen dargetan, daß diese keineswegs überall so ausgesprochen ist als angenommen wird. Chromsäure beispiels-

[133]) Haller, Helvetica Chimica acta *13,* 625.

[134]) Vgl. Mell. Textilberichte 1944, 54.

weise wird von der Wolle zwar in erheblicher Weise aufgenommen, der größte Teil bleibt aber bei gewöhnlicher Temperatur in der Hauptsache als Chromsäure mit der Wolle adsorptiv verbunden. Bei höherer Temperatur allerdings ist die Reduktion zu Chromoxyd erheblich[135]). Fehlingsche Lösung z. B. wird von der Wolle gar nicht reduziert und auch die gegen reduzierende Agenzien außerordentlich empfindliche Mischung von gleichen Teilen Ferrichlorid und Ferricyankalium bildet mit Wolle kein Berlinerblau.

Man findet in der Literatur[136]) noch da und dort die Notiz, daß Wolle Nitrate zu Nitriten reduziere. Diese Einwirkung existiert nicht und der Erstbeobachter hat übersehen, daß Nitrate von gewissen Bakterien, die sich offenbar in der von ihm verwendeten Wolle vorfanden, zu Nitriten reduziert werden können. Unter aseptischen Kautelen angesetzte Versuche haben eine solche Reduktion niemals beobachten lassen[137]).

2. Die Seiden.

Die Kultur der Seide ist uralt; schon 3000 v. Christus wurde in China die Seidenzucht planmäßig betrieben. Seidenkokons waren wie Geld zum Tauschhandel zugelassen. Die Herstellung von Geweben aus Seide wurde schon damals in höchster Vollkommenheit ausgeübt. Ausfuhr von Kokons oder gar Eiern der Seidenraupe wurde außerordentlich streng bestraft, so behielt China lange Zeit in der Seidenproduktion eine Monopolstellung.

Erst sehr spät, etwa 200 nach Christus, begann zunächst Japan, dann Indien die Zucht der Seidenraupen aufzunehmen. Aber erst im 9. Jahrhundert begann man sowohl in Italien als auch in Spanien Seidenraupen zu züchten. Der Ausgangspunkt der Seidenspinnerkultur in Italien war Sizilien, sie wurde von den Sarazenen, welche damals diese Insel besetzt hielten, dahin verpflanzt. Sie verbreitete sich aber sehr bald über die ganze Halbinsel und griff von dort zunächst auch nach Frankreich über.

Durch die aus Frankreich, infolge religiöser Verfolgungen vertriebenen Hugenotten wurde die Kultur und Industrie nach der Schweiz und nach Deutschland verpflanzt, wo sich heute noch, besonders in Zürich und Basel, dann in Krefeld, Zentren dieser Industrie erhalten haben.

Seit etwa 70 Jahren ist auch Amerika ein bedeutender Konsument von Rohseide. Durch die Zölle auf Luxusartikel am Import gehemmt, haben vorzugsweise schweizerische und französische Firmen in Amerika Niederlassungen gegründet, welche sich zu hoher Blüte entwickelt haben, so daß wertmäßig die Produktion der amerikanischen Seidenindustrie heute der europäischen nahezu gleichkommt.

Die früher recht bemerkenswerte Seidenindustrie Rußlands ist nach dem ersten Weltkrieg auf ein recht bescheidenes Maß zurückgegangen.

Die Seidenfaser entstammt einem Entwicklungsstadium eines Nachtschmetterlings, Bombyx mori. Während viele andere Schmetterlinge sich beim Übergang von der Raupe zum Schmetterling, im sogenannten Puppen-

[135]) Helvetica Chimica acta *15*, 357.

[136]) Schellens, Diss. Straßburg 1905, 59.

[137]) Helvetica Chimica acta *13*, 624 (1930).

stadium, in eine pergamentartige Kapsel einschließen, befinden sich die Puppen des Seidenspinners in einer von der Raupe selbst aus Seidenfäden produzierten Kapsel, der der Name Kokon gegeben wurde.

Der Seidenfaden, von der Spinndrüse der Seidenraupe produziert, verläßt dieselbe in Form von zwei zusammengeklebten Einzelfäden, deren Querschnitt dreieckige oder polyedrische Form hat. Der Faden tritt in viskoser, halbflüssiger Form aus und erstarrt an der Luft, unter bisher noch unbekannt gebliebenen Bedingungen, die aber sicherlich Ähnlichkeit haben mit dem Gerinnen des normalen Blutes beim Austritt bei einer Verletzung. Das Austreten aus den Spinndrüsen erfolgt tröpfchenweise, so daß der Faden als ein diskontinuierliches Gebilde aus Fibrillen bestehend aufgefaßt werden muß. Zusammengehalten werden die beiden Fäden des technischen Seidenfadens durch das Sericin oder den Seidenleim, im Gegensatz zur eigentlichen Substanz des Fadens, dem Fibroin. Die Zusammenklebung ist nicht vollkommen gleichmäßig, man findet bei der mikroskopischen Untersuchung viele offene Stellen.

Die Seidenraupe ist in den Seide produzierenden Ländern, insbesondere in Italien, zum Haustier geworden[138]). Man hat es heute durch rationelle Züchtung, dann durch außerordentliche Ausnützung des Maulbeerbaumes zu drei und mehr Raupenzuchten pro Jahr gebracht. Allerdings erfordert die Raupenzucht niedere Arbeitslöhne, sie ist in Italien vorzugsweise Sache der Bauern. Daß für gute Resultate eine Menge Voraussetzungen, vor allem reichliches und sauberes Füttern, dann Reinhalten der Zuchträume erforderlich sind, soll besonders hervorgehoben werden. Die Seidenraupe ist ein durch Reinzucht gegen Infektionskrankheiten sehr empfindlich gewordenes Individuum, Seuchen haben wiederholt die Erntemöglichkeit ganzer Jahre restlos vernichtet und so zu schweren wirtschaftlichen Krisen Veranlassung gegeben. Die Krankheiten, welchen die Seidenraupen ausgesetzt sind, sind leider zahlreiche; gefürchtet ist die durch einen Pilz (Botrytis bassiana Bls.) hervorgerufene „Kreidesucht", dann die in Südfrankreich so verheerend aufgetretene „Pebrive", die jedoch durch die auf die Untersuchungen Pasteurs sich stützenden Schutzmaßnahmen heute verhältnismäßig leicht im Keim erstickt werden kann.

Neben dem Bombyx mori, dem Haustier, gibt es noch eine Anzahl von Schmetterlingen, welche nicht in Zuchträumen gezogen werden, sondern in wildem Zustande leben und ihre Kokons in Wäldern an Bäumen anheften. Ein gewisser Schutz wird auch diesem Seidenspinner insofern zuteil, als die Eingeborenen, es handelt sich hier um Chinesen, die Vögel in den Wäldern, in denen sich der Tussah-Seidenspinner niedergelassen hat, vertreiben. Im Gegensatz zu den weißen oder gelben Kokons der europäischen Seiden, sind diese wilden Seiden alle dunkel gefärbt, die daraus gewonnene Seide kann auch durch einen intensiven Bleichprozeß nur grauweiß erhalten werden.

Die wilden Seiden werden *Tussah-Seiden* genannt, ihr Anteil an der gesamten Seidenproduktion beträgt nur 1 bis 2%.

---

[138]) de Greiff. Ein Beitrag zur Seidenbaufrage, Berlin 1929. Tambor, Seidenbau und Seidenindustrie in Italien, Springer-Verlag, Berlin.

Der Seidenfaden wird von der Seidenraupe als Saft der Spinndrüse in verhältnismäßig großen Mengen abgeschieden. Wenn die Zeit der Einkapselung gekommen ist, wird unter rhythmischen Kontraktionen bestimmter Muskeln der Saft ausgepreßt und erstarrt an der Luft sehr rasch zu einem mehr oder weniger regelmäßigen Faden. Die ersten Anteile werden dazu verwendet, an den Zweigen, wo die Raupen sich einspinnen, ein regelloses Gewirr von Fäden zu befestigen, eine Art Hängematte, welche dem eigentlichen Kokon als Halt dienen soll. Diese Fäden, die naturgemäß einen weitaus geringeren Wert haben als die eigentliche Seide, werden mit anderen Abfällen als sogenannte Bourette-Seide versponnen, welche für gröbere Gewebe verwendet wird. Der eigentliche Kokon besteht aus mehreren Schichten, von welchen nicht alle gleichen Handelswert haben. Von der äußeren Kokonschichte, der Bourette, haben wir schon gesprochen, es folgt dann die abhaspelbare Schichte, welche den höchsten Handelswert darstellt, die „Bave"; die innere Haut, mit wieder minderem Wert, nennt man „Bassiné". Die Menge der abhaspelbaren Seiden beträgt pro Kokon selten mehr als 800 bis 900 m, was ungefähr 14 % des Gesamtgewichtes desselben ausmacht. Nach Beendigung des Spinnprozesses werden die Kokons, ohne schon während des Sammelns eine gewisse Auswahl zu treffen, gesammelt. Man verpackt sie in Säcke zu ca. 50 kg, so gelangen sie zu den Abhaspeleien, den sogenannten „Filanden", wo erst eine Sichtung der verschiedenen Kokons getroffen wird.

Die Sortierung erstreckt sich auf die Farbe, dann auf die Doppelkokons, ferner auf beschädigte und kranke Kapseln. Vielfach erfolgt außerdem noch eine Auswahl nach der Größe der Kokons, insofern, als diese nach drei Größen geordnet werden.

Da die Puppe im Innern des Kokons naturgemäß noch ihre volle Lebenskraft besitzt, muß sie vor der Abhaspelungsoperation abgetötet werden, was in einer Weise zu geschehen hat, daß weder der Kokon noch das Gespinst in irgendeiner Weise Schaden leidet. Würde man diese Operation nicht vornehmen, die Kokons in lebendem Zustande lassen, so würden bei den gewaltigen Mengen abzuhaspelnden Kokons viele Schmetterlinge ausschlüpfen, dadurch würden große Mengen minderwertigen Gespinstmaterials anfallen.

Das Töten der Puppe erfolgt durch eine Trockenoperation in besonders konstruierten Öfen. Man erhitzt einige Zeit bei 45° C, wobei man nicht allein das Abtöten der Puppe, sondern gleichzeitig eine Trocknung der Kokons erreicht. Man verhütet durch das Trocknen das bei langem Lagern unvermeidliche Schimmeln. Heute arbeitet man vielfach unter Anwendung von heißer Luft oder überhitztem Dampf. Es wurde eine Menge anderer Vorschläge gemacht, um denselben Zweck zu erreichen, insbesondere wurde gasförmige schweflige Säure, Ammoniak, Schwefelkohlenstoff, auch Kohlenoxyd empfohlen; man machte aber die Beobachtung, daß durch diese Mittel die Puppe oft nur betäubt und nicht getötet wurde. Die beste Methode bleibt unstreitig die Anwendung trockener Hitze, da damit gleichzeitig der unumgänglich notwendige Trockenprozeß verbunden ist.

Der Seidenfaden an sich ist im Aufbau vollkommen verschieden von allen bisher behandelten Gespinstfasern. Die Spinndrüse der Seidenraupe produziert, wie erwähnt, keine einheitlichen Gebilde, sondern zwei einzelne Fäden, welche im Moment des Austrittes miteinander verklebt werden, wozu eine gleichfalls von der Spinndrüse abgeschiedene viskose Flüssigkeit, das „Sericin" dient, welches an der Luft außerordentlich rasch erstarrt. Der einzelne Faden besteht außerdem aus einer Anzahl von feinen Fibrillen. Die Oberfläche der Fäden ist nicht regelmäßig, vielmehr höckerig und zum Teil rauh; an dem Querschnitt eines natürlichen Seidenfadens erkennt man deutlich den Aufbau aus aneinandergelagerten Dreiecken.

Die Substanz des eigentlichen Fadens selbst, heißt das „Fibroin", die die einzelnen Fäden verklebende Masse das „Sericin" ist in schwach alkalischen Bädern löslich, worauf die sogenannte „Entbastung" der Seide beruht. Sowohl Fibroin als auch Sericin sind chemisch den Proteinsubstanzen zuzuordnen. Der Gehalt des rohen Seidenfadens an Sericin beträgt bis zu 28%, wobei zu beachten ist, daß dieser schon in Fäden aus ein und demselben Kokon schwanken kann. Außer diesen beiden wesentlichen Aufbausubstanzen des Seidenfadens enthält dieser noch geringe Mengen von Fett, dann je nach der Herkunft, bestimmte färbende Substanzen.

Bei der wilden Tussah-Seide sind die Verhältnisse infolge der verschiedenen Struktur des Fadens, dann wegen der von der Maulbeerseide abweichenden Zusammensetzung des Bastes, stark verschieden. Der Querschnitt eines Tussahfadens ist von dem der edlen Seide vollkommen verschieden. Während die Elemente des ersteren eine breitgedrückte Form zeigen, sind die Querschnitte des Elementarfadens der edlen Seide dreieckig-polygonal. Der „Titer", siehe später, des Tussahfadens ist gröber als der der echten Seide.

Dem eigentlichen Abhaspelungsprozeß geht noch eine besondere Vorbehandlung des Kokons voraus; es ist unmöglich, den Faden am unvorbehandelten Kokon zu fassen.

Zu diesem Zweck werden die Kokons auf siebartigen Behältern in Wasser eingetaucht und dieses dann — nach älterer Methode mit direktem Feuer, nach neuerer Methode mit Dampf — auf ca. 70° C erhitzt. Die Zusammensetzung des Wassers spielt hier eine wichtige Rolle; vor allem muß das Wasser absolut frei von schwebenden Bestandteilen sein, da diese energich von der sich aufweichenden Seide absorbiert werden und den Glanz des Fadens trüben; ganz besonders zu vermeiden sind eisenhaltige und Humussäuren enthaltende Wässer, welche der Seide eine sehr schwer wieder entfernbare Farbe verleihen können. Hartes Wasser ist deshalb bedenklich, weil es mit dem im Bast enthaltenen Fett leicht Kalkseife bilden kann und so den Faden hinsichtlich des Glanzes und Griffes ungünstig beeinflußt; ein geringer Kalkgehalt soll dagegen nicht ungünstig wirken.

Die Praxis hat ergeben, daß der Prozeß für die Faser dann am schonendsten verläuft, wenn möglichst reines Wasser verwendet und dasselbe außerdem oft erneuert wird. Die Temperatur des Wassers beim Einweichen und auch bei der Operation des Bürstens und Abhaspelns soll im Maximum 70° C erreichen; ein Kochen des Wassers ist unbedingt zu vermeiden, weil dadurch eine Abhaspelung des Fadens infolge Verwickeln sehr erschwert wird.

Die in mit gelochten Böden versehenen Behältern in das Wasser getauchten Kokons schwimmen im Becken herum, wo sie mittelst maschinell betriebenen, horizontal gelagerten Bürsten bearbeitet werden, um die Fadenenden aufzusuchen. Mehrere dieser Fadenenden (sechs bis zwölf) werden nun zusammengenommen und abgehaspelt; sie geben die Grègeseide. Da die Einzelfäden der Kokons am Anfang und am Ende die geringste, in der Mitte die größte Dicke besitzen, darf die Spinnerei nicht alle sechs bis zwölf Fäden gleichzeitig zum Grègefaden vereinigen und haspeln, sondern muß zu einem Grègefaden zwei Enden mit der Anfangsdicke, dann drei Fäden mit voller Mittelstärke und dann ein bis zwei Fäden wiederum mit der geringeren Stärke zusammenfassen. Geschieht das nicht, so würden die Fäden ihrer ganzen Länge nach nicht annähernd die gleiche Dicke aufweisen und fehlerhaft werden. Bei geschickten Spinnerinnen geschieht das Verbinden der verschiedenen Fäden, ohne am Grègefaden eine Anwurfstelle zu hinterlassen. 4500 bis 6000 brauchbare Kokons = 7 bis 10 kg erlauben die Gewinnung von 1 kg Seidenfaden, wobei der Einzelfaden 350 bis 370 m lang ist. Die so gewonnenen Rohfäden werden nun weiter zu den verschiedenen Seidenqualitäten Organzin und Trame verarbeitet, welche Produkte darstellen, die durch bestimmte Zwirnprozesse mit verschiedener Anzahl Einzelfäden und verschiedener Drehung erhalten werden. Organzin, die Gespinstfaser, welche die wichtigste Seidenqualität darstellt, ist beispielsweise aus zwei bis drei Grègefäden durch starke Linkszwirnung hergestellt. Auch die Organzine zerfallen, je nach der Zwirnung in verschiedene Kategorien. Unter Trame versteht man Seidenfäden, die als Schußgarne verwendet werden, während Organzin vor allem für Ketten dient. Trame ist daher weniger gedreht und besteht aus größeren Mengen Elementarfäden, und zwar meistens aus zwei bis vier Grègefäden, welche ihrerseits sich wieder, wie erwähnt, aus einer Anzahl (bis zwölf) einzelnen Kokonfäden zusammensetzen. Die wilden Seiden, Tussah, machen beim Abhaspeln infolge des von den kultivierten Seiden verschiedenen Aufbaus des Fadens größere Schwierigkeiten, sie müssen gründlich eingeweicht werden, und zwar in siedendem Wasser, oft setzt man der Einweichflüssigkeit noch Holzaschenlauge zu. Die Gespinste aus Tussah-Seide sind, da im Produktionsland selbst ausgeführt, unregelmäßig. Man nennt sie Tussahgrège, spult sie zur Reinigung um und verwendet sie als Nähseide, zum Teil auch für billigere Gewebe.

Die begreiflicherweise großen Mengen an Abfällen der Seidenspinnerei sind wertvoll, insbesondere sind in ihnen unbrauchbare Kokons enthalten. Dazu kommen Kokons wilder Seiden, die häufig überhaupt nicht abhaspelbar sind. Man kocht diese Abfälle unter Stampfen in etwa 10%igen Seifenlaugen, auch im Schaumabkochungsverfahren, trocknet nach gutem Waschen; es wird, wo es nötig ist, auch carbonisiert, um vegetabilische Verunreinigungen zu entfernen und dann nach Methoden der Wollspinnerei gekrempelt und versponnen. Die so gewonnenen Seiden nennt man Schappeseiden, sie werden als Florette und Bourettegarne gehandelt.

Die Charakterisierung des Seidenfadens für den Handel geschieht durch Angabe des Titers, dessen Einheit der Denier darstellt. Es gibt zwei Titermaße, das italienische und das französische, das auch das legale heißt. Nach der italienischen Einheit hat ein Seidenfaden einen Denier, wenn 9000 m ein Gramm wiegen, nach der französischen werden 10.000 m zugrunde gelegt. Da die native Seidenfaser etwa 1 Denier hat, wird ein Gespinst aus 25 Einzelfäden 25 Denier haben. Das Messen nach Deniers ist von der Kunstseidenspinnerei übernommen worden[139]). Nach Methoden der Wollgarnspinnerei gewonnene Florette- und Bouretteseiden werden wie Wolle nach Nummern gehandelt. Einheit Schnellerzahl à 500 m, die $\frac{1}{2}$ kg wiegen.

Außer der Titerfestsetzung prüft man die Dehnbarkeit sowie die Festigkeit des Fadens, welche Eigenschaften, insbesondere letztere, sowohl von der Feuchtigkeit des zu prüfenden Materials, als naturgemäß auch vom Titer desselben abhängt. Die Stärke des Fadens ist proportional der Höhe des Titers. Dehnbarkeit und Festigkeit des Fadens werden auf einen besonders für diesen Zweck konstruierten Festigkeitsprüfer bestimmt. Außer diesen Eigenschaften ist auch der Griff und der Aspekt des fertigen Gespinstes zu berücksichtigen. Auf den charakteristischen krachenden Griff, „Seidenschrei", wird besonders geachtet; harter, spröder und trockener Griff deutet stets auf Verklebung der Fäden. Die Farbe der Rohseide schwankt, je nach ihrer Provenienz, in weiten Grenzen; sie ist aber keineswegs ein Kennzeichen besserer oder geringerer Qualität; dagegen können in den Fäden selbst durch unsorgfältiges Abhaspeln fehlerhafte Stellen entstehen, welche sich durch ungleichmäßige Dicke des Fadens oder aber durch verfilzte Stellen, die man mit „Duvet" bezeichnet, kennzeichnen. Man kennt diese Stellen auch unter dem Namen Seidenläuse. Sie kommen hauptsächlich in italienischen und spanischen Seiden vor, während die japanischen nahezu frei von ihnen sind.

Bei der Prüfung der Seide wird ihrem Feuchtigkeitsgrad besondere Beachtung geschenkt. Die Feststellung der zulässigen Feuchtigkeit ist international geregelt, die Bestimmung derselben erfolgt in Konditionierungsanstalten, welche in allen für den Seidenhandel in Betracht kommenden Zentren, Tokio, Turin, Mailand, Zürich, Basel und anderen, eingerichtet sind. Der zulässige durchschnittliche Feuchtigkeitsgehalt beträgt 11%.

a) Physikalische Eigenschaften der Seide.

Die Farbe der Rohseide ist bei der chinesischen und japanischen Seide weiß, bzw. elfenbeinweiß, bei der italienischen Seide hellgelb; der Farbstoff befindet sich im Sericin.

Der Durchmesser des Seidenfadens beträgt 17 bis 40 μ. Beim Reißen des Fadens erfolgt keine Zerfaserung der Rißenden.

Die Doppelbrechung im polarisierten Licht ist sehr stark, die Isolationsfähigkeit für Elektrizität ist sehr hoch.

Im Vergleich zur Wolle verträgt die Seide höhere Temperaturen; beim Konditionieren geht man bis zu 140° C, ohne daß bei dieser Temperatur Zersetzungserscheinungen eintreten. Über 170° C tritt allerdings rasche Zersetzung ein, wobei die sich entwickelnden Gase einen von verbrennender Wolle deutlich abweichenden Geruch verbreiten.

Die Seide zeigt die bemerkenswerte Eigenschaft, beim Zusammenpressen ein eigenartiges knisterndes Geräusch zu erzeugen, welche besondere Eigen-

[139]) S. Tab. S. 57.

schaft man als „Knarren“ bezeichnet (französisch craquant). Dieses Knarren zeigt die rohe Seide nicht, es zeigt sich erst dann, wenn die Seide aus einem Bade eines sauren Salzes oder einer freien Säure, Säure aufgenommen hat. War das Bad neutral oder alkalisch, so knistert die Seide nicht. Um das Knistern zu erzeugen, muß daher die Seide einer besonderen Säurebehandlung unterworfen werden (Seidenschrei).

Das spezifische Gewicht der Seide ist 1,367. Ihre Zähigkeit und Elastizität ist ganz bedeutend. Man kann die Seidenfaser auf $^1/_5$—$^1/_2$ ihrer ursprünglichen Länge strecken, ohne daß sie zerreißt.

Seide an feuchter Luft aufbewahrt, kann bis zu 30% ihres eigenen Gewichtes an Feuchtigkeit aufnehmen, sie muß also deshalb als hygroskopisch bezeichnet werden, was bei Käufen von Seide bedingt, den Handelswert der Seide durch „Konditionieren“ festzustellen.

Eine hervorragende Eigenschaft der Seide ist ihre Fähigkeit, Metallsalze als solche aufzunehmen und zu speichern. Man hat von dieser Eigenschaft in der Technik durch die sogenannte „Erschwerung“ der Seide, d. h. das Beladen der Seidenfaser mit spezifisch schweren Salzen, wie denen des Zinns oder Bleis, Gebrauch gemacht. Solche beschwerte oder erschwerte Seide zeigt bei dauernder Belichtung eine viel geringere Haltbarkeit als unerschwerte Seide, in besonderem Maße dann, wenn sie mit bestimmten Farbstoffen, z. B. Viktoriablau gefärbt ist.

b) Physikalisches und chemisches Verhalten der Seide.

Die Farbe der Rohseide ist, wie schon oben erwähnt, je nach der Provenienz, bei den chinesischen und japanischen Seiden weiß, bei den italienischen Produkten beispielsweise hochgelb. Der Faden, aus zwei zusammengeklebten Einzelfäden bestehend, ist unzweifelhaft noch aus einer großen Menge von Einzelfibrillen aufgebaut[140]). Die Dehnbarkeit der Seide beträgt bis zu 20%. In feuchtem Zustand ist die Reißfestigkeit der Seide geringer als im trockenen Zustand. Die Fähigkeit, sowohl Wärme als auch den elektrischen Strom zu leiten, ist bei der Seide sehr gering, die Seide ist also ein vorzügliches Isolierungsmittel. Das spezifische Gewicht der entbasteten Seide beträgt 1,36.

Trockene Wärme bis zu 170° C läßt die Seide unverändert, Lichtwirkung soll die Seide schädigen; erschwerte Seide ist gegen Lichtwirkung außerordentlich empfindlich.

Der Anteil des rohen Fadens an Fibroin beträgt 72 bis 81%, derjenige an Sericin 19 bis 28%. Wir finden aber im rohen Faden noch geringe Mengen von Fetten bei einzelnen Sorten, besonders denen italienischer Provenienz, gelber Farbstoffe. Wir können den Zweck des Fettes voraussichtlich darin erblicken, daß es den fertigen Kokon vor Feuchtigkeitsaufnahme schützt; in der Puppe selbst finden sich auch eine gewisse Menge Fett, das zweifellos mit dem des Fadens in gewisser Beziehung steht. Das Fett der toten Puppen wird extrahiert und vielfach in der weiteren Veredlung des Seidenfadens verwendet. Die Asche des Seidenfadens enthält ca. 1 bis 1,8% Mineralstoffe, wobei K, Na, Ca, Mg, Cl, H_2SO_4 und H_3PO_4 nachgewiesen werden können. Das

[140]) Höhnel. Mikroskopie Wien 1906, 221.

spezifische Gewicht der Seide beträgt 1,34, der Titer des Fadens schwankt je nach der Provenienz zwischen 2,5 und 4,2. Seide ist schwefelfrei (Unterschied von Wolle).

Was wir an der Naturseide besonders schätzen, ist ihr edler Glanz, den man auf Kunstseiden durch künstliche Mittel nachzuahmen bestrebt ist. Dieser Glanz ist abhängig von der Art der Exkretion des Fadens; es entsteht ein homogener Faden mit glatter Oberfläche und mehr oder weniger zylindrischer Form. Eine zweckmäßige Behandlung der Seide kann diesen natürlichen Glanz noch wesentlich steigern. Auch der eigenartige krachende Griff der Naturseide (Seidenschrei), der sich allerdings nur in der entbasteten, also vom Sericin befreiten Faser auswirkt und stark von der chemischen Aufbereitung der Rohfaser abhängt, wird auf Kunstseiden vielfach nachgeahmt.

Morphologisch haben wir es bei der Seidenfaser mit einem verhältnismäßig einfachen Gebilde zu tun, wenn man an den komplizierten Aufbau beispielsweise der Bastfasern oder der Wolle denkt. Aber strukturlos ist die Seide, wie man früher anzunehmen geneigt war, nicht. Die Ultramikroskopie hat hier gewisse Strukturen aufgedeckt, die der einfachen Mikroskopie entgangen waren. Man stellt mit dem Ultramikroskop eine ausgesprochene Längsstruktur fest, diese läßt darauf schließen, daß die noch mikroskopisch erfaßbaren Elementarstrukturen, wie das für alle fasrigen Gebilde zutrifft, aus feinen Fibrillen bestehen, deren Vorhandensein schon von Höhnel[141]) angenommen wurde.

In neuester Zeit haben Untersuchungen von Haller und Okany-Schwarz[142]) eine neue Struktur der Seidenfaser aufgedeckt, welche mit Hilfe der physikalischen Kondensation von Farbstoffen auf der Faser nach Haller-Ruperti nachgewiesen werden konnte. Es handelt sich um feine, im Innern des Fibroinfadens verlaufende Kanäle. Bei der Färbung der Seidenfaser in Cibaviolett und der Kondensation in Pyridin zeigt sich bei der Quellung der Faser eine streifenweise Ablagerung von Farbstoffkristallen im Seidenfaden, die nur dorthin gelangen konnte, wenn Kanäle im Innern des Fadens verlaufen. Auch auf Querschnitten durch so behandelte Seidenfäden waren die Kanäle deutlich sichtbar. Es ist sehr wahrscheinlich, daß diese Kanäle bei der Seidenerschwerung als Ablagerungsort der Erschwernissubstanzen eine wichtige Rolle spielen (Abb. 25 u. 26).

In der wilden Tussah-Seide läßt sich durch mikroskopische Untersuchung ein eigentümliches längsorientiertes Vacuolensystem feststellen, das seinen Ursprung in der vacuolenhaltigen Fibroinmasse selbst hat.

Diese Vacuolen, die beim Spinnen selbst mit flüssigen Eiweißsubstanzen gefüllt sind, verlieren den Inhalt durch Verdampfen und füllen sich mit Luft. Diese Verhältnisse sind sehr schön durch Färbung mit Pikrocarmin sichtbar zu machen.

In polarisiertem Licht bei x Nicols leuchtet die Seidenfaser bei Verdunkelung des Gesichtsfeldes auf und zeigt charakteristische Interferenzfarben.

Erhitzen der Seide kann bis 160 oder 170° C getrieben werden, ohne daß sich morphologisch eine Veränderung zeigt. Das gilt natürlich nur für die

141) Gaidukov. Dunkelfeldbeleuchtung 1910, 69.

142) Dissertation Zürich 1933. Helv. chim. acta XVII, 761.

unbehandelte Seide, erschwerte Seide ist viel hitzeempfindlicher und wird bei 170° C brüchig. Das Verbrennen erfolgt unter Aufblähung und hinterläßt zunächst schwarze Asche.

Native Seide ist wie erwähnt ein schlechter Leiter für die Elektrizität; man hat aber zu beachten, daß beispielsweise Seiden, die mit Metallsalzen vorbehandelt sind, wie das beispielsweise bei Schwarzfärbung der Fall sein kann, gute Leiter darstellen. Erschwerte Seiden lassen sich von unerschwerten durch Annähern an geladene Elektroskope leicht unterscheiden.

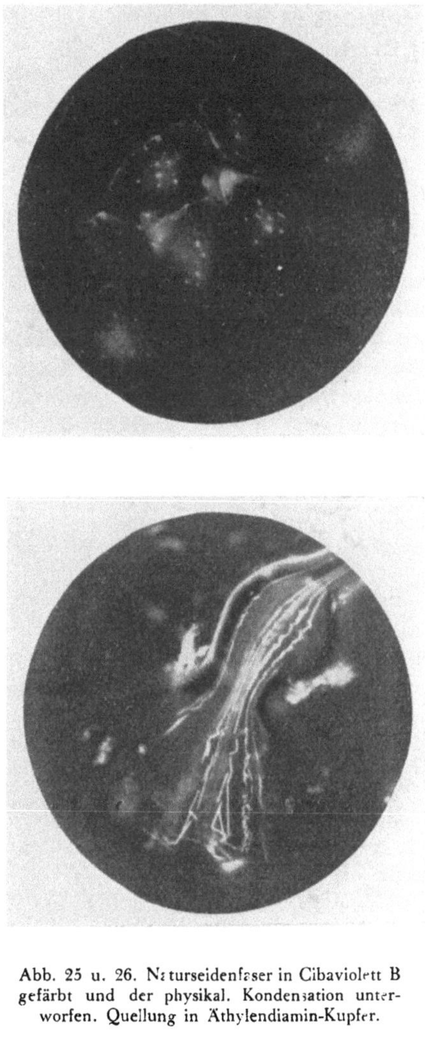

Abb. 25 u. 26. Naturseidenfaser in Cibaviolett B gefärbt und der physikal. Kondensation unterworfen. Quellung in Äthylendiamin-Kupfer.

Bevor in die chemische Charakteristik der natürlichen Seide eingegangen wird, soll darauf hingewiesen sein, daß man in der Rohseide selbst nicht mehr die „Native" Seide, wenn man sich so ausdrücken will, erblicken darf. Schon beim Abhaspeln von Kokons, was wie erwähnt aus 70° C warmem Wasser geschieht, lösen sich recht erhebliche Anteile von ursprünglich in den Kokonseiden enthaltenen Mineralsalzen. Diese bestehen aus Silicaten, Eisen, Kalzium, Magnesium, Kalium und Natrium. Den höchsten Anteil stellt Pottasche, welche zum größten Teil im Haspelbecken bleibt.

Kaltes Wasser löst nur wenig diese Salze; heißes Wasser dagegen beginnt schon die Lösung des Sericins einzuleiten, fünfzehn- bis zwanzigstündiges Kochen in Wasser entbastet die Seide vollkommen. Längeres Erhitzen in Wasser nimmt der Seide den edlen Glanz und macht sie rauh und matt. Seide wird im Gegensatz zur Wolle beim Erhitzen in Wasser bei 130° C unter leichtem Druck, wenn auch lange fortgesetzt, nicht angegriffen. Bei vierzigstündiger Einwirkung von kochendem Wasser erleidet die Seide einen Gewichtsverlust von nahezu 50%; Erhitzen mit Wasser bei 5 Atü löst die Seidensubstanz unter weitgehender Spaltung auf.

Alkohol löst aus der Rohseide eine wachsartige Substanz und aus bestimmten Sorten den natürlichen Farbstoff der Seide als orangerotes amorphes

Pulver, das in Wasser unlöslich, dagegen in Alkohol, Äther, Benzol und Chloroform löslich ist. Der Farbstoff soll mit dem *Carotin* weitgehende Ähnlichkeit haben. Er bildet rotbraune Kristalle vom Schmelzpunkt 168° C. Mit Schwefelsäure erhält man eine indigoblaue Farbe. Die Substanz scheint nicht einheitlicher Natur und offenbar schon im Futter der Seidenraupen enthalten zu sein. Bei stark gefärbten Seiden beispielsweise konnte Chlorophyll als färbendes Prinzip nachgewiesen werden.

Alkalien wirken auf Seide mehr oder weniger kräftig ein. Starke Ätzalkalien lösen die Seide auch schon bei mäßiger Temperatur. Rohseide wird von diesen Agentien so angegriffen, daß erst das Sericin und dann das Fibroin gelöst wird. Verdünnte Alkalien lösen zunächst den Bast auf und vermindern Glanz und Geschmeidigkeit der Faser. Erdalkalien, Kalk und Baryt beeinflussen wiederum ebenfalls Glanz und Weichheit der Faser; beide geben mit der Fasersubstanz, vorzugsweise mit dem Sericin, eine Verbindung, so daß diese Substanzen nicht mehr durch bloßes Auswaschen entfernt werden können. Mit Bariumhydroxyd unter Druck erhitzt, erfolgt eine Spaltung der Seidensubstanz, ähnlich wie das bei der Wolle der Falle ist. Viel milder wirken Alkalicarbonate auf Seide ein, ebenso die Alkalisalze der Fettsäuren, die Seifen. Letztere werden allgemein zum Entbasten benützt, wobei nur das Sericin weggelöst wird. Wie bei der Wolle wirken auch bei der Seide Schwefelalkalien auf die Seide rasch lösend ein, weitaus kräftiger als beispielsweise Alkalicarbonate.

Ammoniak, das bei langer Einwirkung auf Wolle dieselbe zum Zerfall in ihre Elemente veranlaßt, wirkt auf Seide nicht ein. Wie bei Wolle ist auch die Widerstandsfähigkeit der Seide gegen Säurewirkung viel größer als bei vegetabilischen Fasern. Konzentrierte Schwefelsäure allerdings löst Seide rasch zu einer viskosen Masse. Verdünnte Säuren bringen die Seide bei längerer Einwirkung in der Wärme zum Zerfall und zu einem gewissen Abbau der Fasersubstanz. Kalte konzentrierte Salzsäure löst Seide auf; in mäßig verdünnter Lösung quillt die Seidenfaser kräftig auf. Aus der salzsauren Lösung der Seide fällt beim Neutralisieren ein Niederschlag aus, der im Gegensatz zur normalen Seidenfaser selbst in Ammoniak löslich ist.

Konzentrierte Salpetersäure, welche salpetrige Säure enthält, also rauchende Salpetersäure, färbt Seide gelb; diese Xanthoproteinreaktion hat diagnostische Bedeutung. Ob bei der Behandlung mit rauchender Salpetersäure eine Nitrierung stattfindet, steht nicht fest, vermutlich wird es sich, ähnlich wie bei der Wolle bei Behandlung mit salpetriger Säure um eine Nitrosierung handeln. Eine Diazotierung wird wohl wie bei der Wolle über die Nitrosoverbindung erfolgen. Nachträgliche Behandlung in Naphtolaten soll zu Azofarbstoffen führen. Kieselfluorwasserstoffsäure, Fluorwasserstoffsäure üben in 5%iger Lösung keine Wirkung auf Seide aus; es werden aber dadurch gewisse mineralische Stoffe gelöst; diese Einwirkung wird bei der Bestimmung der Erschwerung der Seide verwendet[143]). Konzentrierte Ameisensäure bringt Quellung der Seide hervor, wobei die Faser eine gewisse Plastizität erlangt.

143) G n e h m, Färber-Zeitung.

Ein eigentümliches, von allen Faserstoffen abweichendes Verhalten zeigt echte Seide gegen Metallsalze und Gerbstoffe. Schon Koch[144]) beschreibt Methoden, um Entbastungsverluste auszugleichen[145]). Waren diese Methoden auch bis gegen 1880 fast rein empirisch und primitiv — man benützte anorganische Stoffe, Sirup, den man, ohne die Fixierung von Gerbstoffen durch die Seide zu kennen, zum Zwecke der Abhaltung unliebsamen Insektenbesuches Rindenabkochungen zusetzte —, um die beim Entbasten auftretenden Gewichtsverluste auszugleichen, so waren sie doch für die Entwicklung der wissenschaftlich gesteuerten Erschwerung wegbahnend. Wir unterscheiden heute zwischen mineralischer, vegetabilischer und gemischt mineralisch-vegetabilischer Erschwerung entbasteter Seide. Der Seidenfaden wird sowohl dem Gewichte wie auch dem Volumen nach von den verwendeten Chemikalien beeinflußt, was man gewichtsanalytisch, siehe oben, und mit der Mikrometerschraube verfolgen kann. Der Chemiker weiß heute Wege einzuschlagen, die eine heißwasserbeständige, Färbevorgänge nicht störende und bei solider Zielsetzung auch den Faden nicht schädigende Erschwerung erlaubt. Glanz, Griff, Knitterfestigkeit und andere physikalische Eigenschaften leiden zwar etwas, aber man hat gelernt, das in geeigneten Avivageprozessen wieder ganz oder fast ganz gutzugestalten. Am besten hat sich die Zinnerschwerung[146]) eingeführt. Beschwert wird die Seide meist im vollentbasteten Zustande durch Einlegen in bewegte Bäder von Zinntetrachlorid oder Pinksalz ($SnCl_4 . 2NH_4Cl$). Die Pinkzentrifuge hat sich dazu allgemein eingeführt, weil sie erlaubt, exakt und gleichmäßig Pinksalzüberschüsse abzutrennen und zu sammeln. Soda, Natriumphosphat, auch Na-Silikatbäder fixieren die Behandlung, die wiederholt wird, bis die verlangte Erschwerung erzielt ist. Von 7 bis 10% nach dem ersten Gang läßt sich die Zinnsalzerschwerung über Pari (Verlust am Bastgewicht) bis auf 100% und darüber treiben. Sie ist auch heute noch allgemein üblich; Methoden, bei denen andere Metallsalze oder Einschaltung von Phosphorwolframsäurebäder, Zinksulfat-Weinsäure, Cersalze, Zirkonsalze, die man zum Zwecke einer Zinnsalzersparnis anzuwenden versuchte, sind wieder verlassen worden.

Gleichzeitig entwickelte sich eine gemischte Erschwerung mit Gerbstoffen und Zinnsalz, die aber, da es kaum farblose Gerbstoffe gibt, sich nur für Couleurerschwerung, also für gefärbte Seiden anwenden läßt[147]).

Die Erschwerung geht wie bereits erwähnt in Stufen, „Gängen oder Chargen“ vor sich, über das erreichte Rohseidengewicht (pari) je nach Auftrag 20 bis 100% und darüber. In Grenzen angewendet und durch Kenner

---

[144]) Koch, Die Geschichte des Seidengewerbes.

[145]) Lauterbach, Geschichte der in Deutschland angewendeten Farbstoffe, Leipzig 1905, 61.

[146]) Chas E. Mullin, eine engl. Arbeit, die Feibelmann in der Zeitschrift Die Seide, Krefeld 1930, 11, 12, S. 442, bzw. 487 ff, übersetzte. (Arbeitsmethoden Clavel Lindenmayer.)

[147]) Sisley Bl. annual de l'assoc. gén. des chim. de l'industrie textile Paris 1911, 10 bis 17; Heermann Der Zinnphosphatproceß; Lehne, Färberei-Zeitung 1905, 323; Ristenpart, ebenda 1909, 233; Heermann, Technologie der Textilveredlung, Julius Springer, Berlin 1921, 446 ff.

und Könner durchgeführt, ist keine große Gefahr einer Faserschädigung zu befürchten, wohl aber sind erschwerte Seiden auf Kochsalz (Schweiß), katalytische Einwirkung von Metallen empfindlich. Der Verwendung von permutierten Wässern muß ein Auswaschen des Kochsalzes nach Färbeprozessen folgen. Vorschläge durch Verwendung von Harnstoff, Thioharnstoff, Rhodansalzen, Hydrochinon, Hydroxylamin u. a. erschwerte Seiden weniger empfindlich zu machen, sind ohne Erfolg geblieben[147]).

Couleurerschwerung: Erschwerung mit Gerbstoffen, Charge végétale, Gallieren. Schmackieren erfolgt meist nach dem Färben und kann bis 200% getrieben werden. Es wird dabei Glanz und Griff der Seide beeinträchtigt, wir kennen auch hier aber Methoden der Avigage, um diese verlorenen Eigenschaften wiederkehren zu lassen[147]).

Gemischt vegetabilisch-mineralische Erschwerung wird in der Blauholzschwarzfärberei angewendet, wobei man auch Berlinerblau auf der Faser niederzuschlagen pflegt. Neben Gerbstoffen werden pyrolignoses Eisen, Eisen in Ferro- und Ferriform, Tonerdesalze und auch Zinnsalz verwendet. Berlinerblau als Niederschlag auf der Faser gibt dem fertigen Produkt einen eigenartigen Lüster[147]) (Englisch Schwarz, Lyoner Schwarz, Noirblenté, Supérieurschwarz, Hochblauschwarz, Radium--, Elektro-, Monopolschwarz und andere Phantasiemarken).

Erwähnt sei, daß zinnerschwerte Seiden nur in entsäuertem Zustande gefärbt zur Rongalitätze kommen dürfen, weil sich sonst leicht an Stelle der Ätzeffekte Sulfide und Sulfüre des Zinns abscheiden können.

C. Die verschiedenen Kunstseidenfasern (Celluloseabkömmlinge).

Je nach der Art der Lösung kennt die Technik vier bzw. fünf Verfahren zur Herstellung von Kunstfasern vegetabilischer Natur, die ohne Berücksichtigung der Chronologie der Erfindungen oder deren technischen Einführung in folgende Gruppen zerfallen: 1. Die Viskosekunstseide, 2. Die Kupferkunstseide, 3. Die Acetatkunstseide, 4. Die Nitrokunstseide, 5. Die Ätherkunstseiden.

Diese Gruppierung entspricht ungefähr der Menge der Erzeugung und damit der Bedeutung, welche diese Kunstfasern für die Textilveredlung haben; es sei betont, daß der Fasermangel, der sich während und infolge zweier Weltkriege geltend machte, sehr viel zur Ausbildung geeigneter Herstellungsverfahren aber auch zur Einführung dieser Fasern in der Veredlungsindustrie beigetragen hat und Artikel zu schaffen erlaubte, die wir unter normalen Arbeitsbedingungen nicht mehr vermissen können und wollen. Von den obengenannten stehen die Viskosekunstseide und die Kupferkunstseide der Baumwolle in ihrem chemischen Verhalten und im Verhalten Farbstofflösungen gegenüber sehr nahe, während die Acetatkunstseiden, die Nitro-

---

147) Sisley, loc. cit.

kunstseiden und die Ätherkunstseiden nicht allein chemisch sondern auch im färberischen Verhalten von der Baumwolle vollkommen abweichen. Die an sich interessanten Ätherkunstseiden sind vorerst noch ohne technische Bedeutung geblieben, die Celluloseäther haben aber als Verdickungsmittel, als Appreturmittel und insbesondere als Dauerappreturmittel eine Bedeutung erlangt, die sich ständig vergrößert.

1. Die Viskosekunstseide[148]).

Die Viskosekunstseide wird aus dem Cellulosexanthogenat, das Cross und Bevan erstmalig 1892 herstellten, durch Spinnen in geeignete Fällbäder gewonnen. Cellulosexanthogenat wird hergestellt durch Behandeln von Cellulose verschiedener Provenienz mit starker Natronlauge, wobei sich Natroncellulose bildet, die dann mit Schwefelkohlenstoff in das Xanthogenat übergeführt wird. Während man ursprünglich von Baumwolle und Linters ausging, um Natroncellulose herzustellen, ist heute Holzcellulose, die als trockener Sulfitzellstoff in Plattenform von etwa 80 × 80 cm in den Tauchpressen einer Art Mercerisierbehandlung mit reiner möglichst carbonat- und eisenfreien Natronlauge von 18% unterzogen wird, ein billiger Rohstoff geworden. Nach etwa ein- bis zweistündiger Tauchzeit wird der Laugenüberschuß hydraulisch abgepreßt, wobei das Plattengewicht auf das dreifache ansteigt. Verschiedentlich verwendet man auch zerfaserte Sulfitzellstoffplatten und zentrifugiert den Laugenüberschuß auf gleiche Bedingungen ab. Der Laugengehalt des Filtrates geht naturgemäß erheblich zurück, da die Bildung von Natroncellulose NaOH verbraucht und Wasser abgibt. Ebenso werden vorhandene Pento- und Hexosane ausgelaugt. Je nach Reinheit des Zellstoffes werden 86 bis 94% als Natroncellulose gewonnen. Die, falls Platten verwendet wurden, sorgfältig zerkrümelte Natroncellulose wird nun in Sulfidiertrommeln mit 30 bis 40% der aufgewendeten Trockenzellstoffmasse an Schwefelkohlenstoff vermischt. Die exotherme Reaktion verlangt gute Kühlung und druckdichte Apparatur. Während des Sulfidierprozesses geht die Natroncellulose langsam über gelb nach rötlichbraun in eine hochviskose Masse über, die Temperatur steigt und muß um 30° C gehalten werden. Nach etwa 3 bis 4 Stunden ist der Sulfidierungsprozeß beendet. Erwähnt sei, daß das Xanthogenat, wenn es vom Trithiocarbonat, das sich bei der Reaktion bildet, durch Waschen mit Methylalkohol befreit wird, nur schwach gelbgrün gefärbt ist. Die sulfidierte Masse ist zäh und läßt sich zu Häutchen auswalzen, die je nach Stärke der Membrane zu verschiedensten technischen Zwecken verwendet wird (Cellophan).

Für Spinnzwecke muß die sulfidierte Masse auf etwa 8% Zellstoff und 8% NaOH gebracht werden. Das „Reifen- oder Alternlassen" geschieht nach Filtration in Reifekesseln, die Druck aber auch Vakuum von entsprechender Höhe erlauben, um die Spinnmassen blasen- (gas-) frei in die Spinnapparate drücken zu können. Es ist auffallend, daß sich KOH zur

---

148) Hottenroth, Die Kunstseide, Leipzig 1926 (Verlag Hirzel); Faust, Kunstseide, Dresden und Leipzig 1928 (Verlag Steinkopf).

Viskoseherstellung nicht eignet, während LiOH die Natronlösung an Eignung übertrifft. Wir begegnen dieser Nichteignung bei der Mercerisation von Mischgeweben wieder, ebenso beim Kreppen von Kunstseidenkreppgeweben; den fertigen Viskosefaden schädigt Kalilauge weniger als Natronlauge.

Dem Cellulosexanthogenat gibt man die Formel:

$$\begin{array}{l} \quad \mathrm{S} \\ \ /\!/ \\ \mathrm{C-O-(C_6H_9O_4)_nNaOH} \\ \ \backslash \\ \quad \mathrm{SNa} \end{array}$$

es ist das Na-Salz des Dithiokohlensäureesters der Cellulose. Das n der Formel hängt vom Alter (der „Reife") und Herstellungsart der Viskose ab. n beeinflußt auch die Aussalzgeschwindigkeit der Viskose, ihren „Reifegrad", der die ccm Chlorammonlösung von 10% angibt, die zum Aussalzen von 20 g mit 30 ccm destilliertem Wasser verdünnter Viskoselösung notwendig sind (Hottenroth)[149]. In der Technik der Viskosespinnerei mißt man die Viskosität entweder mit dem Stahlkugelfallviskosimeter oder mit der Bewegungsgeschwindigkeit einer Luftblase in einer beiderseits verschlossenen geeichten Glasröhre (Viskosimeter nach Cochius). Beide Methoden sind nicht absolut exakt, weil Viskosen mit zunehmendem Alter verschiebungselastische Kräfte entwickeln, die eine scheinbare Erhöhung der Viskosität bedingen[150].

Das Spinnen erfolgt als Naßspinnverfahren in schwefelsaure Fällbäder, denen Glaubersalz zugesetzt wird, also praktisch in saure Bisulfatbäder. Spinnbadtemperatur 40 bis 50° C. Spinndüsen aus korrosionsfestem Material, auch aus Porzellan. Praktisch ist jedes Spinnverfahren ein Streckspinnververfahren, da die Austrittgeschwindigkeit von der Geschwindigkeit der Haspel, die den Faden durch das Spinnbad zieht, erheblich verschieden ist, man bezeichnet aber als Streckspinnverfahren nur Arbeitsmethoden, bei denen verhältnismäßig grobe Düsenöffnungen verwendet werden und die Abzugsgeschwindigkeit eine recht hohe ist. Das Verfahren ist bei Methoden, die ein rasches Fällen des Fadens bedingen, nicht ohne weiteres gangbar, entwickelt hat es sich aus der Nitrocelluloseseidenspinnerei, wurde dann auf Acetatseide, Kupferseide, ausgedehnt, heute vermag man, allerdings nur unter bestimmten Voraussetzungen, auch Viskose nach dem Streckspinnverfahren zu spinnen. Allein die Vermeidung einer Verstopfungsgefahr durch Verwendung gröberer Düsenöffnungen rechtfertigt von anderen Vorteilen abgesehen das Verfahren. Durch Einführung der rotierenden Spinntöpfe (Spinnzentrifuge) ist ein Zwirnen in einem Arbeitsgang möglich.

Zellwolle wird entweder über Einzelhaspelmaschinen gesponnen, die Abzüge der Spinndüsen werden in endlose Stränge gesammelt und gehen in dieser Form durch die Fäll-Reinigungs-Entschwefelungs-Bäder, werden aviviert, zerschnitten und auf die Trockenapparate gebracht. Spinnt man auf Sammelhaspel für die Abzüge mehrerer Spinndüsen, so müssen diese abgenommen und aufgeschnitten werden.

---

149) Hottenroth, Chemikerzeitung *39,* 119 (1915).
150) Faust-Tamann, Zeitschr. f. phys. Chemie *35,* 193 (1924).

Das Viskosegespinst zeigt ein spezifisches Gewicht 1,5 und je nach Art des Spinnens 40 bis 160 Denier[151]). Der Querschnitt ist rundlich von breitgedrückter Form und zeigt gröbere und feinere Konturenzähnung. Färberisch verhält sich die Viskosekunstseide wie mercerisierte Baumwolle. Festigkeits- und stat. Daten werden am Schluß des Kapitels Kunstseiden gegeben.

2. Die Kupferkunstseide.

Die Kupferkunstseide, auch Bembergseide genannt, trägt ihren Namen aus der Lösungsbeobachtung (Schweitzer 1857[152]) von Cellulose in Kupferoxydammoniaklösung. Die Lösung führt man heute technisch etwas modifiziert durch, man stellt das Kupferoxydammoniak (Kupriaminohydroxyd) während des Lösungsprozesses her. Man verwendet hauptsächlich gekratzte und gereinigte Linters, aber es wird, trotz des etwas schlechteren Griffes auch fein zerschnittener Cellulosekrepp als Cellulosebasis benützt. Die Celluloselösung wird unter Eiskühlung mit Kupfersulfatlösung gemischt und hierauf die theoretisch berechnete Natronlaugemenge zugerührt. Nach inniger Vermischung wird die gebildete Kupfernatroncellulose in Filterpressen von Flüssigkeitsüberschuß befreit (Preßdruck bis 200 atü) und nach guter Zerkleinerung mit Ammoniak unter Luftabschluß so lange gerührt, bis eine homogene Lösung erreicht wird, das dauert etwa fünfzehn Stunden. Der Reaktionsmasse setzt man noch etwas ammonialkalische Bisulfit- oder Weinsäurelösung zu, auch Zucker und Natriumhydrosulfit werden verwendet, um vorhandenen Luftsauerstoff möglichst von der Lösungsreaktion fernzuhalten. Man stellt Lösungen von etwa 8 bis 9% Cellulosegehalt her. Nach mehrmaligem Filtrieren und gründlicher Entgasung im Vakuum, um störende Luftblasen und den Ammoniaküberschuß zu entfernen, wird nach dem Streckspinnverfahren in Säure — Salz, in Salz oder nur in verdünntes Alkali enthaltende Fällbäder gesponnen. Nach guter Entkupferung durch Säurebäder wird die Faser gewaschen, aviviert und getrocknet.

Modifiziert wird das Verfahren breit auf Baumwollwebwaren angewendet, um durch oberflächliches Weglösen feiner Baumwollhärchen eine glatte Oberfläche zu erzielen, die nach der Fällung, Entkupferung und Auswaschen der Stoffbahn einen kühlen, leinenartigen Griff verleiht. (Arlinverfahren, Arlinisieren der Baumwolle.)

Sowohl die Viskose wie auch die Kupferseide enthalten stets Oxycellulose, sie geben mit Fehlingscher Lösung kräftige Oxydulabscheidung; diese Reaktion wird nicht überraschen, wenn man überlegt, daß sich ein Luftabschluß während der Lösungsreaktion im alkalischen Medium nicht völlig erreichen läßt.

Viskose und Kupferkunstseide pflegt man wie erwähnt als regenerierte Cellulosen zu bezeichnen. Nach dem Chemismus der Herstellung der beiden Kunstfaserspinnmassen hat dieser Ausdruck eigentlich nur für die Kupferkunstseide eine gewisse Berechtigung, da diese tatsächlich aus einer Celluloselösung abgeschieden wird. Die Viskose setzt aber eine Zwischenform der

---

[151]) Denier, s. S. 57.

[152]) Journal f. prakt. Chemie *72*, 109 (1857).

Cellulose voraus, die Natroncellulose, die als Alkoholat als eine wohldefinierte Verbindung anzusehen ist. Durch weiteres Behandeln der Natroncellulose mit Schwefelkohlenstoff geht diese in einer für Alkoholate charakteristischen Reaktion in das Celluloseexanthogenat über, das eine ebenso wohl definierte Verbindung darstellt.

Wenn wir uns den Feinbau der organisierten Substanzen nach von Nägeli vergegenwärtigen, so sehen wir, daß hier zweifellos zwei Cellulosemodifikationen vorliegen, die Substanz der Kristallite und die diese verbindende Kittsubstanz. Es muß naturgemäß angenommen werden, daß beide der Xanthogenisierung anheimfallen, so daß man in der Spinnmasse zwei einander freilich sehr nahestehende Xanthogenate annehmen muß, sicherlich auch weiter durchsetzt mit Sulfidierungsprodukten der trotz der Reinigung stets noch in größeren oder kleineren Mengen im Ausgangsmaterial vorhandenen Hemicellulosen. Die Fällung wird also zweifellos ein chemisch inhomogenes Gemisch von „regenerierten" Cellulosen ergeben.

Im Gegensatz dazu finden wir in der Kupferkunstseide eine unmittelbare Lösung im Lösungsmittel, ohne Zwischenstufe einer vorausgehenden chemischen Behandlung, wie sie das Natriumalkoholat der Cellulose darstellt. Entsprechend der von Nägelischen Anschauung vom Feinbau der organischen Substanzen finden wir natürlich auch hier die micellaren Elemente nebeneinander lagernd, doch sicher nicht so weitgehend modifiziert, wie das bei der Viskose der Fall ist. Ob bei der Kupferoxydammoniakbehandlung auch Hemicellulosen in Lösung gehen, ist nicht geklärt, dürfte aber nach dem Verhalten der Baumwollfaser in Kupferoxydammoniak fraglich sein.

Es müssen also zweifellos im Feinbau der beiden Kunstseidenfasern Unterschiede vorliegen, die sich durch das Verhalten Farbstofflösungen gegenüber verraten müßten. Tatsächlich findet man im Färbevermögen beider Faserarten bemerkenswerte Unterschiede. Kongorot färbt beispielsweise Kupferkunstseide kaum an, Viskosekunstseide dagegen sehr kräftig, bei Benzoreinblau ist das gerade umgekehrt. Rutheniumrot färbt Kupferkunstseide kaum, Viskosekunstseide deutlich rosa an, ammoniakalische Silberlösung soll Viskosekunstseide braun, Kupferkunstseide nicht anfärben. Zur Unterscheidung beider Kunstseidenfasern nebeneinander kann man sich einer Mischung von 40 Teilen Direkthimmelblau grünlich (Ciba) mit 40 Teilen Eosin bedienen; Viskosekunstseide färbt sich in dieser Mischung rosarot, Kupferkunstseide blau an[153]).

3. Die Acetatkunstseide.

Die Acetatkunstseide verdankt ihre Darstellung und ihre Einführung dem Suchen nach Celluloseestern von nicht feuergefährlichen Eigenschaften; sie stellt in ihrem Aufbau eine Faser dar, die weitgehend von der Baumwolle, Viskose und Kupferkunstseide abweicht. Während Viskose- und Kupferkunstseide der Baumwolle in ihrem Verhalten gegen Chemikalien und gegen Farbstofflösungen als Hydratcellulosen nahestehen und deshalb vielfach fälschlich als regenerierte Cellulosen bezeichnet werden, ist die Acetat-

[153]) S. Tab. S. 63.

seide und die im folgenden noch zu besprechende Nitrokunstseide ein Substitutionsprodukt, sie stellt einen Essigsäureester der Cellulose dar. Dementsprechend zeigt die Acetatkunstseide recht abweichende Eigenschaften von der Baumwolle, sie ist in Aceton löslich; die Löslichkeit in anderen organischen Lösungsmitteln und Lösungsmittelgemischen, wie Alkohol-Benzol, Alkohol-Dichloräthylen, Alkohol-Ester-Gemischen, Methylalkohol-Tetrachlorkohlenstoff u. a., ist von der Herstellungsart und Durchführung des Acetylierungsprozesses bzw. Verseifung abhängig (Ciba D. R. P. 560.036). Färberisch verhält sich die Acetatkunstseide gegen direktziehende Farbstoffe vollkommen ablehnend, dagegen aufnahmefähig für bestimmte Anthrachinonderivate und aromatische Basen. Mit Alkalien tritt unter Abspaltung von Essigsäure Verseifung ein. Man erhält die Acetatkunstseide durch Acetylieren von Cellulose mit Acetylierungsgemischen (Essigsäureanhydrid, Eisessig und konzentrierter Schwefelsäure) unter Kühlung, wobei zunächst das Triacetat entsteht, das durch Eingießen in viel Wasser abgeschieden wird. Waschen und Abpressen ist wichtig, weil Celluloseacetate sich schwer von vorhandenen Schwefelsäureresten trennen lassen. Das Triacetat wird hierauf unter Verwendung schwacher Mineralsäuren oder deren sauren Salzen bis zur Acetonlöslichkeit verseift. Die Spinnlösung in Aceton enthält etwa 20% Acetylcellulose. Gesponnen wird durch feine Spinndüsen meist aus der Acetonlösung in warme Räume, in denen das Aceton verdunstet und auf Wiedergewinnungsanlagen teilweise (90%) zurückgewonnen werden kann. Der Vorteil dieses Verfahrens ist die Möglichkeit, die Seide sofort aufzuhaspeln und eventuell zu zwirnen. Auch ein Streckspinnverfahren wird angewendet, bei welchem man die Spinnmasse in Flüssigkeiten verschiedenen Fällungsvermögens spinnt, deren schwächer koagulierend wirkende auf der stärker wirkenden spezifisch schwereren schwimmt. Die Acetatkunstseiden lassen sich zu ganz feinen Titer ausspinnen und sind ohne weitere chemische Behandlung verwendungsfähig. Das spezifische Gewicht der Acetatkunstseide ist mit 1,3 bestimmt worden. Gewisse Verwendungszwecke bedingen das Zusetzen von Weichmachern zur Erhöhung der Elastizität, als solche kommen Trikresylphosphat, Triphenylphosphat, Triacetin, Toluolsulfonamid u. a. zur Verwendung. Die für viele Zwecke störende Bügelempfindlichkeit (Schmelzen) wird durch den seidenartigen Griff aufgewogen; die Festigkeitseigenschaften sind im folgenden in einer Vergleichstabelle zusammengestellt. Mikroskopisch gleicht der Querschnitt stark dem der Nitroseide, das Verbrennen erfolgt unter Schmelzen ähnlich wie bei der tierischen Faser, der Geruch der Verbrennungsprodukte ist charakteristisch (Essigsäure). Die Nichtanfärbung durch bestimmte Farbstoffgruppen erlaubt wirksame modische Effekte durch Mischen der verschiedensten Fasergruppen untereinander und im Webbild (Effektfäden). Grob ausgesponnene Acetatkunstseide dient als Borstenaustausch, Baykofäden u. a. m.

4. Die Nitrocellulosekunstseide.

Die erste Kunstseide, die auf den Markt kam, war die Nitrocellulosekunstseide, kurz auch Nitroseide oder nach ihrem Erfinder, dem Grafen

Hilaire de Chardonnet auch Chardonnetseide genannt. Ausgangsmaterial ist auch hier ursprünglich gekratztes und gereinigtes Lintersmaterial, man verwendet heute aber vielfach auch zerschnittenes, aus reiner Cellulose hergestelltes Kreppapier. Die Feuergefährlichkeit wurde zwar mit einem Denitrierverfahren weitgehend überwunden, die Seide geht dabei in Hydratcellulose über. Da das Denitrieren im fertigen Gespinst erfolgt, ist die Gefahr unregelmäßiger Einwirkung der dazu verwendeten Alkalisulfhydrate der Grund weitgehender Veränderung, sowohl Festigkeit wie auch Glanz und vor allem ungleichmäßiges Verhalten in der Färberei können sich dabei sehr stark störend bemerkbar machen. Die Herstellung erfolgt sowohl nach einem Trocken- wie auch im Naßspinnverfahren, die Kosten sind bedeutend, trotz indessen entwickelter Wiedergewinnungsanlagen für die teuren Lösungsmittel hat sich diese Kunstseide nicht gehalten, die Anlagen sind infolge Anforderung an das Material (Glas, Bronze) und den notwendigen sehr hohen Spinndruck kostspielig, die billigeren Konkurrenten haben der Seide den Markt entzogen. Sie wird aber z. B. in Amerika noch viel erzeugt, eine gewisse Bedeutung hat sie in der Artillerietechnik (Kartutschenbeutel, die keine Rauchschwaden entwickeln) behalten.

Festigkeitsvergleichsdaten der einzelnen Kunstseidenfasern im Vergleich zu Baumwolle, Wolle und echte Seide: (Berechnung auf 1 Denier). Erzeugungsstand etwa 1935.

	trocken	naß	Verminderung in Prozenten
Seide	3,5	2,7	23
Makko-Baumwolle	3,4	3,5	
Wolle	1,8	1,4	22
Viskose	2,0	0,9	55
Kupferseide	2,1	1,2	43
Acetatseide	1,5	0,9	36
Vinyonfaser	4	4	0

Weltproduktion kurz vor dem 2. Weltkrieg

Viskose	80,000.000 kg	Führung: Amerika, im weitem Abstand Italien;
Acetatseide	3,000.000 kg	Führung: Großbritannien, Frankreich;
Kupferseide	3,000.000 kg	Führung: Deutschland;
Nitroseide	2,000.000 kg	Führung: Amerika, in weitem Abstand Frankreich.

5. Unterscheidung der verschiedenen Kunstseiden[154]).

Eine Unterscheidung der verschiedenen Kunstseiden ermöglicht die Verbrennungsprobe. Nitroseide verpufft. Acetatkunstseide bildet am Ende des verbrannten Fadens, ähnlich wie Wolle, ein Schmelzkügelchen, Kupfer- und Viskosekunstseide verhält sich ähnlich wie Baumwolle ohne einen Unterschied, der charakteristisch wäre zu geben. Acetatseiden sind durch ihre Löslichkeit in Aceton auch in Mischgeweben leicht zu erkennen. Wir

[154]) S. Tab. S. 62–64.

besitzen im Neocarmin (chemische Fabriken Gossler & Saager, Mannheim) und dem Teste x der Ciba A. G. Lösungen von Farbstoffgemischen, welche die einzelnen Faserstoffe färberisch zu erkennen erlauben. Entwickelt wurden diese Reagenzien aus der Kenntnis des verschiedenen Verhaltens der Faserstoffe verschiedenen Farbstoffen gegenüber. Außerdem leistet die Form der Querschnitte in der mikroskopischen Diagnostik vorzügliche Dienste. Die mikroskopische Struktur der Kunstseidenfasern erscheint zunächst sehr einfach zu sein, Strukturelemente sind mit rein mikroskopischen Methoden, auch bei Anwendung von Quellungsmitteln wie Aethylendiamin-Kupfer nicht zu beobachten. Bei Dunkelfeldbeleuchtung hat schon Gaidukov[155]) eine Querstreifung beobachtet; es muß aber betont werden, daß Gaidukov Nitroseiden untersuchte, die eine chemisch weitgehend veränderte Cellulose darstellen und daher eher an die Seite der Acetatkunstseiden zu setzen sind, welche ja auch nicht zur Kategorie der desorganisierten Cellulosen gehören. Auf diese Produkte soll noch besonders eingegangen werden. Da sowohl Viskosekunstseide als auch Kupferoxydammoniak-Kunstseide durch Auflösen von Cellulose in mehr oder weniger nativer Form und Wiederausfällung als desorganisierte Cellulose erfolgt, muß es vor allem für die Färbevorgänge bedeutungsvoll sein, zu wissen, in welcher Weise die strukturelle Desorganisation der Cellulosefaser erfolgt und ob die Bausteine der nativen Faser lediglich aus ihrem Verband gelöst sich in mehr oder weniger unveränderter Form in den entstehenden viskosen Lösungen vorfinden, oder ob auch diese Aufbauelemente der nativen Faser weiter in einfachere Substanzen zerfallen sind. In dieser Richtung finden wir in der Literatur sehr verschiedene Meinungen vertreten.

Zunächst wollten Comptom und Sisson[156]) bei der Lösung von Baumwolle und Kupferoxydammoniak beobachten, daß die native Faser bei der Anwendung des Lösungsmittels in zunehmender Konzentration in kleine Bruchstücke zerfällt, die sich schließlich in ultramikroskopisch noch sichtbare Teilchen zerteilen und in der Lösung enthalten sind. Die Genannten nehmen an, daß es sich bei diesen Teilchen um die Aufbauelemente der Faser selbst handelt, wie sie beim Wachstum derselben entstehen. Die hohe Viskosität solcher Lösungen soll nicht von den Teilchen selbst, sondern von der Kittsubstanz verursacht werden, welche die einzelnen Teilchen der nativen Faser einschließt, durch deren Lösung dann der Verband der Elementarteilchen aufgelöst würde. Je weiter man daher die Vorbehandlung der nativen Faser vor dem Lösungsprozeß treibe, um so geringer werde auch die Viskosität der resultierenden Lösung, da der Anteil an Kittsubstanz durch den Einfluß der chemischen Vorbehandlung reduziert würde.

Zieht man die logischen Konsequenzen dieser Anschauungen für den Aufbau des bei der Fällung resultierenden Kunstseidenfadens, so muß man zugeben, daß der fein strukturelle Aufbau desselben nicht sehr verschieden von dem Ausgangsmaterial der nativen Cellulose sein kann. Folgerichtig müssen aus der Lösung sowohl die Elementarteilchen, wie schließlich die

[155]) Loc. cit.

[156]) Thompson Inst. *10*, 113 (1938).

Kittsubstanz in mehr oder weniger modifizierter Form ausgefällt werden. So würden nach wie vor die Bausteine in der koagulierten Kittsubstanz, möglicherweise in anders orientierter Form, eingelagert sein. Für den Färbeprozeß würde das bedeuten, daß die Färbung nicht sehr verschieden von der der gebleichten Faser sowohl was Intensität als auch hinsichtlich der Lagerung des Farbstoffes auf oder in der Faser sein müßte, was für beide oben erwähnten Fasern nach unseren Erfahrungen auch zutrifft.

Eine andere Auffassung von der Feinstruktur der Kunstseiden vertritt Schrameck[157]). Auf Grund der Annahme von sogenannten Fransenmicellen, wie sie oben charakterisiert wurden, nimmt Schrameck beim Lösungsvorgang der Cellulose den Zerfall derselben in die genannten Fransenmicellen an. Bei der Wiederaneinanderlagerung derselben sollen die Fransen so ineinander eingreifen, daß sie sich einander so weit nähern, daß die van der Waalschen Kräfte eine stabile Verfilzung dieser Micellenendungen bewirken. Seiner Anschauung nach muß die Faserwand der Kunstseidensubstanz aus in longitudinaler Richtung hin orientierten Fransenmicellen bestehen, deren Fransen ineinander greifen und das Bild der uns von der Wolle her bekannten Verfilzung zeigen. Man kann sich dabei vorstellen, daß bei der Säurekoagulation die die Lösung bildenden Fasermicellen eine gewisse Orientierung erfahren können; ob diese dann so erfolgt, daß die Fransen sich stets für die der Verfilzung am günstigsten darstellenden Lage, nämlich der Gegenüberlagerung der Micellenden, orientieren, ist nicht ohne weiteres vorauszusehen.

Eine dritte Auffassung vertritt Staudinger[158]), gestützt auf reiches Belegmaterial. Nach ihm zerfällt Cellulose bei der Lösung in sogenannte Fadenmoleküle, aufgebaut aus Glucoseresten. Die Polymerisation dieser Glucosereste zu den Fadenmolekülen ist hinsichtlich der Anzahl der daran beteiligten Cellulosereste abhängig vom größeren oder geringeren Abbau der Cellulose, welche in der höheren oder niedrigeren Viskosität der Lösung zum Ausdruck kommt. Wergin hat gegen diese Auffassung den Einwand erhoben, daß Faserbruchstücke von Cellulose von nur 0,2 μ Länge bei der Messung der Moleküllänge nach der Staudingerschen Viskositätsmethode eine Moleküllänge von 0,87 μ ergeben, mehr als die noch ungelösten Faserbruchstücke. Dabei können aber solche Bruchstücke nur durch einschneidende Maceration, beispielsweise nach der Karbonisationsmethode von Wiesner[159]) in die etwa 0,5 μ langen Dermatosomen, übergeführt werden, was zweifellos einen energischen Abbau des Cellulosemoleküls zur Folge hätte.

Auf Grund des mikroskopisch beobachtbaren Zerfalles der Zellwand von Cellulosefasern, zunächst in Lamellen und dieser dann in Fibrillen, hat sich Frey-Wyssling[160]) mit dem mikroskopisch nicht mehr zugänglichen Aufbau dieser Fibrillen beschäftigt. Er nimmt in den Fibrillen ebenfalls Fransenmicellen an, jedoch derart, daß sich die Fadenmoleküle

157) Koll. Beiheft *42,* 331 (1935).

158) Makromolekulare Chemie u. Biologie 1947.

159) Elementarstrukturen loc. cit.

160) Protoplasma *25,* 261 (1936).

als Komponenten der gefransten Micellen durch mehrere kristallisierte Bereiche und dazwischenliegende amorphe Gebiete erstrecken. In bestimmten Bezirken der Micellen liegen also die Fadenmoleküle, parallel und zwischen dieselben gebettet finden sich dann die amorphen Bereiche. Die Enden der Moleküle liegen aber nicht bevorzugt im amorphen Gebiet, sondern sind im micellaren System regellos verteilt. Wir finden also hier noch schwache Anklänge an die alten primordialen Anfänge der Anschauungen vom Bau der organisierten Substanz von v. Nägeli mit den Kristalliten und der amorphen Zwischensubstanz als Bausteine. Wir erinnern uns, daß auch Wiesner ähnliche Anschauungen vertrat, insbesondere hinsichtlich der Kittsubstanz, welche die einzelnen Plasomen, die Urbausteine der Zellwand, zusammen verbindet.

Überblicken wir die verschiedenen, oben gekennzeichneten Anschauungen über den Feinbau der Zellwandungen, und zwar der vegetabilischen, aus Cellulose bestehenden Gespinstfasern, so sind wir mit mikroskopischen und physikalischen Methoden bis zu einer gegenüber früher weiter vorgetragenen Stufe der Erkenntnis, und zwar auf Grund von realen Beobachtungen, gelangt. Was weiter entwickelt wird ist spekulativ, jedoch als Arbeitshypothese berechtigt. Für uns ist nun das wesentliche, welche der verschiedenen Auffassungen vom mikroskopischen Bau der Gespinstfasern unseren Vorstellungen vom Wesen der Färbevorgänge am besten gerecht wird. Ich möchte da meine persönliche Auffassung vom Aufbau dahin präzisieren, daß ich der alten primordialen Anschauung der organisierten Substanzen im allgemeinen, im speziellen der Gespinstfasern vor allem anderen immer noch den Vorzug geben muß. Die Erklärung der Quellungserscheinungen, welche in den Lösungen der Farbstoffe eine so große Rolle spielen, ferner der Einfluß des Dispersitätsgrades des Farbstoffes in Lösung und dessen Beziehung zu den Adsorptionsvorgängen an der relativen und absoluten Oberfläche, sind auf Grund der Nägelischen Vorstellung, wie sie oben eingehend entwickelt wurde, zwanglos zu erklären. Auf die Vorgänge bei der Färbung, in Bezug auf den Feinbau der Gespinstfasern, soll anläßlich der Behandlung der Farbstoffe in Lösung näher eingegangen werden.

In der *Acetatkunstseide* besitzen wir eine Kunstfaser, welche sich grundsätzlich von den vorbehandelten beiden Vertretern der Kunstseiden unterscheidet. Diese stellen desorganisierte Cellulosen dar, mit den chemischen und besonders färberischen Eigenschaften derselben, wogegen die Acetatkunstseide, als Essigsäureester der Cellulose, also als Cellulosederivat, sich vollkommen anders verhält. Gegen gewisse Klassen von Farbstoffen, beispielsweise den substantiven Baumwollfarbstoffen, verhält sie sich mehr oder weniger refraktär, während basische Farbstoffe, auch ohne Vorbehandlung der Faser, Färbevermögen besitzen. Besondere Gruppen von Farbstoffen, zum Teil Azofarbstoffe, zum Teil Anthrachinonderivate geben auf Acetatkunstseide kräftige Färbungen. Die Färbevorgänge auf dieser Faser sind seinerzeit von R. Clavel[161]), dann von Kartaschoff[162]) studiert und als reine Lösungsvorgänge erkannt worden.

[161]) Rev. gen. mat. color. *28,* 46 (1923) und *29,* 95 (1924).

[162]) Diss., Basel, 1926, Helv. Chim. acta *11,* 813 (1928).

Strukturell ist an der Acetatkunstseidenfaser keine Differenzierung zu beobachten; unter dem Mikroskop stellt sie ein glasfadenartiges Gebilde dar, das auch im Dunkelfeld völlig optisch leer erscheint. Im polarisierten Licht bei gekreuzten Nikols leuchtet sie nicht, wird aber niemals vollständig isotrop; eigenartigerweise aber beobachtet man bei der Verseifung der Faser mit Alkali unter diesen Bedingungen, im Ausmaße der fortschreitenden Verseifung, d. h. der Umwandlung in Cellulose, zunehmende Aufhellung der Faser. Worauf diese interessante Erscheinung, welche auf Wiederaufrichtung einer micellaren Struktur schließen lassen könnte, zurückzuführen ist, muß weiteren Untersuchungen vorbehalten bleiben.

Da die Acetatkunstseide durch saure Verseifung von Triacetat bis zur Acetonlöslichkeit und Verspinnen dieser Lösung hergestellt wird, ist ein gewisser Abbau des Cellulosemoleküls unvermeidlich. Acetatkunstseide in Fehlingscher Lösung behandelt ergibt daher die Reaktion einer durch Kupferoxydulablagerung kräftig rot gefärbten, verseiften Faser.

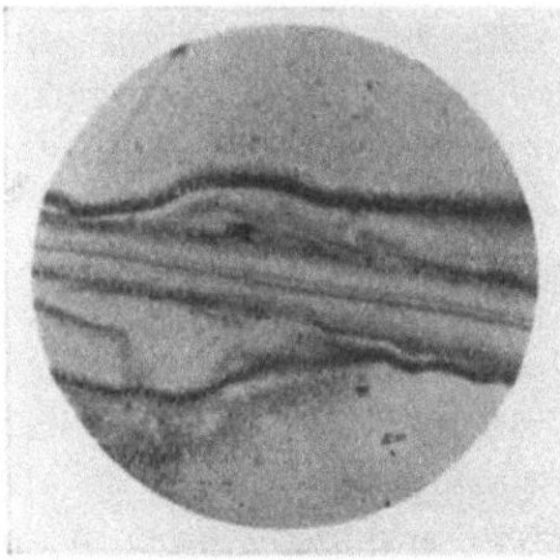

Abb. 27. Schichtweise Verseifung von Acetatkunstseide (Azoblau).

Die teilweise Verseifung von Acetatkunstseide ist eine Operation, welche in der Praxis für gewisse Zwecke im Großen ausgeführt wird. Der Vorgang wurde seinerzeit vom Verfasser studiert[163]) (Abb. 27) (siehe auch Abb. 16, S. 31) und festgestellt, daß dieselbe schichtenweise verläuft. Man muß daher fast annehmen, daß die einzelnen Fibrillen eine Art lamellaren Aufbau besitzen, oder aber, daß bei diesem Vorgang gewisse, der Liesegangschen Ringbildung vergleichbare Erscheinungen, die Ursache dieser stufenweisen Verseifung ist. Auch vom Verfasser mit Ruperti[164]) wurde der Verseifungsvorgang studiert und festgestellt, daß in wäßrigem Alkali die Verseifung von außen nach innen fortschreitet, daß dagegen von alkoholischem Alkali die Gesamtfasermasse von der Verseifung erfaßt wird. Man kann auch mit anderen Mitteln als Alkali verseifen; dabei ist bemerkenswert, daß beispielsweise konzentriertes Ammoniak, auch Pottasche und Soda in wäßriger Lösung nur langsam verseifen; Trinatriumphosphat dagegen verseift ziemlich rasch, langsam Dinatriumphosphat, Mononatriumphosphat dagegen gar nicht. Kräftige, aber unregelmäßige Verseifung wird mit klarem Kalkwasser hervorgerufen (Helv. Chim. acta) (loc cit.)

Bemerkenswert, und für den Färbeprozeß von besonderer Bedeutung ist das Verhalten von Acetatkunstseide Quellungsmitteln gegenüber. In Wasser quillt diese Faser kaum, allerdings ist das Quellungsvermögen abhängig vom Acetylierungsgrad, dagegen bewirken gewisse Neutralsalze, wie LiBr, LiJ, $BaBr_2$, $Ca(NO_3)_2$, $Ca(CNS)_2$, $CaCl_2$ usw. erhebliche Quellung in wäßriger Lösung. Man sieht aus dieser Reihe, daß es dieselben Salze sind, mit denen

---

[163]) Helv. Chim. acta *15* (1917).

[164]) Leipziger Monatsschrift *40,* 353, 399 (1925).

v. Weimarn[165]) die Lösung von Cellulose vorgenommen haben will und die sich auch zur Lösung von Seidenfibroin eignen sollen.

In organischen Flüssigkeiten ist die Quellung meistens recht erheblich; schon Alkohol vermag eine erhebliche Quellung hervorzurufen, dann natürlich Aceton, Chloroform, Eisessig, ferner Aethylenchlorid, Nitrobenzol, wobei aber das Ausmaß der Quellung vom Acetylierungsgrad abhängig ist. Eigenartigerweise gibt es aber Acetylcellulosen und zwar solche, die mit schwach alkalischen Katalysatoren, z. B. Kaliumacetat und Essigsäure-Anhydrid hergestellt wurden[166]), die im Eisessig stark quellen, ohne sich zu lösen. In Alkohol zeigen solche Acetate keinerlei Quellung. Sie sind in Aceton und auch in Chloroform unlöslich. Es ist bemerkenswert, daß man vor der Schaffung spezieller Acetatseidenfarbstoffe die Färberei dieser Faser mit deren Quellung kombinierte. Entweder wurde mit Quellungsmitteln vorbehandelt, um die Faser in einen für die Aufnahme der üblichen Farbstoffe fähigen Zustand zu bringen, wobei Phenol in stark salzhaltigen Lösungen in Gegenwart von organischen Säuren zur Anwendung gelangte. Nach Clavel und Stanitz[167]) sind gewisse Farbstoffe, welche „aktive Gruppen", wie Hydroxyl-, Amino-, Nitro- und auch Azogruppen enthalten, ohne weiteres befähigt Acetatkunstseide zu färben, wobei es allerdings auf die Stellung dieser aktiven Gruppen im Molekül ankommt. Wir haben bei der Viskosekunstseide und Kupferkunstseide bemerkt, daß diese Regenerate die typischen Oxycellulosereaktionen insbesondere mit Ferrosulfat + Ferricyankalium einerseits und Zinnchlorür + Goldchlorid andererseits geben. Man wird, trotz des positiven Ausfalles der Reaktion, mit Fehlingscher Lösung den positiven Ausfall der beiden erwähnten Reaktionen bei Acetatseiden vermissen, woraus zweifellos auf die für die saure Verseifung verständliche Anwesenheit von Hydrocellulose geschlossen werden kann.

Daß man sich vom inneren Aufbau der aus desorganisierter Cellulose bestehenden Kunstfaser ein Bild zu machen vermag, wurde oben des eingehenden auseinandergesetzt. Bei der Acetylcellulosefaser ist man heute noch nicht so weit, da man noch keinerlei Anhaltspunkte hat, ob auch hier Micellen dieser oder jener Art dieser oder jener Anordnung am Aufbau der Fasersubstanz beteiligt sind. Das eine ist sicher, vom chemischen Standpunkt aus sind es auch hier wohl wieder Fadenmoleküle, gebildet aus einer bestimmten Anzahl von Glukoseresten. Der Polymerisationsgrad wurde von Haworth[168]) zu 100 bis 200 Glucoseresten bestimmt. Die von den Kunstseiden aus desorganisierter Cellulose vollkommen abweichenden Quellungsverhältnisse der Acetatkunstseide lassen es zweifelhaft erscheinen, ob für diese Faser der micellare Aufbau, beispielsweise nach von Nägeli, angenommen werden darf. Ebenso zweifelhaft erscheint die Vorstellung von Schrameck, wogegen die Vorstellung von Frey-Wyssling vielleicht den bestehenden Verhältnissen besser Rechnung tragen dürfte.

---

165) Koll. Zeitschr. *11,* 41 (1912). Haller, Zeitschr. für gesam. Textilindustrie 1941.

166) A. P. Ciba No. 1, 930, 895.

167) Revue General des Mat. Col. *27,* 145 (1923).

168) Ber. *63,* 1922 (1930).

Zu den Kunstfasern haben wir außer den genannten alle jene zu zählen, welche dazu dienen, auch als Wollersatz verwendet zu werden. Hier wäre in erster Linie die *Zellwolle* zu nennen, die eine Stapelfaser auf Basis von Viskosekunstseide darstellt, daher als solche alle Eigenschaften besitzt, welche wir bei dieser Faser kennenlernten und daher hier nicht weiter behandeln müssen. Es sei betont, daß auf Basis dieser Faser die Vistragarne hergestellt werden, die zu Geweben dienen, welche Woll-Mousseline-Gewebe ersetzen sollen. Ähnliche Fasern können natürlich auch auf Basis von Kupferseide erhalten werden. Beachtenswert sind jedoch jene Fasergebilde, welche vorzugsweise auf Basis von Viskose Eigenschaften erhalten, die sie der Wolle, wenigstens färberisch, nahe bringen. Es geschieht dies in der weitaus größten Zahl der Fälle dadurch, daß man der Viskose selbst Proteinkörper und Kunstharze mit Stickstoffgehalt einverleibt und dann die Mischung verspinnt, oder indem man die desorganisierte Cellulose selbst chemisch so verändert, daß die Affinität zu sauren Farbstoffen aufweist. Es kann letzterer Prozeß als Nachbehandlung nach dem Spinnen erfolgen, oder zum Teil während des Spinnprozesses durch chemische Beeinflussung des Xanthogenates selbst geschehen[169]).

Zuletzt sei noch eine Kategorie von Kunstfasern erwähnt, welche aus 100% Proteinsubstanzen bestehen, welche sich durch geeignete Lösungsmittel in viskose spinnfähige Massen überführen lassen. Eine derartige Faser ist das in letzter Zeit vielgenannte *Lanital,* dem schon vor langer Zeit eine Faser vorangegangen ist, welche von der Kunstseidenfabrik St. Pölten aus Gelatine hergestellt wurde, seinerzeit aber in der Praxis wahrscheinlich infolge der damaligen Verhältnisse keine Aufnahme finden konnte. Auf das Lanital soll später noch eingegangen werden.

Es würde den Rahmen dieser Arbeit überschreiten, wenn hier eine lückenlose Aufzählung aller praktisch ausgeübten Verfahren Platz finden müßte. Ich beschränke mich auf eine Auswahl, da es mehr das Prinzip ist, das hier interessieren kann.

Das E. P 511 700 von d'Ambrosio und Corbellini beschreibt beispielsweise ein Verfahren, nach welchem Hornabfälle, Haare und andere keratinhaltige native Produkte in Alkalisulfiden gelöst werden, worauf man solche Lösungen mit Viskose in bestimmten Verhältnissen mischt und normal verspinnt. Ein ähnliches Verfahren der Thomson-Houston Ltd. wird im E. P. 44 626 beschrieben. Courtaulds hat sich im E. P. 835 717 ein Verfahren schützen lassen, das Cellulosexanthogenat in Mischung mit einer alkalischen Lösung von Kasein verwendet und dadurch die Faser zur Färbung mit sauren Farbstoffen befähigt. Ein verwandtes Verfahren ist von der „Snia" im E. P. 837 479 (3. Mai 1937) beschrieben; es werden auch alkalische Lösungen von Kasein verwendet, die zusammen mit Fixierungsmitteln, wie Phenolen, Boraten der Spinnmasse zugesetzt werden. Die Igfag schützt sich mit ihrem F. P. 49 309 Zusätze von schwefel- und stickstoffhaltigen Körpern durch Einwirkenlassen dieser Körper auf die Viskosespinnmasse. Im F. P. 826 230 beschreibt die Igfag ein Verfahren

---

[169]) D. R. P. 710 726 (Ciba).

zur Herstellung wollähnlicher Kunstfasern durch Einspinnen von albuminhaltigen Viskosen in neutrale Bäder. Im A. P. 2 142 007 (20. September 1931) schützt sich die Igfag ein Verfahren zur Herstellung von Kunstfasern mit Affinität zu Säurefarbstoffen, hergestellt durch Einverleiben eines Kunstharzes in eine Spinnlösung, welche Alkaligruppen enthält und Umsetzen der erhaltenen Produkte mit einem Amin oder mit Aminderivaten. Im F. P. 840 773 (16. Juli 1938) schützt sich die Igfag ein Verfahren zur Herstellung von Kunstfasern mit Affinität zu Säurefarbstoffen durch Einverleiben von Reaktionsprodukten von Kasein, Aethylendiamin und aromatischen Isocyanaten in die Spinnlösung. Die Lonza erhält in einem durch das D. R. P. 591 755 (20. Oktober 1931) geschützten Verfahren, bestehend im Einverleiben geringer Mengen stickstoffhaltiger organischer Säuren, Cyanessigsäure, Nitrobenzoesäure, Amidobenzoesäure zur Spinnmasse eine stickstoffhaltige Kunstfaser. Die Rhodiaseta beschreibt im F. P. 823 133 ein Verfahren zum Einverleiben von stickstoffhaltigen polymeren Chininabbauprodukten in die Spinnmasse (Acetylcellulose) und schützt sich im E. P. 498 678 (8. Juli 1939) die Herstellung von Fäden aus organischen Cellulosederivaten mit veränderten färberischen Eigenschaften durch Zugabe von Gelatine zur Spinnlösung. Soc. Ind. de Möy E. P. 501 611 (11. September 1937) macht künstliche Fasern mit Affinität zu Wollfarbstoffen durch Einverleiben von Kunstharzen zur Spinnmasse, welche ein Phenol-Harnstoff-Mischharz darstellen.

Das sei eine kleine Auswahl von Kunstfasern mit veränderten färberischen Eigenschaften; die Verfahren, welche zum Ziele führen, beruhen alle in der Einverleibung von stickstoffhaltigen Körpern in die Spinnmasse. Diese selbst ist in großer Mehrzahl Cellulosexanthogenat, da sich Lösungen von Cellulose in Kupferoxydammoniak vermutlich weniger für derartige Zumischungen eignen.

Verfahren, bei welchem derselbe Zweck erstrebt wird, aber unter chemischer Beeinflussung des Gespinstes, finden wir in folgenden Beispielen: die Ciba D. R. P. 552 831 benützt Einwirkung von Halogencyan auf Alkalicellulose, wobei stickstoffhaltige Fasern resultieren; man erhält auch nach einem Verfahren der Ciba D. R. P. 550 259 stickstoffhaltige Fasern, wenn chloracetylierte Cellulose mit Pyridin behandelt wird. Die Ciba hat weiter im D. R. P. 551 679 ein Verfahren geschützt zur Herstellung stickstoffhaltiger und schwefelhaltiger Fasern, wenn man aliphatische Triamine auf Oxydationsprodukte von Cellulosexanthogenat einwirken läßt. Nach D. R. P. 710 726 derselben Firma erhält man durch Behandeln von Alkalicellulose mit einem Gemisch von Schwefelkohlenstoff und eines Alkylierungs- oder Aralkylierungsmittels, dann mit organischen Aminen, enthaltend mindestens eine Amidogruppe. Es wird unter Erhaltung der Faserstruktur gearbeitet und man erhält Fasern, die sich gut mit Wollfarbstoffen färben. Das E. P. 345 986 von Dreyfus beschreibt ein Verfahren zur Amidierung von Cellulose, welche noch freie OH-Gruppen enthält, mit organischen Basen unter Druck. Man erhält Fasern mit Affinität zu sauren Farbstoffen. Im E. P. 504 087 der Schlesischen Zellwolle A. G. wird Xanthogenat in Gegenwart von N-haltigen Substanzen, welche OH-Gruppen enthalten, z. B. 5%

vom Cellulosegewicht an Amidostearylalkohol, behandelt. Die Ciba läßt im D. R. P. 710 726 auf Xanthogenat Chloramine in statu nascendi einwirken, durch Spinnen von normaler Viskose in ammonsalzhaltige Bäder und Nachbehandeln mit Hypochloriten. Man erhält Fasern mit hoher Affinität zu sauren Farbstoffen.

In der obenstehenden Zusammenstellung, welche wie gesagt auf Vollständigkeit keinen Anspruch erhebt, soll nur angedeutet werden, wie die desorganisierte Cellulose modifiziert wird, um Affinität zu Wollfarbstoffen zu erhalten.

Es gelten wohl für diese Fasern hinsichtlich ihrer Feinstruktur dieselben Überlegungen, wie sie oben gekennzeichnet wurden, da die Veränderung in der Konstitution der Cellulosemoleküle durch Angliedern stickstoffhaltiger Gruppen die Struktur selbst kaum beeinflussen dürfte.

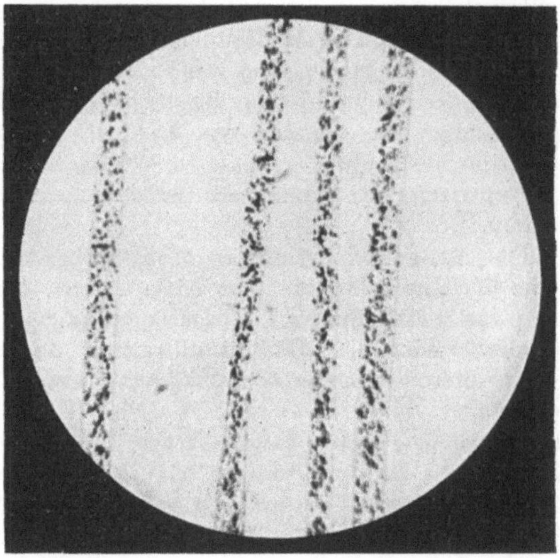

Abb. 28. Mit TiO_2 mattierte Acetatkunstseidenfasern.

Einer Veränderung der Kunstfasern auf Cellulosebasis muß hier noch gedacht werden, das ist der Arbeitsvorgang, den man mit *Mattierung* bezeichnet. Wie der Name sagt, handelt es sich um Verfahren den hohen Glanz der Kunstfasern mehr oder weniger zu mildern. Es kann dies auf verschiedene Weise geschehen; z. B. indem auf die fertigen Kunstfasern mattierende Substanzen, ein- oder zweibadig, weiße Pigmente oder Öle niedergeschlagen werden, oder in der Weise, daß der Spinnmasse selbst mattierende Substanzen einverleibt und so im Innern der Faser selbst abgelagert werden. Auch im letzten Falle werden vorzugsweise anorganische, weiße Pigmente, Titandioxyd oder auch Bariumsulfat verwendet (Abb. 28 u. 29).

Wenn wir überlegen, in welcher Weise sich diese Behandlungen auf den inneren Zustand der Faser auswirken können, so ist es natürlich unmöglich, dies generell für alle so modifizierten Fasern in gleicher Weise zu beantworten. Was zunächst die chemisch modifizierten Fasern anbelangt, so wurde schon oben betont, daß hier eine Beeinflussung der Feinstruktur kaum eintreten wird. Um das andere Extrem vorwegzunehmen, den Einfluß der Mattierung, so ist die Einlagerung mattierender Substanzen in die Faser eine verhältnismäßig grobe, jedenfalls in allen Fällen mikroskopisch beobachtbare[170]). Wir erkennen, daß die einzelnen Partikel von beispielsweise Titandioxyd sich in der ganzen Ausdehnung der Faserwandungen mehr oder weniger regelmäßig verteilt finden und sich zweifellos einfach zwischen die submikroskopischen Aufbauelemente der Faser einschieben. Man kann sich ein diesen Verhältnissen entsprechendes Bild machen, wenn man die Bilder von Frey-Wyssling[171]) zu Hilfe nimmt, welche die Einlagerungen von Metallen, Gold und Silber in den micellaren Aufbau der

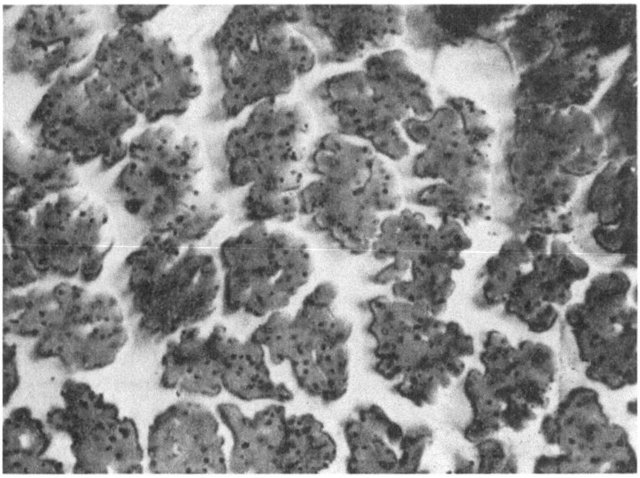

Abb. 29. Querschnitt.

nativen Cellulose demonstrieren. Die Verhältnisse bei der Mattierung sind aber viel gröberer Art und die Teilchen der Mattierungssubstanz unterbrechen in recht intensiver Weise die Kontinuität der normalen Faserstruktur. Es ist daher selbstverständlich, daß die Reißfestigkeit spinnmattierter Kunstseiden gegenüber der der unmattierten Faser merklich, oft bis zu 25% verringert ist. Je höher die Konzentration an Mattierungsmittel, um so geringer wird der innere Zusammenhang der Aufbauelemente der Faser und um so geringer die Festigkeit derselben. Daß derartige Einlagerungen auch den Färbeeffekt beeinflussen müssen, ist (eigentlich) selbstverständlich, wenn man bedenkt, daß die Faser einen erheblichen Teil eines Körpers enthält, welcher an sich kein Anfärbevermögen besitzt. In

170) Lassé, Mell. Textilberichte, 1933, 185 ff.

171) Protoplasma *25*, 268 (1936).

der Tat sind beispielsweise auf vormattierter Kunstseide schöne Schwarz- und Marinetöne nicht zu erhalten, während bei helleren Nuancen der Einfluß der Mattierung nicht so kräftig in Erscheinung tritt. Diese Verhältnisse finden sich wohlvermerkt nur bei spinnmattierter Ware; man kann natürlich diese Schwierigkeiten umgehen durch die Mattierung von schon vorgefärbten Gespinsten oder Geweben. Schwieriger gestaltet es sich den Einfluß von der der Spinnmasse in gelöstem Zustande zugesetzten Substanzen, wie von Proteinen, (als Zusätze) zur Viskosespinnmasse zu präzisieren. Vergegenwärtigt man sich die oben angeführten verschiedenen Anschauungen hinsichtlich des micellaren Aufbaues der Kunstfasern, so werden die in der Faser durch Inkorporation verteilten stickstoffhaltigen Substanzen strukturell als ausgesprochene Fremdkörper zu betrachten sein, die sich unmöglich ohne weiteres in den micellaren Bau der regenerierten Cellulose einfügen werden. Wir müssen also annehmen, daß diese von dem Cellulosemolekül konstitutionell völlig verschiedenen Einlagerungen sich in das Micellargefüge in irgend einer Weise einschieben werden. Daß sie in das Gefüge der Fransenmicellen, wenn wir uns der Vorstellung von Schrameck (loc. cit.) bedienen wollen, eindringen werden, erscheint wenig wahrscheinlich, eher noch in die nach dem Schrameckschen Schema vorhandenen Zwischenräume, zwischen den einzelnen ineinander verfilzten Fransenmicellen. Die Einlagerungen in solche gewissermaßen leeren Räume, erklärt auch den Umstand, daß solche Proteineinlagerungen, wenn sie nicht ein gewisses Maß überschreiten, keine Reißfestigkeitsverminderung zur Folge haben, was, falls die Einlagerung zwischen die Fasermoleküle der Fransenmicellen erfolgen würde, zweifellos eintreten würde. Diese Vorstellungen beispielsweise durch Beobachtung von Färbungen mit Wollfarbstoffen, welche naturgemäß vorzugsweise nur die proteinhaltigen Einlagerungen färben würden, stützen zu wollen, ist nicht durchführbar, eine Differenzierung der Micellen selbst, die an sich keine Affinität zu diesen Farbstoffen haben, ist aussichtslos, da deren Größenordnung einer mikroskopischen, auch submikroskopischen Beobachtung nicht mehr zugänglich ist. Auch hier erscheint mir aber die alte Nägelische Anschauung vom Aufbau organisierter Substanzen eine zunächst durchaus zugängliche Basis für die Erklärung abzugeben, welches der Ort der artfremden Substanzen zwischen den Aufbauelementen der Kunstseidenfaser ist. Er kann nirgends anders sein als in den Micellarinterstitien, wenn man nicht nebenbei auch der Anschauung Raum geben will, daß diese stickstoffhaltigen Substanzen an der absoluten Oberfläche der inneren oder der Gesamtoberfläche der aufbauenden Micellen adsorbiert werden. Anhaltspunkte für den letzteren Vorgang haben wir allerdings nicht. Um nun noch die letzte Konsequenz auf dem geschilderten Wege zu ziehen, müssen wir uns kurz mit der aus 100% Proteinsubstanz bestehenden Kunstfaser, dem eigentlichen Wollersatz, dem aus dem Kasein hergestellten *„Lanital“* (lana italiana) beschäftigen. Diese Faser hat seinerzeit erhebliches Aufsehen erregt, bis die praktische Erfahrung mit derselben die ursprüngliche Begeisterung wesentlich dämpfte. Die Affinität zu Wollfarbstoffen ist zwar unzweifelhaft vorhanden, vielleicht zu stark sogar, um sie mit reiner Wolle zusammen ohne Schwierigkeiten färben zu können. Für sich allein war das Produkt infolge mangelnder Festigkeit nicht zu verwenden und daher der kotonisierten Bastfaser, mit der allein auch nichts anzufangen ist, zu vergleichen, die auch nur mit der Baumwolle, die sie ersetzen sollte, oder mit Zellwolle zu einem brauchbaren Gespinst verarbeitet werden kann.

Über Strukturen zu sprechen und zwar über mikroskopische und submikroskopische hat natürlich beim Lanital keinen Sinn, so wenig als das Ausgangspunkt, das Kasein, solche Strukturen besitzt, so wenig kann die aus ihrer Lösung in Faserform abgeschiedene Kunstfaser eine Struktur besitzen. Kunstfasern können nur dann Strukturen von der gekennzeichneten Art haben, wenn sie aus dem strukturierten Ausgangsmaterial, bei der Viskosekunstseide beispielsweise aus der nativen Cellulose, bestimmte Strukturelemente in den künstlichen Zustand herüberretten. Selbstverständlich wird das Lanital als organisierte Substanz einen micellaren Aufbau besitzen, es ist aber merkwürdig, daß im polarisierten Licht bei gekreuzten Nicols kaum ein Aufleuchten beobachtbar ist, auch dann nicht, wenn ein verzögerndes Gipsplättchen Rot I. Ordnung, vorgehalten wird. Wir wissen, daß Wolle anisotrop ist, wie alle Gespinstfasern nativer Natur und müssen daher aus dem Verhalten der Kaseinfaser schließen, daß der Feinbau ein durchaus anderer sein muß, als bei den genannten Fasern. Das mikroskopische Bild ist das eines glatten Stabes; der Querschnitt durch die Lanitalfaser zeigt keinerlei Differenzierungen, macht vielmehr den Eindruck absoluter Homogenität, was auf Grund der Erzeugung aus Kasein nicht anders zu erwarten ist.

Das Lanital enthält Schwefel wie die Wolle. Auf das Färbevermögen hätte ein Gehalt an Schwefel, wie wir von der Wolle her wissen, ohnehin keinen Einfluß, dagegen finden wir auch neben Schwefel den im Kasein vorhandenen Phosphor in bemerkenswerten Mengen; inwiefern ein Gehalt an diesem Stoff das Färbevermögen der Faser beeinflussen kann, ist bisher nicht untersucht worden. Die chemischen Unterschiede von Kasein und der Wollsubstanz sind sehr erheblich; es ist aber bei der chemischen Heterogenität beider Fasern außerordentlich schwer irgend eine Beziehung der chemischen Komponenten für den Verlauf der Färbeprozesse zu konstruieren. Im Kasein wiegen die sauren Gruppen vor, in der Wolle die basischen. Sicherlich werden die verschiedenen Komponenten des Kaseins durch die Überführung in die Spinnmasse einerseits und andererseits durch die nachträglich erfolgende Nachbehandlung zum Zwecke der Härtung der Faser mehr oder weniger modifiziert. Die Beeinflussung des Färbeprozesses durch alle diese Operationen ist unzweifelhaft, aber bisher nur unzulänglich studiert worden. Zum Schluß soll noch darauf hingewiesen werden, daß in der Asche von Lanital, wohl von der Nachbehandlung stammend, Al_2O_3 gefunden wurde.

In diesem Zusammenhang ist das Verhalten der Lanitalfaser bei der sogenannten J a q u e m i n schen Reaktion bemerkenswert. Es handelt sich um die Färbung von Wolle in einer durch Ammoniak entfärbten Fuchsinlösung. Man hat diese Reaktion als gewichtiges Argument für die Anschauung verwertet, daß hier die Wolle die Rolle der Säure spiele, welche die Farbbase in das Farbsalz überführt. Diese Erklärung erscheint nur bedingt richtig, es besagt nach Valko[172]) nur so viel, daß der Dissoziationsgrad eines Farbkations an der Wolle einem niedrigeren pH entspricht als dem pH der Lösung, mit dem sich die Wolle im Gleichgewicht befindet. Es ist nun aber bemerkenswert, daß Lanital sich schon in der kalten ammoniakalischen Fuchsinlösung sehr intensiv dunkelrot färbt, daß hier also der oben angedeutete saure Charakter dieser Faser ganz besonders augenfällig in Erscheinung tritt.

Zum Abschluß des Kapitels über die verschiedenen Kunstfasern muß noch eine Kategorie Faserstoffe erwähnt werden, welche, obwohl vorzugsweise auf Basis von nativen Fasern aufgebaut, sich doch besonders durch ihr Färbevermögen grundsätzlich von den Ausgangsmaterialien unterscheidet, es sind dies die unter dem Namen *Immunfasern* bekanntgewordenen Textilfasern. Der Name „Immunfaser" deutet schon darauf hin, daß die vornehmste Eigenschaft der Faser, die Färbbarkeit, einschneidend verändert worden ist. In der Tat zeigen solche Fasern, welche vorzugsweise aus vegetabilischem Material, einschließlich Viskose- und Kupferkunstseide hergestellt werden, gegenüber direkten Baumwollfarbstoffen überhaupt kein oder nur ein außerordentlich reduziertes Färbevermögen.

Das erste dieser Produkte, das bekannt wurde, war das nach D. R. P. 396 926 (1922) und dem E. P. 195 619 von den Textilwerken Horn A.-G. (Schweiz) von Dr. Zimmermann erfundene Verfahren, beruhend auf der Behandlung von alkalisierter Baumwolle (Natroncellulose) mit p-Toluol-sulfochlorid. Es gab der gesamten Gruppe dieser Art Fasern den Namen. Man erhält auf diesem Wege eine Faser, welche scheinbar in ihrer Struktur völlig unverändert geblieben ist, sich aber gegenüber dem Versuch der Färbung mit direktziehenden Farbstoffen völlig ablehnend verhielt. Die Firma Sandoz A.-G. in Basel übernahm das Verfahren und brachte das Produkt zum Zwecke der Herstellung von Effektfäden in den Handel. Dr. Tagliani berichtete darüber in einem Vortrag am XI. Kongreß des I. V. C. C. in Dresden 1926. In der Folge zeigte es sich aber, daß das Produkt beim Lagern nicht haltbar war, sondern durch spontane Abspaltung von Schwefelsäure brüchig wurde und zerfiel. Eine Präparation der Faser in Harnstoff konnte allerdings die Lagerechtheit erhöhen, aber bei der Verarbeitung, besonders nach Waschprozessen, stellte sich der spontane Zerfall wieder ein. Nach den Untersuchungen von Karrer und Wehrli[173]) eignete sich zu dieser Veresterung auch Benzolsulfochlorid, Naphthalinsulfochlorid und andere derartige Körper.

Die mikroskopische Untersuchung unter Zuziehung von Quellungsmitteln zeigt nun deutlich, daß die Reaktion sich nur auf der äußeren Faserschicht abgespielt hat und daß im Innern ein reiner Cellulosekern vorhanden ist[174]).

In der Folge sind dann weitere derartige Veresterungsprodukte bekannt geworden, welche insbesondere die Firma Sandoz unter dem Namen Passivgarn und Kristallgarn, durch Acetylierung unter schonenderen Bedin-

---

[172]) Kolloidchemische Grundlagen der Textilveredlung, Berlin 1937, 491.
[173]) Zeitschr. f. angew. Chemie *39*, 1509 (1926); Helv. Chim. acta *9*, 591 (1926).
[174]) Mell. Textilberichte 1937, 733.

gungen[175]) in den Handel gebracht hat; sie zeigten die große Lagerempfindlichkeit der Immungarne nicht. Beide Produkte sind recht alkaliempfindlich, das Immungarn weniger als das Passivgarn, aber beide zeigen den Fasercharakter vollkommen unverändert.

Später hat dann auch die Ciba[176]) mit Hilfe von Cyanurchlorid ein Produkt geschaffen, das ebenfalls unter Erhaltung der Faserstruktur hervorragende immunisierende Eigenschaften zeigte. Letzteres Produkt war nicht wie die beiden vorstehenden als Ester anzusprechen, sondern als Derivat eines zyklischen Iminoäthers, zeigte aber auch die Eigenschaften der Celluloseester, vor allem die verhältnismäßig starke Alkaliempfindlichkeit.

Alle diese Produkte lassen sich schon durch verdünnte Alkalien nach längerer oder kürzerer Zeit völlig verseifen, wobei die Cellulose scheinbar wirklich regeneriert wird und der ursprüngliche Fasercharakter vollkommen gewahrt bleibt. Wir möchten diese Verseifungsprodukte im Gegensatz zu den bisherigen Gepflogenheiten allein als „regenerierte Cellulosen" bezeichnen, weil hier tatsächlich der ganze Fasercharakter, auch der Feinbau, mehr oder weniger erhalten bleibt, während bei den Viskose- und Kupferkunstseiden, welche ich hier nochmals im Gegensatz dazu als „desorganisierte Cellulosen" bezeichnen möchte, der Feinbau weitgehend desorganisiert ist[177]). Daß Verseifungsprodukte von unter Erhaltung der Faserstruktur verätherten Cellulosen, soweit sie sich überhaupt verseifen lassen, ebenso unter die Kategorie der „regenerierten Cellulosen" fallen, ist verständlich.

Eine weitere Faserart verdient noch Beachtung, welche wohl mehr für gewisse Spezialverwendungen Bedeutung zu erlangen berufen ist, es sind dies die *Glasseide* und *Glaswolle*. Man kennt zwar solche Gespinste schon seit längerer Zeit, angeblich sollen dieselben schon im Jahre 1797 in Venedig hergestellt worden sein. Viel später wurden Gespinste aus Glas, und zwar ziemlich grober Art, zu Damenhüten oder Dekorationsgegenständen verarbeitet; die Verwendung hatte aber durchaus untergeordnete Bedeutung. Heute ist es jedoch gelungen durch besondere Verfahren Fäden von 10,7 ja schon 5 μ Durchmesser herzustellen. Die Fasern weisen eine bemerkenswerte Festigkeit auf, die mit 100 kg/mm^2 bei Fasern von 10 μ Durchmesser und mit 230 kg/mm^2 bei Fasern von 5 μ Durchmesser bestimmt wurden.

Die physikalischen Eigenschaften dieser Gespinste sind folgende: Der Glasfaden hat das Aussehen von Kunstseide, fühlt sich weich an, brennt nicht, obwohl feine Fibrillen in der Flamme schmelzen. Beim Ziehen zwischen den Fingern stellt sich starke Kräuselung ein. Die Einzelfaser zeigt zylindrisches Aussehen, im Dunkelfeld erscheint sie optisch leer, ähnlich wie Acetatkunstseide. Die auffallendste Eigenschaft ist die geringe Knick- und Biegefestigkeit. Wenn der Faden geknüpft und der Knopf schwach angezogen wird, so bricht der Faden schon bei sehr schwachem Zug, während in der Längsrichtung gute Festigkeit festgestellt werden kann. Interessant ist der Vergleich der Reißlänge verschiedener Fasern mit der des Glasfadens:

---

[175]) D. R. P. 525 084 bzw. 530 395.

[176]) D. R. P. 554 781. Vgl. Helv. Chim. acta *24,* 86 (1941).

[177]) Helv. Chim. acta *24,* 92 (1941).

Wolle	Reißlänge = 20 bis 22 km	Dehnung 35 bis 40%
Baumwolle	„ = 25 „	„ 6 bis 7%
Ramie	„ = 33 „	„ 2,7 %
Flachs	„ = 55 „	„ 1,6 %
Hanf	„ = 52 „	„ 1,6 %
Naturseide	„ = 32 bis 34 „	„ 15 bis 22%
Kunstseide	„ = 8 bis 10 „	„ 7 bis 15%
Glasfaden	„ = 34 „	„ 3,3 %

Die Reißlänge ist somit gut und ungefähr der Ramie-Faser gleichwertig, auch die Dehnung bewegt sich auf derselben Stufe. Was die chemischen und färberischen Eigenschaften anbelangt, so bleibt der Glasfaden seiner chemischen Natur nach in Säuren unverändert, bei kurzer Einwirkung kalter Alkalien ebenfalls, bei warmen Ätzalkalien erfolgt aber verhältnismäßig rasch ein Angriff, der von einem Mattwerden des Glanzes begleitet ist. Farbstoffe zeigen im allgemeinen keine Affinität zu diesem Material, obwohl wir aus früheren Arbeiten[178]) und aus Erfahrungen im Laboratorium wissen, daß basische Farbstoffe unter Umständen recht fest haftende Färbungen ergeben können. Ein Vorbehandeln der Fäden, beispielsweise mit Leinölfirnisüberzug oder mit Kunstharzüberzügen (wobei im letzteren Falle eine nachträgliche Härtung erfolgen muß), haben zu wenig befriedigenden Resultaten geführt.

6. Die vollsynthetischen Faserstoffe.

Die bisher besprochenen Kunstspinnfasern verdanken ihre Herstellungsmöglichkeit von der Natur vorgebildeten Rohstoffen. (Cellulose, Milchkasein, Fisch- und Pflanzeneiweißstoffe usw.)

Die vollsynthetischen Faserstoffe mit ihren wichtigsten Vertretern PC-Faser, Vinyonfaser, Nylon- und Perlonfaser sind Erzeugnisse der organischen Synthese.

PC-Faser (Polyvinylchlorid), Vinyonfaser (Polyvinylacetat) sind Polymerisationsprodukte, sie sind thermoplastisch, enthalten meist größere oder kleinere Beimischungen von Weichmachern, der niedrige Schmelzpunkt der Fasern — sie kräuseln sich und schrumpfen zudem bereits in warmen Färbebädern — stört ihre allgemeine Anwendung; die Fasern sind äußerst säure- und alkalibeständig, weshalb sie in der chemischen Industrie für Schutzkleidungsstoffe und Filtertuche eine gewisse Bedeutung erlangt haben.

Die Nylon-(Perlon-)Fasern sind Produkte der Polykondensation, sie ähneln in ihrem Aufbau tierischen Fasern, sie enthalten zum Unterschied von PC- bzw. Vinyonfasern Stickstoffatome im Molekül.

Die Darstellung der Nylonfaser erfolgt durch Dauererhitzung von aliphatischen Dicarbonsäuren (Adipinsäure) mit Hexamethylendiamin im Stickstoffstrom oder auch in hochsiedenden Lösungsmitteln, wie Xylenol, Naphtalin u. ä. Die Kondensation geht unter Wasseraustritt vor sich, die sich ergebende Schmelze wird in Alkohol gegossen, wobei die Nylonmasse roh ausfällt. Neuerlich unter Stickstoffdruck geschmolzen wird sie unter Stickstoffdruck verdüst zum Faden gesponnen.

[178]) Rötheli, Dissertation, Zürich 1897.

Die Perlonfaser entsteht durch Polykondensation von ω-Amidocarbonsäuren (Amidocapronsäure) über das Caprolaktam.

Die physikalischen Eigenschaften der beiden Fasern sicherten ihnen rasch eine durchaus nicht nur von der Mode begünstigte Verbreitung und Einreihung in die Reihe der Spinnfasern. Die Reißfestigkeit, 5,2 g pro Denier, ist gepaart mit hoher Elastizität, die Quellung der Fasern ist sehr gering (3,2% wie Wolle) in 4%iger Schwefelsäure. Längeres Erhitzen mit 70%iger Schwefelsäure bei 100° C verwandelt sie in ein weißes Pulver. Es ist wie bei den früher besprochenen Kunstseiden möglich, den hohen Glanz durch Beigaben feinst gemahlenen Titandioxyds zu beseitigen, die Beigaben sind unter dem Mikroskop deutlich als Einbettungen zu erkennen.

Mikroskopisch untersucht zeigen die Fasern in der Längsrichtung glasartiges Aussehen, homogen, ohne jede Oberflächenstruktur. Auch der Querschnitt ist von durchaus homogener Beschaffenheit. Im polarisierten Licht bei gekreuzten Nikols zeigen sie starkes Aufleuchten, was auf einen kristallinen Aufbau schließen läßt. Stark erhitzt schmelzen sie zu einem Kügelchen, das schließlich unter charakteristischem Geruch verkohlt. Bemerkt sei, daß die Fasern nach dem Spinnen nachgestreckt werden, erst durch dieses Strecken erhalten sie den richtigen Verwendungswert.

Die Superpolyamidfasern, unter welchem Sammelnamen man diese Polykondensate zusammenfaßt, zeigen ein eigenartiges färbereitechnisches Verhalten; sie haben gewissermaßen ein Doppelgesicht, zeigen einerseits Ähnlichkeit mit Acetatkunstseiden, anderseits mit echter Seide. Die Ähnlichkeit mit Acetatkunstseiden läßt die Färbevorgänge als feste Lösung erscheinen. Verschieden starke Neigung zu direkten Farbstoffen und in stark sauren Bädern zu Neolanen (Palatinechtfarbstoffen) läßt sie echten Seiden an die Seite stellen, das Aufziehen der Farbstoffe ist nicht einheitlich, stark von der Temperatur abhängig, so daß Misch-Gespinste oder -Nuancen schwer und kaum gleichmäßig zu färben sind. Wie oben erwähnt, ist der molekulare Aufbau dem der tierischen Faser sehr ähnlich. Superpolyamidfasern waren, wohl unter dem Einfluß kriegerischen Geschehens, bis in die letzte Zeit schwer zugänglich, so daß zur Zeit der Abfassung dieses Werkes vorhandene färbereitechnische Erfahrungen keine ausreichenden Unterlagen zu theoretischen Überlegungen und Würdigung geben.

D. Die Bedeutung von histologischem Aufbau und Struktur der Gespinstfasern für die Veredlungsprozesse und die Zustandsformen der Cellulose.

Die Textilveredlungsindustrie hat sich bisher noch nicht daran gewöhnen können, alle die Prozesse, denen sie die gebräuchlichen Textilfasern unterwirft, am Einzelindividuum zu studieren. Es ist allerdings verständlich, daß der Endeffekt der Veredlung am fertigen Gespinst oder Gewebe beurteilt und daher dem Verhalten der Einzelindividuen weniger Beachtung geschenkt wird. Wenn man aber bedenkt, daß jedes Garn, jedes Gewebe aus soundso viel Einzelfasern zusammengesetzt ist, von denen jede eine Einheit für sich darstellt, so erscheint der Aufbau des Einzelindividuums, gewissermaßen der Mikrokosmos, im Vergleich zum Makrokosmos des fertigen Gespinstes oder Gewebes, und dessen Einfluß auf den Verlauf der Veredlungsoperationen, doch beachtenswert. Um einen Vergleich auf einem zwar vollkommen abseitsliegenden Gebiet heranzuziehen, möchte ich auf ähnliche Fälle in der Pathologie des Menschen hinweisen. Lange Zeit beobachtete man ausschließlich den Gesamtkomplex der pathologischen Erscheinungen am kranken Menschen, bis Virchow dann auf Grund von eingehenden Untersuchungen seine Zellularpathologie auf Grund von krankhaften Veränderungen des Mikrokosmos, im vorliegenden Falle der einzelnen Zelle, erklären konnte.

Ganz besonders fruchtbar erwies sich das Studium der Färbevorgänge am Einzelindividuum, und wir wären in der Aufklärung derselben niemals so weit gekommen, wenn das Studium des Verhaltens der einzelnen Faser nicht betrieben worden wäre.

Wenn wir unsere gewöhnlichen Gespinstfasern ansehen, können wir auf Grund von neuesten Erkenntnissen in bezug auf ihren Aufbau dieselben in drei große Gruppen einteilen, und zwar:

1. Einfache Fasern, einzelne Zellen mit einem einzigen Repräsentanten, der *Baumwolle.*
2. Zusammengesetzte Fasern
   a) vegetabilischen Ursprungs native Fasern, alle Bastfasern, *Flachs, Hanf, Jute, Ramie, Nessel, Schilf, Ginster.*
   b) animalischen Ursprungs, *Wolle, Seide.*
3. Kunstseiden.

Auf den ersten Blick wird eine solche Differenzierung befremden, da sich die Wolle in der Gesellschaft von vegetabilischen Fasern befindet, von denen sie sich chemisch, auch färberisch eigentlich scharf unterscheidet. Strukturell, und der Einfluß der Strukturverhältnisse soll ja zunächst behandelt werden, gehört sie aber unzweifelhaft in die Gesellschaft der Bastfasern.

Wir wissen nun, daß zunächst die Färbbarkeit einer Faser im allgemeinen auf der Eigenschaft der Quellbarkeit[179]) beruht; es ist daher wahrscheinlich, daß die geschilderten histologischen Verhältnisse für den Verlauf des Färbeprozesses von weittragender Bedeutung sind. An der fertigen Färbung der Baumwollfaser ist ein derartiger Einfluß mit den uns heute zur Verfügung stehenden optischen Mitteln nicht zu erkennen. Ich zweifle aber keineswegs, daß derselbe sich geltend machen würde, wenn es gelänge, die Farbstoffteilchen auf ihrem Wege beim Durchdringen der Faser zu verfolgen. Es ist zweifellos, daß die Permeabilität der einzelnen Schichten keine gleichmäßige ist, so daß den Farbstoffteilchen beim Eindringen in die Faser möglicherweise Widerstände entgegengesetzt werden. Ich weiß sehr wohl, daß, was ich soeben ausgeführt habe, eigentlich ins Gebiet der Spekulation gehört; die tatsächlichen Feststellungen beim Studium des Feinbaues der Baumwoll-

---

[179]) Koll. Zeitschr. *20,* 1277 (1917).

faser veranlassen uns aber, denselben auch mit der uns gegenwärtig noch nahezu unbekannten Kinetik des Färbevorganges in Verbindung zu bringen.

Immerhin können diese Annahmen nicht restlos ins Gebiet der Spekulation verwiesen werden. Wir haben doch gewisse Anhaltspunkte, welche uns zu diesen Anschauungen berechtigen.

Wenn wir uns an die seinerzeit von mir und Ruperti gemachten Beobachtungen an Baumwollfasern, gefärbt in Küpenfarbstoffen und in Azofarbstoffen, erinnern, beim Kochen in Wasser schon, besser noch unter Druck, den Farbstoff nach dieser Behandlung in wohlausgebildeten Kristallen vorzugsweise im Lumen zu zeigen, so muß man daraus entnehmen, daß dem Pigmentteilchen auf seiner Wanderung durch die Zellwand keinerlei besondere Widerstände entgegentreten. Wenn wir denselben Vorgang aber bei der Bastfaser studieren, so finden wir dort vollkommen andere Bilder. Das Pigment wird zum Teil kräftig an den Wandungen der Schichten aufgehalten[180]).

Die Baumwollzellwand ist zwar aus Lamellen aufgebaut, die aber nicht von besonderen Häuten umgeben sind, im Gegensatz zu den Bastfasern, bei denen, gerade durch die geschilderte Behandlung, diese Sekundärlamellen besonders deutlich sichtbar werden.

Wenn wir uns nun zum Aufbau der *Bastfasern* wenden, so treffen wir hier im Prinzip auf ähnliche Verhältnisse. Wir wissen, daß diese Art von Fasern nur im gröberen Aufbau nicht einheitlicher Natur ist, wie die Baumwolle. Letztere stellt als Einzelindividuum ein Samenhaar dar, einer einstigen, mit biologischen Funktionen ausgestatteten, Pflanzenzelle. Die Bastfasern sind heterogene Gebilde, aufgebaut aus einer großen Zahl in der Längsrichtung der technischen Faser orientierter Einzelzellen.

Lüdke hat nun an diesen Bastfaserzellen — er hat hauptsächlich mit Bambusfasern operiert — einen besonders feinen Aufbau aufgefunden, der in gewisser Beziehung mit dem der Baumwollfaser Ähnlichkeit hat, doch ein weitaus komplizierteres Gefüge zeigt. Auch hier setzt sich die eigentliche Zellmembran aus konzentrisch angeordneten Lamellen zusammen, nur daß jede dieser Zellwandkomponenten ihrerseits wieder von einer Art Kutikula überzogen ist, welche Reagentien gegenüber ein ähnliches Verhalten zeigt, wie die Kutikula der Baumwolle. Diese Sekundärlamellen setzen z. B. Quellungsmitteln einen größeren Widerstand entgegen als die vermutlich aus reiner Cellulose bestehende eigentliche Zellamelle. Man muß aus diesem Verhalten also auf eine von reiner Cellulose verschiedene chemische Zusammensetzung schließen. Möglicherweise ist auch hier das Verhalten auf die schützende Wirkung eingelagerter Substanzen zurückzuführen, deren Charakter wir aber nicht kennen.

Quillt man Bastfasern mit Kupferoxydammoniak, so ist unter bestimmten Bedingungen ein Herausschieben der einzelnen Lamellen zu beobachten, so daß ein Gebilde entsteht, das mit einem auseinandergezogenen Teleskop vergleichbar ist. Die einzelnen Sekundärlamellen können dann dieselben tonnenförmigen Aufblähungen zeigen (Abb. 17, siehe S. 32), die

---

180) Helv. Chim. acta *17*, 761, auch Ockany-Schwarz, Diss., Zürich 1933.

uns in einfacher Form bei entsprechender Behandlung bei Baumwolle geläufig sind. Außerdem ist die Bastfaserzelle nach Ansicht Lüdke's noch durch regelmäßig angeordnete Querlammellen senkrecht zum Längsfaden geteilt, welche die Zellwand bis zum Lumen durchsetzen und nur dieses freilassen. Diese vermutlichen Querlamellen fehlen nun bei der Baumwolle gänzlich. Die Anwesenheit derselben bei den Bastfasern und das Fehlen bei der Baumwolle beruht auf den vollkommen verschiedenen biologischen Funktionen von Bastfaser einerseits und Samenhaar andererseits.

Bei den animalischen Fasern, vor allem anderen bei der *Wolle,* sind gleichfalls verschiedene Elemente am Aufbau beteiligt. Das Schuppenepithel der Wolle, das natürlich nur mit allem Vorbehalt der Kutikula der Baumwollfaser verglichen werden darf, dann die Rindensubstanz, die in ihrem Aufbau an den der Bastfaser insofern, als auch hier Zellkomplexe die Faserwand bilden, erinnert, Schuppenepithel und Rindensubstanz sind beide Keratine, aber verschiedener chemischer Zusammensetzung und, wie wir sehen werden, offenbar auch verschiedenen Durchlässigkeitsvermögens.

Was die natürlichen Seiden anbelangt, sind hier die Verhältnisse wieder anders. Rohseide enthält die zwei Einzelfäden, welche von der Raupe gesponnen werden, eingebettet in die Sericinschicht, deren Entfernung durch den Entbastungsprozeß die eigentlichen Fibroinfäden freilegt. An den wilden Seiden hat man unzweifelhaft auch beim Einzelfaden einen feinen Aufbau aus feinen Fibrillen feststellen können und Höhnel[180a] will diesen Aufbau auch für die edle Seide festgestellt haben. Es wäre also auch hier ein der Rindenschicht der Wolle bzw. der Faser der Bastfasern ähnlicher Aufbau vorhanden. Eingehendere Untersuchungen müssen diese Verhältnisse noch besser als dies bisher geschehen ist, klären.

Unseren Kunstseiden aber, der Viscoseseide ebenso wie der Kupferoxydammoniakseide, fehlt bei den einzelnen Fibrillen ein mikroskopisch erkennbarer histologischer Aufbau, eine Mikrostruktur, vollkommen. Dagegen ist bei beiden Fasern ein submikroskopischer, erst durch das Ultramikroskop erkennbarer Feinbau unverkennbar. (Weltzien: Kutikula)[180b]).

Die Azetatseide dagegen läßt beides vollkommen vermissen, die Dunkelfelduntersuchung ergibt eine nahezu optische Leere.

Wenn wir nun die Auswirkungen des histologischen Aufbaues der natürlichen Gespinstfasern, dann die der völligen Strukturlosigkeit der Kunstfasern auf die Veredlungsprozesse ins Auge fassen, so werden wir zunächst dort gewisse Einflüsse erwarten müssen, wo disperse Systeme mit den erwähnten Gebilden in Berührung kommen. Vor allem wird der Färbeprozeß beeinflußt werden und hier werden es wiederum substantive Farbstoffe, dann die Küpenfarbstoffe sein, welche infolge ihres in Lösungen, kolloidalen Charakters, vom histologischen Aufbau der Faser, hinsichtlich ihrer Aufnahme von der Fasersubstanz beeinflußt werden.

Aber nicht allein die Färbeprozeße werden in Beziehung zum feinen Bau der Faser gebracht werden können, es ist unbedingt zu erwarten, daß

180a) Mikroskopie 1906, pg. 71.

180b) Gaidukov. Dunkelfeldbeleuchtung, Jena 1910, pg. 71.

einzelnen Stadien einer Vollbleiche, welche die histologischen Komponenten der Gespinstfasern insofern verändert, als die Reaktionen der nativen Fasern entweder Veränderungen erfahren oder vollkommen ausbleiben. Befassen wir uns zunächst mit der *Baumwolle.* Auf Querschnitten durch diese Faser, welche man mit Jod und Schwefelsäure behandelt, wird ersichtlich werden, daß die inkrustierenden Substanzen sich vorzugsweise in der Kutikula konzentrieren, die daher nicht blau wie die Zellwand, sondern gelbbraun gefärbt wird. Alle Reinigungsoperationen, welche man mit der Baumwolle vornimmt, die sogenannte Bleiche, haben also vor allem die Aufgabe, aus der Kutikula alle Einzelkörper, Fette, Wachse, Pektinkörper, Farbstoffe, zu entfernen, welche diesem Häutchen seine besonderen Eigenschaften verleihen. Je weiter dieser Reinigungsvorgang fortgeschritten ist, um so mehr nähert sich auch die Kutikula einer reinen Cellulose, und um so weniger wird sie sich in ihren Reaktionen von derselben unterscheiden.

Eine bloße Extraktion der Fette und Wachse mit einem Gemisch von Benzol-Äther verändert am Verhalten der Kutikula gegen Äthylendiamin-Kupfer nichts. Die Faser quillt wie die native Baumwolle und zeigt ganz normal die tonnenförmigen Anschwellungen. Diese Einlagerungen sind es also nicht, welche das besondere Verhalten der Kutikula Quellungsmitteln gegenüber bewirken.

Dagegen zeigt sich, daß ein Chloren mit NaOCl etwa 1° Bé während einer halben Stunde genügt, um mit Quellungsmitteln, Kupferoxydammoniak oder Äthylendiamin-Cu, ein von der normalen Faser abweichendes Verhalten hervorzurufen. Die Faser quillt nach dieser Behandlung gleichmäßig auf und läßt die tonnenförmigen Anschwellungen vollkommen vermissen. Durch diese oxydative Behandlung ist daher ein Bestandteil der Kutikula entweder entfernt worden, oder aber chemisch so verändert, daß sich die Kutikularsubstanz nunmehr scheinbar wieder dem Verhalten von reiner Cellulose zu Quellungsmitteln nähert. Welcher Bestandteil der Kutikularlamelle in der gekennzeichneten Weise verändert worden ist, ist nicht mit Sicherheit zu sagen, wir sind hier zunächst nur auf Vermutungen angewiesen. Mikroskopisch sichtbar ist der, gegenüber der nativen Faser, erhöhte Weißgehalt der Faser, also das nunmehrige Fehlen der natürlichen Farbstoffe der Samenhaare.

Den Nachweis der Kutikula nach Hypochloritbehandlung kann man aber sehr scharf erbringen, wenn man native Baumwolle in einem chlorechten, substantiven Farbstoff z. B. Chloraminorange G färbt, dann mit NaOCl ½ bis 1° Bé behandelt und die gechlorte Faser mit Kupferoxydammoniak oder Äthylendiamin-Cu zum Quellen bringt. Die tonnenförmigen Anschwellungen bilden sich zwar nicht, doch ist die Ablösung der orangegefärbten Kutikularschicht deutlich zu beobachten.

Untersucht man in gleicher Richtung eine Faser, welche einer möglichst schonenden Reinigung unterzogen wurde, unter Anwendung von Na-Bikarbonat bei gewöhnlichem Druck, wobei der Bleicheffekt nicht mit Oxydationsmitteln, sondern mit dem reduzierend wirkenden Hydrosulfit hervorgerufen wurde, so stellt man beim Untersuchen dieser gefärbten Faser fest, daß zwar ebenfalls die tonnenförmigen Anschwellungen bei der Behandlung mit Quellungsmitteln ausbleiben, daß aber die Kutikularschicht noch deutlich nachweisbar ist. Eine normale Bleiche nativer Baumwolle durch Kochen mit Ätzalkalien unter Druck und Nachbehandeln mit Hypochlorit ergibt eine Faser, welche nach Färbung und Behandlung in den gekennzeichneten Quellungsmitteln eine Kutikula nicht mehr nachweisen läßt.

Versucht man eine native Baumwolle zu bleichen unter Umgehung von Oxydationsmitteln, z. B. mit dem kräftig reduzierenden $Na_2S_2O_4$, so wird man an einer so behandelten Faser mit Quellungsmitteln kaum ein Abweichen von der unbehandelten Faser beobachten. Offenbar löst das Hypochlorit aus der Kutikularschicht möglicherweise durch Oxydation, Inkrusten heraus, während das Hydrosulfit sich darauf beschränkt, die natürlichen Farbstoffe lediglich zu entfärben, ohne irgendwelche Einlagerungen zu entfernen.

Die Mercerisation bewirkt in der Baumwollfaser an sich kräftige Veränderungen im inneren Aufbau. Wird mercerisierte Faser untersucht, welche vor dem Mercerisieren einer Vollbleiche unterworfen worden war oder wenigstens eine alkalische Kochung durchgemacht hatte, so wird man bei der nachträglichen Behandlung mit Quellungsmitteln kaum mehr eine Spur der Kutikularmembran nachweisen können. Native Baumwolle aber, welche der Mercerisation mit 19° Bé Natronlauge unterworfen wurde, zeigt unter denselben Bedingungen wohl das Fehlen der üblichen Quellungsbilder, die Kutikula ist aber tatsächlich noch vorhanden.

Wir erkennen also eine spezifische Wirkung der verschiedenen Nachbehandlungen. Nur eine normale Bleiche unter Druck vermag alle jene Substanzen zu entfernen, welche der Kutikularlamelle von der übrigen Zellwand verschiedene Reaktionen verleiht. Sowohl eine Behandlung mit Hypochloriten, als auch eine Mercerisation lösen nur bestimmte Einlagerungen heraus, ohne aber den Charakter reiner Cellulose zu rekonstruieren.

Was nun die Wirkung der Kutikula der nativen Baumwollfaser auf den Färbeprozeß an sich betrifft, so erkennt man diesen an der verminderten Aufnahmefähigkeit besonders von substantiven Farbstoffen und an der wesentlich erhöhten, basischen Farbstoffen gegenüber. Letzteres Verhalten läßt sich leicht erklären durch die Affinität, insbesondere der Inkrusten, basischen Farbstoffen gegenüber, ja man kann in der mehr oder weniger intensiven Färbung einer Faser, beispielsweise mit Safranin, auf den mehr oder weniger fortgeschrittenen Bleichgrad schließen.

Anders ist das Verhalten direkten Baumwollfarbstoffen gegenüber. Hier wirkt die native Kutikula infolge ihres dichteren Gefüges dem Eindringen der Submikronen entgegen, die Färbung der nativen Baumwolle wird sich also der reinen Appositionsfärbung weit mehr nähern als bei der Färbung einer gebleichten Baumwolle, aus der die Einlagerungen der Kutikularschicht entfernt worden sind und wo die Faser ein weitaus homogeneres Gefüge zeigt als das roher Baumwolle. Man kann sich von diesem Phänomen leicht überzeugen, wenn man native und gebleichte Baumwollfaser in normaler Weise unter Verwendung von Glaubersalz mit einem substantiven Farbstoff färbt und die Färbungen nach gutem Auswaschen in Äthylendiamin-Cu behandelt. Im ersten Falle wird man die fast restlose Ablagerung des Farbstoffes auf der Kutikularlamelle feststellen und das nahezu Ungefärbtbleiben der gequollenen Zellmembran. Im letzten Falle erscheint auch die Zellmembran gefärbt.

Diese Feststellungen müssen daher gewisse Bedenken gegen das einwandfreie Funktionieren der unter dem Namen Mohr-Bleiche bekannten Veredlungsoperation erwecken[180c]). Wir sehen, daß nur eine Behandlung mit Alkalien unter Druck, gefolgt von einer oxydativen Behandlung alle jene Begleitkörper der Baumwolle zu entfernen vermag, welche als Einlagerungssubstanzen der Kutikula, die von reinen Cellulosen abweichenden Reaktionen dieser Membran veranlassen. Bei der Mohr-Bleiche fehlt jede Kochung unter Druck, die alkalische Behandlung erfolgt weit unter 100° C. Kollmann[181]) hat festgestellt, daß die von vielen Fachleuten befürchtete Oxycellulosebildung, welche zur Vergilbung bei Druckware besonders führen kann, nicht eintritt. Bedenklich ist meines Erachtens die ungenügende Entfernung von Hemicellulosen, dann auch von Fetten und Wachsarten, welche, mit kräftigen Oxydantien behandelt, später Vergilbung zur Folge haben können wie Freiberger[182]) gezeigt hat.

In der Tat wurde mir von zwei Fachleuten erklärt, daß nach Mohr gebleichte Ware, neben gleicher, nach dem normalen Druckverfahren gebleichter Ware, bei längerem Liegen kräftig zunehmende Vergilbung zeige, während die normale Vergleichsware daneben noch absolut weiß geblieben sei.

Man sollte dasselbe Verhalten auch von Küpenfarbstoffen erwarten, welche ja in ihren Küpen gleichfalls in kolloider Form vorhanden sind. Hier, allerdings nur bei jenen, welche warm gefärbt werden, ist zwischen Färbungen auf nativer und gebleichter Faser kaum ein Unterschied in der Ablagerung des Farbstoffes beim Behandeln mit Quellungsmitteln feststellbar. Die Ursache liegt wohl darin, daß die alkalische Flotte in der Wärme während der Färbedauer den größten Teil der Hemicellulosen aus der nativen Faser entfernt, und unterstützt durch die Gegenwart von Hydrosulfit, eine ziemlich weitgehende Bleichwirkung hervorbringt.

Die Verhältnisse bei der Baumwolle liegen, infolge des im Vergleich zu anderen Fasern verhältnismäßig einfachen histologischen Aufbaues, hinsichtlich Bleiche und Färbung, ziemlich klar vor unseren Augen. Wesentlich eingreifender muß sich aber der komplizierte Aufbau der Bastfasern bei den Veredlungsoperationen auswirken.

Ich habe oben schon auf die histologischen Verhältnisse der *Bastfasern* aufmerksam gemacht und erinnere nur daran, daß die konzentrisch angeordneten Lamellen als Aufbauelemente der Bastfasern ihrerseits von Sekundärlamellen vom chemischen Charakter der Baumwollkutikula eingeschlossen sind. Es müssen sich also alle Einflüsse, welche auf die Kutikula

180c) Kind. Das Bleichen der Pflanzenfasern, Verlag Springer 1932, pg. 226.

181) Mell. Textilberichte 1927, 270.

182) Färberzeitung 1915, 285.

der Baumwolle bei Einwirkung von Quellungsmitteln beispielsweise, dann auch bei den Veredlungsoperationen einwirken, vervielfachen. Daß dies bei der Einwirkung von Kupferoxydammoniak z. B. tatsächlich der Fall ist, hat Lüdke[183]) einwandfrei gezeigt.

Was nun die Veredlungsoperationen der Bastfasern anbelangt, so wissen wir z. B. für die Behandlung in Hypochloriten, daß die Bastfasern diesen Oxydationsmitteln gegenüber viel empfindlicher sind als die Baumwolle. Diese Erscheinung können wir auf Grund von vorausgegangenen Untersuchungen dadurch erklären, daß, nachdem die Substanz der Kutikularlamellen weitaus leichter beeinflußbar ist, als reine Cellulose, die Wirkung von Chlorlaugen die verschiedenen Sekundärlamellen ebenso modifizieren wird, wie bei der Baumwolle die Kutikula der nativen Faser. Nur ist bei diesen Fasern ein weiteres Moment zu berücksichtigen. Wir haben zwei vollkommen verschiedene Formen von Lamellen bei der technischen Bastfaser zu unterscheiden. In erster Linie die in der botanischen Terminologie als „Mittellamelle" bezeichnete Zwischenschicht der einzelnen Bastfaserzellen. In zweiter Linie die Sekundärlamelle im Sinne Lüdkes, welche für jede einzelne Bastfaserzelle mit der Kutikula des nativen Baumwollhaares vergleichbar ist.

Was von den Hypochloriten in erster Linie angegriffen wird, ist die sogenannte Mittellamelle, diejenige Substanz, welche die einzelnen Bastzellen miteinander verkittet. Daher der rasche Zerfall in einzelne Zellen nach Behandlung mit Chlorlaugen, daher auch die Möglichkeit, durch zweckmäßig geleitete Einwirkung von Oxydantien die technischen Bastfasern zu „cottonisieren", d. h. in einfacheres, kürzeres Gespinstmaterial aufzulösen, das auf den normalen Spinnapparaturen für Baumwolle verarbeitet werden kann.

Untersucht man nun diese durch Hypochloriteinwirkung isolierten Einzelfasern, oder besser Elemente der technischen Bastfaser auf ihr Verhalten bei der Einwirkung von Quellungsmitteln, am besten Äthylendiamin-Kupfer, so kann man deutlich beobachten, daß jede derselben sich ähnlich wie eine Baumwollfaser verhält (Abb. 30). Man erkennt hier wie dort tonnenartige Bildungen, welche auf die Anwesenheit einer Kutikularschicht schließen lassen und man wird daraus die Folgerung ableiten können, daß Gespinste, hergestellt aus sogenannten „cotonisierten" Bastfasern, sich hinsichtlich Verhalten, insbesondere Farbstofflösungen gegenüber, ähnlich verhalten werden wie die Baumwollfaser. In der Tat hat die Praxis ergeben, daß Gespinste und Gewebe aus solchem Material hergestellt (Gminder-Linnen usw.), sich färberisch Baumwollgeweben sehr ähnlich verhalten und Farbstofflösungen gegenüber nicht mehr das spröde Verhalten zeigen, wie Materialien aus unveränderter technischer Faser.

Nachdem wir den verhältnismäßig komplizierten histologischen Aufbau der technischen Bastfaser (im Gegensatz zum aus derselben durch geeignete Behandlung isolierten Einzelindividuum, der Bastfaserzelle) erkannt haben, werden wir uns den weitaus größeren Widerstand, den die Bastfasern den verschiedenen Veredlungsoperationen entgegensetzen, wohl erklären können.

---

[183]) Loc. cit.

Schon die Bleiche stößt auf größere Schwierigkeiten als bei der einfach aufgebauten Baumwollfaser. Nicht allein, daß die der Mittellamelle eingelagerten Körper durch die alkalische Behandlung entfernt werden müssen, auch die der Sekundärlamellen, welche die Einzelzellen einschließen, müssen der Wirkung der Beuchflüssigkeiten zugänglich gemacht werden. Man sieht, daß aus den Bastfasern viel größere Mengen Nichtcellulosen zu entfernen sind, als beispielsweise aus Baumwolle. Insbesondere sind es gewisse Wachs-

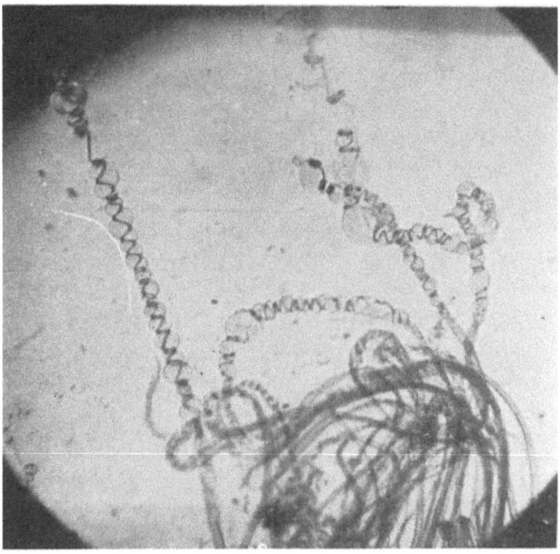

Abb. 30. Hanffaser in Äthylendiamin-Kupferlösung nach Hypochloritbleiche.

arten, die in erheblichen Mengen anwesend sind und vermutlich sowohl der Mittellamelle als auch den die Einzelzellen überziehenden Lamellen in irgendeiner Form inkorporiert sind.

Besondere Beachtung verdient die Behandlung mit Bleichflüssigkeiten. Da z. B. Chlorlaugen erwiesenermaßen die Nichtcellulosen vorzugsweise angreifen, so ist bei dem hohen Prozentgehalt der Bastfasern an diesen Substanzen erklärlich, daß man bei deren Bleiche alkalische Kochungen mit anschließender Hypochloritbehandlung, oft wiederholt, auf das Bleichgut einwirken läßt. Die vollkommene Zerstörung der Mittellamelle muß indessen sorgfältig vermieden werden, will man nicht Gefahr laufen, den Zusammenhalt der technischen Faser zu gefährden.

Wie groß die Menge der eingelagerten Substanzen bei Bastfasern gegenüber der Baumwolle ist, geht aus dem Gewichtsverlust beim alkalischen Kochen hervor; er beträgt bei Baumwolle etwa 6 %, während er beispielsweise bei Leinenfaser bis zu 22 % betragen kann. Da die Zellwand der Flachsfaser die Reaktionen reiner Zellulose gibt, müssen diese Mengen von Nichtcellulosen zum Teil der Mittellamelle, zum Teil den Kutikularschichten der Bastfaserzellen anhaften.

Wenn wir uns den animalischen Fasern zuwenden, so gibt uns die *Wolle* zunächst Veranlassung, gewisse schon oben angedeutete Vergleiche mit den Bastfasern zu ziehen. Gewisse Ähnlichkeiten erkennen wir im Verhalten des Schuppenepithels mit der Kutikula der Baumwolle. Zu weitgehend kann man hier allerdings die Analogien nicht ziehen, da der anatomische Bau dieser und jener zu sehr von einander verschieden ist. Hier ein kontinuierlicher Überzug über die Zellwand, dort ein absolut diskontinuierlicher, aus einzelnen Zellen bestehender Belag der Rindensubstanz. Wir wissen nun zunächst, daß der Chlorierungsprozeß bei der Wollfaser vollkommen andere Wirkungen auslöst wie bei den vegetabilischen Gespinsten. Eine eigentliche Bleiche ist mit Chlor nicht zu erreichen, vielmehr vergilbt die Wolle bei allzukräftiger Chlorierung. Das Bleichen wird vorzüglich durch Behandlung mit Reduktionsmitteln, Bisulfiten und Hydrosulfiten, bzw. schwefliger Säure, aber auch durch Wasserstoffsuperoxyd mit ähnlicher Wirkung erreicht.

Chlor wird daher kaum lediglich oxydierend, vermutlich aber substituierend wirken und veranlaßt wesentlich erhöhtes Farbaufnahmevermögen der Faser.

Ganz außerordentlich wertvolle, zur Aufklärung der Färbevorgänge an Wolle bedeutungsvolle, Aufschlüsse erhält man durch die P a u l y sche Diazoreaktion. Diese Reaktion soll eigentlich dort angewendet werden, wo es sich darum handelt Faserschädigungen festzustellen. Sie beruht darauf, daß das Tyrosin mit diazotierter Sulfanilsäure im alkalischen Medium einen roten Farbstoff bildet. Das Tyrosin ist in der Wollfaser nur auf die Substanz der Rinde beschränkt; das Schuppenepithel enthält diese Substanz nicht. Eine Wollfaser, welche eine vollkommen intakte Schuppenschicht besitzt, wird sich also in diazotierter Sulfanilsäure nicht färben. Schneidet man Wollhaare auseinander, so wird sich die Schnittfläche, dort wo die Rindensubstanz bloßgelegt wird, rot färben, da das Tyrosin auch bei chemisch völlig unveränderter Rindenschicht mit dem genannten Reagens kuppelt.

Wir haben es also nach dem vorstehenden in dem Schuppenepithel mit einer ganz außerordentlich schwer durchlässigen Substanz zu tun, welche sogar der molekulardispersen Diazoverbindung der Sulfanilsäure den Zutritt zur Rindenschicht verwehrt.

Ich bin nun der Ansicht, daß eigentlich ein noch so kräftiger mechanischer Abschluß in der diskontinuierlichen Form, wie sie die aus einzelnen Epithelzellen darstellt, unmöglich den Zutritt von molekulardispersen Körpern, wie dies die Diazoverbindung in Lösung darstellt, bis zur Rindenschicht auf die Dauer zu verhindern vermöchte. Hier führt möglicherweise die A l l w ö r d e n sche Reaktion auf die richtige Spur; ob es die richtige ist, will ich dahingestellt lassen.

Wir wissen, daß die A l l w ö r d e n sche Reaktion auf der Behandlung mit konzentriertem Chlorwasser aufgebaut ist. Nach Behandlung mit einer solchen Lösung treten bei ungeschädigter Wolle zwischen den Schuppen blasenförmige Gebilde hervor, welche auf der Anwesenheit einer eigenartigen Substanz, der man den Namen „Elastikum“ gegeben hat, beruhen. Dieses Elastikum muß sich offenbar zwischen Schuppenepithel und Rindenschicht eingelagert finden, also auch dort, wo Reumuth eine „Subcutis" festgestellt hat.

Es ist nun durchaus wahrscheinlich, daß gerade dieses sogenannte „Elastikum", dessen Chemismus noch vollkommen in Dunkel gehüllt ist, die Ursache des so außerordentlich kräftigen Verschlusses der Wollfaser darstellt. Es wirkt also gewissermaßen als Dichtungssubstanz, vergleichbar mit dem Dichtungsmaterial bei einer Stopfbüchse. Wird diese Dichtungssubstanz nun beispielsweise durch Alkaliwirkung, oder, wie wir gesehen haben, durch Einwirkung von Chlor entfernt, bzw. modifiziert, so ist Substanzen in molekularer oder hochdisperser Verteilung der Zutritt offen, daher der Eintritt der Paulyschen Diazoreaktion bei geschädigter Wollfaser. Ob dieses „Elastikum" mit der Reumuthschen Subcutis in irgendwelchen Beziehungen steht, oder ob beide identisch sind, ist noch zu untersuchen.

Nachdem was über das Zustandekommen der Paulyschen Diazoreaktion auf geschädigter Wolle gesagt wurde, möchte ich auf einen Umstand aufmerksam machen, der vermutlich auf denselben Vorgängen beruht. Wir wissen, daß Ätzeffekte auf chlorierter Wolle viel leichter, daher viel reiner zu erzielen sind, als auf unchloriertem Gewebe. An anderer Stelle habe ich darauf hingewiesen, daß beispielsweise die Färbung von Methylenblau auf Wolle vorzugsweise die Rindensubstanz färbt, die Epidermiszellen aber nahezu ungefärbt läßt. Da durch die Chlorierungsoperation, die Dichtungssubstanz zwischen Epidermis und Rindenzellen möglicherweise das sogenannte „Elastikum" zerstört wird, vielleicht sich auch nur herauslöst, so kann natürlich eine Lösung von Sulfoxylat, wie sie die Druckfarbe enthält, viel leichter zur intensiv gefärbten Rindensubstanz dringen und dort die Spaltung des Farbstoffes hervorrufen, als wenn der Zugang zur Rindensubstanz vom Elastikum versperrt ist. Die besseren Ätzeffekte auf chloriertem Material werden auf Grund dieser Erklärung verständlich.

Von ganz besonderer Bedeutung muß aber für eine heute aber recht aktuell gewordene Eigenschaft, die *Knitterfestigkeit,* der histologische Aufbau der Gespinstfasern sein.

Wir werden es aus dem Vorausgegangenen verständlich finden, wenn beispielsweise die Wollfaser, aufgebaut aus sehr kleinen Einzelzellen, welche außerdem noch gemeinsam in einen elastischen Schlauch, gebildet durch die Schuppenepithelzellen, eingebettet, gegen Knitterung weitaus widerstandsfähiger ist als z. B. die Baumwollfaser. Ein treffender Vergleich dürfte vielleicht der der Metallschläuche neuester Konstruktion gegen die aus Leinengewebe hergestellten Feuerwehrschläuche sein. Erstere sind biegsam und geschmeidig, während letztere leicht zu Knickungen neigen. Letztere werden erst dann wieder biegsam und widerstehen den Knitterungen, wenn sie mit Wasser gefüllt sind, in ihrem Innern also gewissermaßen eine plastische Masse enthalten. Der Vergleich solcher mit Wasser gefüllten Schläuche mit der Wollfaser ist bis zu einem gewissen Grade zulässig. In gequollenem Zustande, z. B. in Färbebädern, zeigen sich in Baumwollgeweben niemals bleibende Knicke.

Daß die Bastfasern sich ähnlich verhalten wie die Baumwollfasern ist ebenfalls verständlich im Hinblick auf deren histologischen Aufbau. Die Einzelelemente der Bastfaser sind viel länger als die der Wolle und als solche ähnlich aufgebaut wie die Baumwollfaser. Als Konsolidierungselement des Stengels wirken sie Biegungseinflüssen entgegen, vermögen aber den Stengel gegen eigentliche Knickungen auch nicht mehr zu schützen.

Was die echte *Seide* anbelangt, so ist man bezüglich dieses Fadens, soweit es dessen inneren Bau anbelangt, eigentlich noch recht spärlich informiert. Die beiden Fibroinfäden sind als solche noch recht wenig untersucht, ein Feinbau nur vermutet, bisher noch nicht nachgewiesen. Durch Kondensationsverfahren angefärbter Naturseide ist es kürzlich gelungen, merkwürdige Kanäle in der Naturseide festzustellen, deren Vorhandensein bisher noch unbekannt geblieben war[184]). Höhnel[185]) will durch Anwendung bestimmter Macerationsmittel, eine bestimmte Längsstreifung nachgewiesen haben. Außerdem nimmt er einen ausgesprochen fibrillären Aufbau des einzelnen Fibroinfadens an. Was die oben erwähnten Kanäle anbelangt, so ist keineswegs ausgeschlossen, daß dieselben für den Erschwerungsprozeß von einer gewissen Bedeutung sein können. Dahingehende Untersuchungen fehlen noch, doch würden sie sicherlich in dieser Richtung gewisse, heute noch unbekannte Aufschlüsse über diesen für Naturseide so wichtigen Vorgang geben.

An der Rohseide ist, abgesehen von den Erschwerungsprozessen, als wichtigste Veredlungsoperation lediglich die Entbastung vorzunehmen, welche bis zu einem gewissen Grade der Entschlichtungsoperation bei der Baumwolle, besser den Entschlichtungsoperationen bei der Kunstseide vergleichbar ist. Auf die eigentlichen histologischen Verhältnisse der Fibroinfäden ist diese Behandlung ohne Einfluß. Eine Wasserstoffsuperoxydbehandlung verändert die natürlichen Farbstoffe des Seidenfadens.

Betrachten wir zum Schluß noch das Verhalten der Kunstfasern, Viskoseseide und Kupferseide einerseits und Azetatseide andererseits. Ganz abgesehen von der Komposition der Faser aus einer größeren oder geringeren Zahl von durch den Fabrikationsprozeß selbst gebildeten Fibrillen einheitlichen chemischen und physikalischen Verhaltens, ist ein histologischer Aufbau dieser Fasern nicht nachweisbar. Hier hatte nicht die Natur bestimmte biologische Zwecke im Auge, sondern der Mensch suchte in verhältnismäßig roher Weise das ihm am Naturprodukt Wertvollste zu imitieren, indem er den hohen Glanz der Naturseide mit der Fadenform zu kombinieren suchte, unter Verwendung des durch chemische Prozesse desorganisierten Naturproduktes. Er mußte daher auch verzichten auf eine große Anzahl auf dem histologischen Aufbau der nativen Faser beruhenden wertvollen Eigenschaften derselben, vorzugsweise auf die hohe Festigkeit. Er tauschte dafür wohl eine erhöhte Färbbarkeit deshalb ein, weil das Kunstprodukt eine viel höhere Quellbarkeit als das Naturprodukt besaß, eine Eigenschaft, welche aber wiederum viele Veredlungsprozesse, besonders Bleiche, dann die Wäsche zu sehr schwierigen Operationen gestaltete. Das Fehlen jeglicher Struktureigenheiten macht die Kunstfasern zwar zu einem interessanten Objekt für den Kolloidchemiker, nicht aber für den Histologen. Immerhin möge an dieser Stelle erwähnt sein, daß Weltzien bei Viskosekunstseide festgestellt hat,

[184]) Helv. Chim. acta *20,* 127 (1917).

[185]) Mikroskopie der Farbstoffe, Wien 1887, 139.

daß die Außenschicht der Faser andere färberische Eigenschaften besitzt wie das Innere der Faser. Strukturell wird ein Abweichen von der Innenmasse nicht festgestellt werden können, verständlich ist aber die Bildung einer derartigen Außenschicht, welche natürlich nicht mit der Kutikula der Baumwolle verglichen werden darf, durchaus.

Beim Eintritt des Cellulosexanthogenates in das Fällbad findet plötzlich an den Außenschichten der Spinnmasse eine Koagulation und Bildung von desorganisierter Cellulose statt. Im Innern befindet sich nun immer noch die viskose Masse unveränderten Xanthogenates. Durch diese äußere Wand diffundiert nun die koagulierende Säure zum Kern und regeneriert damit die Cellulose ebenfalls, nur daß dort der Vorgang nicht plötzlich, sondern hier natürlich relativ, langsam erfolgt.

Es ist nun sehr verständlich, daß die plötzliche und die langsame Koagulierung des Xanthogenates desorganisierte Cellulose von verschiedener Dichte bildet, worauf sicherlich auch das verschiedene Verhalten von Außenschicht und Kern zurückzuführen ist.

Man erkennt aus vorstehendem, wie außerordentlich stark die Veredlungsoperationen auf den histologischen Aufbau der verschiedensten Gespinstfasern eingestellt sind. Die Deutung aller dieser Beziehungen habe ich in vorliegender Skizze versucht und es ist mir bewußt, daß eine erschöpfende Behandlung aller dieser Beziehungen möglicherweise weitere wertvolle Erkenntnisse hinsichtlich der Wirkung der verschiedenen Operationen der Veredlungstechnik zu Tage fördern wird.

III. Farbstoff und Färbung.

A. Der Begriff Farbstoff.

Zwischen dem Begriff *farbige Substanz* und *Farbstoff* ist grundsätzlich zu unterscheiden. Die Voraussetzungen, welche später für die Bildung eines Farbstoffes gekennzeichnet werden, gelten im allgemeinen ebenso für den Begriff der *farbigen Substanz*, obwohl letzterer in sehr vielen Fällen die Eignung, Färbung im Sinne des Färbers zu erzeugen, völlig abgeht. In diesem Sinne sind beispielsweise alle Küpenfarbstoffe zwar farbige Substanzen, aber keine Farbstoffe. Sie gehen in Farbstoffe erst über, wenn sie in eine von der Ausgangssubstanz chemisch verschiedene Verbindung übergeführt werden. Ebenso sind die unlöslichen Azofarbstoffe eigentlich nur farbige Substanzen, da sie als solche keinerlei Fähigkeit haben die Gespinstfasern zu färben. Das Phenolphthalein in alkalischer Lösung ist eine farbige Substanz, aber kein *Farbstoff*.

Die Mittel, welche die Veränderung der Substrate in dem Sinne bewirken, daß sie nur einzelne Bestandteile des weißen Lichtes reflektieren, nennt man Farbstoffe. Wir haben in der historischen Einleitung gesehen, daß sich die Industrie der Farbstoffe aus primitiven Anfängen zu der weltwirtschaftlichen gewaltigen Größe und Bedeutung von heute entwickelt hat. Von den primitiven Produkten, die seinerzeit die Tier- und Pflanzenwelt für die

Herstellung von Färbungen lieferte, deren gänzliches Verschwinden aus der Welt der Farbstoffe nur mehr eine Frage der Zeit ist, sind nur noch einige wenige, wie beispielsweise Blauholz, gebräuchlich.

Unter welchen Bedingungen bildet sich nun ein Farbstoff? Daß die Eignung eines Körpers zur Färbung keineswegs immer identisch ist mit Farbigkeit allein, war schon lange bekannt, denn man wußte, daß es eine Menge sogar intensiv gefärbter Substanzen gibt, die sich zum Färben durchaus nicht eignen. Die Färbefähigkeit liegt also keineswegs allein in der Farbigkeit einer Substanz, sondern vielmehr in einer gewissen Eignung unter bestimmten Voraussetzungen, mit dem zu färbenden Substrat in mehr oder weniger feste Verbindung zu treten. Auf letzterer Eigenschaft baut sich die ganze Färberei auf, die als Färbung im technischen Sinne eine durch Wasser wieder völlig auswaschbare Pigmentierung kategorisch ablehnt.

Die heutige Farbstoffindustrie trägt diesem Umstand auch mehr oder weniger Rechnung. Produkte, welche mit dem Substrat nur in lockere Verbindung treten, werden kaum mehr in die Farbstoffsortimente aufgenommen, man schenkt vielmehr der *Echtheit* der Färbung, also der mehr oder weniger hohen Widerstandsfähigkeit der Verbindung Farbstoff-Faser gegen äußere Einflüsse die allergrößte Beachtung.

Daß die Art des chemischen Aufbaus einer aromatischen Verbindung, — Farbstoffe von aliphatischem Charakter kennt man nicht, — die Eignung zur Färbung bedingen, wußte man schon lange, aber erst von Witt wurden die Bedingungen festgestellt, unter denen ein organischer Körper Farbstoffcharakter und Eignung zu einer Färbung annimmt.

Witt[186]) stellte fest, daß bestimmte Gruppen in einer organischen Verbindung anwesend sein müssen, damit aus denselben mit Aussicht auf Erfolg ein Farbstoff aufgebaut werden könne. Er nannte diese Gruppen *Chromophore*. Wir haben beispielsweise in der $-N=N-$ ein Chromophor zu erblicken. Körper, welche die Gruppe enthalten, nennt man *Chromogene*, wie z. B. das Azobenzol. $C_6H_5-N=N-C_6H_5$. Um ein zweites Beispiel zu nennen, sei auf das Alizarin verwiesen.

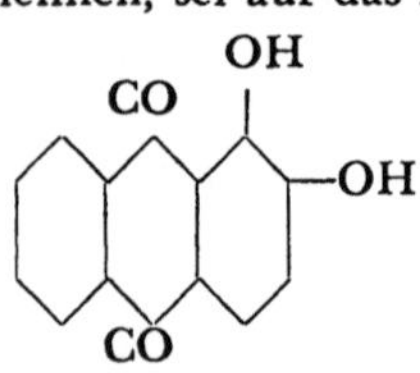

in welchem die 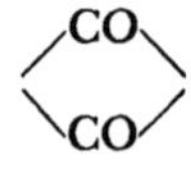

Gruppe als das Chromophor

und das Anthrachinon 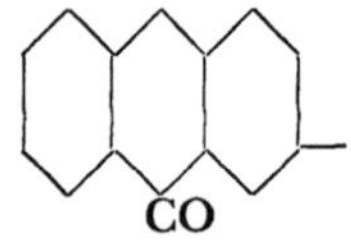

als das Chromogen anzusehen ist.

[186]) Chemische Technologie der Gespinstfasern. Braunschweig 1910, S. 360 bis 363.

So könnte man eine große Reihe von Beispielen anführen. Nun genügt aber zur Bildung eines Farbstoffes keineswegs die Anwesenheit einer chromophoren Gruppe und die Bildung des Chromogens; erst durch Eintritt bestimmter Gruppen in das Chromogen wird der eigentliche Farbstoffcharakter ausgelöst. Solche Gruppen sind vorzugsweise die OH-Gruppe, dann die NH_2-Gruppe, OCH_3, $-OC_2H_5$-Gruppen, dann die SO_3H-Gruppe; man nennt dieselben *auxochrome Gruppen.* Jede dieser Gruppen verleiht dem Farbstoff gewisse Eigenschaften, die NO_2-Gruppe beispielsweise beeinflußt den Farbton insofern, als derselbe im Sinne des Uhrzeigers in Bezug auf den 100teiligen Ostwaldschen Farbkreis verschoben wird. Die SO_3H-Gruppe beeinflußt einerseits die Löslichkeit des Farbstoffes in positivem Sinne und verleiht demselben sauren Charakter. Die OH-Gruppe befähigt vielfach die Farbstoffe zur Bildung von Metallverbindungen und damit zur sogenannten *Lackbildung,* wie beispielsweise Eintritt der beiden OH-Gruppen in das Anthrachinon, der die lackbildenden Alizarate ergibt. Dagegen liegt vielfach die Ursache der Alkaliempfindlichkeit bestimmter Farbstoffe in der Anwesenheit von OH-Gruppen und man behebt diese unangenehme Eigenschaft durch Alkylierung derselben.

Außerordentlich kräftig beeinflußt der Eintritt der NH_2-Gruppe in das Chromogen den Farbstoffcharakter. p-Nitranilin ist z. B., im Gegensatz zu p-Nitrophenol, intensiv gelb gefärbt. In den basischen Farbstoffen, mit NH_2-Gruppen als Auxochrome, besitzen wir Produkte, welche die lebhaftesten und schönsten Farbtöne liefern. Die Lichtechtheit wird aber vielfach durch diese Gruppe ungünstig beeinflußt. Im Primulin beispielsweise wird durch Belichtung der Farbton kräftig verändert; die veränderte Färbung ist nun aber lichtecht und es ergibt sich aus der fehlenden Diazotierbarkeit, daß durch die Belichtung die NH_2-Gruppe ausgeschaltet worden ist.

Das sind einige Beispiele für den Einfluß der auxochromen Gruppen auf den Farbstoffcharakter, doch sind uns zu wenig Tatsachen bekannt, daß man bestimmte Gesetze aufstellen könnte, um den Einfluß der einzelnen Gruppen genau zu umschreiben. Es gibt aber noch eine ganze Anzahl von Einflüssen, welche auf die Farbigkeit einwirken, insbesondere sei auf die Stellung der Substituenten im Chromogen hingewiesen, wobei nur auf die typische Wirkung von p- und o-Stellung hingewiesen sei. p-Nitranilin gibt als Diazoverbindung mit Beta-Naphtol gekuppelt beispielsweise einen roten Farbton, während m-Nitranilin mit derselben Kupplungskomponente orange Töne gibt. Alpha-Naphtol wiederum gibt mit diazotiertem p-Nitranilin eine braune Färbung. Weiters ist es keineswegs gleichgültig, ob bei mehrkernigen Chromogenen der Substituent in den einen oder anderen Kern eintritt. Aus diesen wenigen Hinweisen ist zu ersehen, wie außerordentlich kompliziert das Problem der Entstehung der Farbigkeit auch heute noch ist[187]).

Dies sind in kurzen Zügen die Anschauungen, welche heute hinsichtlich der Entstehung von Farbigkeit einerseits und andererseits für die Bildung der Farbstoffe Gültigkeit haben. Die Definitionen sind noch durchaus unvollständig, bedauerlicherweise ist man zunächst noch nicht darüber hinaus-

[187]) Vgl. Georgievics, Die Beziehung zwischen Farbe und Konstitution bei Farbstoffen, Zürich 1921.

gelangt. Stellen, welche über ein in dieser Richtung unermeßliches Material verfügen, sind die Farbenfabriken, die aber zur Klärung dieser aktuellen Fragen aus internen Gründen das ungeheure experimentelle Material kaum zugänglich machen werden.

Die Form, in der die Farbstoffe in den Handel kommen, ist nicht einheitlich; eine große Zahl von Farbstoffen wird in Pulverform in den Handel gebracht. Es sind dies fast ausnahmslos die substantiven Farbstoffe, dann die Gruppe der basischen Farbstoffe. Ebenso sind die sauren Farbstoffe fast ausnahmslos in Pulverform im Handel, doch trifft man hier noch vereinzelt Teigprodukte an; z. B. Alizarine. Die Küpenfarbstoffe waren zur Zeit ihrer Entwicklung, bis auf wenige Ausnahmen, als Teig-Marken im Handel; diese Teige enthielten meistens 20% Trockenfarbstoff. Heute geht die Tendenz dahin, auch die Küpenfarbstoffe in Pulverform zu liefern; es wird in den Farbfabriken das Augenmerk auf möglichst feine Verteilung der Farbstoffpulver gelegt, damit die Pulvermarken auch für den Zeugdruck Verwendung finden können, wo auf feine Verteilung besonderer Wert gelegt wird. Man ist hier sogar noch weiter gegangen und hat Leukoverbindungen der Küpenfarbstoffe in fester haltbarer Form dargestellt, welche aber nur für die Färberei Bedeutung haben und das Ansetzen der Küpen erleichtern. Das Bestreben, die Teigmarken durch Pulvermarken zu ersetzen, entspringt zum Teil wirtschaftlichen und zollpolitischen Gründen, dann aber auch dem Umstand, daß Teigmarken im Winter dem Ausfrieren ausgesetzt sind, was vielfach ungünstig auf die Verteilung der Farbstoffe einwirkt. Pulvermarken beinhalten ihre gleichbleibende Stärke, sind exakter und verlustloser dosierbar, sie liegen auch frachtkostentechnisch viel günstiger.

B. Übersicht über die verschiedenen Farbstoffgruppen.

Die heute in der Färberei zur Verwendung gelangenden Farbstoffe entstammen nahezu restlos synthetischer Arbeit, das heißt, dem zunächst wissenschaftlichen, dann dem fabrikmäßigen Aufbau aus Produkten der Steinkohlenteerdestillation. Der erste künstlich dargestellte Farbstoff war, abgesehen von der schon im Jahre 1837 beobachteten Bildung von Anilinschwarz durch Runge, das von Perkin im Jahre 1857 in England dargestellte Mauvein. Die Herstellung dieses Produktes gab den Anstoß zum Aufbau der gewaltigen Industrie künstlicher Farbstoffe, die sich eigentümlicherweise nicht auf dem Boden entwickelte, welcher den ersten derartigen Körper hervorgebracht hatte, sondern zunächst in Deutschland und in der Schweiz. Gefördert durch die wissenschaftlichen Arbeiten von A. W. Hofmann, Peter Griess, Caro, Sandmeyer, Bohn, Engi und anderen Gelehrten, nahm die Darstellung künstlicher Farbstoffe sehr bald einen großen Umfang an; außerordentlich bedeutungsvoll war die synthetische Darstellung der Krappfarbstoffe, der Alizarine durch Gräbe und Liebermann im Jahre 1869 und die später erfolgte künstliche Erzeugung des Indigo durch Bayer, wodurch dieser wichtige Farbstoff aus Indien, seine früher gewaltigen Exportmöglichkeiten nach Industriestaaten verlor. Heute sind bis auf wenige Reste dem Pflanzen- und Tierreich entstammende Farbstoffe von den künstlichen Produkten vollkommen verdrängt worden. Was davon übrig geblieben ist, das Blauholz, dann das Pigment der Kreuzbeeren, ganz geringe Mengen von Cochenille, vielleicht da und dort noch etwas Gelbholz, wird wohl in absehbarer Zeit ebenfalls aus der Rezeptur der Veredlungsbetriebe verschwinden.

Während der Entwicklung der Teerfarbenindustrie entspann sich ein hartes Ringen um die Ansicht, welche Farbstoffe die echteren seien, natürliche oder künstliche; lange schien es, als ob man in dieser Hinsicht mit den Naturprodukten entstammenden Farbstoffen tatsächlich wesentlich widerstandsfähigere Färbungen zu erzeugen imstande sei als mit den künstlichen. Diese Meinung entbehrte bis zur künstlichen Darstellung des Alizarins entschieden nicht der Berechtigung. Vorher brachte die Teerfarbenindustrie Produkte auf den Markt, die in verschiedener Hinsicht den Wettbewerb mit einzelnen Farbstoffen des Pflanzenreiches nicht aufnehmen konnten. Die neuen Farbstoffe, den Gruppen der basischen und sauren Farbstoffe angehörend, waren in ihren Färbungen von sehr mäßiger Echtheit. Heute hat sich das Bild aber vollkommen verändert; wir besitzen in verschiedenen Farbstoffklassen Produkte, welche in ihren Färbungen die mit Naturfarben hergestellten weit überragen. Ich erinnere nur an die indigoiden und anthrachioniden Küpenfarbstoffe. Es ist daher vollkommen abwegig, wenn auf Grund von anthroposophischen Reflexionen, dann auch auf Grund von mystischen Betrachtungen der Versuch gemacht wird, die synthetischen Farbstoffe zu diskreditieren und an ihre Stelle wiederum die pflanzlichen Farbstoffe zu setzen[188]). Solche Propaganda dient nur dazu, das Publikum irre zu führen und in vielen Fällen auch empfindlich zu schädigen. Wenn versucht wird, die alte Hausfärberei erstehen zu lassen, wird völlig vergessen, daß die alten praktichen Erfahrungen fast völlig verloren gegangen sind und daß daher durch unsachgemäße Behandlung wertvoller Textilien schwerer Schaden entstehen kann.

Die Industrie der Teerfarbstoffe hat eine große Zahl von Farbstoffgruppen geschaffen, die vielfach weniger in ihrem chemischen Aufbau, als in ihrer Anwendung auf die verschiedenen Gespinstfasern verschiedenes Verhalten zeigen. Wir besitzen Gruppen von Farbstoffen, welche für sich allein schon färbende Eigenschaften besitzen, so daß sie ohne weiteres zum Färben der einen oder anderen Faserart Verwendung finden können. Andere Produkte wieder sind an sich kaum gefärbt oder haben jedenfalls als solche kaum Affinität zu den Gespinstfasern, so daß zur Erzeugung des Pigmentes auf dem Substrat verschiedene Mittelsubstanzen erforderlich sind. Wieder andere Farbstoffe sind vollkommen unlöslich und müssen daher durch ganz bestimmte Arbeitsmethoden aus den Komponenten auf der Faser selbst gebildet werden.

Es sei ausdrücklich hervorgehoben, daß nahezu ausnahmslos alle Farbstoffgruppen, das heißt die in diesen eingereihten Produkte zum Anfärben sämtlicher Textilfasern, vielleicht mit alleiniger Ausnahme der Acetatkunstseide, mehr oder weniger geeignet sind. Man wird nach der einen oder

[188]) Spränger, Färbebuch, Zürich 1934.

anderen Methode mit jedem Produkt Färbungen erhalten, nur entsprechen viele dieser Färbungen keineswegs den praktischen Anforderungen. Man wird stets die Feststellung machen, daß bestimmte Farbstoffgruppen sich infolge ihres Verhaltens, dann vielfach durch ihre Anwendungsweise, für die eine oder andere Faserart besonders eignen und daß nur die eine oder andere Faser Färbungen von optimalen Eigenschaften zu erzielen erlaubt.

Die *sauren Farbstoffe* stellen zum Teil Nitroverbindungen dar, zum Teil Alkalisalze von Sulfo- oder Karbonsäuren. Sie besitzen nahezu keine Affinität zur pflanzlichen Faser und können auf derselben nur durch besondere Methoden, die aber keine Färbungen von nennenswerten Echtheiten ergeben, befestigt werden. Die sauren Farbstoffe sind aber die gegebenen Farbstoffe zum Färben der animalischen Fasern, sowohl von Wolle als auch von Seide. Zu dieser Gruppe gehören vor allem die verschiedenen Ponceau-Marken, das Tartrazin, Kitongelb, die zwar kaum mehr verwendete Pikrinsäure, die Eriocyanine und andere Farbstoffe der Eriogruppe, Alizarinsaphirol, Palatinfarbstoffe, Neolane, Tuchechtfarben und andere.

In der chemischen Konstitution den sauren Farbstoffen recht ähnlich, ebenfalls in der Hauptsache Azofarbstoffe, Natriumsalze von Sulfosäuren, sind die direktziehenden *Baumwollfarbstoffe* oder *substantiven Farbstoffe*. Wie die sauren Farbstoffe die animalischen Fasern ohne Mittelsubstanzen anfärben, so färben diese die vegetabilischen Fasern aus neutralen Färbebädern ohne weiteres an. Während nun aber die sauren Farbstoffe die vegetabilischen Fasern in den meisten Fällen ungefärbt lassen, können die direkten Farbstoffe auch zum Färben von Wolle Verwendung finden. Man nennt diese Farbstoffgruppe auch *Salzfarbstoffe,* weil zur Herstellung intensiverer Färbungen und zur besseren Ausnützung der Färbebäder Zusätze von Salzen erforderlich sind. Als Beispiele direkter Baumwollfarbstoffe seien die Kongorotfarben, Benzopurpurin, das Primulin, die große Zahl der Dianil-, Diamin-, Oxamin- und Benzofarbstoffe, sowie die Chlorantine und Chlorantinlichtfarbstoffe genannt. Eine Anzahl derselben kann in ihren Echtheiten durch Nachbehandlung günstig beeinflußt werden. Wieder andere haben an sich Färbevermögen, doch besitzen ihre direkten Färbungen nur mäßige Lebhaftigkeit und geringe Echtheit. Sie sind aber dadurch, daß man ihre Amidogruppen diazotiert, dann die Diazoverbindungen mit Naphtolen oder anderen Komponenten kuppelt, gegenüber den direkten Färbungen zu sehr wertvollen Produkten geworden. Dazu gehören die verschiedenen Diazofarbstoffe, das Primulin, dann die Rosanthrene und viele andere. Aus der großen Zahl dieser Direktfarbstoffe hat man in letzter Zeit eine bestimmte Anzahl ausgewählt und dieselben zu Serien mit besonderen Echtheitseigenschaften vereinigt. In den Siriusfarben der I. G. Farbindustrie A.-G., dann den Chlorantinlichtfarben der Gesellschaft für Chemische Industrie in Basel, sind Produkte mit besonderen Echtheiten, besonders über Mittel stehenden Lichtechtheiten zusammengestellt.

In den *basischen Farbstoffen* haben wir eine Gruppe von Produkten, welche trotz guter Affinität und einfacher Färbeweise auf animalischen Fasern, doch ausgesprochene Baumwollfarbstoffe darstellen. Zu vegetabilischen

Fasern besitzen dieselben als solche nur mangelhafte Affinität, dagegen kann mit diesen Produkten Acetatkunstseide ohne Vorbereitung gefärbt werden. Wir treffen hier zum ersten Mal Farbstoffe an, die zur befriedigenden Fixierung auf der vegetabilischen Faser, einer Vorbehandlung der Faser mit bestimmten Substanzen bedürfen, welche die Fixierung mit dem Substrat vermitteln. Diese Mittel sind vorzugsweise Gerbsäuren, speziell das Tannin, das als solches zwar wenig Affinität zur Faser hat, daher mit Hilfe von Salzen, vorzugsweise des Antimons, auf derselben befestigt werden muß. Mit so vorbereiteter Faser erhält man mit basischen Farbstoffen sehr lebhafte und in den meisten Fällen auch befriedigend echte Färbungen. In neuester Zeit sind auch Teerprodukte bekannt geworden, welche ein außerordentlich kräftiges Fixiervermögen für basische Farbstoffe besitzen, wie beispielsweise Katanol, erhalten durch Schmelzen von Phenol in schwefelalkalischem Medium.

Zu den basischen Farbstoffen rechnen wir die Methylenblau-Gruppe, dann die des Malachitgrüns, Viktoriablaus, Safranins, Chrysoidins, die Auramine und auch die Rhodamine.

In den *Beizenfarbstoffen* besitzen wir Produkte, welche im Gegensatz zu den basischen Farbstoffen, die in ihren Eigenfarben in Wasser meist löslich sind, an sich meist keine farbigen Lösungen geben, sondern mehr oder weniger intensiv gefärbte Suspensionen. In noch viel prägnanterer Weise, wie bei den basischen Farbstoffen, sind hier zur Erzielung echter Töne als Mittelsubstanzen die Beizen erforderlich, daher der Name Beizenfarbstoffe.

Als Beizen kommen praktisch nahezu ausschließlich Salze der dreiwertigen Metalle in Frage und zwar vorzugsweise Salze organischer Säuren oder Mischsalze organischer und anorganischer Säuren. Neben dem die Hauptrolle spielenden Aluminium kommen noch Chrom, Nickel, Kobalt, Zink, dann Eisen in Betracht, wobei hervorgehoben werden muß, daß der erzielte Farbton, je nach dem zur Anwendung gelangten Metallsalz außerordentlich wechseln kann, wie beispielsweise beim Alizarin. Das Metallsalz muß in einer Form angewendet werden, in der es das Metalloxyd leicht und möglichst vollständig an die Faser abgibt. Die Beizenfarbstoffe spielen sowohl in der Färberei der vegetabilischen Faser als auch der animalischen Fasern, insbesondere der Wolle, auch heute noch eine bedeutende Rolle. Zu den Beizenfarbstoffen gehören vorzugsweise die Alizarine, dann die Abkömmlinge dieser wichtigen Farbstoffe. Ferner eine ganze Anzahl vorzüglicher Wollfarbstoffe, wie die Eriochromfarben, die Chromecht-, Anthracenchrom-, Gallocyanin-, Neolan- und Palatinechtfarbstoffe und viele andere mehr. Hierher gehören auch die wenigen in der Praxis noch gebräuchlichen Naturfarbstoffe, insbesondere das Blauholz.

Eine Gruppe vollkommen anderen Verhaltens als die bisher erwähnten stellen die *Schwefelfarben* dar. Dieselben eignen sich besonders zum Färben vegetabilischer Fasern, sie sind an sich in Wasser unlöslich, oder besitzen, wenn sie in Lösung gehen, zur Faser keinerlei Affinität. Sie müssen, um auf der Faser zu ziehen, in eine Form übergeführt werden, die man als Leukoverbindung bezeichnet, da dieselbe im allgemeinen von der Farbe des Ausgangsproduktes abweicht und vielfach meist hellgelb gefärbt ist. Diese Umwandlung in die zum Färben geeignete Form geschieht mittelst bestimmter Reduktionsmittel in alkalischem Medium, da die Leukoverbindungen nur in Gegenwart von Alkalien löslich sind. Als Reduktionsmittel wird meistens Schwefelnatrium verwendet, das gleichzeitig die erforderliche Alkalität der Flotte bedingt. Auch Hydrosulfit, bei Gegenwart von Alkalien, kann zur Reduktion verwendet werden. Es sei jedoch betont, daß die Schwefelfarbstoffe, je nachdem Schwefelnatrium oder Hydrosulfit angewendet wird, verschiedene Reduktionsstufen von verschiedenem Verhalten der Faser gegenüber bilden können. Zu diesen Farbstoffen gehören die Imedial-, Katigen-, sowie die Pyrogenfarbstoffe. Den Übergang der Schwefelfarbstoffe zu den eigentlichen Küpenfarbstoffen bildet die kleine Gruppe der *Hydronfarbstoffe.* Dieselben unterscheiden sich in ihrer Anwendung von den Schwefelfarben dadurch, daß man zwar hier wie dort den Farbstoff in die Leukoverbindung überführen muß, um denselben in die Form zu bringen, in welcher er von der Faser adsorbiert werden kann, daß man aber nicht, oder nicht ausschließlich Schwefelnatrium verwenden kann, sondern auch Hydrosulfit in ätzalkalischem Medium anwenden muß. Zu dieser Gruppe gehören nur ganz wenige Produkte, unter anderem das Hydronblau G und R. *Die Küpenfarben* sind an sich in Wasser unlösliche Produkte, erst im alkalischen Medium durch Behandlung mit Reduktionsmitteln, heute fast ausschließlich Hydrosulfit, werden sie in die lösliche Form, die Leukoverbindung, übergeführt, welche zur Faser Affinität hat. Man unterscheidet bei den Küpenfarbstoffen zwei Gruppen, die sich vom Indigo oder Thioindigo ableitenden *indigoiden Küpenfarbstoffe* und die sich von Anthrachinon ableitenden, die *anthrachinoiden Küpenfarbstoffe.* Im Prinzip ist die Anwendung beider Gruppen in der Färberei analog, sie unterscheiden sich nur im notwendigen Alkaligehalt der Färbebäder, der *Küpen* und in der Temperatur, bei der dieselben gehalten werden müssen. Der Prototyp der indigoiden Farbstoffe ist der *Indigo,* der lange Jahre der einzige Vertreter dieser heute so weitgehend ausgebauten Gruppe blieb. Die Färbebäder, aus denen Indigo gefärbt wurde, bezeichnet man nach den früher üblichen Färbegefäßen als *Küpen;* diese Bezeichnung wurde dann als Farbstoff-Gruppenbezeichnung übernommen. Er ist der einzige Küpenfarbstoff geblieben, der aus kalter Küpe gefärbt wird. Vom Indigo leitet sich dann durch chemische Substitution eine große Zahl von wertvollen Produkten ab, welche heute als Cibafarbstoffe auch unter den Namen Brilliantindigo, Helindonfarbstoffe auf dem Markt sind. Diese Farbstoffe erfordern normalerweise zum Ansatz der Küpe eine verhältnismäßig geringere Alkalität und Temperatur, die niemals über 60° C getrieben werden muß.

In neuerer Zeit hat sich eine Vereinfachung im Küpenansatz insofern ergeben, als die Farbenfabriken dazu übergegangen sind, schon die fertigen Leukoverbindungen in den Handel zu bringen. Dieselben werden in flüssiger Form, dann insbesondere für den Export in die Tropen, in fester körniger Form geliefert. Die Produkte *Küpenpräparate,* mit der Spezialbezeichnung *Indigo rein Küpe,* sind in Wasser leicht löslich und erfordern zum Ansatz der Stammküpe lediglich geringe Zusätze von Hydrosulfit und Lauge.

Die *anthrachinoiden Farbstoffe* verlangen eine wesentlich stärker alkalische Küpe, da nur unter diesen Bedingungen genügende Lösung der Leukoverbindungen eintritt; ebenso muß die Temperatur der Küpe vielfach höher gehalten werden, als die der indigoiden Farbstoffe und zwar durchschnittlich auf 60 bis 80° C. Während die indigoiden Farbstoffe infolge der geringen Alkalität der Küpe und der niedrigen Temperatur des Färbebades vielfach vorteilhaft auch zum Färben von Wolle verwendet werden können, verbietet die starke Alkalität der anthrachinoiden Küpen die Anwendung dieser Farbstoffe auf der animalischen Faser. Die Farbe der Küpe der indigoiden, wie die der anthrachinoiden Farbstoffe, ist von der des jeweiligen Farbstoffes in den allermeisten Fällen abweichend; Indigo gibt z. B. eine gelbgefärbte Leukoverbindung. Nur die Farbe des Prototyps der anthrachinoiden Farbstoffe des Indanthrenblau RS bleibt auch beim Verküpen nahezu unverändert. Zu den anthrachinoiden Farbstoffen gehören vor allem die Indanthrenfarbstoffe, dann die Cibanonfarbstoffe und gewisse Algol- und Helindonfarbstoffe.

Entwicklungsfarbstoffe. Unter diesem Namen sollen färbende Produkte verstanden sein, die nicht als farbwerkstechnisch farbige Produkte durch die eine oder andere Methode auf der Faser befestigt werden können, die vielmehr aus ihren Komponenten durch chemische Umsetzung auf der Faser selbst erzeugt werden müssen. Hierher gehört die heute außerordentlich entwickelte und bedeutungsvolle Gruppe der *Eisfarben.* Es sind dies an sich unlösliche Farbstoffe von großer Lebhaftigkeit von im allgemeinen vorzüglichen Echtheitseigenschaften, die durch Einwirkung zweier mehr oder weniger löslicher Komponenten aufeinander, erhalten werden. Sie sind durchwegs Azofarbstoffe und besteht die eine Komponente aus alkaligelöstem Naphtol, die andere aus der Diazoverbindung einer organischen Base. Das Gespinst oder Gewebe wird mit der Lösung der Na-Naphtolate getränkt, getrocknet, oder in nassem Zustande, je nach der Art der angewendeten Naphtole mit der mineralsäurefreien Diazolösung der Base in Berührung gebracht, wobei spontan der Farbstoff auf der Faser gebildet wird. Als Naphtole können eine ganze Anzahl verwendet werden, insbesondere Beta-Naphtol, dann Beta-Oxynaphtoesäureanilid und die Homologen desselben. Eine ganze Anzahl Basen, insbesondere p-Nitranilin, Alpha-Naphtylamin, p-Nitro-o-anisidin, Dianisidin, Benzidin werden verwendet.

In den Naphtolen zeigt sich eine Verschiedenheit insofern, als die einfachen Naphtole, Alpha-, Beta-Naphtol, zur vegetabilischen Faser keinerlei Substantivität zeigen, während die höher molekularen Naphtole das Naphtol AS (Beta-oxynaphtoesäureanilid) und in sehr stark erhöhtem Maße ihre Homologen, oft kräftige Substantivität zur Faser zeigen. Unter den letzten Produkten sind solche, welche mit bestimmten Basen gekuppelt verschiedene Töne von hervorragenden Echtheiten ergeben.

Eine interessante Gruppe auf dem Gebiete der unlöslichen Azofarbstoffe ist die Gruppe der *Neocotone* der Gesellschaft für Chemische Industrie in Basel. Diese Produkte stellen veresterte Azofarbenpigmente dar, die wasserlöslich sind und sowohl zum Färben wie zum Drucken Verwendung finden können. Sie werden in gelöster Form auf die Faser gebracht und das Pigment durch alkalische Verseifung regeneriert.

Ein Produkt vollkommen anderer Entstehung ist das *Anilinschwarz,* das gleichfalls unter die Entwicklungsfarbstoffe gerechnet werden muß, da dieses wichtige Pigment ebenfalls erst durch Oxydation auf der Faser entwickelt wird. Hier wird durch Oxydation einer organischen Base, des Anilins, auf der Faser ein vorzügliches, sehr echtes Schwarz erzeugt, das besondere Bedeutung besitzt. Als Oxydationsmittel dienen im allgemeinen Chlorate in Gegenwart bestimmter Katalysatoren. Die Ware wird mit der Mischung des Amins, dieses meistens als Chlorhydrat dem Oxydationsmittel und einem geeigneten Katalysator imprägniert, die oxydative Reaktion durch Wärmezufuhr, beispielsweise Dämpfen, ausgelöst.

Als Entwicklungsfarben, welche dem Anilinschwarz nahestehen, die in ähnlicher Weise auf der Faser erzeugt werden, sollen hier noch das *Paraminbraun* aus p-Aminophenol und dem *Diphenylschwarz, p-Amidophenylamin* erwähnt werden.

Es wurde schon oben hervorgehoben, daß die Pflanzenfarbstoffe und die dem Tierreich entstammenden färbenden Substanzen, heute nur mehr untergeordnete Bedeutung besitzen. Von den sogenannten *Holzfarben,* das Blauholz in bedeutenderer Menge verwendet, davon der größte Teil, außer in der Seidenschwarzfärberei, im Zeugdruck, als sogenanntes *Noir réduit. Gelbholz-,* dann *Rotholzextrakte,* wie sie vor dem Auftreten der Teerfarben vielfach Verwendung fanden, sind vom Markte nahezu restlos verschwunden. Nur Kreuzbeerenextrakte werden vorzugsweise im Zeugdruck noch da und dort verwendet. Es sei hervorgehoben, daß diese Naturfarbstoffe in die Kategorie der Beizenfarbstoffe einzureihen sind.

Der einzige dem Tierreich entstammende Farbstoff, die *Cochenille,* muß ebenfalls zu den Beizenfarbstoffen gezählt werden, da er nur mit Zinnsalzen vorbereitete Wolle intensiv purpurrot färbt; er wird heute kaum mehr verwendet.

Ab und zu kommen noch Pigmentfarben zur Anwendung, aber mehr für ganz spezielle Zwecke. Diese anorganischen Substanzen werden wie die Entwicklungsfarben auf dem Gewebe selbst erzeugt. Man kann hierzu Färbungen mit Chromgelb (chromsaurem Blei) rechnen; dann die heute noch zu Tropenkleidern Verwendung findenden Khakifärbungen mit Hilfe von Chrom-, Mangan-, Eisen- und Kupferverbindungen hergestellt. Derartige Pigmentfärbungen finden nur Verwendung zu Färbungen von vegetabilischen Faserstoffen.

C. Der Begriff Färbung. (Der Charakter der Verbindung Farbstoff—Faser).

Es ist zweifellos für den nachdenkenden Laien überraschend, zu sehen, daß ein in eine Lösung eines bestimmten Körpers getauchtes Garn oder Gewebe, diese beim Herausziehen mit einer völlig anderen Farbe verläßt. Ich erinnere mich sehr gut, daß viele Besucher einer von mir geleiteten Stoffdruckerei, das Phänomen des Vergrünens, der auf der Indigo-

Kontinue-Küpe gefärbten Baumwollstücke, bestaunten. Der Übergang von Gelb nach Grün und zuletzt nach Blau, war ihnen unbegreiflich.

Eigenartigerweise hat man sich recht lange Zeit dieser merkwürdigen Erscheinung des Färbevorganges gegenüber, die nicht allein das Gespinst oder Gewebe in seinem Aspekt gründlich veränderte, sondern den neuen Aspekt auch nach wiederholtem Waschen beibehielt, vollkommen gleichgültig verhalten. Man hat sich weder über die Veränderung irgendwelche Gedanken gemacht noch über die Beständigkeit dieser Veränderung; man begnügte sich mit dem Effekt und den praktischen Konsequenzen dieses Effektes.

Seit Plinius[189]), dem als vorzüglicher Naturbeobachter die Färbung von Wolle in Krapp als interessantes Phänomen nicht entgangen war, der aber lediglich die Tatsache berichtete, ohne den Ursachen nachzuspüren, sind etwa 700 Jahre vergangen, bis man sich über die Vorgänge, welche zum Effekt der Färbung führen, irgendwelche Gedanken machte.

Dufay[190]) war wohl der erste, welcher versuchte für die Verbindung von Faser und Farbstoff eine Erklärung zu finden; er wird auch der erste gewesen sein, welcher dieselbe auf chemische Einflüsse zurückführte. Im Gegensatz zu Dufay war Hellot[191]) wohl der erste Vertreter der rein physikalisch-chemischen Auffassung vom Färbeprozeß. Er nahm in den Fasern der Wolle Poren an, die sich im siedenden Färbebad öffnen sollten und dem Farbstoff Zutritt zu den inneren Partien der Faser gewährten, wobei sich die Poren beim Erkalten schlössen und den Farbstoff, „wie den Diamant in der Fassung des Ringes“ im Innern und an der Oberfläche der Faser zurückhielten. Le Pileur d'Apligny übertrug nun diese Theorie auf alle übrigen Fasern und erklärte, daß die Poren der Baumwolle ungeeignet zur Farbaufnahme seien, da Cochenille diese Faser im Gegensatz zur Wolle und Seide nicht färbe. Maquer[192]) macht einen Kompromiß zwischen der chemischen und physikalischen Theorie, indem er wohl die Existenz von Poren in den Gespinstfasern zugibt, jedoch noch andere Ursachen als maßgebend für den Färbeprozeß annimmt, indem er ganz eindeutig sagt „il y a de plus une adhérence réelle de contact, et même une combinaison chimique de ces particules colorés avec la substance même, sur laquelle elles s'appliquent.“ So sehen wir, daß schon in den frühesten Zeiten der Beschäftigung mit den Vorgängen, welche der Färbung zugrunde liegen, sich drei verschiedene Meinungen geltend machen und diese drei Meinungen ziehen sich bis in die neuere Zeit wie rote Fäden durch alle Diskussionen auf diesem Gebiete fort.

Lange wogten die Meinungen, ob der Färbevorgang als physikalisches oder chemisches Phänomen aufzufassen sei, hin und her, bis v. Georgievics mit neuen Gesichtspunkten auf den Plan trat. Vorher schon hatte Rosenstiehl[193]) als erste Bedingung, damit eine Färbung zustande komme, die Adhäsion der färbenden Substanz in homogener Schicht auf der

189) Plinius, Liber XXIIC, 2. Hist. natur.

190) Mémoire de l'academie royale 1737.

191) L'art de la teinture des laines, Paris 1786.

192) Dictionnaire de Chimie *4*, 25 (1778).

193) Bull. Soc. Ind. Mulhouse 1893, S. 411.

Faser präzisiert. Wenn er vom Färben die folgende Definition gibt, daß diese eine Operation sei, die darin besteht, daß man die Textilfaser mit einer vollkommenen Schicht einer gefärbten Substanz bedecke, welche „häufig" eine Verbindung „eines Teils" der Fasersubstanz mit dem Farbstoff sei, so kann man zwischen den Zeilen lesen, daß das physikalische Moment, das Überziehen der Faser mit der färbenden Substanz, das Primäre sei, wobei aber nicht ausgeschlossen wäre, daß diese Schichte später mit der Fasersubstanz in chemische Verbindung treten könnte.

Von Georgievics kam auf Grund von eingehenden Versuchen zum Ergebnis, daß die Aufnahme der Farbstoffe aus ihren Lösungen nach bestimmten Gesetzen erfolgt und schließt daraus, daß der Färbevorgang auf reinen physikalischen Vorgängen beruhe, bei denen der chemische Charakter der in Betracht kommenden Substanz keine Rolle spiele. Die Aufnahme des Farbstoffes durch die Fasern wurde mit dem Namen „Adsorption" bezeichnet, ein Begriff, der schon von van Bemmelen[194]) in die kolloidchemische Terminologie eingeführt worden war. Er unterscheidet scharf zwischen Absorption und Adsorption insofern, als der erstere Vorgang beispielsweise die Lösung eines Gases in einer Flüssigkeit bezeichnet; eine Lösung ist nicht allein mechanisch, sondern auch optisch homogen. Dagegen sind Konzentrationsänderungen von Gasen an porösen Körpern mit großen Oberflächen, Kohle z. B. als Adsorption zu bezeichnen. Derartige Veränderungen der Konzentration an der Oberflächenschicht stellen wir nun, wie mikroskopische Untersuchungen eindeutig festgestellt haben, bei den allermeisten Färbungen auf den verschiedensten Gespinstfasern, besonders aber bei den vegetabilischen Gespinstfasern z. B. der Baumwolle fest. Es ist im übrigen überraschend, daß man für viele Färbungen — nicht allen — eine außerordentlich feste Verbindung von Farbstoff und Fasersubstanz feststellen kann (Echtheit). Man weiß zwar schon lange, daß an Oberflächen ganz bedeutende Kräfte wirksam sind und man hat dafür auch den Ausdruck Adhäsion geschaffen. Daß beispielsweise die Adhäsion stärker sein kann, wie die Kohäsion, erkennt man beim Eintrocknenlassen von Gelatinelösungen in Porzellanschalen, wo es bei der Schrumpfung der eintrocknenden Gelatine soweit kommt, daß nicht der Verband der Gelatine und Porzellan gelockert wird, sondern, daß vielmehr Stücke des Porzellans aus der Schalenwand von der Gelatine mitgerissen werden.

Witt hat dann wieder eine besondere Auffassung vom Charakter der Färbung vertreten[195]). Er weist darauf hin, daß unter Umständen auch ein Körper von einem anderen festen Körper gelöst werden kann, worauf er auf Beispiele hinweist, nach denen die färbenden Bestandteile der Edelsteine und Glasflüsse darauf beruhen, daß feste Körper als färbendes Prinzip in der Masse derselben gelöst seien. Auch die substantiven Färbungen betrachtet er als solche *starre Lösungen.* Da jeder Lösungsprozeß ein chemischer Vorgang ist, so geht daraus hervor, daß auch der Färbeprozeß als Lösungsvorgang

---

[194]) Die Adsorption, Dresden 1910, S. 409 bis 410.

[195]) Geschichte der Textilindustrie, die Gespinstfasern und die Hilfsmittel und ihre Veredlung, Braunschweig 1910, I, 373.

aufgefaßt eine chemische Verbindung von Farbstoff und Fasersubstanz, gewissermaßen eine Molekularverbindung nach unbestimmten Verhältnissen, darstellt, im Gegensatz zu jenen chemischen Verbindungen, welche nach dem Gesetz der multiplen Proportionen erfolgen.

Hätte Witt seinerzeit Querschnitte durch mit substantiven Farbstoffen gefärbte Gespinstfasern gemacht, so hätte er wohl hier den Begriff der starren Lösung nicht bestätigt gefunden. Eine Lösung setzt nämlich die homogene Verteilung der gelösten Körper im Lösungsmittel voraus, im vorliegenden Falle also des Farbstoffes in der Masse der Zellwand. Daß dies nicht der Fall ist, haben erst mikroskopische Untersuchungen an Querschnitten gefärbter Fasern dargetan.

In einem Fall aber besteht auch heute noch die Auffassung von Witt zu Recht; die Färbungen von Acetatkunstseide sind durch eingehende Untersuchungen von Kartaschoff[196]) als Lösungen des Farbstoffes in der Acetatseidensubstanz erkannt und experimentell bewiesen worden; die Acetatseidenfärbung kann also mit Fug und Recht als feste Lösung bezeichnet werden.

Auffallend ist, daß man in früheren Zeiten alle Gespinstfasern von gleichen Gesichtspunkten aus hinsichtlich der Vorgänge beim Färbeprozeß betrachtete. Man machte keinen Unterschied zwischen vegetabilischen und animalischen Fasern. Zum ersten Male, aber sehr viel später, begannen Gnehm und Röteli[197]) hier eindeutig zu differenzieren und kamen auf Grund von eingehenden Studien, bei denen auch mikroskopische Untersuchungen eine Rolle spielten, zu folgenden Ergebnissen:

Es sind:

1. Baumwollfärbungen auf gebeizter Faser: Lacke zwischen dem Farbstoff und dem mechanischen Präzipitat der Beize auf der Baumwolle.
2. Pigmentfarben und auf der Faser erzeugte Azofarben: rein mechanische Präzipitate auf der Faser.
3. Indigo, basische und substantive Farbstoffe: Adsorptionen der Farbstoffe im Sinne von Georgievics.
4. Direkte Baumwollfärbungen mit Benzidinfarben: Lösungen der Farbstoffe im Zellsaft, ermöglicht durch die geringe Diffusionsgeschwindigkeit.
5. Färbungen von Wolle und Seide in gebeiztem Zustande: Lacke der Farbstoffe mit den zum Teil in chemischer, zum Teil in mechanischer Weise fixierten Beizen.
6. Substantive Färbungen auf tierischer Faser: Gemische von chemischen Verbindungen mit mechanisch adsorbiertem Farbstoff.

Als Schlußergebnis ist festzuhalten, daß das Färben der verschiedenen Gespinstfasern kein einheitlicher Vorgang ist. Die Färbung der Pflanzenfasern beruht nicht auf denselben Prozessen, wie die der tierischen Faser — oder nur zum Teil. Auch für letztere ist für jeden Einzelfall die Entstehungsart der Färbung keine einheitliche.

---

[196]) Dissertation Basel, loc. cit.

[197]) Zur Theorie des Färbeprozesses, Dissertation, Zürich 1898.

Hier wurde zum ersten Mal festgelegt, daß Pflanzen- und Tierfaser-Färbungen von verschiedenen Gesichtspunkten aus zu betrachten sind. Es war das ein großer Gewinn für die Entwicklung der Färbetheorien.

Noch größer aber war die Bedeutung der im Anfang des 20. Jahrhunderts aufgenommenen mikroskopischen Untersuchung an gefärbten Gespinstfasern. Zwar hatte schon Walter Crum[198]) dieses Instrument zur Untersuchung derselben angewendet; offenbar in Ermangelung ausreichend scharfer Optik gab er der Wirkung des Lumens der Baumwollfaser beim Färbeprozeß ein zu großes Gewicht. Später aber gelang es mit Hilfe von verbesserten Instrumenten gewisse, eingebürgerte Anschauungen durch genaues Studium von Baumwollfasern in ungefärbtem Zustand zu widerlegen. Insbesondere gelang es dem Verfasser im Jahre 1912[199]) die lange vorherrschende Bedeutung der Poren der Gespinstfaser dadurch auf das ihr gebührende Maß zurückzuführen, daß er durch eingehende Färbeversuche, besonders mit mineralischen Pigmenten, eine poröse Beschaffenheit der Baumwollzellmembran in Abrede stellen konnte. Wenn man auch das Lumen als Pore bezeichnen will, so fand er, daß sich das Lumen am eigentlichen Färbeeffekt nur in gewissen Spezialfällen beteiligt, beispielsweise bei der Färbung mit unlöslichen Azofarbstoffen, daß aber dieser Kanal beispielsweise bei Küpenfärbungen meistens vollkommen frei von Farbstoffablagerung bleibt. Ganz besonders wertvoll erwies sich für die Untersuchung gefärbter Gespinstfasern die damals neue Methode der Dunkelfeldbeleuchtung, besonders aufschlußreich aber, wenn die Beobachtung bei Verwendung eines Quellungsmittels wie beispielsweise Kupferoxydammoniak erfolgte[200]).

Schon durch diese Beobachtungen, welche den rein oberflächlichen Charakter der meisten Färbungen der vegetabilischen Gespinstfasern klarstellten, mußte der Glaube an chemische Beziehungen zwischen Farbstoff und Fasersubstanz ins Wanken geraten. Dieser Glaube mußte aber in dem Moment völlig fallen gelassen werden, als es durch rein physikalische Einflüsse gelang, die Verbindung von Farbstoff-Faser zunächst bei den pflanzlichen Gespinstfasern mit Cellulosemembranen so zu trennen, daß aus dieser Trennung sowohl Substrat als Farbstoff in chemisch völlig unveränderter Form hervorgingen. Man kannte allerdings, besonders in der Druckereipraxis bestimmte Vorgänge, welche man als Ätzungen bezeichnete, welche den Zweck verfolgten, die Verbindung Faser-Farbstoff aufzuheben. Durch die dazu erforderlichen chemischen Eingriffe wurde zwar die eine Komponente dieser Verbindung, die Faser, meistens völlig intakt als solche wieder erhalten, der Farbstoff war aber in allen Fällen weitgehendst chemisch verändert und aus den Reaktionsprodukten nicht mehr ohne weiteres als solcher gewinnbar. Ein solcher Vorgang war beispielsweise die Ätzung von Indigofärbungen mit Hilfe von Chloraten oder die Ätzung von substantiven Färbungen mit Hydrosulfitpräparaten.

---

198) Bull. Mulhouse *34,* 385 (1864).

199) Chem.-Z., H. 19.

200) Zeitschr. für Farben- und Textilindustrie 1907, Lehnesche Färberzeitung 1912, 21; 1913, 227; 1914.

Nun hat seinerzeit der Verfasser zusammen mit A. Ruperti anläßlich einer Untersuchung über Verseifung von Acetatkunstseide[201]) eine eigenartige Beobachtung gemacht. Beim Erzeugen von Pararot auf Acetatkunstseide wurde beobachtet, daß die Ausfärbung gelbstichig blieb, wenn mit kaltem Wasser gewaschen wurde; auf einmaliges Kochen und Waschen zeigt sich ein entschieden röterer Stich. Untersucht man beide Färbungen unter dem Mikroskop, so findet man die gelbstichige Färbung völlig homogen die Faser überziehend, wogegen die rotstichige die Faser ausgesprochen unhomogen mit feinen, gut beobachtbaren Farbstoffteilchen bedeckt. Auch bei anderen Azofarbstoffen zeigte sich die gleiche Erscheinung; bei Derivaten der Naphtole AS-Reihe genügte ein kochendes Waschen der Färbung zur Inhomogenisierung nicht, die gefärbte Faser mußte, um diesen Effekt zu erreichen, in Wasser unter Druck gekocht werden. Da die Acetatkunstseide infolge ihrer Labilität beim Kochen unter Druck, kein besonders geeignetes Objekt zur Untersuchung dieser neuartigen Erscheinung war, bedienten wir uns weiter der Chardonnetseide, welche in gleichen Färbungen dem Erhitzen in Wasser unterworfen wurden. Hier waren die Erscheinungen viel prägnanter; schon mikroskopisch zeigten sich zwischen unbehandeltem und behandeltem Material kräftige Farbtonverschiebungen; Pararot beispielsweise zeigte eine Verschiebung von Farbton 27 zum Farbton 31 des Ostwaldschen Farbkreises. Naphtylaminbordeaux eine solche von 31 nach 34. Analoge Veränderungen zeigten auch Färbungen in Küpenfarbstoffen, Indigo, Thioindigo und verschiedenen, anthrochioniden Küpenfarbstoffen. Ein Kochen in Wasser allein läßt die Veränderung schon erkennen, Kochen unter Druck zeigt die vollkommene Inhomogenität der Färbung. Steigert man den Druck auf 6 at, so geht der Prozeß noch weiter, die Fasermitte verarmt an Farbstoffteilchen, während dieselben an der Peripherie der Faser an Größe zunehmen; der Farbstoff wandert also aus dem Innern der Faser an die Oberfläche, wo er große, wohlausgebildete Kristalle bildet, wobei die Faserwand völlig entfärbt wird. Diese Kristalle, welche wohlausgebildet auch im Wasser aufgeschlämmt sind, können gut zur Identifizierung des Farbstoffes dienen und zeigen genau dieselben Reaktionen, wie sie der entsprechende Farbstoff „in vitro“ gibt.

Es ist seinerzeit bei Bekanntwerden dieser neuen Erscheinung der Einwand erhoben worden, es seien dazu nur Farbstoffe verwendet worden, die stark zur Sublimation neigen. Unter Sublimation versteht man aber die Verflüchtigung fester Körper durch trockene Hitze mit nachfolgender Kondensation an kalten Oberflächen — es wird die sublimierte Substanz in wohlausgebildeten Kristallen abgeschieden, aber im vorliegenden Falle geht die Erscheinung im wäßrigen Medium vor sich. Es erfolgt in beiden Fällen zweifellos ein Dispersionsvorgang mit nachfolgender Kondensation der hochzerteilten Substanz in kristallisierter Form, aber die Bedingungen, unter denen sich da und dort diese Kristalle bilden, sind völlig verschieden.

Gegen den Einwand, es handle sich um sublimierbare Farbstoffe, möge nur erwähnt werden, daß zu dieser Kondensation zu gröberen Aggregaten

---

201) Dissertation, Dresden 1925.

Erhitzen in Wasser unter Druck auch bei einer Chromgelbfärbung führt, der wohl niemand Sublimationsfähigkeit nachsagen wird.

Nach diesen Versuchen an der Chardonnetseide wurden analoge Versuche mit Baumwollfasern vorgenommen. Hier wurden nun bemerkenswerte Feststellungen gemacht. Bei Färbungen in den oben erwähnten Farbstoffklassen genügt schon Kochen in Wasser bei einem Druck von $1/2$ atü für die Inhomogenisierung der Färbung; bei stärkerem Druck bildeten sich nicht allein an der Oberfläche der Faser sondern auch große Kristalle vorzugsweise im Lumen. In den Kreis der Untersuchungen wurden Entwicklungsfarbstoffe, substantive Farbstoffe und mineralische Pigmente gezogen. Bei

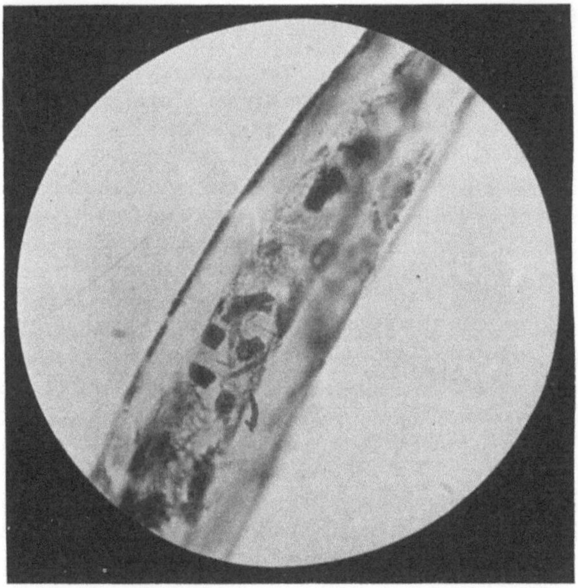

Abb. 31. Baumwollfaserfärbung in einer Mischung aus Indigo und Thioindigoscharlach R der physik. Kondensation unterworfen. Vergr. 1000 ×. Man erkennt deutlich die verschiedenen Kristallformen der beiden Farbstoffe.

der ersten Gruppe genügt schon ein Kochen bei gewöhnlichem Druck für die teilweise Inhomogenisierung, bei den Küpenfarbstoffen kristallisierte Indigo und Thioindigo sehr leicht nach 1stündigem Dämpfen bei $1/2$ atü; bei 4 bis 6 atü genügte schon kurzes Dämpfen, um den Farbstoff in Form großer, gut ausgebildeter Säulen, besonders im Lumen zur Ausscheidung zu bringen, wobei hinsichtlich der Küpenfarbstoffe darauf hingewiesen sei, daß sich die Ablagerung des Farbstoffs nach dem Färben ausschließlich auf die Faseroberfläche beschränkt, das Lumen bleibt farbstofffrei. Indanthrenrot 5GK ließ sich schon durch Erhitzen im Dampf von 0,1 bis 0,3 atü während zwei Stunden quantitativ kondensieren. Indanthrenblau RS konnte auch nach 15stündigem Erhitzen in Dampf von 1 atü nicht zum Kondensieren gebracht werden. Von substantiven Farbstoffen konnten unter anderem Diaminblau 3R, Kongorot und Kongokorinth einwandfrei kondensiert werden, obwohl hier nicht eigentliche Kristallisation, sondern weitgehende Inhomogenität der Färbung eintritt. Für die Beizenfarbstoffe wurde eine Alizarinrotfärbung untersucht. Nach 1stündigem Dämpfen fand sich vor allem der Farbstoff im Lumen vor; das Öl scheint aber eine zu weitgehende Kondensation zu verhindern. Eine Färbung in Chromgelb kondensierte nach 1stündigem Dämpfen zu kristallinen Teilchen.

Diese Erscheinung, die bei allen Färbungen auf vegetabilischem Material in mehr oder weniger vollkommenem Maße beobachtet werden konnte, wurde als *„physikalische Kondensation"* bezeichnet. Das Phänomen ist nur

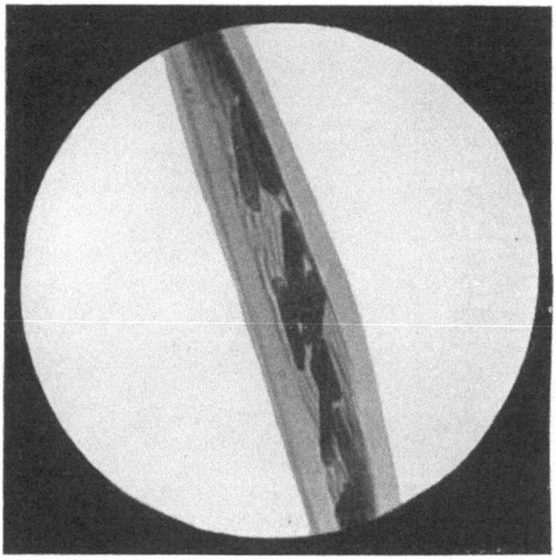

Abb. 32. Baumwollfaser gefärbt in Naphtol AS-RL, Echtorange GC-Base der physikal. Kondensation unterworfen. Vergr. 1000 ×.

so zu erklären, daß durch die feuchte Hitze ohne und mit Druck, der an der Faser adsorbierte Farbstoff hochgradig dispergiert wird, wodurch er befähigt wird, die durch die feuchte Hitze gequollene und durchlässiger gewordene Zellwand zu passieren und sich im Lumen abzulagern. Welche Ursache der Bildung von so vollkommenen Kristallen zugrunde liegt, ist nicht aufgeklärt (Abb. 31, 32, 33).

Das Phänomen der physikalischen Kondensation ist ein entschiedenes Argument zugunsten der Auffassung der Färbung in den gekennzeichneten Farbstoffklassen als rein physikalischer Vorgang. Wir können also heute mit vollkommener Überzeugung diese Färbungen als reine Adsorptionsverbindungen charakterisieren, in denen der Farbstoff keinerlei chemische Verbindung mit der Faser einging. Auf Grund dieser Feststellungen können wir also festlegen:

„Die Färbungen auf vegetabilischen Substraten sind rein physikalisch-mechanische Vereinigungen von Faser und Farbstoff, da sie sich durch Anwendung rein physikalischer Mittel in die unveränderten Komponenten trennen lassen[202]. Diese Untersuchungen wurden vom Verfasser und Okany-Schwarz fortgesetzt[203]. Dabei wurden nun auch Versuche auf animalischem Material ausgeführt, um eventuell auch hier Anhaltspunkte über die Art der Verbindung von Farbstoff und Faser zu erlangen. Da aber Wolle gegen Wasser bei höherer Temperatur und Druck sehr empfindlich ist, mußte ein anderes Kondensationsmedium gefunden werden. Es wurde

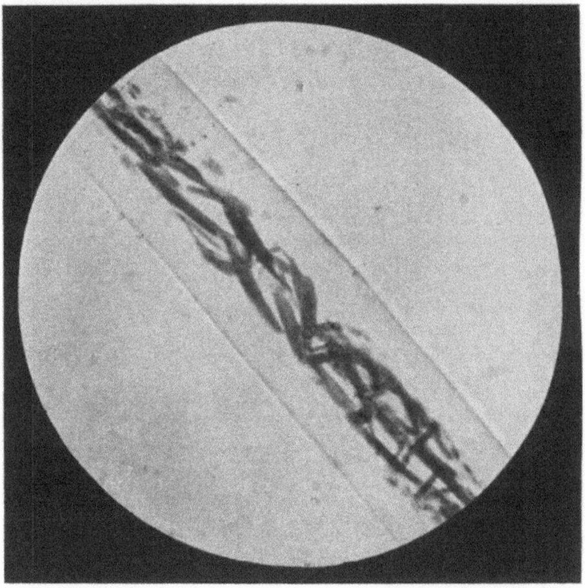

Abb. 33. Baumwollfaser gefärbt in Naphtol AS-SW gefärbt mit GC-Base der physik. Kondensation unterworfen. Vergr. 1000 ×.

Alkohol gewählt. Eine Färbung von Indigo 2R (Ciba) auf gereinigte Wolle kondensierte in drei Stunden bei 160 bis 170° C vollständig. Die Kondensation vollzog sich vorzugsweise an den Begrenzungen des Schuppenepithels. Ein analoger Versuch mit Cibaviolett B ergab ein gleiches Resultat. Das Ergebnis dieser Versuche ist, daß auch Küpenfärbungen auf animalischem Material, entsprechend denen auf vegetabilischem Material als rein physikalische Vorgänge angesehen werden müssen. Entsprechende Versuche auf Seide ergaben vollkommen gleiche Resultate.

Eine Kondensation von sauren Färbungen, ebenso von Färbungen in Neolanfarbstoffen war dagegen unter keinen Bedingungen zu erreichen.

[202]) Dissertation, Zürich 1934.

[203]) Helv. Chim. acta *17*, 761.

Man darf daher wohl den Schluß ziehen, daß diese beiden Farbstoffgruppen wohl in anderer, chemischer Verbindung, mit der Wollsubstanz stehen.

Zur Vervollständigung soll noch erwähnt werden, daß es Okany-Schwarz gelungen ist, auch Cibanonblau RS auf Baumwolle zur Kondensation zu veranlassen. Bekanntlich gelang dies dem Verfasser und Ruperti seinerzeit nicht. Durch Abänderung der Kondensationsbedingungen jedoch, Anwendung von Alkohol als Kondensationsmedium und Erhitzen eine Stunde bei 190° C, später zwei Stunden bei 200° C, konnte vollkommene Kondensation unter Bildung schöner Kristalle im Lumen und in der umgebenden Flüssigkeit erhalten werden.

So ist die physikalische Kondensation zu einem wertvollen Argument geworden, den chemischen oder physikalischen Charakter einer Färbung festzustellen. Wir werden später sehen, daß dieses Verfahren auch wertvolle Dienste zur Sichtbarmachung von Strukturen in den Gespinstfasern leistet[203a]).

Die mikroskopische Untersuchung der gefärbten Gespinstfaser hat, wie schon oben angedeutet wurde, außerordentlich viel dazu beigetragen, Einblick in den zunächst rätselhaften Färbevorgang zu gewinnen. Vor allem stellte sich heraus, daß wir drei verschiedene Fälle von Farbstoffablagerungen zu unterscheiden haben, die sich beim Studium von Querschnitten durch gefärbte Gespinstfasern ergeben. Wir werden finden, daß in vielen Fällen eine rein oberflächliche Ablagerung des Farbstoffs feststellbar ist; die eigentliche Querschnittsfläche ist ungefärbt, der Farbstoff schließt diese wie einen Ring ein. Dann werden wir beobachten, daß es Färbungen gibt, welche den Querschnitt vollkommen homogen mit Farbstoff durchsetzt zeigen, wobei eine überwiegende Färbung der äußeren Oberfläche der Faser nicht erfolgt. Ein dritter Fall wird eine vorzugsweise äußere Ablagerung des Farbstoffs und eine schwache Färbung der Querschnittsfläche, also der Zellmembran selbst erkennen lassen. Den ersteren Fall bezeichnen wir als reine *Appositionsfärbung (Auflagerung);* wir finden ihn bei den Küpenfarbstoffen und bei den Beizenfarbstoffen. Den zweiten Fall bezeichnen wir als *Intussuszeptionsfärbung* (Einlagerung), welche wir vor allem bei der basischen Färbung ebenso beispielsweise bei der sauren Wollfärbung feststellen können. Der dritte Fall ist gewissermaßen als Kompromiß zwischen den beiden obengenannten Grenzfällen aufzufassen und findet sich vor allem bei substantiven Baumwollfärbungen. Man gewinnt durch solche mikroskopische Bilder von Querschnitten durch gefärbte Gespinstfaser schon von vorneherein die Erkenntnis vom Charakter der Färbung; eine Appositionsfärbung kann kaum auf Grund von chemischer Verbindung von Fasersubstanz und Farbstoff zustandekommen; bei einer Intussuszeptionsfärbung erscheint die Möglichkeit dieser chemischen Verbindung zunächst gegeben. Hier werden die Möglichkeiten oder Unmöglichkeiten der physikalischen Kondensation erst die richtigen Aufschlüsse geben.

Angesichts dieser Tatsachen erhält der in Färber- oder Druckerkreisen beliebte Ausdruck „Fixation“ als die Bezeichnung für etwas Unveränderbares,

---

203a) Vergleiche dazu auch Helv. Chim. acta XXIII (1950), 1165.

Feststehendes, einen durchaus relativen Charakter. Fixierung, also Befestigung des Farbstoffes auf der Faser, tritt nur unter bestimmten Bedingungen ein. Werden diese verändert, beispielsweise durch Einwirkung von Wasser oder Dampf, also im allgemeinen chemisch vollkommen indifferenten Medien, so zeigt sich die Labilität der Verbindung Faser—Farbstoff in drastischer Form.

D. Entwicklung der Färbung unter Berücksichtigung der verschiedenen Farbstoffklassen.

Der Mechanismus der Färbung der Gespinstfasern wird beherrscht von drei Faktoren, dem Zustand des Farbstoffes in seiner Lösung oder Suspension und der mikroskopischen und submikroskopischen Struktur des Substrates, in welch letzterem Zusammenhang auch die äußere und innere Oberfläche des Substrates steht. Neben diesen zwei Faktoren spielen einerseits chemische Energien, andererseits rein mechanische Kräfte, welche der Adsorption bzw. der Adhäsion zugrunde liegen, die man als van der W a a l sche Kräfte bezeichnet, eine wichtige Rolle, die aber je nach den in Betracht kommenden Farbstoffen verschieden ist. Von diesen Gesichtpunkten aus haben wir die folgenden Farbstoffgruppen zu betrachten.

1. Substantive Baumwollfarbstoffe.
2. Säurefarbstoffe.
3. Beizenfarbstoffe.
4. Basische Farbstoffe.
5. Küpenfarbstoffe.
6. Schwefelfarbstoffe.
7. Entwicklungsfarbstoffe, zu denen die unlöslichen Azofarbstoffe, dann das Anilinschwarz und demselben verwandte Produkte gehören.
8. Farbstoffe für Acetatkunstseide.
9. Pigmentfärbungen.

1. Die substantiven Farbstoffe.

Substantive Baumwollfarbstoffe sind Produkte, die keineswegs, wie der Name vortäuschen könnte, nur vegetabilische Faserstoffe anfärben, sondern auch auf der animalischen Faser brauchbare Färbungen geben.

Untersuchungen an Lösungen substantiver Farbstoffe, die in den letzten Jahren vorgenommen wurden, haben in fast allen Fällen die Heterogenität der wäßrigen Lösungen, die allein für den Zweck der Färbung in Betracht kommen, feststellen lassen. Es wurden einige wenige Ausnahmen gefunden, darunter beispielsweise Erika. Wir stellen an diesen Lösungen fest, daß sie bei der Dialyse vielfach gar nicht, oft nur spärlich die Hülsenwand passieren und ins Außenwasser übergehen. Bei der Ultrafiltration gelingt es oft zwei Fraktionen zu erhalten. Dasselbe Resultat, aber vollkommener, erzielt man vermittels der Chromatographie mit Hilfe von geeigneten Adsorbentien. Kurz, wir stellen aus den Resultaten dieser Untersuchungen fest, daß eine Lösung eines substantiven Farbstoffes in den meisten Fällen ein disperses System darstellt, wobei die disperse Phase offenbar aus Anteilen der verschiedensten Dispersitätsgrade besteht und deren Größenordnung die ganze Reihe von amikronischer Zerteilung bis zu den Submikronen durchläuft. Die ultramikroskopische Untersuchung bestätigt diesen Befund durchaus. Wo die Dialyse völlig negativ ist, wird man Submikronen in großen Mengen beobachten können, wo dieselbe z. T. positiv ist, wird man neben den Submikronen noch einen nicht mehr auflösbaren Kegel beobachten, der auf Teilchen höchster Dispersität schließen läßt. Die Anwesenheit eines kleinen Anteiles molekulardispersen Farbstoffes ist bei derartigen Produkten nicht ausgeschlossen.

Färberisch verhalten sich diese Farbstoffe gegenüber vegetabilischen Fasern vor allem substantiv, d. h., daß ihre Lösungen als solche ohne weiteres Farbstoff an die Faser abgeben, auf welcher derselbe insofern als fixiert angesehen werden kann, als er sich durch einfaches Spülen nicht ohne weiteres wieder von der Faser entfernen läßt. Diese Eigenschaft nennt man *Substantivität;* wie oben betont wurde, zeigen viele dieser Produkte auch Wolle gegenüber substantives Verhalten.

Die Fixierung auf der Faser ist aber, wie dies übrigens bei allen Farbstoffklassen der Fall ist, keineswegs absolut stabil, da es vielfach gelingt, durch längeres Behandeln, besonders in warmem Wasser, oft einen recht beträchtlichen Teil wieder abzuziehen, der aber befähigt ist, mitgewaschenes, ungefärbtes Substrat oft bis zur gleichen Intensität anzufärben. Die Substantivität ist daher ein durchaus relativer Begriff, und R u g g l i[204]) hat dafür die folgende Definition gegeben: Die Differenz von Aufziehvermögen und Abziehbarkeit gibt zahlenmäßig einen Maßstab für die Substantivität eines Farbstoffes. Die Konzentration des Farbstoffes vor und nach der Färbung, dann nach dem Abziehen in Wasser wurde mit eingestellter Titantrichloridlösung bestimmt.

Weiter hat E. S c h i r m[205]) Untersuchungen über das Wesen der Substantivität angestellt und hat das Resultat ihrer Untersuchungen folgendermaßen zusammengestellt:

Bei allen substantiven Farbstoffen und Zwischenprodukten ist ein vielgliederiges System konjugierter Doppelverbindungen, deren Restverbindungen zusammen mit den etwa vorhandenen auxochromen Gruppen die Substantivität verursachen. Die Schwächung bzw. Vernichtung der Substantivität kann durch „störende“ Gruppen verursacht werden, zu denen sie vorzugsweise Sulfonsäuregruppen zählt. Man erkennt, daß S c h i r m der Substantivität rein konstitutionelle Ursachen zu Grunde legt und es ist bedauerlich, daß neben diesen interessanten Feststellungen nicht auch komparative, dispersoidchemische Untersuchungen angestellt wurden, die möglicherweise die Zusammenhänge von chemischer Konstitution und kolloiden Charakter der in Betracht kommenden Farbstoffe ergeben hätten. Das Wesen der Substantivität bleibt nach wie vor problematisch und wir sind sicher noch weit entfernt davon, die Ursache der Wirkung klar zu erkennen.

Die substantive Färbung, also die Adsorption des Farbstoffes auf der Faser, stellt also zunächst den optisch feststellbaren Effekt der Färbung dar.

[204]) Mell. Textilberichte 1934, 68, Koll. Zeitschr. *63,* 129 (1933).

[205]) Journ. f. praktische Chemie, *144,* 89 (1935).

Wie kommt aber der Effekt zustande? Wir haben schon oben erwähnt, daß sowohl die innere als äußere Oberfläche der Faser berufen ist, im Mechanismus der Färbung eine Rolle zu spielen. Experimentell, also mit Hilfe des Mikroskops, läßt sich selbstverständlich diese Adsorption nicht verfolgen, der Anteil, den die Oberflächen an diesem Vorgang haben, läßt sich nicht ohne weiteres beobachten. Hier gibt uns ein sogenannter Modellversuch die gewünschten Anhaltspunkte.

Wir kennen nämlich gewisse Farbstoffe, deren disperse Phase sich in Lösung beispielsweise in zwei Größenanordnungen bewegen, einen hochdispersen Anteil und einen solchen niedriger Dispersität. Es gelingt nun beispielsweise mit geeigneten Adsorbenten, durch Adsorption beide dispersen Phasen zu trennen. Dies ist z. B. möglich bei einer Lösung von Diaminblau 3R mit Bariumsulfat. Schüttelt man Bariumsulfat mit einer Lösung von Diaminblau 3R, so gelingt es, die Lösung vollkommen zu entfärben. Die Sedimentierung ergibt drei scharf getrennte Schichten; eine, welche die groben Anteile des Adsorbenten enthält, ist vollkommen ungefärbt, dann folgt eine mächtige Schicht des feiner verteilten Adsorbenten, welcher blau gefärbt ist, also den Anteil niederer Dispersität adsorbiert hat, aber darüber liegt eine Schicht, die sich auch am langsamsten absetzt, welche den hoch dispersen Anteil des Farbstoffes adsorbiert und korinthrot gefärbt ist.

Es gelingt aber auch mit Hilfe der Chromatographie[206]) diese beiden Anteile gesondert zu erfassen. Aus einer $^1/_{00}$igen Lösung von Diaminblau 3R kann man durch chromatographische Adsorption ein rotes Filtrat isolieren, das die hochdispersen Anteile enthält. Die niedrig dispersen, blau gefärbten, bleiben am Adsorptionsmittel adsorbiert. Der hochdisperse rote Anteil der Farbstofflösung stellt das stabile Element im Farbstoff-Wasser-System dar; er verändert sich durch Zusatz von Kochsalz oder Glaubersalz gar nicht; kaum durch Aluminiumsulfat. Die blaue, niedrig disperse Phase stellt das unstabile Element des Systems dar. Sie ist befähigt durch Temperaturerhöhung in wäßriger Lösung zum Teil die rote Phase zu bilden und so den Zustand vor der chromatographischen Adsorption zu rekonstruieren. In dieser Lösung färbt sich Baumwolle wieder blau, Wolle rot[207]).

Es ist bemerkenswert, daß eine Färbung von Baumwolle in Diaminblau 3R mit einer ungefärbten Baumwolle in warmes Wasser eingetaucht, die letztere mit rotvioletter Farbe anfärbt. Von der Faser ist also nur der Anteil an hochdisperser Phase ins Wasser übergegangen.

Auch das Kongorubin läßt sich aus seinen wäßrigen Lösungen am besten bei höherer Temperatur durch Chromatographie in zwei prominente disperse Phasen trennen[208]). Das Filtrat enthält die Phase hoher Dispersität, welche gegen Elektrolyte stabil bleibt und vermutlich dem „indifferenten Kongorubin" von Ostwald entspricht. Die adsorbierte Phase niederer Dispersität entspricht den labilen Elementen der Lösung, welche durch Elektrolyte den Farbton sofort ändert und diesen Anteil zum Ausfallen bringt.

---

206) Vgl. L. Zechmeister—L. v. Chalnoky, Die chromatographische Adsorptionsmethode, Wien 1938.

207) Mell. Textilberichte 1941, No. 2.

208) Koll. Zeitschr. *94*, 203 (1941).

Wir erkennen also deutlich, daß die Adsorption durch die suspendierten Teilchen des Adsorbenten eine selektive ist, einerseits abhängig von der jeweiligen Oberfläche des Adsorbenten und andererseits vom Dispersitätsgrad des Adsorbenden.

Wir finden eine eindeutige Analogie zu diesem Verhältnis im Verhalten einer Primulinlösung bei der Dialyse. Dieser Farbstoff dialysiert nur zum Teil, ein Teil passiert die Hülse nicht, muß also einen niedrigeren Verteilungsgrad besitzen, als der Anteil, der die Membran passiert[209]). Untersucht man nun beide Teile hinsichtlich ihres Färbevermögens, so wird man finden, daß das Dialysat, auch wenn man zum Teil eindampft, Baumwolle kaum anfärbt, wogegen der Hülseninhalt ein normales Färbevermögen dieser Faser gegenüber zeigt. Wir müssen daraus entnehmen, daß nur bestimmte Dispersitätsgrade die Eignung besitzen, den optimalen Färbeeffekt zu geben. Angesichts des am Diaminblau 3R geschilderten Verhaltens gegenüber Adsorbenten müssen wir *optimale Dispersität* und Oberfläche des Substrats in Beziehung bringen. Wir sind zwar erst heute so weit, diese allgemeine Formel anzuwenden, obwohl zweifellos die Möglichkeit bestünde, vorausgesetzt, die Oberfläche des Substrates wäre bekannt, ebenso der Dispersitätsgrad des Farbstoffes in Lösung, für den optimalen Effekt auch eine eindeutige mathematische Formel zu finden.

Der Modellversuch der Primulinlösung in ihrem Verhalten bei der Dialyse, einem Vorgang, den man sich in gleicher Weise bei der Baumwollfaser denken kann, wobei allerdings die Dialysierhülse nur ein sehr grobes Modell der Baumwollfaser darstellt, gibt uns aber noch andere Anhaltspunkte für den Vorgang der Färbung im Färbebad bei polydispersen Farbstoffen, wie es die substantiven Baumwollfarbstoffe im allgemeinen sind. Daß der Färbevorgang bei der Dialyse im umgekehrten Sinne wie bei der Baumwollfärbung erfolgt, nämlich von innen nach außen, statt von außen hinein, darf uns hier nicht stören.

Wenn wir durch die Hülse nach längerer Dialyse Querschnitte machen und dieselben, um die Ablagerung des adsorbierten Farbstoffes besser in Erscheinung treten zu lassen, diazotieren und in Na-Beta-Naphtol entwickeln, so stellen wir fest, daß auf der äußersten Oberfläche der Hülse, also derjenigen, die dem Dialysat zugekehrt ist, die Querschnittfläche selbst rosa gefärbt ist, rot aber die Innenwand der Hülse. Wir erkennen, daß ein geringer Anteil des Farbstoffes die innere Oberfläche der Hülse, die Micellaroberfläche schwach färbt, kräftig aber die äußere Oberfläche; der Anteil, der die Hülse passierte, hat überhaupt kein Färbevermögen mehr.

So erkennen wir, daß auch hier die äußere und innere Oberfläche auf bestimmte Dispersionsgrade des Farbstoffes in Lösung selektiv adsorbierend wirken, während die hoch dispersen Anteile im Dialysat überhaupt kein Färbevermögen mehr zeigen.

K. H. Meyer[210]) hat sich mit der substantiven Färbung beschäftigt und auch die Bedeutung der Teilchengröße für die Färbung hervorgehoben.

[209]) Vgl. dazu Färber-Zeitung *25,* 15 und 16.

[210]) Mell. Textilberichte 1930, 708; vgl. auch Koll. Zeitschr. *62,* 46 (1933) und Diskussionsbemerkungen.

Auch die innere Oberfläche bringt er mit dem Färbeprozeß in Verbindung, glaubt aber die Wirkung derselben mehr der Zahl der Hydroxylgruppen oder Hydroxylgruppenreihen zuschreiben zu müssen, so daß chemische Relationen für den Färbevorgang verantwortlich zu machen wären, was aber zweifellos mit der experimentell festgestellten Bedeutung von Teilchengröße des Farbstoffes und innerer bzw. äußerer Oberfläche der Faser nicht in Einklang zu bringen ist, auch nicht mit dem mikroskopischen Bild, das ein Querschnitt einer in Baumwollfarbstoffen gefärbten Faser darbietet. Wäre die Auffassung von K. H. Meyer richtig, so müßte die innere Oberfläche mit einer viel größeren Zahl von freien Hydroxylgruppen sich viel tiefer färben als die äußere Oberfläche mit einer naturgemäß verringerter Zahl von freien Hydroxylgruppen. Bekanntlich aber zeigen Querschnitte durch Baumwollfärbungen mit substantiven Farbstoffen gerade eine nur blaß gefärbte Querschnittfläche und tief gefärbte Außenfläche der Faser. Auch das reversible Verhalten einer Baumwollfärbung läßt sich mit der Meyerschen Auffassung kaum in Einklang bringen.

Wenn Weltzien[211]) auf das verschiedene Aufziehvermögen von gelben, roten, bzw. blauen Farbstoffen hinweist, so fehlen uns leider hier systematische Untersuchungen des dispersen Systems Farbstoff-Dispersionsmittel. Man würde vermutlich bei blauen Farbstoffen größere Anteile an niederer Dispersität feststellen als bei gelben. Weltzien hatte bei seinen Untersuchungen vor allem die Färbung von Kunstseide im Auge; es geht aus den von ihm erhaltenen Resultaten hervor, daß die Kunstfasern in ihrem Feinbau zu wenig konstant sind, um färbetheoretischen Untersuchungen dienen zu können und daß daher Baumwolle für solche Zwecke vorzuziehen ist.

Wir müssen aus den gekennzeichneten Beobachtungen schließen, daß der optimale Dispersitätsgrad des Farbstoffes in Lösung für die innere Oberfläche einerseits und für die äußere Oberfläche andererseits jeweils maßgebend ist.

Nun sind wir aber in der Lage den Dispersitätsgrad der Farbstoffteilchen in der Lösung mehr oder weniger zu beeinflussen. Ich setze voraus, daß es sich bei unseren Untersuchungen um einen 100%igen Farbstoff handelt, gewissermaßen einen Idealfall, der in der Praxis im allgemeinen nicht anzutreffen ist.

Wir wissen, daß dieser Farbstoff in wäßriger Lösung in den verschiedensten Dispersitäten anwesend sein wird, und daß Fälle, wie das Diaminblau 3R und das Kongorubin zu den Ausnahmen gehören. In dieser Lösung werden nun sowohl Anteile von optimalster Dispersität für die äußere Oberfläche und Anteile gleicher Art für die innere Oberfläche nebeneinander bestehen. Sobald wir die Lösung erwärmen, wird zweifellos das Verhältnis nicht hinsichtlich des Anteilverhältnisses verschoben, sondern die Dispersität wird sich im allgemeinen in der Richtung der höheren Dispersitäten verschieben[212]).

Nehmen wir an, daß wir mit der Baumwolle in die kalte Lösung eingehen, umziehen, so wird sich die Faser färben, zunächst wohl ziemlich hell, aber immerhin deutlich. Die beiden in diesem Zustand optimalen Anteile

[211]) Koll. Zeitschr. *27*, 189 (1920).

[212]) Koll. Zeitschr. *27*, 189 (1920).

werden ihre Wanderung in und auf die Faser antreten und dort adsorbiert werden. Nach einiger Zeit werden beide von der Faser adsorbiert worden sein und es entsteht ein Gleichgewichtszustand, der eine Zunahme der Intensität nicht mehr zuläßt. Erhöht man nun die Temperatur des Färbebades, so findet eine Dispersitätserhöhung statt; aus den Teilchen niederer Dispersität werden solche höherer und es bilden sich neuerdings Anteile optimalster Dispersität. Die Färbungsintensität nimmt zu. Weiteres Umziehen des Färbegutes erschöpft dann diesen neugebildeten Anteil günstigster Dispersität und es tritt wiederum ein hinsichtlich der Färbungsintensität stabiler Gleichgewichtszustand ein.

Wir sehen, daß für Dispersitätsänderungen zunächst die Temperaturerhöhung verantwortlich gemacht werden kann.

Um nun die Intensivierung noch weiter zu treiben, könnte man natürlich durch Zugabe frischer Farbstofflösung neue Anteile an optimalsten Dispersitäten zuführen, was aber im Interesse der Ausnützung des verwendeten Färbebades ein unökonomisches Verfahren darstellen würde. Hier hilft man sich durch Zugabe von Elektrolyten, Kochsalz, Glaubersalz, Phosphate, je nach dem Verhalten des Farbstoffes und bewirkt dadurch das Umgekehrte dessen, was wir bei der Temperaturerhöhung bewirkten, nämlich eine Verkleinerung des Dispersitätsgrades. Diese neue Störung des Gleichgewichtes schafft aber neuerdings Anteile an optimalen Dispersitäten, welche der Aufnahme der Faser mit dem Farbstoff neuen Impuls geben. Diese neuen Anteile von Farbstoff für die Färbung optimalster Dispersität stammen nun aus den amikronischen Bereichen der Farbstofflösung. Die Elektrolyte führen einen gewissen Anteil dieser Farbstoff-Amikronen in solche optimalster Dispersität über, wodurch neuerdings Adsorption erfolgt und die Färbung so wieder intensiviert wird.

Ich habe schon betont, daß ich diesen Betrachtungen einen 100%igen Farbstoff zugrunde gelegt habe. In der Praxis wird man Produkte dieser Reinheit nur selten zur Verfügung haben, vielmehr werden die in der Färbereipraxis zur Verfügung stehenden Farbstoffe stets größere oder geringere Mengen von „Coupagemitteln" in Form von Kochsalz, Glaubersalz, auch oft Dextrin enthalten.

Es ist nun erklärlich, wenn die oben geschilderten Vorgänge besonders im Anfangsstadium des Färbeprozesses in gewissem Sinne verschoben werden, da die allenfalls dem Farbstoff beigemischten Elektrolyte schon am Anfang der Färbung ihre Dispersitätsverringerung ausüben. Prinzipiell allerdings bleibt der Vorgang derselbe; in welcher Weise beigemischtes Dextrin wirkt, ist bisher noch nicht untersucht worden; es dürfte aber schon im Hinblick auf seinen kolloiden Charakter einen gewissen, bisher noch nicht studierten Einfluß ausüben. Es sei zwar betont, daß gerade die substantiven Farbstoffe kaum mit Dextrin eingetellt werden. Die Diskussion, ob substantive Färbungen als chemische Bindung von Farbstoff und Fasersubstanz oder aber als Adsorptionsbindung aufzufassen sind, ist in dem Moment zugunsten der letzteren Anschauung entschieden worden, als es nach der Methode der physikalischen Kondensation nach Haller-Ruperti[213]) gelungen ist,

[213]) Mell. Textilberichte 1925, 669.

diesen Vorgang auch bei substantiven Färbungen zu beobachten. Wenn es gelingt, durch rein physikalischen Einfluß eine Dislokation des Farbstoffes auf der Faser zu bewirken, so kann von chemischer Bindung kaum mehr gesprochen werden.

In derselben Richtung weist auch beispielsweise das Ätzen und das Abziehen von substantiven Färbungen mit Reduktionsmitteln. Man erhält nach diesen Prozessen das Substrat in chemisch völlig unveränderter Form zurück und kann auf ihm im Falle des Abziehens von Färbungen den Färbeprozeß ohne jede Schwierigkeit wiederholen. Wäre Faser-Farbstoff zu einer chemischen Verbindung zusammengetreten, so wäre durch die reduktive Spaltung der Komponenten auch das Substrat nicht unverändert geblieben.

Wir haben oben gesehen, daß insbesondere beim Studium der Färbevorgänge an Kunstseiden sich — besonders im Vergleich mit Baumwolle — kein vollkommen einheitliches Verhalten dieser Fasern ergibt. Wir haben es aber, abgesehen von der Acetatkunstseide, generell mit Gebilden von ähnlichem Feinbau zu tun; die Unterschiede zwischen Baumwolle und den vegetabilischen Kunstseiden können keineswegs prinzipieller, sondern nur gradueller Art sein. Darum sind zweifellos die Vorgänge, welche zur Färbung führen, da und dort sehr ähnlich, so daß wir keinerlei Ursache haben, für jede einzelne Faser eine eigene Färbetheorie zu konstruieren. Als organisierte Gebilde im Sinne von Nägeli, benützen wir auch für sie den bekannten micellaren Aufbau, der auf die Färbung den Einfluß hat, den wir oben eingehend diskutiert haben.

2. Die sauren Farbstoffe.

Die sauren Farbstoffe sind Produkte von ausgesprochener Affinität zur animalischen Faser. Schon daraus, daß diese selektive Affinität besteht — die ähnlich aufgebauten substantiven Farbstoffe färben bekanntlich vegetabilische und animalische Fasern —, muß man auf besonderes Verhalten dieser Farbstoffe schließen. In der Tat hat das eindeutige Argument für die Entscheidung, ob eine Färbung durch Adsorption oder durch chemische Bindung mit dem Substrat gebildet wird, die physikalische Kondensation, ergeben, daß diese sich auf mit sauren Farbstoffen gefärbten Fasern nicht vollzieht, daß also zweifellos chemische Bindung zwischen Substrat und Faser stattgefunden hat.

Nun ist aber bei Wolle besonders der chemische Aufbau kein einheitlicher, denn die einzelnen Strukturelemente des Wollhaares sind auch chemisch sehr verschieden. Sowohl das Schuppenepithel, wie die Zellen der Rindensubstanz, wie das nicht immer vorhandene Mark, verhalten sich gegenüber den färbenden Substanzen sehr unterschiedlich; die Schuppen der Epidermis völlig refraktär, Affinität hat nur die Substanz der Rindenschicht[214]), was sehr gut an den isolierten Elementen festzustellen ist. Wir haben hier also ganz andere Verhältnisse vor uns wie bei den vegetabilischen Fasern, von denen man weiß, daß sie zu 98% aus Cellulose bestehen. Es ist daher unter diesen Verhältnissen schwierig, für die Färbevorgänge einheitliche Gesichts-

[214]) Mell. Textilberichte 1932, Heft I, S. 5. Koll. Zeitschr. 75 (1936), S. 212.

punkte zu gewinnen, und es ist meines Erachtens abwegig, für die animalische Faser, insbesondere für die Wolle, Färbetheorien aufzustellen, solange wir nicht das Verhalten der einzelnen Strukturelemente gegenüber färbenden Substanzen kennen.

Bis vor kurzem konnten die Eigenschaften, welche eng mit dem Färbeprozeß in Verbindung gebracht wurden, durch Betonen des amphoteren Charakters der Wolle, dann in deren reduktiven Eigenschaften charakterisiert werden.

Um uns zunächst mit den letzteren zu beschäftigen — die angeblich reduktiven Wirkungen der Wollfaser kommen nur in wenigen vereinzelten Fällen in der Textilveredlung in Betracht, beim Beizen der Wolle in Bichromat, dann bei der bisher noch nicht einwandfrei gelungenen Bildung von Anilinschwarz auf dieser Faser —, sei betont, daß man sich mit ihr weit mehr in histologischen Laboratorien als in denen der Textilindustrie beschäftigte[215]). Ich selbst habe dann von färbereitechnischen Gesichtspunkten aus hier einige orientierende Versuche gemacht[216]), durch welche ich die Überzeugung gewann, daß spontane Reduktionswirkungen der Wolle nur in einigen wenigen Fällen nachweisbar sind. Was für die Färberei der Wolle beispielsweise bemerkenswert ist, dürfte der Umstand sein, daß sich bei Wolle, die man durch einen eigenartigen Färbeprozeß aus wässerig-alkoholischer Lösung in Bichromat färbt, die entstehende Adsorptionsverbindung Wolle-Bichromat, sich nach langem Lagern in keiner Weise verändert. Beim Erhitzen in einem Alkohol-Wassergemisch findet kaum eine Veränderung in der Faser statt und Bichromat ist nach bekannten Methoden unverändert in der Faser nachzuweisen. Wie oben erwähnt, wird die Unmöglichkeit, auf Wolle ein einwandfreies Anilinschwarz zu erzeugen, auf deren reduktive Eigenschaften geschoben, wobei aber bezeichnend ist, daß auf Naturseide im Druck Anilinschwarz ohne weiteres gedruckt werden kann.

An der Spitze der Argumente für die Salzbildungstheorie der Wolle steht der klassische Versuch von J a q u e m i n, nach welchem sich Wolle in durch Ammoniak entfärbter Fuchsinlösung rot färbt. Man deutete diesen so, daß die freie Rosanilinbase mit den sauren Gruppen der Wolle das gefärbte Farbsalz bildet.

Ebenso bekannt ist der K n e c h t sche Versuch der Färbung von Wolle in basischen Farbstoffen, wobei konstatiert wurde, daß die Säure quantitativ im Färbebad zurückbleibt. Auch dieser Befund ist unbestritten. Beide Versuche dienten als gewichtige Argumente für die Auffassung der Wollfärbung als Salzbildung zwischen Farbbase und sauren Gruppen der Wolle.

Im weiteren Verlauf fehlte es nicht an Gegenargumenten. Man fragte sich nämlich, wie es bei der Auffassung der Wollfärbung als Salzbildung möglich sei, daß man in Fuchsin gefärbte Wolle in Alkohol extrahieren, um den nicht fixierten Farbstoff zu entfernen, weiter beispielsweise in Malachitgrün färben könne[217]), wenn schon die disponiblen salzbildenden Gruppen von Rosanilinbase in Beschlag genommen seien.

215) U n n a, Die Wirkung des Sauerstoffs in der Färberei, Leipzig 1912.
216) Helv. Chim. acta *13*, 620.
217) Mell. Textilberichte 1920, 698.

Weiter war auffallend, daß Methylorangesäure die Wolle in der Farbe der Säure, also rot anfärbt, statt gelb, in der Farbe des Salzes[218]). Ferner überlegte man weiter, ob bei der normalen Färbeweise der Wolle in sauren Farbstoffen im schwefelsauren Bade, tatsächlich die freie Farbsäure mit den basischen Gruppen der Wolle reagieren, statt die stark saure Schwefelsäure[219]).

Ich habe dann weiter den Versuch gemacht, das Bariumsalz des Echtorange O, allerdings aus neutralem Bade, auf Wolle zu färben, erhielt eine recht intensive Färbung und konnte bei der Analyse deutlich Barium auf der Faser nachweisen[220]). Der Farbstoff hat also in diesem Falle als Farbsalz angezogen.

Über die in der Wolle angeblich freien Amidogruppen herrscht also keineswegs volles Einverständnis; man hat, wie das Richard festgestellt hat, infolge der Diazotierbarkeit der Wolle freie Amidogruppen angenommen, da diese Bindung mit Naphtolen kuppelten und Azofarbstoffe ergaben. Man glaubte das Tyrosin dafür verantwortlich machen zu können; die Amidogruppe des Tyrosins befindet sich aber im Molekül in aliphatischer Bindung. Das Tyrosin reagiert aber mit einer aromatisch gebundenen Hydroxylgruppe, als Naphtol, mit Diazolösung, wie wir von der Paulyschen Diazoreaktion auf geschädigte Wolle her wissen.

Gränacher[221]) bestreitet die Anwesenheit freier, diazotierbarer Amidogruppen in der Wolle und erklärt, daß dieselben sich erst durch die Einwirkung von salpetriger Säure, durch Umwandlung einer primär gebildeten Nitrosogruppe bilden. Tatsächlich gibt nitrosierte, dann reduzierte Wolle beim Diazotieren und Entwicklen in Naphthol viel intensivere Färbungen als ohne diese Vorbehandlung[222]).

Von Elöd[223]) wurde auf Grund von Färbungen mit Säurefarbstoffen bestätigt, daß offenbar in saurem Färbebad der primäre Vorgang die Proteinsalzbildung ist, worauf erst die Farbstoffaufnahme erfolgt. Um die beiden Prozesse besser verfolgen zu können, wurden die Versuche unter Bedingungen vorgenommen, die niemals in der praktischen Färberei Anwendung finden, bei Zimmertemperatur. Die Bedingungen, unter denen der Versuch unternommen wurde, waren vielleicht bei Kristallponceau oder ähnlichen sauren Farbstoffen belanglos, hätten aber bei anderen Kategorien von sauren Farbstoffen, wie beispielsweise den Neolanen, die längeres Kochen für die genügende Fixierung verlangen, zu recht unzuverlässigen Resultaten geführt.

K. H. Meyer[224] betont besonders das Lösungsvermögen der Wolle für Monosulfosäuren und indifferente Körper, sowie das Säurebindungsvermögen dieser Faser. Die Färbevorgänge beim Färben der Wolle sowohl als auch von

---

218) Loc. cit.

219) Pelet-Jolivet, Färbeprozeß, S. 189.

220) Mell. Textilberichte 1936, 699.

221) Abderhalden, Handbuch der biolog. Arbeitsmethoden, Abt. I, Teil II, S. 753.

222) Loc. cit. S. 700.

223) Mell. Textilberichte 1932, 367.

224) Mell. Textilberichte 1927, 1928.

Seide beruhen also auf diesen beiden sich zum Teil überlagernden Vorgängen der Lösung und Salzbildung. E l ö d[225]) macht auf die Möglichkeit der Bildung von schwer löslichen Verbindungen zwischen Wolle und Farbstoffsäure aufmerksam.

Wir erkennen aus all den sich zum Teil widersprechenden Befunden und Ansichten, daß der Vorgang der Färbung auf tierischer Faser noch sehr viel Problematisches an sich hat. Eine restlos befriedigende Theorie ist noch nicht aufgestellt, was bei den Fällen der sich im Färbebad vollziehenden Reaktionen physikalischer und chemischer Art auch gar nicht so bald zu erwarten ist. Daß chemische Bindung bei sauren Farbstoffen eine Rolle spielt, ergibt sich aus der Unmöglichkeit der Erzielung der physikalischen Kondensation bei Färbungen von Wolle in sauren Farbstoffen. Nebenbei aber dürften Adsorption, dann die abbauende Wirkung der Säure auf die Wollsubstanz im Färbebad zweifellos Beachtung verdienen.

3. Die Beizenfarbstoffe.

Die Beizenfarbstoffe, welche früher vorzugsweise für vegetabilisches Fasermaterial sehr bedeutende Anwendung fanden, sind heute für dieses Material durch andere Farbstoffe, welche sich leichter applizieren lassen, ersetzt worden. Nur im Druck werden sie, besonders für bestimmte Artikel, noch angewendet, weil die mit ihnen erzielbaren Effekte durch ihre Körperhaftigkeit die mit anderen Farbstoffgruppen, beispielsweise den Küpenfarben erzielten, weitaus überragen. In der Wollfärberei aber, besonders für Artikel, die eine schwere Walke aushalten müssen, sind sie auch heute unentbehrlich. Die Beizenfarbstoffe haben keinen substantiven Charakter; die Färbung wird durch sogenannte „Beizen" vermittelt, die aus Metallsalzen bestehen, die leicht ihre Oxyde an die Faser abgeben; sie beschränken sich daher auf Aluminium-, Chrom- und Eisensalze, in vereinzelten Fällen wirken auch Zinn-, Kupfer-, Kobalt- und Nickelsalze meist in Form der Acetate als Beizen.

Ein einbadiges Färben, wie das beispielsweise bei den substantiven Baumwollfarbstoffen möglich ist, kommt für vegetabilisches Material kaum in Frage, bei animalischen Fasern gibt es Verfahren, die sowohl Farbstoff als auch Beize im selben Bade anwenden.

Um zunächst die Färberei auf vegetabilischem Material zu behandeln, soll der Prototyp der Beizenfarbstoffe, das Alizarin, eingehender behandelt werden, da alle anderen Färbungen, auch die, bei denen nur ein Beizsalz in Anwendung kommt, auf denselben Vorgängen beruhen.

In neuester Zeit war das Alizarinrot, auch Türkischrot genannt, Gegenstand eingehender Untersuchungen, wobei vereinzelt der Versuch gemacht wurde, für den Lack, die Komplexverbindung Alizarin—Aluminium—Kalk, eine chemische Formel aufzustellen.

Diesbezüglich möge zunächst auf die umfangreichen Untersuchungen über die Konstitution des Alizarinrot-Lackes von H o f f m a n n[226]) verwiesen

---

225) Mell. Textilberichte 1929, 709.

226) Dissertation Dresden.

werden. Er hat als Konstitutionselement auch noch Glyzerinreste angenommen, während der zweite Bearbeiter derselben Materie, Fierz-David[227]), den Lack nur aus Farbstoff, Tonerde und Kalk aufgebaut wissen will, eine Anschauung, die der Verfasser schon im Jahre 1913 ausdrücklich vertreten und durch Versuche belegt hat[228]), ohne sich allerdings mit konstitutionschemischen Fragen zu beschäftigen. Die Konstitution dieses Lackes steht aber hier nicht zur Diskussion, sondern wie dieser Lack auf dem Gewebe gebildet wird.

Eingehende Untersuchungen, vor allem von Liechti und Suida[229]), haben endgültig ergeben, daß als feststehende Elemente des Alizarinrot-Lackes Farbstoff, Tonerde und Kalk unbedingt nötig sind. Ohne Fettsäuren, vorzugsweise Rizinolsäure oder deren Polymerisationsprodukte, ist allerdings die technisch erstrebte Lebhaftigkeit des Farbtones nicht zu erzielen.

Es soll nun am normalen Gang der Färbung in Alizarin erläutert werden, wie man sich die Entwicklung zum fertigen Lack heute vorzustellen hat. Dabei will ich absichtlich die außerordentlich komplizierte Färberei des sogenannten „Altrot" übergehen, weil prinzipiell da und dort derselbe Mechanismus zugrunde liegt, nur daß die Operationen, die zur endgültigen Färbung führen, im letzten Fall viel zahlreicher sind, wobei allerdings auf die wesentlich höhere Echtheit des „Altrot" gegenüber dem „Neurot" hingewiesen werden muß.

Die Reihenfolge der verschiedenen Behandlungen, welche erforderlich sind, um zum roten Pigment zu gelangen, sind die folgenden:

1. Behandlung in einem Fettsäure abspaltenden Mittel.
2. Beizen mit Tonerde und Kalksalzen.
3. Fixierung der Tonerde und des Kalkes.
4. Ausfärben in einer Suspension von Alizarin.
5. Trocknen.
6. Dämpfen zwei Stunden bei $\frac{1}{2}$ at.
7. Kochendes Seifen.

Auf diese 7 Operationen beschränkt sich heute die Färberei des Alizarinrots; trotzdem sich die Zahl von siebzehn Operationen bei Altrot auf deren 7 bei Neurot reduziert hat, ist sie doch die komplizierteste aller bekannten Färbeoperationen geblieben.

Zu Punkt 1:

Die Vorbereitung des Materials für die Färbung besteht in erster Linie auf der Imprägnierung mit Fettsäurepräparaten, die heute in wasserlöslicher Form als Türkischrotöle bekannt sind und Natrium- oder Ammoniumsalze des Schwefelsäureesters der Rizinolsäure darstellen. Die Formel des Natriumsalzes dürfte folgendem Bild entsprechen:

$$SO_3H - O - C_{17}H_{32} - COONa.$$

In wäßriger Lösung ist dieser Ester recht beständig, verliert aber diese Be-

[227]) Helv. Chim. acta *23*, 1898 (1940).

[228]) Koll. Zeitschr. *13*, 263 (1918).

[229]) Mitteilungen des techn. Gewerbemuseums in Wien, 1885, II. Folge, Nr. 1, 2 und 3.

ständigkeit beim Trocknen auf der Faser; besonders durch Dämpfen wird er wahrscheinlich in folgendem Sinne gespalten:

$$2\,SO_3H - O - C_{17}H_{32} - COONa = 2\,NaHSO_3 + O\begin{matrix} \diagup C_{17}H_{32} - CO \diagdown \\ \diagdown C_{17}H_{32} - CO \diagup \end{matrix}O.$$

Diese Polymerisationsprodukte der Rizinolsäure sind Körper von sehr bemerkenswerter Schwerlöslichkeit in Alkalien. Sie können aber vom Substrat durch Extraktion in Methylalkohol abgezogen werden, aus welchem sie sich beim Verdampfen des Lösungsmittels als fester, bei ca. 105° C schmelzender Körper abscheiden. Um die Bildung dieses Polymerisates zu beschleunigen, wird man auf längeres Verhängen verzichten und dieselbe durch Dämpfen vollziehen.

Zu Punkt 2:

Die so vorbereitete Ware, die ein gelbliches Aussehen hat, wird nun mit einem Gemisch leicht spaltbarer Beizsalze getränkt. Man benützt dazu am besten Aluminiumacetat und Calziumacetat, meistens in Konzentrationen von 12 bis 15° Bé, wobei das Aluminiumsalz in großem Überschuß verwendet wird. Durch Trocknen allein entweicht schon ein ansehnlicher Teil der Essigsäure und es bleiben stark basische Salze auf dem Substrat zurück.

Zu Punkt 3:

Entweder schaltet man nun ein kurzes Dämpfen ein, um die Spaltung der Acetate der Metallbeize noch weiter zu treiben, oder aber man nimmt die Ware in eine 50° C warme Suspension von Kreide. Hier folgt endgültig die Bildung der aktiven Hydroxyde.

Zu Punkt 4:

Die Ware ist nun zum Färben bereit. Hier sind zunächst folgende Punkte zu beachten. Walter Crum hat vor langen Jahren auf eine eigenartige Modifikation des Aluminiumhydroxyds aufmerksam gemacht, das er beim Verdunsten von essigsaurer Tonerde in einer gummiartigen, kolloiden Form erhielt[230]). Wir sehen, daß sich auf dem Gewebe beim Trocknen der in Alizarinrot getränkten Ware diese Modifikation bilden muß. Nun konnte ich ebenfalls schon vor längerer Zeit zeigen[231]), daß der einzige Weg, Aluminiumhydroxyd zum Alizarat zusammentreten zu lassen über ein Aluminiumhydroxydsol führt. Ein solches mit Alizarin bei Zimmertemperatur versetzt, färbt sich langsam orange, dann rot und zuletzt hat man eine klare rote Lösung vor sich. Das ist die Grundreaktion, welche zum Alizarinrot führt. Man kann das genau beobachten, wenn man mit der zum Färben vorbereiteten Ware zunächst bei Außentemperatur in die Suspension von Alizarin eingeht. Das Substrat färbt sich dann beim Erwärmen zunächst langsam rosa, dann rot. In welcher Form das Calcium neben dem Aluminiumhydroxyd auf der Faser ist, steht noch nicht fest. Bei langsamem Erhitzen auf ca. 95° C in ca. eineinhalb bis zwei Stunden wird man das Färbebad nahezu extrahieren können. Nachgeholt sei, daß ab und zu dem

---

230) Bull. Mulhouse *34,* 34 (1864).

231) Färber-Zeitung 1912.

Färbebad noch Zusätze von essigsaurem Kalk, auch Gerbsäure gegeben wurden[232]). Nun ist zweifellos, daß diese lange Färbedauer deshalb erforderlich ist, weil das Alizarin in Wasser nur sehr schwer löslich ist, und da auch hier der alte Spruch Geltung hat „corpora non agunt nisi fluida", so muß die Färbedauer verlängert werden, damit stets in dem Maße als die gelösten Alizarinanteile dem Färbebade entzogen werden, neue in Lösung gehen können.

Mit dieser Färbung müssen wir uns noch etwas befassen. Der Aspekt derselben ist keineswegs der eines guten Türkischrots; er ist vielmehr bräunlich und mißfarbig, wie der Farbton, welcher durch Superposition oder Juxtaposition vom roten Aluminiumalizarat und violetten Calziumalizarat zustande kommt. Man kann diesen Nachweis durch Extraktion eines Substratanteiles in Methylalkohol erbringen. Das Calziumalizarat ist darin mit violetter Farbe löslich, während das darin kaum lösliche Aluminiumalizarat mit roter Farbe zurückbleibt. Damit ist auch der Beweis erbracht, daß beide Alizarate sich als solche nach dem Färbeprozeß nebeneinander auf der Faser befinden[233]). Die Echtheit dieser Färbung ist durchaus mangelhaft, sowohl Licht- als auch Waschechtheit sind im Gegensatz zu einer fertigen Alizarinrotfärbung völlig unbefriedigend.

Zu Punkt 5:

Beim Trocknen dieser gefärbten Ware müssen folgende Erfahrungen in Betracht gezogen werden: A. Schlieper hat seinerzeit[234]) in dieser Richtung Feststellungen gemacht, die uns an dieser Stelle beschäftigen müssen; er fand nämlich, daß ein zu scharf getrocknetes Rot — seine Färbung war nach einem Spezialverfahren gemacht, das in der Anordnung weitgehend vom normalen Verfahren abwich — bei nachträglichem Ölen nicht mehr imstande sei, das lebhafte Alizarinrot zu geben. Er führte diesen Umstand auf eine besondere Konstellation der Tonerde und des Kalkes im Komplex mit Alizarin zurück, der es nicht mehr zulasse, daß Fettsäurereste in denselben eintreten. Ein leichtes Trocknen, am besten in der Luft, soll diesen Übelstand beseitigen. Schlieper glaubte noch an die Fettsäuren als Konstitutionselement des Alizarinrot-Lackes.

Mit seiner Beobachtung des besonderen Verhaltens dieser Zwischenstufe hatte er aber vollkommen recht. Aus der ungedämpften Färbung kann man beispielsweise mit Eisensalzen das Aluminium durch Eisen verdrängen, man erhält dann statt eines Rot ein Violett-Schwarz. Man kann ferner eine solche halbfertige Färbung schon mit verdünnten Laugen zerstören[235]), alles Reaktionen, welche bei der einmal gedämpften Ware nicht mehr eintreten. Die ungedämpfte Färbung befindet sich also in einem durchaus labilen Zustande.

Zu Punkt 6:

Das zweistündige Dämpfen verändert nun das Rot von Grund auf. Der trübe, braunrote Ton macht einem lebhaften Rot Platz, dessen ganzes Feuer

[232]) Vgl. Vom Türkischrot zum Alizarinrot. Mell. Textilberichte 1938.

[233]) Helv. Chim. acta *21*, 307, 845 (1938); *23*, 477 (1940).

[234]) Notiz über Theorie und Bildung von Türkischrot, Bull. Soc. Ind. de Mulhouse 1903, 193.

[235]) Loc. cit. Helvetia chim. acta.

aber erst nach einer kochenden Seifenbehandlung in Erscheinung tritt. Die Empfindlichkeit gegen Eisensalze und Alkalien ist verschwunden und die Echtheiten dieses Rot sind den Echtheiten der Komponenten, Aluminiumalizarat und Calciumalizarat, weit überlegen. Während dieser Prozedur hat sich also innerhalb der auf der Faser nebeneinander gelagerten Komponenten eine weitgehende chemische Wandlung vollzogen. Zunächst dürfte Aluminiumalizarat mit Calziumalizarat zum komplexen Lack zusammentreten. Die Fettsäuren auf der Faser haben nur, wie ich durch ultramikroskopische Untersuchungen feststellen konnte[236]), diesen komplexen Lack dispergiert und so den lebhaften, leuchtenden und echten Farbton geschaffen. Wie dieser Zusammentritt stattfindet, ist auch durch die neuesten auf diesem Gebiete gemachten Untersuchungen noch nicht restlos aufgeklärt worden.

Zu Punkt 7:

Das endgültige Seifen, oft unter Zusatz von etwas Zinnsalz, gibt der Färbung das angestrebte Feuer, vermutlich durch Entfernung gewisser trübender Begleitkörper. Das Zinnsalz bewirkt eine Verschiebung des Farbtons nach Scharlachrot, das meiner Ansicht nach durch teilweisen Ersatz des Aluminiums durch Zinn[237]) und auch[238]) durch Adsorption eines in der Seife sich bildenden Zinnalizarates von ausgesprochener gelbroter Farbe zustandekommt.

Nun wissen wir aber, daß es nach einer ganzen Anzahl von Methoden, wobei die Aufeinanderfolge der Operationen weitgehende Variationen erfährt, gelingt, zu einem guten Alizarinrot zu gelangen. Alle diese „Neurot-Verfahren" liefern Färbungen von nahezu denselben Echtheitseigenschaften, die allerdings nicht unerheblich hinter der des „Altrot" zurückbleiben. Ein Beuchen unter Druck, wie das ein Altrot ohne weiteres verträgt, läßt sich beim Neurot nicht ohne weitgehende Verschlechterung des Farbtons durchführen (Fierz-David).

Das mikroskopische Bild, besonders in Äthylendiamin-Kupfer ist, wie auch nicht anders zu erwarten war, das Bild einer typischen Appositionsfärbung. Minajeff hat übrigens andernorts schöne Bilder der Türkischrotfärbung auf Baumwolle wiedergegeben[239]). Zwischen Altrot, wie es beispielsweise das Muster Persoz' „Traités d'Impressions 1845", III, S. 198, und einem Neurot ist im mikroskopischen Aspekt ein bemerkenswerter Unterschied: ersteres zeigt die Faser außerordentlich homogen wie mit einem roten Lack überzogen, während eine Färbung nach dem neuen Verfahren eine viel inhomogenere Ablagerung des Lackes sehen läßt. Welche überragende Echtheit ein gutes Altrot gegenüber Neurot und allen anderen roten Färbungen, welche das Alizarinrot ersetzen sollen, zeigt, ist aus dem Buch von Felsen (Dr. Wuth) „Türkischrot und seine Konkurrenten" zu ersehen.

Im Prinzip verhalten sich die anderen Beizenfarbstoffe hinsichtlich ihrer Applikation gleich wie das Alizarin. Der weitaus größere Teil derselben

[236]) Helv. Chim. acta *23,* 1289 (1940), Koll. Zeitschr. *13,* 263 (1913).

[237]) Helv. Chim. acta *23,* 1298 (1940).

[238]) Mell. Textilberichte 1921, H. 23.

[239]) Zeitschrift für Farben und Textilchemie 1907, H. 15.

benötigt aber zur Erzeugung des optischen Farbtons essigsaures Chrom, statt des entsprechenden Tonerdesalzes als Beize. Wo essigsaures Chrom zur Anwendung kommt, fällt die Vorbehandlung in Fettsäurepräparaten meist weg, da damit der Endeffekt bei manchen Farbstoffen nicht besser, sondern eher schlechter wird. Bei der Anwendung von Chrombeizen fällt nicht allein das Ölen weg, es ist auch ein Zusatz von Kalkbeize überflüssig. Der endgültige Lack hat zweifellos einen einfacheren konstituellen Aufbau als das Alizarinrot, doch fehlen uns auf diesem Gebiete diesbezügliche wissenschaftliche Untersuchungen. Der vermutlich einfacheren Konstitution des Chromlackes ist es jedenfalls zu verdanken, daß eine Dispergierung in Fettsäuren nicht erforderlich ist, da sich der Lack wohl schon in feiner Dispersion auf der Faser ablagert. Ja es gelingt in einzelnen Fällen, diese Chromlacke, besonders im Druck auf vegetabilisches Material, durch eine kurze Dämpfdauer im Matherplatt zu fixieren, was bei Alizarinrot unter denselben Bedingungen stets zu einem Mißerfolgt führt.

Über die Vorgänge beim Färben von animalischem Material in Beizenfarbstoffen, auch hier soll Alizarin als Beispiel verwendet werden, sind neue Untersuchungen vorhanden[240]). Zunächst ist hier zu berücksichtigen, daß, zwar ähnlich wie bei der Baumwolle, grundsätzlich zwei Methoden in Anwendung sind, welche beide zu technisch brauchbaren Resultaten führen. Die Vorfärbung mit dem Na-Salz der Alizarinmonosulfosäure (Alizarin SW) mit nachträglicher Behandlung in der Beize, oder die Vorbeize mit darauffolgender Färbung in dem gekennzeichneten Farbstoff. Für den ersteren Fall wurde festgestellt, und zwar mit Hilfe der physikalischen Kondensation, daß es sich um einen chemischen Vorgang von Fasersubstanz und Farbstoff handelt, völlig analog der sauren Wollfärbung. Der zweite Fall, die Vorbeize, ergab bei der Kondensationsprobe lediglich adsorptive Verbindung von Beize und Faser, so daß naturgemäß nach der darauffolgenden Behandlung mit dem Farbstoff am Charakter der nachher mit der Beize entstandenen Adsorptionsverbindung nichts geändert wird. Man kann also eine solche Färbung auf Vorbeize einer Färbung in diazotierbaren Baumwollfarbstoffen vergleichen, wo bekanntlich die primäre Färbung adsorptiven Charakter hat, der durch die nachträgliche Diazotierung und Kupplung in Naphtolen nicht geändert wird.

Bemerkenswert ist, daß die Einheitseigenschaften von Wollen mit sauren Echt-Farbstoffen denen auf Vorbeizen in allen Echtheiten merklich unterlegen sind.

4. Die basischen Farbstoffe.

Die *Färbung mit basischen Farbstoffen* wird vorzugsweise auf vegetabilischem Material angewendet, obwohl die basischen Farbstoffe die animalischen Fasern substantiv anfärben, haben sie keine allgemeine Aufnahme finden können.

Grundsätzlich fällt die Färbung dieser Kategorie von Farbstoffen auf vegetabilische Fasern unter die Richtlinien, welche seinerzeit Gnehm und Rötheli für die verschiedenen Färbungen gegeben haben:

[240]) Koll. Zeitschr. *100*, 121 (1942).

„Baumwollfärbungen auf gebeizter Faser sind Lacke zwischen dem Farbstoff und dem durch Adsorption auf der Faser befestigten Metalloxyd."

Wir haben es hier zwar nicht mit einem Metalloxyd, sondern mit einer komplexen Gerbsäure-Antimon-Verbindung zu tun, von welcher später die Rede sein wird.

Die gebleichte vegetabilische Faser hat keinerlei Affinitäten zu basischen Farbstoffen. Der größte Teil der Vertreter dieser Farbstoffgruppe, Methylenblau, Auramin, Fuchsin, Safranin usw., erweist sich in wäßriger Lösung unter dem Mikroskop als nahezu optisch leer; nur vereinzelt, beispielsweise bei Fuchsin, wird man Submikronen beobachten[241]). Das Nachtblau hingegen erweist sich in Lösung als Kolloid und läßt sich in Submikronen von mittlerem Dispersitätsgrad auflösen. Dementsprechend ist auch das Verhalten dieser Körper bei der Ultrafiltration; die meisten passieren das Ultrafilter rasch und vollständig, das Nachtblau allerdings läßt sich quantitativ in disperse Phase und Dispersionsmittel trennen.

Die Vorbereitung der Faser zur Färbung vollzieht sich bekanntlich in der Weise, daß das Färbegut zunächst in eine warme, wäßrige Gerbstofflösung, vorzugsweise Tannin, eingelegt wird und nach einiger Zeit abgewunden oder ausgepreßt wird, um dann in eine Lösung eines Antimonsalzes, meist Brechweinstein, eingelegt zu werden. Es bildet sich dann in der Faser das farblose, unlösliche Antimonyltannat, worauf gut gewaschen und ausgefärbt wird.

Tannin hat zur Cellulosefaser sehr geringe Affinität, daher die Notwendigkeit, dasselbe in einen unlöslichen Zustand überzuführen. Das Antimonyltannat hat dieselbe Affinität zu basischen Farbstoffen wie das Tannin selbst. Daß die Ablagerung des Antimonyltannats im Innern der Faser vor sich geht, muß durch Messung der Querschnitte nachgewiesen werden können. In der Tat ergaben die Versuche an einer einzelnen Baumwollfaser, daß der Durchmesser der Faser als Durchschnitt von 30 bis 35 Einzelmengen nach der Imprägnierung um 16%, nach dem Färben in Methylenblau um weitere 1·2%, also im Ganzen um 17·2% zunimmt[242]).

Ich befasse mich in der Folge eingehend mit der basischen Färbung und ihrer Entstehung[243]).

Versetzt man beispielsweise Methylenblaulösung 1‰ mit 1%iger Tanninlösung, so wird man zunächst keine Fällung beobachten. Unterwirft man aber ein solches Gemisch komparativ mit einer reinen Tanninlösung der Dialyse, so findet nur im letzteren Falle eine kräftige Dialyse des Tannins statt, sie ist mit Eisensalzen oder Titansalzen nachweisbar; im ersteren Falle unterbleibt die Dialyse. Kolloidchemisch betrachtet heißt das, daß sich bei der Mischung von Tannin und Methylenblau eine kolloide Lösung entweder einer chemischen Verbindung beider oder aber ein Adsorptionskomplex gebildet hat. Es scheint das Erstere wahrscheinlicher zu sein, denn die Adsorbtionsspektren einer Methylenblaulösung und einer mit Tannin sind durchaus nicht kongruent, sondern lassen sehr erhebliche Ver-

---

[241]) Pelet-Jolivet, Färbetheorie.

[242]) Koll. Zeitschr. *20,* 127 (1917); *39,* 100 (1918).

[243]) Koll. Zeitschr.

schiebungen der Adsorptionsstreifen feststellen[244]). Daß diese Verbindung dispersoiden Charakter besitzt, ergibt die ultramikroskopische Untersuchung, die in Menge in kupferrotem Licht leuchtende Submikronen sehen läßt, während bekanntlich Methylenblaulösung optisch leer erscheint. Aus dieser Lösung fällt Kochsalz einen blauen Niederschlag, der aber bei mehrfachem Dekantieren wieder kolloidal in Lösung geht. An sich hat diese kolloide Lösung, welche den Komplex Tannin-Methylenblau enthält, keinerlei Affinität zur Baumwolle; die Faser färbt sich darin wohl an, die Färbung ist aber beim Waschen wieder entfernbar.

Was die unlösliche Tannin—Antimon-Verbindung anbelangt, so hat sich seinerzeit Sanin eingehend mit deren chemischer Zusammensetzung befaßt. Er kommt zu dem Schluß, daß dieselbe ein Antimonyltannat von der Formel $(C_{14}H_9O_2)_2$ SbOH bildet. Diese Verbindung kann durch Vermittlung der OH-Gruppe mit dem basischen Farbstoff in chemische Verbindung treten. Die Bildung der basischen Färbung läßt sich nun, in Berücksichtigung aller dieser Feststellungen, in zwangloser Weise folgendermaßen erklären: Beim Imprägnieren der Faser mit Tannin wird, wenigstens bei Strangware, in der Weise gearbeitet, daß das gut gebeuchte Material in eine ca. 60 bis 70° C warme 10%ige Tanninlösung eingelegt und eine gewisse Zeit, vielfach über Nacht, darin belassen wird. Das hochdisperse Tannin difundiert langsam in die Faser hinein und wird in die Micellarinterstitien eindringen, möglicherweise an der inneren Oberfläche adsorbiert werden, da geraume Zeit nötig ist, um aus einer mit Tannin gebeizten Ware das Tannin wieder völlig auszuwaschen. Nach der Imprägnierung windet man die Stränge gut ab und geht mit ihnen, die nun eine bestimmte Menge Tannin mehr oder weniger im Innern der Faser enthalten, in das heiße Brechweinsteinbad. Das molekulardisperse Antimonsalz dringt sehr rasch in die Faser ein und bildet in derselben das unlösliche Tannat, bevor noch das Tannin in erheblichen Mengen in das Antimonbad hinaus difundiert. Daß sich ein geringer Anteil an Antimonyltannat nach dem oben erwähnten auch außerhalb der Faser bildet, ist leicht einzusehen. Nach dem Auswaschen erfolgt die Färbung in der im allgemeinen molekulardispersen Lösung des Farbstoffes, der natürlich durch die ganze Faserwandung durchdifundiert und mit dem dort deponierten Antimonyltannat in Verbindung tritt. So kommt eine ausgesprochene Intussuszeptionsfärbung zustande, worüber Querschnitte von Fasern, beispielsweise in Methylenblau gefärbt, keinen Zweifel lassen.

Nun wissen wir aber, daß im Druck von basischen Farbstoffen eine andere Reihenfolge der Beiz- und Färbeoperationen angewendet wird. Während beim Färben erst mit Tannin, dann mit Brechweinstein und erst zum Schluß mit dem Farbstoff behandelt wird, wird beim Druck erst der Farbstoff mit dem Tannin auf die Faser gebracht und die Behandlung mit Brechweinstein zum Schluß eingeschaltet. Es kann nicht ohne weiteres angenommen werden, daß der Lack durch diese oder jene Applikation dieselbe chemische Zusammensetzung haben kann. In einem Fall der Färbung tritt der Farbstoff in den schon vorgebildeten Tannin—Antimon-Komplex ein, beim

---

[244]) Loc. cit. S. 103.

Druck muß das Antimon in den Komplex Farbstoff—Tannin eintreten. Diese Verhältnisse wurden nun von mir und Eckhardt[245]) eingehend untersucht; es wurden dabei folgende Ergebnisse erhalten: Das Reaktionsprodukt zwischen Tannin und Brechweinstein wurde als Antimonyldigallat erkannt und die schon früher von anderer Seite aufgestellte Formel $(C_{14}H_9O_9)_2SbOH$ konnte bestätigt werden. Es gelang, dieses Antimonylgallat in kolloider Lösung darzustellen und eine kolloide Lösung als solche als Beize auf Baumwolle zu verwenden, da die Verbindung in dieser Form wie ein substantiver Farbstoff aufzieht. Damit konnte erstmalig auch die basische Färbung in die Theorie der Baumwollfärbung eingeschlossen werden. Es besteht also die Möglichkeit, die Baumwolle für die basische Färbung im Einbadverfahren vorzubehandeln. Das Reaktionsprodukt des Methylenblaus mit Tannin wurde als Methylenblautetragallat mit Tannin und Brechweinstein, einmal nach dem Prinzip der Färberei, ein andermal nach denen des Drucks „in vitro" dargestellt, wobei durch vergleichende Analysen zwar in beiden Fällen dieselben stöchiometrischen Verhältnisse festgestellt werden konnten, die sterische Anordnung im Molekül aber infolge der verschiedenen Reaktionsfolgen eine verschiedene war. Der Drucklack zeigt einen niedrigeren Verteilungsgrad als der Färbelack, worauf auch die verschiedenen Echtheiten, besonders die bessere Lichtechtheit der Drucke gegenüber der Färbung zurückzuführen sind. Die rein physikalische Verbindung von Lack und Faser, sowohl beim Druck als auch bei der Färbung geht daraus hervor, daß beide sich nach der Methode Haller-Ruperti physikalisch kondensieren lassen.

5. Die Küpenfarbstoffe.

Die *Küpenfarbstoffe* sind wie die Beizenfarbstoffe in Wasser unlösliche Körper von mehr oder weniger intensiver Selbstfarbe. Die Farbenfabriken liefern diese Produkte heute in einer außerordentlich feinen Verteilung, als Mikroteige und Mikropulver (Ciba) — als Suprafix-Teige (Igfag). In dieser Form zeigen sie, besonders in saurem Medium, eine gewisse Substantivität zu den Gespinstfasern, man hat auf dieser Eigenschaft ein Färbeverfahren aufgebaut[246]). Das normale Färbeverfahren erfolgt aber nach anderen Grundsätzen. Die Küpenfarbstoffe bilden Reduktionsprodukte, welche unter der Bezeichnung „Leukoverbindung" mehr oder weniger labile Körper darstellen, die sehr geneigt sind, sich wieder in den ursprünglichen Farbstoff zurückzubilden. Die Bildung dieser Produkte erfolgt bei Anwendung von Reduktionsmitteln im alkalischen Medium, da nur die Alkalisalze derselben in die für die Färbung erforderliche Verteilung zu bringen sind. Die Reduktion ist keine Wasserstoffanlagerung, sondern, wie Binz[247]) seinerzeit gezeigt hat, eine Desoxydierung. Durch diesen Prozeß entstehen Produkte, welche im alkalischen Medium verschieden gefärbte Lösungen bilden. Die Färbung der Küpe, wie man eine solche Lösung nennt, ist in sehr vielen Fällen abweichend von der Farbe der Färbung und gibt vielfach wertvolle

[245]) Koll. Chem. Beiheft XXX, H. 1 bis 3.

[246]) Ilyinski, Färber-Zeitung 1914, 238.

[247]) Küpenfärberei im Muspratts, Ergänzungsbände II, S. 943.

diagnostische Anhaltspunkte über die Art des Farbstoffes[248]). Der labile Charakter dieser Leukoverbindung ist die Basis für die praktisch ausgeführten Färbeverfahren. Man imprägniert die zu färbenden Materialien mit der Küpe und läßt die so behandelte Ware an der Luft hängen, bis die Reoxydation vollzogen und der ursprüngliche Farbstoff zurückgebildet ist. Man kann die Reoxydation naturgemäß auch durch Oxydationsmittel beschleunigen, ein Verfahren, das bei gewissen Applikationen, besonders bei der Anwendung von Küpenfarbstoffen im Druck, üblich ist. Die Applikation dieser Produkte auf der Faser ist also eine verhältnismäßig einfache.

Als Desoxydantien können die verschiedensten Substanzen Verwendung finden, das alkalische Medium wird mit Kalziumhydroxyd oder heute wohl in den meisten Fällen durch Natronlauge erzeugt. Mit Kalk wird noch heute Zinkstaub als Desoxydans verwendet, doch ist diese Küpe heute nur bestimmten Spezialartikeln, wie Batikartikeln mit Wachs-Harz-Reserve vorbehalten, da Natronlauge den Reserveeffekt durch Bildung löslicher Harzseifen beeinträchtigt. Als wichtigster Desoxydator ist heute das Natriumhydrosulfit, $Na_2S_2O_4$ anzusehen.

Bemerkenswert ist, daß lediglich der Indigo in kalter Küpe gefärbt wird, alle seine Derivate und auch die Küpenfarbstoffe der Anthrachinonreihe bedürfen zur Verküpung vereinzelt der Anwendung höherer Temperaturen, je nach den Farbstoffen 60 bis 70° C.

Man darf sich nun keineswegs vorstellen, daß durch die Desoxydation in der Küpe eine Substanz geschaffen werde, welche in chemische Verbindung mit der Faser zu treten imstande ist. Wir haben hier einen einfachen Dispergierungsvorgang vor uns, ähnlich wie bei der Lösung eines substantiven Farbstoffes in Wasser. Da die Küpenfarbstoffe, sie mögen so fein verteilt sein wie nur möglich, in Wasser stets Suspensionen bilden werden, mit denen nur sehr labile Faser-Farbstoffverbindungen herzustellen sind[249]), muß ein anderer Weg zur Dispergierung bis zur optimalen Dispersität gefunden werden, und das ist die Verküpung mit Desoxydatoren. Während bei Dunkelfeldbeleuchtung ein in Wasser verteilter Küpenfarbstoff reinen Suspensionscharakter zeigt, ändert sich das Bild augenblicklich, wenn man die Suspension in verdünntem Alkali vornimmt und Hydrosulfitlösung zufließen läßt. Man sieht unter dem Ultramikroskop sofort die Zerteilung der suspendierten Farbstoffteilchen in solche von viel höherer Verteilung, meist in anderen Farben leuchtend als die der Suspension, aber nun in Brownscher Molekülbewegung. In diesem Zustand ist die Leukoverbindung einer Lösung eines substantiven Farbstoffes außerordentlich ähnlich; sie besitzt nun Anteile optimalster Verteilung für die Baumwollfaserfärbung. Die Färbung erfolgt wie die eines Baumwollfarbstoffes, nur daß man nur in Ausnahmefällen Elektrolyte zur Intensivierung der Färbung anwenden muß, da die Küpe an sich schon Elektrolyte enthält und meistens, wie die Praxis gezeigt hat, Zusätze den Färbeprozeß ungünstig beeinflussen. Man wird den Abgang an Teilchen optimaler Dispersität durch Zugabe neuer konzentrierter Färbeküpen, der Stammküpe, ersetzen. Die Küpen haben eine viel

[248]) Vgl. Tabellen H. Herzog, Basel 1933.

[249]) v. Ilyinsky loc. cit.

längere Lebensdauer als die Färbebäder der substantiven Farbstoffe und müssen erst dann neu angesetzt werden, wenn der Gehalt an Elektrolyten so hoch gestiegen ist, daß die optimale Dispersität gestört wird, die Teilchen gröber werden und so Färbungen von schlechter Fixierung und von schlechter Reibechtheit ergeben, eine Erscheinung, die sich stets bei Dispersitätsverminderungen von färbenden Teilchen ergeben wird[250]).

Nun ist die Verteilung der Leukoverbindungen in den Küpen eine recht verschiedene. Schon beim Prototyp der Küpenfarbstoffe, dem Indigo, zeigt sich eine bemerkenswerte Verschiedenheit des Dispersitätsgrades der Leukoverbindung, je nach der Art, nach welcher die Küpe angesetzt wird.

Ich habe seinerzeit Versuche mit den verschiedenen Arten von Indigoküpen-Ansätzen gemacht und habe den Dispersitätsgrad der Leukoverbindung durch Dialysierung festgestellt[251]). Es ergab sich folgendes:

1. Hydrosulfit-Natronlauge-Küpe: Dialyse in 24 Stunden sehr stark.
2. Zinkstaub-Kalkküpe: Nach drei Tagen noch keine Dialyse.
3. Zinkstaub-Natriumbisulfit-Kalkküpe: Nach 48 Stunden schwache Dialyse.
4. Zinkstaub-Natriumbisulfit-Natronküpe: Nach 48 Stunden schwache Dialyse.
5. Eisenvitriol-Natronlauge-Küpe: Nach drei Tagen keine Dialyse.
6. Eisenvitriol-Kalkküpe: Wie bei Versuch 5.

Man sieht, daß die Hydrosulfit-Natronlauge-Küpe die Leukoverbindung in der höchsten Dispersität enthält. In der Tat wird man bei der Untersuchung der so gefärbten Faser auf Querschnitten finden, daß die Hydrosulfit-Küpe die Faserwandungen durchdrungen hat, daß aber beispielsweise bei der Zinkstaub-Kalkküpe das Pigment der Faser mehr oder weniger oberflächlich aufsitzt. Dementsprechend werden wir auch in den Echtheiten dieser verschiedenen Küpenfärbungen bemerkenswerte Unterschiede finden. Am Licht war die Eisenvitriol-Küpe am widerstandsfähigsten, ihr in diesem Verhalten nahestehend ist die Hydrosulfit-Küpe, während die Zink-Kalkküpe sich am ungünstigsten erweist. In der Reibechtheit ist die Hydrosulfit-Küpen-Färbung die beste, viel schlechter sind die Zinkstaub-Kalkküpe und die Eisenvitriol-Küpe. Das entspricht durchaus dem mikroskopischen Befund und dem Resultat der Dialysierversuche.

Es ergibt sich also, daß je nach den Küpenansätzen die Leukoverbindung des Küpenfarbstoffes eine mehr oder weniger hohe Dispersität zeigt, und daß demzufolge einmal eine Intussuzeptionsfärbung wie bei der Hydrosufit-Küpe, ein andermal eine teilweise Appositionsfärbung wie bei der Zink-Kalk-Küpe oder Eisenvitriol-Küpe die Folge ist. An sich ist zweifellos der Färbevorgang, besonders bei den warm anzusetzenden Küpen, der substantiven Baumwollfärbung außerordentlich ähnlich.

Bei den warmen Küpen, die bei 60 bis 70° C gefärbt werden, wird man vermutlich höhere Dispersitätsgrade finden als bei der kalten Indigo-Küpe. Im allgemeinen sind auch die aus warmen Küpen gefärbten Materialien besser durchgefärbt, daher reibechter als die Indigofärbungen. Die Disper-

[250]) Färber-Zeitung 1912, 25.

[251]) Mell. Textilberichte 1922, 433.

sitäten sind bei einzelnen dieser Farbstoffe so hoch, daß es des direkten Sonnenlichtes bedarf, um im Dunkelfeld die Teilchen sichtbar zu machen. Trotzdem zeigt doch die Untersuchung eines Querschnittes einer beispielsweise in Cibanonblau RS gefärbten Faser, daß das Pigment vorzugsweise die äußere Schicht der Faser bedeckt und die Zellwand nicht völlig durchgefärbt ist[252]). Wir wissen, daß die Färbung in einer 70° C warmen Küpe von Cibanonblau RS nahezu momentan erfolgt, was zweifellos darauf zurückzuführen ist, daß sich die Leukoverbindung des Farbstoffes in der Küpe sicherlich zum vorwiegenden Teil in der für die Baumwollfärbung optimalen Dispersität befindet.

Die Küpenfärbungen gehören zu den klassischen Beispielen für die positiven physikalischen Kondensationen, die wiederum wohl das schwerwiegendste Argument gegen die Auffassung der Färbung als chemische Verbindung zwischen Farbstoff und Faser ist. Haller und Ruperti (loc. cit.) haben seinerzeit den Indigo in reinen Färbungen auf Baumwolle durch Anwendung eines nur mäßigen Druckes in Wasser vollkommen zum Kondensieren bringen können. Der Indigo schied sich dabei im Lumen selbst in Form von dicken mächtigen Säulen ab. Aber auch andere Farbstoffe, wie beispielsweise Cibascharlach G und Cibaviolett B, sowie die meisten anderen indigoiden Farbstoffe konnten unter ähnlichen Bedingungen oft zu wohl ausgebildeten Kristallen kondensiert werden[253]). Die anthrachinoiden Farbstoffe stellten in ihren Färbungen der Kondensation größere Schwierigkeiten entgegen. Allerdings ist es Haller und Ruperti seinerzeit gelungen, auch das Indanthrenrot 5GK zum Kondensieren zu bringen; Indanthrenblau RS aber verhielt sich bei allen Versuchen in dieser Richtung refraktär. Als sehr geeignetes Kondensationsmedium erwies sich in der Folge der Alkohol, in welchem nicht allein alle indigoiden Farbstoffe zum glatten Kondensieren gebracht werden konnten, es gelang sogar unter diesen Bedingungen, die Färbung in Cibanonblau RS zum Kondensieren zu bringen. Sehr leicht kondensierten in Alkohol Cibanongoldorange 2 R und Cibanonrot RK.

Die Farbstoffkondensation auf der Faser schien auch ein Mittel darzustellen, mit welchem sich Mischfärbungen von Küpenfarbstoffen in ihre Komponenten trennen lassen; durch bestimmte Reaktionen sind dann diese getrennten Farbstoffe zu diagnostizieren. (Siehe Abb. 31.)

Mit diesen Feststellungen werden die alten Anschauungen von Knecht und Battagay[254]), dann Binz und Schädel[255]), welche den chemischen Charakter der Verbindung Faser—Küpenfarbstoff betonen, hinfällig.

6. Die Schwefel- und Hydronfarbstoffe.

Die *Schwefelfarbstoffe* geben in ihren Färbungen ein Bild, das außerordentlich an das Bild substantiver Baumwollfarbstoffe unter dem Mikroskop

[252]) Haller-Okany-Schwarz, Helv. Chim. acta. XVII, S. 761.
[253]) Okany-Schwarz, Dissertation, Zürich 1933.
[254]) Berichte der Deutschen Chemischen Gesellschaft 1912, 586.
[255]) Berichte der Deutschen Chemischen Gesellschaft 1912, 586.

erinnert. Scheinbar homogene Färbungen der Zellwand, die sich aber auf Querschnitten als nur die äußeren Oberflächen der Faser überziehend erweisen, während die eigentliche Zellwand nur sehr blaß gefärbt ist. Ganz ähnlich sind die Verhältnisse bei den *Hydronfarbstoffen,* deren Küpen sich als kolloid erwiesen haben[256]). Die mikroskopische Untersuchung ergibt, besonders bei der Behandlung der gefärbten Faser, im Querschnitt das Bild einer typischen Appositionsfärbung; die Zellwand selbst ist bei den Schwefelfarbstoffen sehr schwach gefärbt. Durch benzylsulfanilsaures Natron läßt sich die Dispersität der Küpe offenbar im Sinne einer Erhöhung des Zerteilungsgrades beeinflussen, was besonders beim Druck von Hydronfarbstoffen von Bedeutung geworden ist.

7. Die Entwicklungsfarbstoffe; Anilinschwarz.

Die *Entwicklungsfarbstoffe,* wobei wir unter dieser Kategorie meist Färbungen mit den unlöslichen Azofarbstoffen verstehen, sind in das Gnehm sche System der Färbungen einzureihen, es heißt da:

„Pigmentfarben und auf der Faser erzeugte Azofarbstoffe sind rein mechanische Präzipitate auf der Faser.“

Ich habe diese Art von Färbungen hinsichtlich ihrer Genesis eingehendsten Untersuchungen unterzogen; da seither nur wenig neue Momente hinzugekommen sind, lege ich meinen folgenden Betrachtungen die seinerzeitigen Untersuchungsresultate zugrunde[257]).

Die Färbung in unlöslichen Azofarbstoffen entsteht durch Kupplung eines Naphtolates mit einer diazotierten Base auf der Faser selbst. Es soll hier das älteste und einfachste Verfahren geschildert werden, die Bildung von Paranitranilinrot aus Beta-Naphtol und p-Nitro-diazoniumchlorid.

Das erste Verfahren, das den Zweck hatte, unlösliche Azofarbstoffe auf der Faser zu bilden, war das im D. R. P. 14 950 von Fr. Gräsler beschriebene, sehr interessante Verfahren, das aber in der Form, in der es vorlag, nur sehr unbefriedigende Resultate ergab und sich außerdem nur für die Applikation im Druck eignete. Es wurde ein Gemenge von primären Aminen, Naphtolen und Ammoniumnitrit oder Natriumnitrit und Ammonsalzen, z. B. Salmiak auf das Gewebe gedruckt, wobei sich beim Dämpfen durch Dissoziation des Ammonsalzes die rote Färbung auf der Faser bilden sollte. Die Resultate waren wie gesagt unbefriedigend; es war aber bemerkenswert, daß das Verfahren in anderer Form von der Ciba wieder aufgenommen wurde und zu einem operativen Verfahren führte[258]).

Das erste zum Färben verwendete Verfahren ist das von Holiday & Sons, die im Jahre 1880 vegetabilische Fasern mit der wäßrigen Lösung eines Naphtols tränkten, dann durch eine Lösung diazotierter Base passierten und dann noch in verdünnte Natronlauge gingen, um die Farbstoffbildung auszulösen. Man erhielt so Färbungen; dieselben waren aber wenig lebhaft und zeigten statt eines Rot einen Orange-Farbton. Erst als man

---

256) Färber-Zeitung 1914, 8.

257) Färber-Zeitung 1913, 227.

258) D. R. P. 638 878, 1942 erloschen.

statt des Naphtols ein Naphtolat verwendete, wurden die Resultate besser, und mit der Anwendung von Türkischrotöl als Zusatz zur Naphtolatpräparation gelang es, dem gebildeten Pigment den gewünschten Blaustich zu verleihen. Die Anwendung dieses Produktes geschah sicherlich in Anlehnung an die günstigen Resultate, die man mit dem Türkischrotöl in der Alizarinrot-Applikation gemacht hatte. Wir werden aber später sehen, daß die Wirkung des Türkischrotöles da und dort eine ganz verschiedene ist. Um zunächst über den Charakter der Färbung, also einer ausgesprochenen Pigmentfällung auf oder in ein Substrat entscheiden zu können, soll das mikroskopische Bild einer in Paranitranilinrot gefärbten Baumwollfaser untersucht werden[259]). Die gefärbte Faser erscheint unter dem Mikroskop homogen rotorange gefärbt. Wenn die Faser aber in einem Quellungsmittel, entweder Kupferoxydammoniak oder Äthylendiaminkupfer, untersucht wird, so erkennt man die äußerliche Ablagerung des Pigmentes, welche hauptsächlich auf die sich ablösende Kutikula beschränkt ist. Außerdem erkennt man auch im Lumen Anteile des Azofarbstoffes. Sehr instruktiv wird das Bild, wenn man die Quellung bei Dunkelfeldbeleuchtung sich vollziehen läßt; man beobachtet dann deutlich den Zerfall der Pigmentschicht auf der Faser in eine Menge von goldglänzenden Submikronen; aus dem Lumen drängen sich, durch die Quellung der Faser gefördert, Ströme von leuchtenden Submikronen in die umgebende Flüssigkeit. Wir erkennen mit aller Deutlichkeit, daß die Farbstoffbildung auch im Lumen vor sich ging. Es müssen also beide Komponenten befähigt sein, die Zellwand der Faser rasch zu durchdringen. In der Tat zeigt zunächst eine Lösung von Beta-Naphtol, wie sie zur Färbung verwendet wird, aber in diesem Falle ohne Zusatz von Türkischrotöl, bei der Dialyse eine kräftige und rasche Passage der halbdurchlässigen Membran. Während nun aber die Originallösung von Beta-Naphtolat bei Dunkelfeldbeleuchtung ausgesprochen kolloiden Charakter zeigt, findet man das Dialysat völlig frei von Submikronen, nur intensiv in blauem Licht leuchtend, ein Beweis für die Anwesenheit eines hochdispersen Anteils. Im Innern der Dialysierhülse finden wir nach wie vor eine durchaus micellare Flüssigkeit. Die Lösung des p-Nitro-Diazoniumchlorids, erwies sich unter dem Mikroskop als optisch leer, auch der Dialysierversuch ergab die restlose Dialyse, so daß man annehmen kann, daß dieser Körper in Lösung molekulardispers verteilt ist.

Aus diesen Befunden ist zu schließen, daß zunächst bei der Präparation in Beta-Naphtolat sich zwei Vorgänge abspielen werden:

Erstens die Passage des hochdispersen Anteiles der Naphtolatlösung durch die Zellmembrane ins Faserlumen, wobei zweitens, wie sich das aus den blaßorange gefärbten Querschnitten der in Paranitranilinrot ausgefärbten Faser ergibt, ein Anteil der niederdispersen Phase als Adsorption an der inneren und äußeren Oberfläche erfolgt, die durch die Quellung der Zellwand in der zwar nur schwach alkalischen Naphtolatlösung den Zutritt der submikroskopischen Teilchen fördert.

---

[259]) Vgl. Haller, Zur Erkenntnis der Färbevorgänge. Chem. Zeitung 1912, Nr. 19.

Beim Trocknen der mit Naphtolat in der geschilderten Weise getränkten Faser wird der Zustand der beiden Beta-Naphtolat-Depots stabilisiert.

Nun kommt die Kupplung mit der Diazolösung; infolge ihres molekulardispersen Charakters durchdringt dieselbe die Faser sehr rasch, kuppelt zuerst mit den Auflagerungen, dann beim weiteren Diffundieren mit den Naphtolatanteilen, die an der inneren Oberfläche adsorbiert sind, um zum Schluß auch mit den Naphtolatanteilen, welche ins Innere des Lumens der Baumwollfaser geraten sind, den Farbstoff zu bilden. So würden sich die Vorgänge für den Fall, daß man ohne Türkischrotöl färben würde, gestalten. Man würde naturgemäß auch eine Färbung erhalten; dieser fehlt aber der erforderliche blaue Stich, welcher sie der Türkischrotfärbung ähnlich machen sollte. Welche Rolle spielt nun das Türkischrotöl im Färbeprozeß?

Ich habe diesbezüglich eingehende Untersuchungen angestellt, die folgendes Resultat ergaben: Versetzt man eine Lösung von 2 ccm einer 1 %igen Na-Beta-Naphtolat-Lösung mit 50 ccm Wasser, weiter mit 5 ccm einer 1 %igen Lösung von rizinolsaurem Natrium, dann mit 2 ccm einer 1 %igen p-Nitro-diazoniumchloridlösung, so erhält man spontan eine gelbrote Lösung von kolloidem Paranitranilinrot. Eine gleiche Lösung ohne Rizinusölseife ergibt sofort einen flockigen Niederschlag. Die Salze der höheren Fettsäuren wirken also als Schutzkolloide und halten das gebildete Paranitranilinrot in kolloider Lösung. Türkischrotöl, das Natriumsalz des Schwefelsäureesters der Rizinolsäure, verhält sich ähnlich wie das Na-Rizinoleat. Diese Sole sind nicht sehr beständig, verändern schon nach 24 Stunden den Dispersitätsgrad der Teilchen und fallen dann aus.

Vergleichsversuche unter Anwendung der verschiedensten Salze höherer Fettsäuren ergaben, daß die Rizinoleate am kräftigsten absorbiert werden, was durch Kapillarisierungsversuche festgestellt wurden.

An einem Modellversuch konnte man nun in die Art, wie die Färbung entsteht, nähere Einblicke gewinnen; mischt man zu einer Gelatinelösung Beta-Naphtolat, dann Rizinoleat und läßt die Gelatine erkalten, so hat man ungefähr Verhältnisse, wie sie in der Faser nach der Präparation in der Naphtollösung bestehen. Schneidet man nun aus dieser Gelatine Stücke heraus und legt sie in eine p-Nitro-diazoniumsalzlösung ein, so diffundiert dieselbe zunächst rasch in das Innere und bildet überall, wo sie auf Naphtolteilchen stößt, den Farbstoff. Fixiert man diese Zustände durch Einlegen der Gelatinestücke in Formaldehyd, so kann man Querschnitte anfertigen, auf denen sich die Ablagerungsart feststellen läßt. Die äußerste Partie der Gelatine zeigt eine schwache Zone von ausgesprochenem Blaustich, anschließend daran nimmt die Intensität der Färbung rasch ab und verläuft in orangeroter bis gelber Farbe.

Wir entnehmen daraus: Im Moment des Eindringens der Diazoniumverbindung in die Gelatine bildet sich sofort die rote kolloide Lösung, von welcher oben die Rede war. Es erfolgt kräftige Adsorption der Teilchen an der äußeren Oberfläche zu einer verhältnismäßig dichten Schicht, durch welche weitere Teilchen langsamer diffundieren, die Bildung des Farbstoffes erfolgt dann viel diffuser, daher wird man im Innern der Gelatine keinen Blaustich mehr feststellen, sondern eine Orange- bzw. Gelbfärbung.

Der Blaustich ist die Folge der durch die intensive Adsorption der kolloiden Pararotteilchen erfolgte dichten Lagerung. Wenn wir bedenken, daß beispielsweise alkoholische Lösungen von Pararotpigment infolge weitgehendster Dispersion nicht mehr rot, sondern gelb gefärbt sind, so werden wir verstehen, daß auch hier bei lockerer Lagerung der farbige Effekt völlig anders sein kann als bei dichter Lagerung. Für derartige Farbänderungen haben wir viele Beispiele; Kaliumbichromat als Kristall ist tief rotorange, Ferrizyankalium ausgesprochen rot gefärbt; in wäßriger Lösung zeigen beide eine gelbe Färbung. Wir wissen, daß sich durch physikalische Kondensation von Färbungen, z. B. Naphtylaminbordeaux, nach Haller-Ruperti auch bei Pararot infolge Vergröberung der Teilchen und dadurch erfolgte Vertiefung der Pigmentschicht ein ausgesprochenes Blauerwerden der Färbung feststellen läßt[260]).

Bisher wurden die Verhältnisse geschildert, wie sie bei Farbstoffen bestehen, welche auf Basis von Beta-Naphtol gebildet werden. Inzwischen haben diese aber stark an Interesse eingebüßt, da ihre Echtheit heute nicht mehr befriedigt. An ihre Stelle sind Produkte getreten, welche sich von der Beta-Oxy-naphtoesäure ableiten. Die Verhältnisse sind da insofern verschieden, als die Kupplungskomponenten mehr oder weniger substantiven Charakter haben, es werden sich daher die Verhältnisse bei der Pigmentbildung sicherlich auch verschieben. Da die Naphtolate der Homologen der Beta-Oxy-naphtoesäurelösung gelb gefärbt sind, sind die Vorgänge bei der Färbung mit diesen Produkten leichter zu verfolgen.

Die Dialyse dieser Produkte gibt je nach dem Charakter des verwendeten Naphtols verschiedene Resultate. Das Beta-Oxy-naphtoesäureanilid, das unter dem Namen Naphtol AS bekannt ist, diffundiert beispielsweise reichlich ins Außenwasser, während das entsprechende Naphtalid nur sehr langsam und spärlich dialysiert. Beide Dialysate geben auf Zusatz von diazotierten Basen, entsprechend der Menge des ins Dialysat übergetretenen Naphtolates eine mehr oder weniger starke Fällung des Azofarbstoffpigmentes. Versetzt man die Dialysate mit wenig Türkischrotöl, so erhält man durch Zusatz der Diazoniumverbindung eine kolloide Lösung von verhältnismäßig guter Haltbarkeit. Auch hier übt das Türkischrot die Funktionen eines typischen Schutzkolloides aus. Man erkennt daraus, daß der Zustand der Naphtolate in Lösung ungefähr der des oben gekennzeichneten Beta-Naphtolates in Lösung ist. Für das Beta-Oxy-naphtoesäure*naphtalid* ist allerdings stark reduzierte Dialysierbarkeit feststellbar. Im Prinzip werden aber die Fällungsvorgänge auf der Faser und der endgültige Effekt der Färbung der Faser dieselben sein, was auch eine dahingehende mikroskopische Untersuchung ergeben hat.

Die Entwicklungsfarbstoffe gehören zu jenen Pigmenten, die auf der Faser außerordentlich leicht der physikalischen Kondensation anheimfallen. Man erhält schon unter sehr milden Bedingungen Paranitranilinrot als schöne Kristalle im Lumen und in der Außenflüssigkeit, aber auch alle Derivate der Beta-Oxy-naphtoesäure lassen sich im heißen Wasser bei nur 1 bis

---

260) Mell. Textilberichte, loc. cit.

2 at Druck in Form sehr schöner Kristalle kondensieren[261]). Siehe Abb. 32 und 33 auf S. 135/136. Von anderer Seite[262]) konnte die Erhöhung des Blaustiches von unlöslichen Azofarbstoffen der Beta-Oxy-naphtoesäure durch kochendes Seifen einwandfrei auf beginnende physikalische Kondensation zurückgeführt werden. In Bezug darauf hat K a y s e r[262a]) als Erfolg dieser Färbungen festgestellt, auf welchen Umstand schon L ö s c h n e r (Loc. cit.) aufmerksam gemacht hatte, daß sich die Wirkung aus der Verdichtung der Pigmentschicht durch die Kondensation erklärt; wir haben hier annähernd dieselben Verhältnisse wie bei Färbungen von Indigo aus der Küpe und über den Umweg der Färbung mit Indigosol O; in beiden Fällen handelt es sich chemisch um denselben Körper, trotzdem ist die Küpenfärbung infolge der dichteren Lagerung der Farbstoffteilchen auf der Faser lichtechter als die homogenere Indigosolfärbung.

Zu den Entwicklungsfarbstoffen gehören organisch auch das *Anilinschwarz,* das Paramin-, Ortamin- und Fuscaminbraun, da auch diese Pigmente auf der Faser selbst, allerdings unter anderen Bedingungen wie die unlöslichen Farbstoffe, gebildet werden. Ein prinzipieller Unterschied besteht aber zwischen den beiden Farbstoffgruppen; im letzteren Falle ist schon die Naphtollösung kein homogenes System, in der Färbung selbst, der Bildung des Pigmentstoffes auf der Faser spielen dispersoidchemische Verhältnisse eine wichtige Rolle. Beim Anilinschwarz, ich nehme dieses als Type, haben wir eine echte Lösung als Färbeflotte; die Komponenten, Oxydationsmittel, Anilinsalz, Katalysator sind in der Flotte molekulardispers gelöst. Das Aufbringen dieser Komponenten auf die Faser erfolgt ohne Konzentrationsänderung der Flotte, es handelt sich um eine reine Imprägnierung, ohne jede Adsorptionserscheinung. Die Konzentration der Komponenten auf der Faser selbst ist also auf dem ganzen Querschnitt dieselbe. Die Bildung des Pigmentes wird lediglich durch Temperaturerhöhung bewirkt, und das Pigment ist in der ganzen Fasersubstanz verteilt; wir haben es hier mit einer idealen Intussuszeptionsfärbung zu tun; die Untersuchung unter dem Mikroskop unter Verwendung von Quellungsmitteln gibt darüber eindeutig Aufschluß. Der Versuch, die physikalische Kondensation auf der Faser durchzuführen, ist bisher stets gescheitert, was aber nicht etwa bedeutet, daß wir in der Anilinschwarzfärbung eine chemische Verbindung von Pigment und Faser vor uns haben. Versucht man die Pigmentteilchen durch Lösung der Faser in Äthylendiamin-Kupfer bei Dunkelfeldbeleuchtung zu erfassen, so hat man auch dann ein negatives Resultat. Wir können daher den Schluß ziehen, daß der Verteilungszustand der Anilinschwarzteilchen außerordentlich hoch ist, zwar den molekularen Verteilungsgrad nicht erreicht, aber jedenfalls jenseits der submikroskopischen Größenordnung liegt und zweifellos der amikronischen angehört. Die Folge einer solch hohen Verteilung des Pigmentes ist die bekannt vorzügliche Reibechtheit der auf diese Weise hergestellten Färbungen.

261) Loc. cit. Vgl. auch R u p e r t i. Mell. Text. Ber. 1927, 942.

262) L ö c h n e r, Mell. Text. Ber. 1926, 243.

262a) Melliand u. Text. Ber. 1926, 437.

Oben wurde die gebräuchlichste Art der Anilinschwarzfärbung behandelt. Man kannte früher auch eine andere, heute kaum mehr ausgeführte, das Färbeschwarz im Gegensatz zu dem oben beschriebenen Oxydationsschwarz. Der Ausdruck ist zwar wenig bezeichnend, da schließlich auch das Färbeschwarz auf Grund eines Oxydationsprozesses entsteht, allerdings in wäßrigem Medium. Hier spielen aber wiederum dispersoidchemische Vorgänge eine große Rolle. Das Prinzip dieser Färbemethode besteht in der Oxydation von mineralsaurem Anilin in wäßriger Lösung mit Bichromat. Das Gemisch bleibt zunächst ziemlich klar, nimmt aber rasch einen grünlichen Ton an und dunkelt dann rasch, um nach einiger Zeit einen schwarzen Niederschlag zu bilden, ein Zeichen dafür, daß in der Färbeflotte Anilinschwarz in grober Form gebildet wurde.

Die Entwicklung bis zu diesem Zustand ist bei Dunkelfeldbeleuchtung sehr gut verfolgbar. Läßt man nämlich zu einer Lösung von Anilinchlorhydrat unter dem Deckglas eine Lösung von Kaliumbichromat zufließen, so beobachtet man an der Grenze beider Flüssigkeiten die Bildung einer leuchtenden Zone, wobei aber unter Teilchen-Vergrößerung nach und nach deutlich kupferrot glänzende Submikronen erkennbar werden. Ist dieser Zustand in der Lösung erreicht, so hat sie einige Zeit die Fähigkeit, die Baumwolle zu färben; wir haben zweifellos dann den Zustand optimaler Dispersität vor uns. Aber die Dispersitätsverringerung schreitet verhältnismäßig rasch weiter, was angesichts der verhältnismäßig hohen Konzentration an Elektrolyten nicht verwunderlich ist, und es beginnen sich schwarze Flocken auszuscheiden, bis nach einiger Zeit die Flotte völlig zersetzt ist. Die auf diese Weise gefärbte Ware, es handelt sich immer um Strang- oder Wirkwaren, hat im Gegensatze zum Oxydationsschwarz eine mangelhafte Reibechtheit, die durch energische Seifenbehandlung verbessert werden muß, welche die locker mit der Faser verbundenen Anilinschwarzpartikel wegwäscht. Je älter die Flotte war, um so größer sind die Mengen des von der Seife entfernbaren Pigmentes. Wir haben in dieser Art des Anilinschwarzfärbens eine Parallele zur Färbung mit unlöslichen Azofarbstoffen. Man stellt nämlich ebenfalls, im Gegensatz zum Oxydationsschwarz fest, daß das Pigment zum größten Teil der Kutikula aufgelagert ist und daß sich nur recht geringe Mengen in der Zellwand und im Lumen befinden.

Auf Grund dieses Befundes kann man sich ein Bild vom Mechanismus der Färbung in diesem Färbeschwarz bilden. Im Augenblick des Eintauchens des Färbegutes in die frische Lösung wird sich die Faser mit den sich in noch nahezu molekulardispersem Zustand befindlichen Komponenten tränken, und zwar werden auch gewisse Anteile durch die Zellwand ins Lumen diffundieren. Die Pigmentbildung nimmt aber rasch zu, dasselbe scheidet sich in micellarer Form ab und wird nun von der äußeren Oberfläche der Faser adsorbiert. Anteile, welche, trotzdem sie die optimale Dispersität unterschritten haben, noch adsorbiert werden, sind nur locker mit der Faser verbunden und stellen die Ursache für die mangelhafte Reibechtheit dar, die erst wieder besser wird, wenn diese Anteile durch die Seife entfernt werden.

Die Färbung der Wolle in Anilinschwarz wurde bisher wiederholt versucht, aber verwendbare Resultate sind nicht erzielt worden. Daß Anilinschwarz auf Wolle nicht zu erzeugen ist, wurde mit dem ausgesprochenen reduzierenden Charakter der Wolle in Zusammenhang gebracht. Diese Reduktionsfähigkeit der Wolle scheint aber nicht so ausgesprochen zu sein, als bisher angenommen wurde[263]), sie ist auch für die Anilinschwarzbildung nicht so ausschlaggebend als angenommen wurde, da auch chlorierte Wolle keine besondere Neigung zeigt, sich in Anilinschwarz färben zu lassen.

Da auf Seide, zumindest im Druck, recht gute Resultate mit Anilinschwarz erzielt werden, ist das Verhalten der Wolle dieser Färbung gegenüber noch problematisch.

8. Die Indigosol- (Anthrasol)- Farbstoffe.

Die Gruppe der Indigosol- (Anthrasol-) Farbstoffe stellen Na-Salze von Estern von Leukoküpenfarbstoffen dar; sie ergeben bei ihrer Applikation auf geeignete textile Substrate nach einer verseifenden Oxydation Färbungen, die dem jeweils als Ausgangsprodukt für die Veresterung zugrunde liegenden Küpenfarbstoff entsprechen. Der Erfinder Dr. M. Bader gab mir vor dem Erscheinen dieser neuen Farbstoffgruppe eine kleine Probe blaugefärbten Stoffes zur Untersuchung. Bei dieser erwies sich die Probe einwandfrei als Indigofärbung. Mikroskopisch zeigten sich vollkommen durchgefärbte Fasern, wie sie mit den verschiedenen Küpenfarbstoffen insbesondere Indigo normalerweise nicht zu erreichen sind. Ich stand damals vor einem Rätsel, heute weiß ich, daß mir eine Indigofärbung mit dem Indigosol O vorgelegt wurde.

Die Indigosole sind wasserlöslich und ihre Entwicklung zu den ihnen entsprechenden Küpenfarbstoffen läßt sich bis zu einem gewissen Grade mit der Entwicklung von Anilinschwarz vergleichen, wenn man an Stelle von Anilinsalz (Anilinchlorhydrat) das Indigosol setzt.

Die Regenerierung der Küpenfarbstoffbasis wird durch einen Oxydationsprozeß bewirkt, ausgelöst durch geeignete Oxydationsmittel, teilweise bei Anwesenheit bestimmter Katalysatoren, wie Ammoniumvanadat, wie sie auch zur Herstellung von Anilinschwarz Verwendung finden. Die Parallele mit dem Anilinschwarz ist nur eine teilweise, denn der Oxydation der Indigosole muß eine Verseifung des Leukoesters vorausgehen, die durch Schwefelsäure oder unter geeigneten Bedingungen säureabspaltende Mittel, wie sie beispielsweise im Druckartikel bewirkt wird, vorausgehen.

Aus einem der ersten von Dr. H. Perndanner ausgearbeiteten Entwicklungsverfahren zum Druck von Indigosolen ist die Aufeinanderfolge der Entwicklungsstadien deutlich erkennbar. Die Natriumnitrit enthaltende Druckfarbe wird in einem warmen Bade von Schwefelsäure kurze Zeit behandelt, wobei wohl die Säure zunächst die Verseifung zum Leukoküpenfarbstoff bewirkt, der dann von der sich aus dem Nitrit entwickelnden salpetrigen Säure zum Farbstoff oxydiert wird. Ähnlich wirken die vielen anderen Entwicklungsverfahren, es wird nur das Oxydationsmittel gewechselt. Generell wirkt aber keines dieser Mittel auf alle Indigosole gleich-

[263]) Helv. Chim. acta *8*, 620 (1930).

mäßig. Durchwegs gute Resultate gibt nur allein das von mir ausgearbeitete Natriumbromürbromatverfahren[263a]).

Die Wasserlöslichkeit der Indigosole erlaubt in der Färberei eine besonders gute Durchdringung der Faser, welche zu Intussuszeptionsfärbungen führt, die sich genau so wie Färbungen aus den Küpen verhalten, nur daß ihre Reibechtheit aus oben angeführten Gründen einer gewöhnlichen Küpenfärbung überlegen ist[263b]). Bei der physikalischen Kondensation verhalten sich Indigosole so wie Färbungen aus Küpen. Den Indigosolen können infolge der Art ihrer Entwicklung die Neocottone an die Seite gestellt werden. Auch bei ihnen wird die Bildung des Farbstoffes (unlöslichen Azofarbstoffes) durch einen Verseifungsprozeß bewirkt, allerdings ohne nachträgliches Einwirken eines Oxydationsmittels.

9. Die Pigmentfarbstoffe.

Färbungen in mineralischen Pigmenten werden heute kaum noch in größerem Maße ausgeführt. Es handelt sich meist um Khakitöne, welche für Tropenuniformen verwendet werden, da diese Färbungen zu den widerstandsfähigsten, besonders gegen die Einflüsse des tropischen Klimas, gehören, die wir kennen. Im Prinzip handelt es sich immer um Bildung von Metalloxyden, beispielsweise des Eisen, Chroms, Mangans, Kupfers usw., oder um die Kombination zweier oder mehrerer in Fasern vegetabilischen Ursprungs[264]).

Früher führte man solche Färbungen mit Hilfe von frischem Kuhmist, dann nach anderen Vorschlägen mit Zichorienwurzeln und Chlorophyllabsud aus, wobei merkwürdigerweise sogar von amtlicher Seite bestätigt wurde, daß solche Färbungen, es handelt sich in diesem Falle um die zweiterwähnte, in ihren Echtheiten durchaus entsprochen hätten, etwas, was wir heute nicht recht verstehen können.

Die eigentlich widerstandsfähige Khakifarbe besteht aus einem Gemisch von Chrom- und Eisenoxyden. Nach einem der ältesten englischen Patente ging man mit der trockenen Ware in eine Lösung von essigsaurem Chrom, Chromalaun und essigsaurem Eisen ein, trocknete dann und nahm die Lösung durch Soda, also eine ausgesprochene Fällung von Metallhydroxyden auf die Gespinstfaser als Substrat[265]).

Ich habe seinerzeit Untersuchungen angestellt, um den Ort der Ablagerung solcher Metalloxyde oder Hydroxyde kennenzulernen. Es handelte sich damals um den bekannten Manganbister, dessen Herstellung auf vegetabilischen Fasern auf demselben Prinzip beruht. Man imprägnierte die Ware mit einer Lösung von Manganchlorür, fällte dann mit verdünnter Lauge und oxydierte das gebildete Manganhydroxyd durch Verhängen an der Luft oder durch Oxydation mit Natriumhypochlorit. Die so in Bister gefärbte Ware zeigte die Mangano-Manganit-Bildung der Faser vorzugsweise

---

263a) Teintex 1947, 335.

263b) Färberzeitung (Lehne) 23, (1912) 260.

264) Minajeff, Zeitschr. für Farben- und Textilchemie 1907, 252 bis 253.

265) Theiss, Khaki auf Baumwolle und andere Textilstoffe, Berlin 1903.

in Form von zusammenhängenden Platten aufgelagert[266]). Wir stellen also ausgesprochene Appositionsfärbung fest. Die Querschnittflächen der Faser erscheinen allerdings blaß hellbraun, so daß offenbar sehr geringe Anteile Mangansalz auch in die Faser eingedrungen sind. Für gewisse Zwecke wurden solche Bistertöne aus Mangano-Manganiten hergestellt, auch als Unterlagen für Indigofärbungen benützt, wobei man sehr tiefe dunkelblaue Töne erhielt. Ich habe seinerzeit diese Mischfärbungen von Metalloxyden auch von Chromgelb mit Indigo studiert, um zu erkennen, wie diese beiden Pigmente neben- oder übereinander gelagert sind[267]). Ein weiterer Zweck dieser Untersuchungen war der, festzustellen, ob die Baumwollfaser tatsächlich ein poröses Gebilde darstellt, wie das vielfach behauptet wurde, wobei diese Poren als wesentlich für das Zustandekommen von Färbungen betrachtet wurden. Es ergab sich nun, daß es gelingt, neben einer in der Zellwand eingelagerten Substanz, sei sie nun anorganischer oder organischer Natur, weitere Teilchen anderer Substanzen einzulagern, was unmöglich wäre, wenn ein poröses Gefüge bestände, denn die einmal gefüllten Poren wären nicht mehr imstande gewesen, weitere Mengen Substanzen aufzunehmen.

Diese mineralischen Färbungen beschränken sich fast vollkommen auf die vegetabilischen Fasern. Diese Einlagerungen bzw. Auflagerungen von verhältnismäßig großen Mengen Metalloxyden machen sich bei der Bearbeitung derartiger Waren insofern unangenehm bemerkbar, als die Nähnadel oft große Schwierigkeiten hat, die an sich schweren Stoffe zu perforieren, da die Oxyde dem Durchtritt der Nadel kräftigen Widerstand entgegensetzen. Für animalische Fasern, wo großer Wert auf Weichheit und Geschmeidigkeit des Griffes gelegt wird, kommt die geschilderte Färbemethode selten in Betracht.

10. Spezialfarbstoffe für gewisse Kunstseiden (Acetatseide).

Das Färben von Acetatkunstseide erscheint vollkommen abweichend von den üblichen Färbemethoden. Während wir in den gebräuchlichen Gespinstfasern, Baumwolle und Wolle, organisierte Gebilde im Sinne von v. Nägeli vor uns haben, ist die Acetatkunstseide eine kaum quellbare Faser. Die Quellung in Wasser ist gering, ca. ein Drittel des Quellungsvermögens der desorganisierten Cellulosen und daher auch die Netzmöglichkeit während der Färbung in den für die vegetabilischen Fasern gebräuchlichen Farbstofflösungen. Für basische Farbstoffe allerdings hat Acetatkunstseide auch ohne der bei Baumwolle erforderlichen Vorbehandlung Affinität. Man hat daher verschiedene Wege eingeschlagen, um Möglichkeiten für die Färbung beispielsweise in substantiven Farbstoffen zu schaffen. Man verseift die Acetatkunstseide partiell und schafft so gewisse Anteile von Cellulose, die Affinität zu Baumwollfarbstoffen haben. Allerdings gibt man damit wertvolle Eigenschaften der Acetatkunstseide, wie Glanz usw., preis. Diese partielle Verseifung ist eine ziemlich empfindliche Prozedur und muß gut verfolgt werden, wenn man nicht eine weitgehende Schädigung der Acetat-

---

[266]) Minajeff, Zeitschr. für Farben- und Textilchemie. Vgl. auch Textil-Rundschau 1950, S. 94.

[267]) Chem. Zeitung 1912, Nr. 19.

kunstseide riskieren will. Der Verseifungsvorgang verläuft, vorausgesetzt, daß er nicht in einem Medium vorgenommen wird, welches Acetatkunstseide zum Quellen bringt, intermittierend, schichtenweise, was sich vorzüglich beobachten läßt, wenn man unter dem Mikroskop Acetatkunstseide mit $^1/_{10}$ n Natronlauge behandelt, die etwas Azoblau enthält[268]) (Abb. 34). Man kann den Verseifungsvorgang ohne weiteres verfolgen; sobald er einsetzt, beginnen sich auf der Faser rote Flecken zu zeigen, ein Beweis, daß die Desacetylierung die ganze Oberfläche nicht homogen erfaßt, sondern einige offenbar besonders zugängliche Stellen. Erst nach und nach fließen diese Inseln zusammen, und sobald die ganze Oberfläche rot gefärbt ist, löst sich die verseifte Lamelle ab, worauf der Prozeß in derselben Weise weiterläuft, bis die ganze Masse der Faser umgewandelt ist. Man erkennt daraus, daß bei der ungleichartig einsetzenden Verseifung unter Umständen auch die darauffolgende Färbung unegal werden muß. In der Tat erfordert die oberflächliche Verseifung, besonders von Acetatkunstseidengeweben, große Aufmerksamkeit, soll die darauffolgende Färbung die erforderliche Egalität zeigen. In dieser Weise konnte die Verseifung auch mit anderen Mitteln verfolgt werden, wobei besonders auffallend war, daß beispielsweise Pottasche, auch Ammoniak in der Kälte, nur sehr langsam wirkten, wogegen Kalkwasser schon in der Kälte eine kräftige Verseifung bewirkte. Trinatriumphosphat, welches für diese oberflächliche Verseifung gebraucht wird, zeigt kaum eine Ablösung von Schichten.

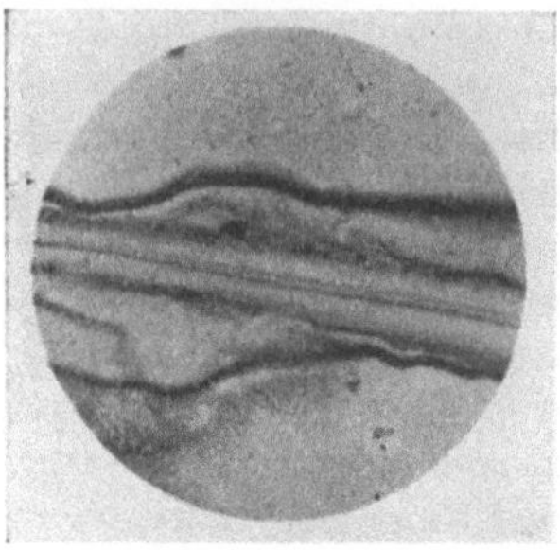

Abb. 34. Schichtenweise Verseifung von Acetatkunstseide bei Behandlung mit NaOH 1/10 n + Azoblau.

Diese Verseifung zum Zwecke der Färbung mit substantiven Baumwollfarbstoffen war natürlich ein Notbehelf mangels geeigneter Farbstoffe zum Färben der unveränderten Acetatkunstseide. Diese Verseifung hat sich nur für Färbungen von diazotierten und ätzbaren Farbstoffen erhalten, da direkte Acetatkunstseidenfarbstoffe in geeigneter Form für diese Zwecke in nur ungenügender Auswahl vorliegen.

C l a v e l[269]) färbte unbehandelte Acetatkunstseide in den üblichen Farbstoffen in stark salzhaltiger Lösung in Gegenwart von organischen Säuren und Schutzkolloiden. Er betrachtete die Färbung der Acetatkunstseide als chemische Reaktion, weil er festgestellt haben wollte, daß eine bestimmte Konstitution der Farbstoffe sie zur Färbung von Acetatkunstseide befähige.

In der Folge aber gelang es, bestimmte Kategorien von färbenden Substanzen aufzufinden, welche der Acetatkunstseide gegenüber gewissermaßen substantive Eigenschaften zeigten. Diese sind unter dem Namen Cellitonfarbstoffe, Cibacetfarbstoffe im Handel und stellen zum Teil geeignete Azofarbstoffe dar; aber auch Produkte anthrachinoider Herkunft sind wertvolle Farbstoffe für die Acetatfärberei.

[268]) Helv. Chim. acta *15,* 1337 (1932).

[269]) D. R. P. 355 533 (1920).

Die Vorgänge, die zum Färbeeffekt mit diesen Produkten führen, sind vollkommen von den normalen verschieden. Clavel glaubte konstitutionelle Ursachen dafür verantwortlich machen zu können, aber eingehende weitere Untersuchungen, insbesondere von Katatschoff[270]), haben zu einer anderen Auffassung geführt. Der Genannte konnte durch unmittelbare mikroskopische Beobachtungen den Färbevorgang bei durchfallendem Licht verfolgen. Die von ihm verwendeten Farbstoffe waren Anthrachinonabkömmlinge, wie beispielsweise Alpha-Aminoanthrachinon, 1,4-Diaminoanthrachinon und andere mehr. Diese Körper wurden in wäßriger Suspension mit Fasern von Acetatkunstseide unter einen Objektträger gebracht und der Verlauf der Einwirkung beobachtet. Man machte nun die Feststellung, daß die feinsten Teilchen sich zur Faser hinbewegen und sich an der Oberfläche sammeln. Überläßt man ein solches Präparat 14 Tage sich selbst und untersucht dann wieder, so findet man eine gefärbte Faser vor und kann feststellen, daß die der Faser anhaftenden Kristalle langsam durch die Faser gelöst werden. Unter Benützung eines heizbaren Objekttisches wurde der gleiche Versuch wiederholt, und man hat bei 60° C deutlich verfolgen können, wie die an der Oberfläche der Faser anhaftenden Farbstoffkristalle verhältnismäßig rasch von der Faser gelöst werden, wobei die wäßrige Suspension, durch Nachsetzen des verdunsteten Wassers immer im gleichen Zustand erhalten wurde. Das Bild der so gefärbten Faser war genau dasselbe, wie das einer Faser, die nach den üblichen Färbemethoden gefärbt wurde.

Aus diesen Beobachtungen konnte nun Katatschoff den Schluß ziehen, daß die Acetatkunstseidenfärbung als Lösungsvorgang des Farbstoffes in der Faser aufzufassen ist, so daß die gefärbte Acetatkunstseide eigentlich als eine feste Lösung anzusehen ist. Es gelang nämlich auch, im festen Farbstoff bei 60° C eingelegte Acetatkunstseidenfäden zu färben. Die Lösungsfähigkeit des Farbstoffes scheint nicht von seiner Konstitution abzuhängen, sondern von der individuellen Art der jeweils verwendeten Substanz selbst.

Es ist an sich auffallend, daß Körper der obengenannten Art, die an sich entweder schwärzliche oder bräunliche Pulver ohne ausgesprochenen Farbton darstellen, in Acetatkunstseide gelöst, offenbar durch weitgehende Dispersion außerordentlich lebhafte und echte Färbungen liefern. Man hat ein Kriterium hinsichtlich der Eignung von solchen Produkten zur Färbung von Acetatkunstseide in der Eigenlösung in Essigester. Man beobachtet oft, daß diese Lösungen im Farbton, auch in der Intensität nicht mit den Nuancen der darin gefärbten Acetatkunstseide übereinstimmen, außerdem scheint nicht jedes dieser Produkte, wenn es in Essigester löslich ist, auch zur Färbung von Acetatkunstseide geeignet zu sein.

Wenn wir zum Schluß noch einen Überblick über das Gebiet der neuen Erkenntnisse über den Mechanismus der Färbevorgänge auf den verschiedenen Fasern gewinnen wollen, so können wir die Färbungen auf vegetabilischem Material ebenso wie die auf desorganisierter Cellulose als physikalische Komplexe zwischen Farbstoff und Faser bezeichnen. In den allermeisten Fällen handelt es sich vorwiegend um Appositionsfärbungen,

[270]) Helv. Chim. acta *8*, 928 (1925). Dissertation, Basel 1925.

wobei aber meistens geringe Intussuszeption nachzuweisen ist. Ausgesprochene Intussuszeptionsfärbung kennen wir für die Färbungen in basischen Farbstoffen auf Tannin-Antimonbeize. Nur in einem Fall der Färbung, in Anilinschwarz nach dem Oxydationsverfahren, können wir von ausgesprochenen Intussuszeptionsfärbungen sprechen. Welcher Art die Kräfte sind, welche hier die Verankerung bewirken können, Adhäsionskräfte oder van der Waalsche Kräfte werden in diesem Zusammenhang genannt, will ich mit Absicht unerörtert lassen.

Im Zusammenhang mit dem Resultat der Färbung, also der Bildung des Komplexes Faser—Farbstoff, steht zweifellos bis zu einem gewissen Grade die Echtheit der Färbungen, zum mindesten die Lichtechtheit und die Reibechtheit. Wie wir am Beispiel basischer Färbungen gesehen haben, ist durch weitgehende Intussuszeption keineswegs auch ein hoher Grad von Seifechtheit gewährleistet. Dagegen erscheint uns sicher, daß die Reibechtheit einerseits eine Funktion der Dispersität, andererseits auch der Art der Lagerung des Pigmentes in oder auf der Faser ist. Unzweifelhaft werden Intussuszeptionsfärbungen reibecht sein, während reine Appositionsfärbungen, wie Alizarinrot und Indigo diese Eigenschaften nicht besitzen.

Es drängt sich aber noch die Frage auf, welche Ursachen dem mehr oder minder hohen Grad von Seifechtheit zugrunde liegen. Wenn wir dieser Frage näher treten, so erkennen wir am Beispiel des Alizarinrots, daß die Seifenkochechtheit nicht ganz auf dieselben Ursachen wie die Reibechtheit zurückgeführt werden kann, da die Dispersität des Alizarinrots auf der Faser zwar nicht dahinwirkt, eine gute Reibechtheit zu bewirken, dasselbe aber hervorragend seifenkochecht ist. Andererseits sehen wir, daß basische und substantive Färbungen auf vegetabilischem Material meist recht gute Reibechtheit bei unbefriedigender Seifechtheit zeigen. Jedenfalls ist dabei die Unlöslichkeit des Farbstoffs, wie er sich auf der Faser befindet, zwar eine notwendige, aber wie wir gesehen haben, nicht hinreichende Bedingung, es müssen noch gewisse andere, nicht näher bekannte Eigenschaften der fixierten Farbstoffteilchen eine Rolle spielen. Möglich ist, daß in kochenden Seifenbädern, wie wir sie bei den Naphtolfärbungen erwähnten, die physikalische Kondensation eine gewisse Rolle spielt, da bei diesem Vorgang zweifellos eine Umlagerung der auf der Faser sitzenden Farbstoffteilchen stattfindet.

Was nun die Unlöslichkeit des Farbstoffes anbelangt, so wird diese bis auf einen einzigen Ausnahmefall angestrebt, denn es werden dabei auf der Faser immer Körper erzeugt, deren Unlöslichkeit in Wasser auch ohne Gegenwart einer Faser ohnehin bekannt war. Den angezogenen Fall bilden die substantiven Baumwollfarbstoffe, bei welchen die Bildung unlöslicher Körper auf der Faser nicht so ohne weiteres einleuchtend und vorauszusehen ist. Bezüglich des oft kräftigen Ausblutens der direkten Färbungen besagt diese Erscheinung nur, daß hier die angestrebte Unlöslichkeit des Farbstoffes nur unvollkommen erreicht wurde, der Umstand, daß die auf der Faser verbleibenden Anteile an Farbstoff dann um so inniger mit der Faser verbunden bleiben, beweisen eben gerade auch hier die Richtigkeit oben gekennzeichneter Ausnahmen.

Bedenkt man, wie leicht viele Körper bei einer Änderung des Verteilungszustandes in einen andern, und eine solche Änderung findet beim Übergang auf die Faser auch statt, ihre Eigenschaften grundlegend ändern, so wird das Unlöslichwerden um so weniger befremden, als durch die Gegenwart der Faser und durch die kolloide Natur der Farbstofflösungen Verhältnisse gegeben sind, die an und für sich schon in dem in Frage stehenden Sinne zu wirken vermögen. Die Veränderlichkeit der Färbungen am Licht haben wir in den obenstehenden Ausführungen nur da und dort berücksichtigt. Es läßt sich darüber nur sagen, daß hierbei molekularchemische Vorgänge im Vordergrund stehen[271]), welche, wie wir zu betonen Gelegenheit hatten, durch den Zerteilungsgrad des Farbstoffs auf der Faser beeinflußt werden.

Was nun den Färbevorgang anbelangt, so muß dieser dem angestrebten Effekt, wie wir ihn oben angedeutet haben, angepaßt werden. Es genügt also nicht allein, alle Verhältnisse so zu wählen, daß sich als Endprodukt ein unlöslicher Körper, ein Pigment bildet, vielmehr wird man durch Einhaltung geeigneter Konzentrationen des Färbebades und einer zweckmäßigen Dauer der Färbeoperation durch Regelung der Temperatur, Anwendung bestimmter Zusätze, auch einer geeigneten Apparatur, durch Wahl eines geeigneten Fasermaterials mit zweckentsprechender Vorbehandlung, schließlich auch durch entsprechende Nachbehandlung des bereits gefärbten Materials dafür Sorge tragen, daß der Farbstoff in der betreffenden Färbung zukommenden optimalen Dispersität, von der ja, wenn auch nicht einzig und allein, so doch in bedeutendem Maße, die Echtheitseigenschaften, Farbton und Intensität und Gleichmäßigkeit abhängen, von der Faser aufgenommen werden.

Die vertretene Anschauung, daß speziell das Zustandekommen der Baumwollfärbung nicht auf molekularchemischer Reaktion zwischen Faser und Farbstoff beruhen kann, findet nicht allein darin eine Stütze, daß der in geeigneter Weise von der Faser wieder abgezogene Farbstoff mittels chemischen und analytischen, auch spektroskopischen Methoden als identisch mit dem ohne gleichzeitige Gegenwart der Faser gelösten Farbstoff erkannt werden kann, sondern außerdem noch in den für Baumwollfärbungen restlos bestehenden Möglichkeiten der physikalischen Kondensation des Farbstoffs auf und in der Faser. Die Beobachtung der physikalischen Farbstoffkondensation hat den alten Begriff der „Fixierung" als etwas stabiles, vom Absoluten zum Relativen degradiert. Die Bezeichnung „fixiert" darf in Zukunft nur „cum grano salis", d. h. mit dem Vorbehalt angewendet werden, daß der Ausdruck „fixiert" nur für bestimmte Zustände der Färbung zulässig ist.

Schließlich gibt uns einen anderen Hinweis auf die Natur der Färbungen die Tatsache, daß man auch mit Suspensionen von färbenden Substanzen, ohne jede feststellbare chemische Reaktion mitunter recht echte Färbungen zu erzielen vermag, wie wir das beispielsweise in der Acetatkunstseidenfärberei gesehen haben.

Als weiteres Beispiel für solche Färbungen kommen Färbungen in Suspensionen von Bleichromat, Färbungen nach den Patenten von

---

[271]) Ziersch, Dissertation, Dresden 1929.

v. Iliynsky in Betracht. Wenn Erban seinerzeit dem Verfasser privat mitteilte, daß Bleistiftschrift auf Geweben sogar einer normalen Beuche widersteht, so können wohl für diesen Fall andere Kräfte als die Adhäsion nicht angenommen werden.

Die Fähigkeit von Farbstofflösungen, ihren Dispersitätsgrad innerhalb eines gewissen Spielraumes ändern zu können, und zwar nicht nur in Lösung, sondern auch auf der Faser, haben eingehende Untersuchungen von Wo. Ostwald am Kongorubin, dann vom Verfasser am Diaminblau 3R zur Genüge dargetan. Wir sehen, daß auch Dispersionsmittel auf der Faser selbst solche Veränderungen vermitteln können. Ein prägnanter Fall dieser Art betrifft die Dispersion des Ca-Aluminium-Alizarates auf der geölten Faser, wobei die auf der Faser befindlichen Polyrizinolsäuren die Dispersion des komplexen Lackes zum eigentlichen leuchtenden Alizarinrot bewirken, allerdings durch die beim Dämpfen bewirkte Temperaturerhöhung begünstigt.

E. Die substantive Färbung im Lichte der neuesten Forschung über die Struktur der quellbaren Substanzen.

Auf dem Gebiete der Forschung nach den Elementarstrukturen der quellbaren Substanzen, oder wie sie v. Nägeli nennt, der organisierten Substanzen, sind wir heute soweit vorgedrungen, daß wir uns ein Bild dieser Strukturen zu machen vermögen. Insbesondere sind dieselben für die vegetabilischen quellbaren Gebilde, die native Cellulose, die Stärke, soweit es sich um die mikroskopisch, auch ultramikroskopisch auflösbaren Gebiete handelt, weitgehend geklärt worden.

Ganz besonders ist es die native Cellulose, welche nach und nach im Ausmaße der Verbesserung der optischen Methoden unter Zuhilfenahme von Quellungsmitteln ein recht kompliziertes Bild ihrer intimen Struktur enthüllte.

Wenn wir die native Baumwollfaser, der ja trotz den Kunstfasern auf dem Gebiete der Textilveredlung heute noch eine überragende Bedeutung zukommt, vor allem in den Kreis unserer Betrachtungen ziehen, so veranlaßt uns dazu die Überlegung, daß dieses Gebilde die einzige Faser ist, welche uns die Natur zur Verfügung stellt, die ohne weitere Vorbereitung den Reigen der Textilveredlungsoperationen, Spinnen, Weben, Bleichen, Färben und Trocknen eröffnen kann. Auch in anderer Richtung ist sie vor den anderen nativen Fasern, insbesondere den Bastfasern, Leinen, Hanf, Ramie, Jute u. a. m., deshalb ausgezeichnet, weil ihre Substanz zu nahezu 95% aus einem einheitlichen chemischen Individuum, der Cellulose, besteht. Auch deshalb ist diese Faser für unsere vorliegenden Betrachtungen von Bedeutung, weil sie aus einer einzigen Zelle besteht, also einen einheitlichen Organismus besitzt, während beispielsweise die bekannten Bastfasern aus vielen einzelnen Zellen bestehen, welche durch gesonderte Membrane, Zwischenschichten, die Mittellamelle, zusammengehalten werden.

Immerhin bleibt der Feinbau der Baumwollfaser noch kompliziert genug. Wenn wir im folgenden das zusammenfassen, was wir darüber wissen, so sind es zunächst zwei scharf differenzierte Komponenten, die wir an der nativen Faser beobachten können, die Primärlamelle, oder wie man sie auch nennt, „die Kutikula", die Oberhaut der Faser, und die Sekundärlamelle, die mächtig ausgebaute Zellwand. Ob auch die Auskleidung des Lumens, die ab und zu, nicht immer, als eine gesonderte Schicht bei der Vornahme von Quellungen in Erscheinung tritt[272]), als gesonderte Membran anzusehen ist, lasse ich dahingestellt, da diese Feststellung noch eingehender Untersuchung bedarf.

Schon die Kutikula der Baumwollfaser im nativen Zustande ist ein kompliziertes Gebilde. Früher sah man dieselbe als eine gesonderte Membran an, welche durch die Veredlungsoperationen, insbesondere der Bleiche, gelöst, zerstört oder jedenfalls entfernt werde. Heute wissen wir aber, daß diese Kutikula nichts anderes ist, als die äußerste Schicht der Zellwand, und daß ihr besonderes Verhalten bei Quellungsoperation, mit Kupferoxydammoniak, Äthylendiamin-Kupfer oder Schwefelsäure von 1,535 sp. Gew. auf der eben in dieser äußersten Schicht abgelagerten Fremdsubstanzen, Fette, Wachse, Farbstoffe, Pektinsubstanzen beruht. Es gelingt nämlich, durch Einlagerung der verschiedensten Körper in reine Cellulosemembranen ein ähnliches Verhalten bei der Quellung künstlich zu erzeugen, wie wir es von der Kutikula des Baumwollsamenhaares kennen[273]). Eine gewisse Unsicherheit in der Auffassung der Kutikula als lediglich die äußerste Schicht der eigentlichen Zellwand, besteht vielleicht darin, daß sich dieselbe beispielsweise bei der Quellung in Äthylendiamin-Cu scharf von der quellenden Zellwand ablöst, um sich in die bekannten manschettenförmigen Einschnürungen zwischen den blasenförmigen Aufquellungen der Sekundärmembran zusammenzuziehen.

Wenn man aber gebleichte Baumwolle in Kongorot normal färbt, wir wissen, daß die Färbung sich auf die äußerste Schicht der Zellwand beschränkt, so findet man bei der Quellung in Äthylendiamin-Kupfer wiederum das bekannte perlschnurartige Quellungsbild, trotzdem das Ausgangsmaterial unter denselben Bedingungen vollkommen gleichmäßige Quellung zeigte.

Nun ist aber die Kutikularschicht nach den in der Textilveredlung üblichen vorbereitenden Operationen der Bleiche und der Merzerisation — vielfach beide aufeinanderfolgend — derartig verändert, daß der Übergang zur eigentlichen Zellwand überhaupt nicht mehr erkennbar ist, so daß man den Eindruck einer vollkommen einheitlichen Membran hat.

Durch mannigfaltige Arbeiten auf dem Gebiete hat sich aber der intime Aufbau der eigentlichen Zellwand in weitestgehender Weise erschließen lassen. Cramer[274]) beobachtete zuerst das verschiedene Verhalten von Kutikula und Zellwand und Wiesner[275]) erwähnte zum ersten Male die bei dieser Quellung zutage tretende Innenhaut.

Was nun die weiteren Aufbauelemente der Zellwand anbelangt, so kommen für die vorliegende Betrachtung zunächst nur die in Betracht, die mikroskopisch erfaßbar sind. In dieser Richtung sind in den letzten Jahren

[272]) Mell. Textilberichte 1935, 659.

[273]) Hegler, Flora *48,* 31 bis 47.

[274]) Vierteljahrschr. d. naturforsch. Gesellschaft in Zürich, 1858, 1.

[275]) Einleitung in die techn. Mikroskopie, Wien 1867, S. 99 bis 100.

bemerkenswerte Beobachtungen gemacht worden. Vor allem hat das genaue Studium der quellenden Zellwand neue Strukturen erschlossen und vor allem den lamellaren Aufbau der Zellmembran dargetan. Schon Balls hat über konzentrierte Ringe im Aufbau der Zellwand berichtet[276]). Ich konnte dieselbe Erscheinung an in Äthylendiamin-Kupfer gequollenen Fasern mit aller Deutlichkeit nachweisen[277]) (siehe Abb. 16, S. 30). Diese konzentriert angeordneten Lamellen sind ihrerseits aus Fibrillen aufgebaut, welche aber erst nach eingreifenden chemischen Behandlungen sichtbar werden. Wiesner hat schon auf den Zerfall der Zellwand nach z. T. hydrolytischen, z. T. oxydativen Einflüssen in Fibrillen aufmerksam gemacht[278]). Später hat Lüdtke[279]) an Kieferntracheiden, auch an der Bambusbastfaser nach vorausgegangener Behandlung mit Chlorwasser und darauffolgender partieller Acetylierung mit Essigsäureanhydrid und H_2SO_4 in Eisessig denselben Zerfall der Zellwand festgestellt. Dieselbe Erscheinung wurde auch von anderer Seite beobachtet, so daß die Existenz dieser Zerfallsprodukte nicht als zufällig bezeichnet werden darf, sondern diese als normale Aufbauelemente der vegetabilischen Zellwand angesehen werden müssen. Wir können daher annehmen, daß die oben gekennzeichneten Lamellen aus derartigen Fibrillen bestehen.

Die Fibrillen sind aber nun keineswegs die letzten mit unseren optischen Hilfsmitteln wahrnehmbaren mechanischen Zerfallsprodukte. Wir wissen aus den Arbeiten Wiesners (loc. cit.), daß die Fibrillen sich durch bestimmte chemische Eingriffe noch weiter in feine Korpuskeln von rundlicher Gestalt unterteilen lassen, die Wiesner mit dem Namen „Dermatosomen" bezeichnet hat. Es sind die letzten mikroskopisch erfaßbaren Zerfallsprodukte der Zellwand, und zwar sind es kaum Hydrolysenprodukte, als welche sie von Frey-Wyssling[280]) bezeichnet werden; dagegen spricht die auffällig gleichmäßige Form und Größenordnung dieser Dermatosomen[281]). Schon Farr[282]) konnte dieselben im photographischen Bild erfassen.

Wenn wir nun in der Unterteilung noch weiter gehen, so kommen wir aus dem Bereich der mikroskopischen Betrachtungen heraus in das submikroskopische Gebiet, das uns wohl noch allenfalls die Existenz von Teilstücken dieser Dermatosomen verrät, deren Form aber nicht mehr zu differenzieren gestattet.

Wir dürfen nun, schon mit Rücksicht auf die verhältnismäßig hohe Reißfestigkeit der Baumwollfaser annehmen, daß alle die oben gekennzeichneten Baustücke der Zellwand nicht in losem Verband gelagert, sondern untereinander durch eine Kittsubstanz verbunden sind. Eine solche Kittsubstanz

[276]) Proceedings of the Royal Soc. of London. Vol. 90, 542 bis 544. Cellulosechemie 1931, 98.

[277]) Helv. Chim. acta *16*, 388 (1933), Taf. 2, Fig. 5.

[278]) Elementarstrukturen, Wien 1892, S. 161.

[279]) Submikroskopische Morphologie des Protoplasmas und seiner Derivate, Berlin 1938, S. 280.

[280]) Vgl. Angew. Chemie *53*, 154 (1940).

[281]) Vgl. Schweizer Archiv *14*, 369 (1948).

[282]) Vgl. Angew. Chemie *53*, 154 (1940).

wurde schon früher für die Verhältnisse angenommen[283]), und meine Beobachtungen[284]) lassen ebenfalls die Existenz einer solchen Kittsubstanz vermuten. Das chemische Verhalten läßt darauf schließen, daß diese Substanz chemisch der Cellulose sehr nahe steht; alle bekannten Cellulosereaktionen sind positiv, keineswegs aber darf sie als zu den Pektinkörpern zugehörig angesehen werden. In diesem Zusammenhang darf wohl an das erinnert werden, was von Nägeli[285]) vor langen Jahren zur Veranschaulichung des micellaren Aufbaues der „organisierten" Substanzen ausgesagt hat, „die regelmäßige Form und Anordnung beschränkt sich auf die Micellen der einen Substanz (der kristallinen), indem die der andern unregelmäßig in die Interstitien eingelagert sind, etwa wie der Mörtel zwischen die Steine eines Mauerwerkes", wobei, um bei dem Bilde zu bleiben, betont wird, daß die Substanz von Baustein einerseits und Mörtel andererseits chemisch verschiedene Substanzen darstellen, welche durch Lösungsmittel voneinander getrennt werden können.

Wir dürfen auf Grund aller Feststellungen die Baumwollzellwand nicht als eine histologisch und chemisch einheitliche Substanz ansehen. Schon daß die Möglichkeit besteht, mit Quellungsmitteln beispielsweise den lamellaren Aufbau der Membran aufzudecken, ist ein Hinweis darauf, daß die Schichtungen offenbar recht verschiedenes Quellungsvermögen besitzen. Wahrscheinlich sind die im mikroskopischen Bild zutage tretenden Schichtungen die Träger der Fibrillen bzw. der dieselben aufbauenden Dermatosomen, wobei die dazwischen liegende Substanz die quellbare, oben erwähnte Kittsubstanz darstellen würde. Schon die Anwesenheit solcher, mit verschiedenem Quellungsvermögen ausgestatteten Schichten in der Zellwand, müssen die Diffusionsvorgänge, die sich während des Färbens der Gespinstfasern abwickeln, zweifellos beeinflussen.

Neben dem feinstrukturellen Aufbau der Gespinstfasern spielt nun beim Zustandekommen der Färbung der Zustand des Farbbades eine bedeutende Rolle. Wir wollen es bei dieser Betrachtung bei den substantiven Farbstoffen, welche ohne jede Vorbereitung des Substrates eine Färbung vermitteln, bewenden lassen, weil diese Gruppe zwar nicht zur wichtigsten, wohl aber zu der am einfachsten anzuwendenden Gruppe der zur Färbung der Baumwolle geeigneten Farbstoffe gehört.

Über ihren Zustand in wässeriger Lösung, wie sie zur Färbung verwendet wird, sind wir weitgehend informiert. Wir wissen, daß sie keine echten, molekulardispersen Lösungen bilden, sich vielmehr in wässeriger Lösung in kolloidem Zustande befinden. Bei der Dialyse passieren sie die halbpermeable Wand nur sehr langsam, unvollständig oder gar nicht, die Diffusion in Gelatinegallerte ist recht gering, im Ultramikroskop erweisen sie sich als heterogen, sie lassen sich aus ihren Lösungen mit Elektrolyten mehr oder weniger vollständig aussalzen. Wir müssen sie in ihren Lösungen als polydispers ansehen, d. h. die Teilchen des Farbstoffes, die disperse Phase, zeigt

[283]) Vgl. Kratky, Micellarer Aufbau von Cellulose und ihrer Derivate. Angew. Chemie *53*, 154 (1940).

[284]) Schweizer Archiv *14*, 368 (1948).

[285]) V. Nägeli und Schwendener „Das Mikroskop", Leipzig 1877, S. 425.

keine einheitliche Größenordnung, sondern schwankt zwischen sehr hoch und sehr niedrig dispersen Anteilen. Das ist das Bild der substantiven Farbstoffe in Lösung im allgemeinen; nun gibt es aber Spezialfälle, welche aus dem allgemeinen Rahmen fallen, bei denen abweichende Verhältnisse zu finden sind. Wir finden hier z. B. Farbstoffe wie Erika, das bei der Dialyse sehr erhebliche Mengen Farbstoff in das Außenwasser entläßt, ähnlich verhält sich Primulin, wieder andere, wie beispielsweise das Diaminblau 3R, zeigen ein Verhalten, das zwei disparate Dispersionen des Farbstoffes in Lösung verrät, eine sehr hohe und eine sehr niedere, so daß man den Farbstoff sowohl zum Färben von vegetabilischem Material als auch zur Färbung von Wolle verwenden kann; im ersten Fall erhält man eine blaue, im zweiten eine korinthrote Färbung. Beide Dispersionen lassen sich durch Chromatographie restlos erfassen[286]).

Vorbedingung für die Erzeugung des Färbeeffektes mit substantivem Farbstoff ist die mehr oder weniger ausgeprägte Quellbarkeit der Substrate. Das Dispersionsmittel des Farbstoffs, normalerweise Wasser, muß in die Faser eindringen können und auf diesem Wege die disperse Phase, den Farbstoff, mitnehmen. Wenn wir uns die Anschauung v. Nägelis vergegenwärtigen, so dringt das Quellungsmittel von außen in die Faser ein und beginnt die Quellung in den Micellarinterstitien, wobei die als Krystallite angenommenen, unquellbaren Micellen bis zu einer bestimmten Entfernung auseinanderweichen. Es ist unter diesen Umständen verständlich, wenn Farbstoffteilchen von sehr hoher Dispersität ins Innere der Faser dringen, während wohl der in viel niedrigerer Dispersität sich in Lösung befindliche Hauptanteil des Farbstoffs wohl sehr rasch beim Aufprallen auf die Wand der ersten Lamelle zurückgehalten wird. Man muß es daher verstehen, wenn man durch entsprechende Untersuchungen, auch durch Modellversuche, beispielsweise mit Gelatinegallerten, stets finden wird, daß sich Farbstoff in der äußersten Schicht der Faser nachweisen läßt. Ein weiteres Eindringen wird wohl nicht allein von den Lamellen der Zellwand verhindert, sondern zweifellos auch von der diese einhüllenden Kittsubstanz, welche wohl quellbarer als die Substanz der Lamelle selbst ist.

Wir wissen, daß wir die Färbbarkeit der Baumwolle in substantiven Farbstoffen weitgehend verhindern können, wenn wir dieselbe gewisser Veresterungs- oder Verätherungsprozessen unterwerfen, welche die Quellbarkeit der Faser aufheben. Beispiele dafür sind die Immuncellulosen, die Passivcellulosen und die Cyanurcellulose, von denen einzelne lediglich an der Oberfläche der Faser beeinflußt sind. Nach der Veresterung zeigen sie noch so lange Färbevermögen, als sie noch naß sind, im trockenen Zustande tritt erst die Immunität gegen Färbung hervor[287]). Es wird dies von Rheiner (loc. cit.) dahingehend erklärt, daß in noch nassem Zustande die Micellarinterstitien der Faser noch mit Quellungsmitteln erfüllt seien und so den Farbstoffteilchen, wenn auch nur in die äußersten Schichten der Zellmembran Zutritt gewährten. In trockenem Zustande seien diese Räume geschlossen,

---

[286]) Mell. Textilberichte 1941, 81.

[287]) Helv. Chim. acta *24,* 90 (1941).

um dadurch nunmehr unquellbar zu werden. Diese Erklärung des Verhaltens der immunisierten Fasern bei der Färbung ist nur relativ für den größten Teil der substantiven Baumwollfarbstoffe zutreffend, nicht aber für einzelne, wie Primulin, Erika und Diaminblau 3 R, die den Farbstoff zum Teil in außerordentlich hoher Dispersität, vielleicht sogar molekulardispers enthalten. Bei allen derartigen Produkten wird die Immunität keine vollständige sein. Wir werden aber an der Notwendigkeit der Quellung zur Erzielung des Färbeeffektes irre, wenn wir vernehmen, daß auch Substanzen, wie beispielsweise Bariumsulfat und Aluminiumoxyd[288]), die unquellbar sind, sich unter Umständen auch intensiv färben; ich erinnere bei dieser Gelegenheit an die Chromatographie. Hier bestreitet den Färbeeffekt einzig und allein die äußere Auflagerung des Farbstoffs, welche durch Adsorption allein zustande kommt; an chemische Bindung von Substrat und Farbstoff ist naturgemäß nicht zu denken.

Wenn wir aber die Polydispersität der substantiven Baumwollfarbstoffe in Lösung berücksichtigen, so braucht uns das oben gekennzeichnete Verhalten von Bariumsulfat keinenfalls als Widerspruch gegen die Bedingung der Quellbarkeit für die Erzeugung des Farbeffektes zu erscheinen, denn auch die Baumwollfärbung verdankt den überwiegenden Teil ihrer Intensität der Adsorption und bleibt auf der Oberfläche der Faser mit derselben verbunden. Derartige Verhältnisse studiert man am besten an Modellversuchen, z. B. mit Hilfe einer der geeignetsten Behelfe für solche Zwecke, der Schleicher-Schüllschen Dialysierhülsen. Dialysiert man die Lösung eines substantiven Farbstoffs, am einleuchtendsten erkennt man die Verhältnisse bei Diaminblau 3 R, bei Färbebadtemperatur von 70 bis 80° C etwa eine Stunde lang, wäscht die Hülse gründlich aus und untersucht nun Querschnitte durch die Hülsenwand unter dem Mikroskop, so erkennt man deutlich, daß die äußerste Schicht der Pergamentmembran allein blau gefärbt ist, daß aber der Anteil an hochdispersem Farbstoff über die blaue Zone in die Hülsenwand eingedrungen ist. Das geringere oder kräftigere Eindringen des Farbstoffes in die Zellwand ist daher eine Funktion seiner Dispersität in Lösung. Nebenbei sei nur noch bemerkt, daß etwa 95% der Hülsenwand überhaupt vollkommen ungefärbt geblieben ist (Abb. 35).

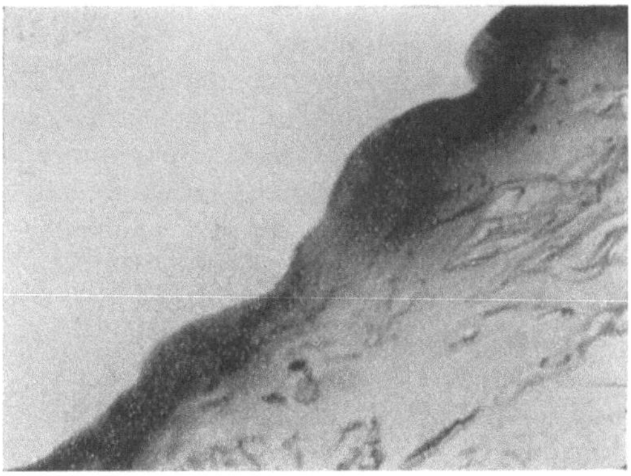

Abb. 35. Diaminblau 3 R. Schnitt durch eine Dialysierhülse.

---

[288]) Beiträge zur Kenntnis der Adsorptionsverbindungen. Koll. Zeitschr. *22*, 113 (1918).

So wie bei der als Modell dienenden Pergamenthülse sind auch die Verhältnisse bei der pflanzlichen Zellwand, auch hier spielt die Intussuszeptionsfärbung eine gegenüber der Appositionsfärbung völlig untergeordnete Rolle, aber sie ist nachweisbar vorhanden.

In diesem Zusammenhang wird es wohl von Interesse sein, eine Faser auf ihr Verhalten zu substantiven Farbstoffen zu prüfen, die eine Feinstruktur, wie wir sie bei der nativen Faser kennengelernt haben, nicht besitzt, so bei den auf Cellulosebasis aufgebauten Kunstfasern, z. B. der Viskosekunstseide. Hier fehlt der lamellare Aufbau, es fehlen hier die Fibrillen, wenigstens sind sie bei der Quellung dieser Faser niemals beobachtet worden. Da diese Strukturelemente möglicherweise fehlen, so entbehren solche Fasern auch einer Kittsubstanz, sind also um vieles homogener aufgebaut als die nativen Fasern, so daß bei der substantiven Färbung auch alle die oben gekennzeichneten Widerstände wegfallen, welche sich dem Vordringen der Farbstoffteilchen in die Faserwand entgegenstellen, dasselbe verlangsamen oder gänzlich verhindern.

Um aber ein Analogon der durch Karbonisation erhaltenen Fragmente nativer Faser zu erhalten, habe ich Viskosekunstseide, entsprechend behandelt, untersucht. Eine Karbonisation mit syrupöser Phosphorsäure kommt nicht in Frage, da die ganze Substanz in Lösung geht, bleibt nur die Karbonisation mit Salzsäure, die ein gelbliches Produkt liefert. Quillt man nun diese Fragmente in Äthylendiamin-Kupfer, so erkennt man in der quellenden Faser eine Längsfaserung, die aber rasch beim Fortschreiten des Lösungsvorganges verschwindet.

Bemerkenswert ist der Vorgang, der sich bei der vorher in Jod, Jodkali, und nach Abpressen mit Filtrierpapier, mit Schwefelsäure von 1,535 spez. Gew. behandelten karbonisierten Faser abspielt. Die an sich dunkelbraun gefärbten Faserfragmente entlassen in die umgebende Schwefelsäure Ströme feiner, scheinbar kugeliger Teilchen von dunkler Färbung neben einem weiteren Anteil farbloser kugeliger Partikel. Die karbonisierte Kunstseidenfaser zerfällt also unter den geschilderten Verhältnissen nicht in Fibrillen, sondern ohne weiteres in scheinbar kugelige Körperchen ziemlich einheitlicher Größenordnung, von denen aber nur ein Teil die Cellulosereaktion zeigt. Die noch nicht zerfallenen, durch die Karbonisation erhaltenen Faserbruchstücke zeigen in Jod, dann Schwefelsäure, im Gegensatz zu jenen der aus den nativen Baumwollfasern erhaltenen, nicht die indigoblaue Cellulosereaktion, bleiben vielmehr dunkelbraun gefärbt. Diese feinen Körnchen scheinen nun recht widerstandsfähig gegen die Wirkung der Schwefelsäure zu sein, denn sie erfüllen noch lange nachdem die Bruchstücke, denen sie entstammen, verschwunden sind, das Gesichtsfeld des Mikroskops. Man erkennt an der ausbleibenden Cellulosereaktion mit Jod, dann mit Schwefelsäure, daß durch die Karbonisation der Abbau der Fasersubstanz viel weiter gegangen ist als bei der nativen Faser. Fehlen wird naturgemäß auch die in der nativen Faser normalerweise vorhandene Kittsubstanz, welche ihrem Cellulosecharakter gemäß von der Xanthogenierung zweifellos miterfaßt wurde und später beim Weiterverarbeiten der Viskose in Lösung gegangen ist. So werden alle

Strukturelemente der Cellulose desorganisiert, wobei vermutlich die ursprünglichen langen Glukoseketten vom Polymerisationsgrad von ca. 2.500 auf einen solchen von 1.000 bis 1.400 reduziert werden. Welcher Art die nach der Karbonisation der Viskosekunstseide und Behandlung mit Jod dann Schwefelsäure von 1,535 spez. Gew. zurückbleibenden kleinen Teilchen sind, ihren Cellulosecharakter scheinen sie erhalten zu haben, ist noch ungeklärt. Bemerkenswert ist die schon oben hervorgehobene Widerstandsfähigkeit gegen konzentrierte Schwefelsäure.

Ich habe, um über die Form dieser Korpuskeln Gewißheit zu erlangen, dieselben bei etwa 900-×-Vergrößerung untersucht und gefunden, daß es keine kugeligen Gebilde sind, sondern Teilchen von recht ungleicher Form; um einen Vergleich zu nennen, ähnlich der Form der Querschnitte nativer Baumwollfasern. Diese Teilchen lagern sich mit der Zeit zu ungleichmäßig geformten Konglomeraten zusammen.

Bei diesem Sachverhalt ist es auch keineswegs überraschend, wenn die in substantiven Farbstoffen gefärbten Kunstseidenfasern ein von den nativen Fasern verschiedenes Bild zeigen. Wir stellen bei Färbungen in Kongorot eine ausgesprochene Intussuszeptionsfärbung fest, im Gegensatz zu den bei nativen Fasern vorwiegenden Appositionsfärbungen, was besonders drastisch in Erscheinung tritt, wenn die Fasern mit Quellungsmitteln behandelt werden.

Um noch kurz auf das Verhalten von Bastfasern, Flachs, Hanf und Ramie bei der Färbung in substantiven Farbstoffen zurückzukommen, so sind hier die Vorgänge infolge des komplizierten strukturellen Aufbaus noch verwickelter. Wir wissen, daß diese Art von Fasern aus einzelnen Zellen aufgebaut sind, von denen jede einzelne in ihrem Feinbau dem der Baumwollfaser nahesteht. Außerdem kommt hier noch die Substanz dazu, welche die einzelnen Zellen in ihrem Verbande zusammenhält, die wir unter dem Namen Mittellamelle zusammenfassen und die aus Cellulose als Gerüstsubstanz, in welche cellulosefremde Körper, vorzugsweise Pektinsubstanzen adsorptiv eingelagert sind, besteht (siehe Abb. 20, S. 44)[289]. Durch diese Ineinanderschaltung von Lamellen verschiedenartigsten Charakters werden die Diffussionsverhältnisse während der Färbung begreiflicherweise intensiver beinflußt wie bei der Baumwollfaser. Den Teilchen des Farbstoffes in Lösung stellen sich hier bei ihrem Bestreben, in die Fasersubstanz einzudringen, noch weitere Barrieren entgegen als bei der Baumwollfaser, die Färbung muß daher, soweit es sich um Intussuszeptionsvorgänge handelt, noch unvollkommener sein als bei der Baumwollfaser.

Die Untersuchung in Kongorot gefärbter Ramiefaser bestätigt diese Annahme durchaus. Bei der Quellung kongorot gefärbter Ramiefaser erkennt man zu 95% Appositionsfärbung der technischen Faser; die Zellwände der quellenden Bastfaserzellen sind kaum rosa gefärbt, veranlaßt vermutlich von den in amikronischer Dispersion in dem Färbebad enthaltenen Farbstoffanteile.

[289]) S. S. Die Mittellamelle ist durch Färbung in Cassiusschem Gold purpur kenntlich gemacht; man erkennt wie diese Mittellamelle zwischen den einzelnen Bastfaserzellen verläuft.

Noch deutlicher treten die Verhältnisse in Erscheinung, wenn kongorot gefärbte Ramiefaser mit Schwefelsäure von 1,535 spez. Gew. behandelt wird. Es lösen sich sofort von der Oberfläche der technischen Faser blaue Wolken von Kongorotsäure ab, wogegen die Wände der nun rasch quellenden Bastfaserzellen völlig farblos erscheinen.

IV. Der Zeugdruck.

A. Geschichte und Entwicklung des Zeugdrucks.

Eine Geschichte des Zeugdrucks ist bisher noch nicht geschrieben worden; es ist dies besonders auffallend, da wir die Färberei schon verhältnismäßig früh behandelt sehen. In der „Geschichte der Färberkunst" von Bischoff[290]) haben wir wohl den ersten Versuch einer derartigen historischen Behandlung eines Gewerbes zu erblicken. Der einzige, der sich schon vor längerer Zeit an eine solche nicht leichte Aufgabe machte, war v. Kurrer, der im Jahre 1840 eine Geschichte des Zeugdrucks schrieb, in welcher er auch die dazu nötigen Maschinen und Hilfswerkzeuge behandelte. Das Buch scheint nur in einer einzigen Auflage erschienen zu sein; eine zweite Auflage war vorbereitet, ist aber meines Wissens nie erschienen. Die erste Auflage ist den „würdigen Koryphäen der Druck- und Färbekunst in Großbritannien, Frankreich und Deutschland — Walter Crum in Glasgow, Daniel Koechlin-Schouch in Mülhausen, Eduard Leitenberger in Reichstadt (später Cosmanos) und James Thomson in Nimrose" — gewidmet.

Bedauerlicherweise hat v. Kurrer der Periode vor 1700 nur wenig Raum gewidmet; seine Arbeit behandelt die neuere, nachmittelalterliche Zeit. Eine kurze Übersicht über die Entwicklung des Kattundrucks seit der Erfindung der künstlichen Farbstoffe hat seinerzeit Nölting veröffentlicht[291]). Die moderne Ätztechnik mit Hilfe der stabilisierten Hydrosulfite ist in der genannten Übersicht schon berücksichtigt.

Eine sehr ergiebige Fundgrube für die Geschichte des Zeugdrucks ist der Beitrag von Dr. Adolf Jenny in Ennenda im Jahrbuch des historischen Vereins Glarus, Heft 34, betitelt: „Handel und Industrie des Kanton Glarus". Wenn auch die darin gemachten Angaben im besonderen die Entwicklung des Zeugdrucks im Kanton Glarus berücksichtigen, so findet man darin doch eine große Zahl von außerordentlich wertvollen Hinweisen, die Materie im allgemeinen betreffend.

Im Jahre 1917 hat Herr Dr. Tagliani in der Lehneschen Färber-Zeitung[292]) eine kleine Abhandlung über die Entwicklung des Kattundrucks in Italien veröffentlicht, die in der Einleitung auch die ältesten Perioden dieser Industrie berücksichtigt. Aus der Arbeit geht mit aller Deutlichkeit hervor, welchen hervorragenden Anteil die schweizerischen, besonders die

[290]) Stendal, bei D. E. Franzen und Grosse 1780.

[291]) Zeitschr. für angew. Chemie *25*, 1601 (1912).

[292]) *28*, H. 7 und 8 (1917).

Glarner Textilindustrie an der Entwicklung des Zeugdrucks in Italien genommen hat.

Die örtliche Illumination von Geweben ist uralt, dafür fehlt es keineswegs an Anhaltspunkten. Gräberfunde in Ägypten und Arabien haben dies unzweifelhaft dargetan. Forrer berichtet unter anderem in seinem Werk „Der Zeugdruck der byzantinischen, romanischen, gotischen und späteren Kunstepochen", daß unzweifelhaft Apparate aufgefunden worden seien, welche höchst wahrscheinlich als Druckmodelle für Textilveredlung angesprochen werden müßten.

Wer weiß, ob das, was Plinius über die Herstellung von verschiedenfarbigen Effekten auf Tüchern mitteilt, nämlich, daß in Ägypten mehrfarbige Gewebe in der Weise hergestellt würden, „daß man farbenlose Substanzen stellenweise auftrage", sich nicht auf die Anwendung solcher Model bezieht? Es ist dies das einzige Dokument aus jener Zeit, das uns möglicherweise Zeugdruckoperationen überliefert, was eigentlich überrascht, da Plinius sonst häufig über Farbstoffe und Färberei berichtet[293]). Was der weiße und was der schwarze Alaun war, mit dem angeblich die verschiedenfarbigen Effekte erzielt wurden, geht aus den Angaben nicht hervor, es scheint nur, daß ersterer für helle und glänzende Farben, letzterer für braune und dunkle Farben gebraucht wurde[294]). Außerdem sollen diese auf Wolle angewendet worden sein, das offenbar örtlich gebeizte bzw. gefärbte Gewebe wird also Wolle gewesen sein. Daß ein Tonerdesalz eine Rolle gespielt hat, erscheint unzweifelhaft, vielleicht auch ein Eisen- oder Kupfersalz, Chrom kann nicht in Frage kommen, da dasselbe erst 1766 aufgefunden wurde[295]), möglicherweise waren aber Verbindungen des Chroms damals schon bekannt.

Lange Zeit ist nun über den Zeugdruck nichts Authentisches zu erfahren; es begann der Verfall des Römerreiches, dann die Völkerwanderung, und erst im 14. Jahrhundert erhalten wir wieder Nachricht von Zeugdruckartikeln und ihrer Herstellung durch das Buch eines gewissen Cennino Cennini, „Trattato della Pittura", das heute nur noch in einer Abschrift vorhanden ist, sich aber zur Hauptsache, wie schon der Name sagt, mit der Technik der Malerei befaßte.

Der Inhalt dieses Buches ist für uns insofern interessant, als der Verfasser zum ersten Male über die Art, örtliche Färbungen auf Geweben zu erzeugen, genaue Anleitungen gibt. Er beschreibt hier den Ölfarbendruck mit Modeln und gibt auch die Pigmente an, welche damals im Gebrauch waren, Safran, Ruß, Rotholz, Grünspan, Mennige, Zinnober, Indigo, Saflor, welche mit Leinölfirnis unter Zugabe von Leim angerieben wurden.

Ein aus dieser Zeit stammendes Stück Leinwand findet sich zum Teil in Basel, zum anderen Teil im schweizerischen Landesmuseum in Zürich. Es heißt nach seinem Fundort „die Tapete von Sitten", ist aber zweifellos ein Altarvorhang gewesen. Die Figuren sind wahrscheinlich einerseits mit Ruß und andererseits Rötel unter Anwendung von Leinölfirnis mit einem Model

[293]) Bancroft, Neues englisches Färbebuch 1817, I, S. 179.

[294]) Bancroft, Neues englisches Färbebuch I, S. 8.

[295]) Kopp, Geschichte der Chemie, IV, 81.

auf Leinwand gedruckt. Reinking hat über diesen Gegenstand eingehend berichtet[296]).

Wir erkennen aus diesen Funden deutlich, daß es nicht die Buchdruckerkunst war, welche den Anstoß zum Ölfarbendruck auf Geweben gegeben hat. Letzterer ist weit älter, doch sind immerhin mögliche Zusammenhänge nicht genügend geklärt.

Die Kunst des Ölfarbendrucks mag wohl noch eine ganz lange Zeit ausgeübt worden sein, als Ereignisse eintraten, welche auch für die Entwicklung des Zeugdrucks von ganz gewaltiger Bedeutung werden mußten. Im Jahre 1650 begannen die Holländer ihre Kolonisation in Indien und wurden dort mit bisher unbekannten Techniken, Zeuge zu illuminieren, bekannt. Der Batikartikel, eine uralte indische Kunst, erschloß ihnen dort neue Möglichkeiten der Zeugveredlung, und es ist sicher, daß aus den Kombinationen der Batiktechnik mit der des Ölfarbendrucks, der moderne Zeugdruck seinen Ausgang genommen hat. Man begann zweifellos in Holland, die Wachsreservemethode mit Hilfe von Modeln auszuführen, ein Verfahren, das in einzelnen Unternehmungen des Kantons Glarus in der Schweiz auch heute noch ausgeübt wird. Während wir also in Holland, dann später in England, Deutschland und der Schweiz eine eigentliche Zeugdrucktechnik, also die Übertragung von illuminierenden oder reservierenden Substanzen mittels eines Models auf das Gewebe feststellen können, finden wir, daß die entsprechende Technik im Fernen Osten, Indien, Java und Japan wohl auch China von einer eigentlichen Drucktechnik vollkommen verschieden ist. Model sind dort nicht im Gebrauch; die Effekte werden durch ausgesprochene Reservemethoden, also durch Verhinderung der Anfärbung erzeugt. In Japan dienen diesem Zweck Schablonen; auf Java ist es ausgesprochene Handarbeit durch Ausgießen von geschmolzenem Wachs aus kupfernen Kännchen auf die zu reservierenden Partien des Gewebes. Im letzteren Falle wird nicht einmal ein vorgebildetes Muster übertragen, während mit den Schablonen die Figur, die reserviert werden soll, im ersten Falle schon aus dem Schablonenmaterial herausgearbeitet ist. Der javanische Batikartikel ist, gerade weil er an keine vorgebildeten Muster gebunden ist, die individuellste und daher in künstlerischer Hinsicht die vollendetste Zeugveredlung. Da diese letzten Techniken zweifellos nicht unmittelbar als die Vorläufer unseres Zeugdrucks zu betrachten sind, werden wir uns mit denselben nicht näher befassen.

Nun ist auf einen weiteren Umstand hinzuweisen, der für den Zeugdruck bedeutende Entwicklungsmöglichkeiten in sich schloß. Was bisher an bedruckten Geweben bekannt wurde, waren solche aus *Leinwand*. Dieses Material stand nicht in unbegrenzten Mengen zur Verfügung, und lag daher im Preis ziemlich hoch. Im Jahre 1430 erfahren wir zunächst in England vom Handel mit neuen Gespinsten aus *Baumwolle*. Diese war zwar längst bekannt, Herodot berichtet darüber schon 408 v. Christi, Plinius im Jahre 79, als er diese Faser in Ägypten angetroffen hatte. Im 10. Jahrhundert bringen die Araber die Baumwolle nach Spanien, und im Jahre

[296]) Mell. Textilberichte 1926, H. 6.

1590 werden schon Baumwollgewebe von Guinea nach London eingeführt. Später, im 17. Jahrhundert, begann, eingeführt durch englische Kolonisten, die systematische Kultur der Baumwolle in Amerika.

Dadurch war ein Gespinst bald Allgemeingut geworden, das vor allem gegenüber dem Leinengewebe wesentlich billiger zu beschaffen war, und es war selbstverständlich, daß der Zeugdruck auch bald auf baumwollenen Geweben angewandt wurde, und nun auch den unbemittelten Klassen bedruckte Kleider zur Verfügung standen.

Daß diese Gewebe zunächst aus ostindischem Material hergestellt waren, darauf scheint der auch heute noch gebräuchliche Name *„Indienne"* hinzudeuten.

Den *Beginn des eigentlichen Baumwoll-Kattundrucks* in Europa müssen wir nach Holland ins Jahr 1678 verlegen, wo ein gewisser Jakob ter Gouw in Amsterdam die erste Zeugdruckerei gründete. Den Holländern standen die Kenntnisse über die in Java ausgeübten Batiktechniken zur Verfügung und es ist, wie schon oben hervorgehoben, unzweifelhaft, daß aus der Verschmelzung des in Europa bereits ausgeübten Ölfarbendrucks mit der indischen Technik sich der moderne Zeugdruck entwickelte. Man begann, das Wachs oder andere Schutzpappe nicht mehr mit Kännchen oder Pinsel auf die Gewebe aufzutragen, sondern mit Modeln, aus denen die Muster in Relief herausgearbeitet waren. Nach England kam dann die Kenntnis dieser neuen Druckverfahren durch Holländer, welche infolge der religiösen Verfolgungen durch die Spanier nach England flüchteten. Merkwürdig ist nur, daß England das Land wurde, in welchem sich der Übergang des Zeugdrucks von der Handarbeit zur maschinellen Ausführung vollzog. Reinking, der sich eingehend mit der Materie befaßt hat, scheint allerdings auf Grund von Angaben in einem im Jahre 1701 erschienenen Sammelwerk von Glorez in Mähren, die primitivsten Anfänge des maschinellen Zeugdrucks nach Sachsen zu verlegen[297]).

Auch aus der Schweiz haben wir sehr früh Meldungen von Zeugdruckindustrien. Daß sie im Kanton Glarus recht alt sind, ist bekannt, und daß besonders von dort aus später viele derartige Industrien im Auslande gegründet wurden, lehrt uns die Geschichte des Zeugdrucks in Österreich, wo beispielsweise Gebr. Enderlin in Traun von ausgewanderten Glarnern, Neunkirchen von ausgewanderten Neuenburgern gegründet wurde. Die heute hochentwickelte Druckindustrie in Italien ist nahezu restlos von Schweizern, besonders Glarnern, gegründet worden. Fratte di Salerno, Novarra, de Angeli-Frua in Mailand und besonders die Industrien in Bergamo wurden von Schweizern gegründet, die auch heute noch vereinzelt in ihrem Besitze sind.

Bemerkenswert und nicht allgemein bekannt ist, daß die große Koechlin-Baumgartnersche Manufaktur in Lörrach ebenfalls eine Schweizer Gründung ist. Im 18. Jahrhundert bewarb sich nämlich ein gewisser Küpfer aus Bern, er hatte in Holland Bekanntschaft mit der Zeugdruckerei gemacht, um eine Zeugdruckkonzession in Bern selbst, die ihm auch erteilt wurde.

---

[297]) Mell. Textilberichte 1928, H. 6.

Er beteiligte sich aber dann an der sogenannten Henzi-Verschwörung zum Zwecke des Sturzes der Patrizierregierung und wurde mit vielen anderen, nach dem Mißlingen der Aktion zum Tode verurteilt. Weil er aber ein um die Stadt Bern sehr verdienter Mann war, wurde er zu lebenslänglicher Verbannung verurteilt, ging nach Lörrach und gründete dort eine Zeugdruckerei, welche auch die Unterstützung des Markgrafen von Baden fand.

Daß der Zeugdruck im Kanton Bern überhaupt einen bemerkenswerten Bestandteil der früher blühenderen Baumwollindustrie ausgemacht hat, geht aus der interessanten Arbeit von Dr. jur. F. Schwab „Die industrielle Entwicklung der Stadt Biel 1918" hervor, woraus zu entnehmen ist, daß ein Franzose J. de Luze, der Begründer der neuenburgischen Indienneindustrie, im Jahre 1690 schon eine Druckerei in Biel errichtet hat. Nach Forrer soll dies aber erst 1690 gewesen sein, was wohl richtiger sein dürfte. Möglicherweise kann auch die Bieler Industrie ein Ableger der damals blühenden Genfer Zeugdruckerei gewesen sein. Im Jahre 1784 übernahm dann Henri François Verdan die inzwischen in Schwierigkeiten geratene Indiennefabrik. Merkwürdigerweise stammen die Kenntnisse der Familie Verdan aus einer Zeugdruckerei aus Portugal, wo ein Bieler, David Schwab, schon 1781 eine Indiennefabrik betrieb. In den Jahren 1807 bis 1808 soll die Druckerei allein 500 Arbeiter beschäftigt haben; heute ist von alldem keine Spur mehr vorhanden.

In Genf wurde die erste Zeugdruckerei 1698 von Daniel Vasserot gegründet, 1706 bis 1728 kamen zwei neue dazu, 1701 wurde diese Industrie in Zürich eingeführt, seit 1774 in Winterthur, Herisau, St. Gallen, im Aargau und im Thurgau. 1740 zieht die Zeugdruckerei im Kanton Glarus ein, wo sie außer im Kanton Zürich, Appenzell und St. Gallen, auch heute noch besteht.

Was nun die maschinelle Entwicklung der Zeugdruckerei anbelangt, d. h. zunächst die Nachahmung der Handarbeit, so hat uns auch hier wieder Reinking mit den diesbezüglichen historischen Unterlagen vertraut gemacht, allerdings vorzüglich in bezug auf die Entwicklung der Walzendruckmaschine.

Hinsichtlich der maschinellen Imitation des Handdrucks machte auch hier die Entwicklung verschiedene Stadien durch. Zunächst erleichterte man sich die Arbeit durch Konstruktion eines beweglichen Drucktuches, welches mechanisch bewegt, die Farbe einem Trog entnahm, wobei eine Rakel den Überschuß der Farbe abstrich. Damit wurde dem Drucker das Verstreichen der Farbe auf dem Chassis erspart und schon dadurch rascheres Arbeiten ermöglicht.

Von Dupasquier in Neuenburg (Schweiz) wurde durch mechanisches Verstreichen der Druckfarbe statt mit Bürste von Hand durch ein mechanisch bewegtes hölzernes Lineal, das je nach Stellung mehr oder weniger Farbe auf dem Chassis beließ, eine Verbesserung erzielt.

Ein wesentlicher Fortschritt war es, als Perrot im Jahre 1834 die nach ihm benannte „Perrotine" in die Zeugdruckpraxis einführte. Die damalige Maschine war keineswegs so vollkommen wie die modernen Perrotinen, mit denen vier Farben gedruckt werden können, doch gestattete sie eine wundervolle Imitation des Handdrucks durch genaueste maschinelle Nachahmung der Handarbeit. Das Chassis wurde automatisch mit der Druckfarbe bestrichen und das sich hin und her bewegende Reliefmodel entnahm demselben ebenso regelmäßig die Druckfarbe. Später, 1844, bildete Perrot seine Maschine zum vierfarbigen Druck aus. Die großen Vorteile, welche der Handdruck gegenüber dem Walzendruck aufweist, die gegenseitige Unbeeinflußbarkeit der Farben, war restlos auch auf die Perrotine übertragen worden; dabei konnte die Produktion infolge der zwar an sich intermittierenden, aber als ganzes doch kontinuierlichen Arbeit wesentlich gesteigert werden. Sehr wichtig war auch die Möglichkeit des zweimaligen Abschlagens auf der Perrotine, d. h. das zweimalige aufeinanderfolgende Auftragen der Farbe an derselben Stelle, was besonders für den Reservedruck unerläßlich war, ein Vorteil, den bis zum Filmdruck keine andere mechanische Druckvorrichtung aufzuweisen hatte. Die Produktion einer solchen Perrotine betrug etwa 5 bis 6 Stück zu 120 m in 10 Stunden.

Die *erste Übertragung des Musters,* auch hier noch in Relief *auf Walzen,* um ein kontinuierliches Arbeiten zu ermöglichen, scheint ein gewisser Ebinger im Jahre 1800 ausgeführt zu haben, und wir müssen in seiner „Plombine" genannten Vorrichtung wohl den Grundgedanken der heute zu großer Bedeutung gelangten Reliefdruckmaschine, bzw. der rotierenden Perrotine erblicken. Die Grundprinzipien letzterer Maschinen, Übertragung der Druckfarbe auf ein Filzband, von da aufs Relief, sind vollkommen vorhanden.

Im Jahre 1770 schon scheint nun ein gewisser Bell in England zum ersten Male für den Zeugdruck *gravierte,* also das Muster in vertiefter Form enthaltende *Platten* benützt zu haben. Die von ihm damit ausgeführte Zeugdruckarbeit scheint große Ähnlichkeit mit der Lithographie gehabt zu haben, so daß die Arbeit mit diesen auch noch schwer zu handhabenden Platten nur geringe Produktionen zuließ.

Später gelang es, die Bewegung der Platten auf mechanischem Wege vorzunehmen, wobei man auch bestrebt war, die Dimensionen der Platten auf ein vernünftiges Maß herabzusetzen. Gegenüber den von Bell verwendeten von mehr als 1 m Seitenlänge wurden nur solche von 20 cm Länge angewendet; naturgemäß richtete sich die Größe nach den dazu dienenden Mustern.

Die Platte wurde mit Farbe bestrichen, mit einer Rakel selbsttätig vom Überschuß befreit und durch die Bewegung von zwei Walzen mit der Ware unter Pression in Berührung gebracht. Die Farbe entleert sich aus der Gravur auf das Gewebe, die Platte wird wiederum vom Arbeiter mit Farbe bestrichen, mit der Rakel vom Überschuß befreit und wiederum zwischen den Walzen auf die Ware geführt. Derartige Maschinen sollen bis vor gar nicht langer Zeit noch in Glarner Druckereien im Betrieb gewesen sein. Ich selbst habe aber, trotz mehrfachem Ansuchen, noch nicht Gelegenheit erhalten können, eine solche Maschine von doch heute rein historischer Bedeutung in Tätigkeit oder auch nur stillstehend zu sehen. Eine solche Maschine, wohl die letzte, stand noch in der Druckerei Enneda (Glarus); sie befindet sich heute in der technologischen Sammlung im Chemiegebäude der technischen Hochschule Zürich.

Von der gravierten Platte und der damit bedingten intermittierenden Arbeit bis zur kontinuierlichen Arbeit mit dem *gravierten, rollenden Zylinder* war naturgemäß nur mehr ein kleiner Schritt. Dieser Schritt wurde denn auch im Jahre 1801 schon von Overkamp in England gemacht, so erzählt uns Persoz in seinem Traité de l'impression[298]). Reinking macht uns zwar in Melliands Textilbericht 1928, Nr. 6, mit einer primitiven Maschine bekannt, welche das Muster auf eine Holzwalze, wohl als Relief, trug, bei welcher die Farbe auf die Walze von Hand aufgetragen wurde. Diese Maschine ist schon um 1701 beschrieben worden, ist also weit älter als die erste Walzendruckmaschine, wobei allerdings in einem Fall Relief, im anderen Falle Gravur, meines Erachtens letztere als bedeutender Fortschritt, angewendet war.

Auf die heutigen Konstruktionen brauche ich wohl nicht einzugehen, sie sind bekannt genug, ihre Arbeit beruht auch heute noch auf dem Prinzip der primitivsten ersten englischen Maschinen. Man muß bedauerlicherweise feststellen, daß im Verlauf der langen Jahrzehnte, in welchen die Rouleauxdruckmaschine tätig ist, eingreifende Neuerungen kaum zu verzeichnen sind, außer vielleicht der drucktuchlosen Maschine, die in England gebaut wird, sich aber offenbar nicht hat durchsetzen können. (Betrieb van Delden, Gronau, besitzt deren zwei.) Wer in den verschiedenen Zeugdruckereien herumgekommen ist, dem wird auffallen, wie viele recht alte, meistens englische Maschinen auch heute noch im Betrieb sind, und man wird vielfach vernehmen, daß diese von Druckereifachleuten besonders geschätzt sind. Der einzige Fortschritt, der gemacht wurde, war die Konstruktion von bis zu 20 Farben druckenden Maschinen, welche begreiflicherweise auch bestimmte Neukonstruktionen erforderlich machten, nicht zu vergessen der Duplexmaschine zum gleichzeitigen Bedrucken beider Seiten einer Gewebebahn, die Verbesserung der Trockenstühle, der Mansarden und des Antriebes, Austausch der Dampfmaschine durch Elektromotore.

Was außerdem besonders interessieren dürfte, war die erste Anwendung *des Dämpfens in der Zeugdruckerei.* Es hat hier wiederum Reinking in verdienstvoller Weise die Verhältnisse geklärt. Merkwürdigerweise finden wir die ersten Hinweise der Anwendung des Dampfes zum Fixieren der Farben in der Praxis der *Wolldruckerei*[299]). Im Prinzip sind die Operationen damals (im Jahre 1815) schon dieselben gewesen, wie wir sie in der gegenwärtigen Druckerei her kennen. Einhängen der bedruckten Ware, eingewickelt in einem Beutel, in ein Faß, das über einem Kessel steht, in welchem Wasser zum Sieden erhitzt wird. Das Faß ist abgedeckt mit Decken, und die Ware wurde etwa 2 Stunden der Wirkung des Dampfes ausgesetzt. Solche Apparate findet man heute noch ab und zu in Zeugdruckereien, um kleine Probedämpfungen durchzuführen. Daß diese Wirkung des Dampfes zum Fixieren auf die Entwicklung des Zeugdruckes einen bedeutenden Einfluß gehabt hat, braucht kaum besonders hervorgehoben zu werden. Später wurden die Zeuge ähnlich den aus der Küpenfärberei bekannten Sternreifen auf Haspel, meistens

[298]) II, S. 350.

[299]) Vgl. Vitalis, Grundriß der Färberei 1824, S. 491.

gemeinsam mit einem Mitläufer, aufgehaspelt und so in mit Dampf gefüllte große Kufen gesenkt, ein Verfahren, das heute noch unverändert für Hand- und Filmdruckartikel Verwendung findet.

Verhältnismäßig rasch nach der Verbreitung der Kenntnisse von der Fixierung der Farben auf Wollgeweben durch Dampf wurde diese Methode auch *auf den Baumwolldruck übertragen.* Schon im Jahre 1834 wurden in einem französischen Werk fünf verschiedene Konstruktionen von Dämpfapparaten angewendet.

Was wir bisher an Dämpfvorrichtungen kennenlernten, waren solche mit intermittierender Tätigkeit. Über die Entstehung des uns heute unentbehrlich gewordenen Schnelldämpfers oder Mather-Platts bin ich durch freundliche Vermitttlung Dr. Reinkings in der Lage, bestimmte Mitteilungen zu machen, die ich schon im Handbuch des Zeugdrucks veröffentlicht habe. Das *kontinuierliche Dämpfen* ist ebenfalls eine englische Erfindung; festzustellen, wer der eigentliche Erfinder war, gelang nicht, dagegen gelangte man dazu, zu erfahren, daß man in England Kästen, welche Luft enthielten, mit Heizvorrichtungen versah und bedruckte Gewebe durch solche Kästen kontinuierlich durchführte. Wir wissen, vielfach aus eigener Erfahrung, daß die dadurch bedingten Verhältnisse in unserem modernen Mather-Platt ausnahmsweise eintreten können, daß aber dann die Wirkung des Dämpfens vollkommen ausbleibt. In England, wo die Luft einen hohen Feuchtigkeitsgehalt hat, enthielt die Atmosphäre der geheizten Kästen immerhin erhebliche Mengen Wasserdampf. Auf dem Kontinent wurden diese Experimente wiederholt, aber wegen des geringen Wassergehalts der Luft naturgemäß ohne allen Erfolg. Es scheint nun, daß man schon im Jahre 1833 in Frankreich solche Dampfkammern kannte, in welche man Dampf einströmen ließ. 1849 wurde der erste derartige, aus Holz gebaute Dämpfer mit Leitwalzen patentiert; der Dampf wurde durch Erhitzen *einer Wasserfläche im Kasten* selbst erzeugt. Der Mather-Plattsche Schnelldämpfer ist aber eine englische Erfindung, er wurde im Jahre 1863 konstruiert, um Anilinschwarz zu entwickeln. Ob ein Franzose Cordilliot, damals in Rußland tätig, die Anregung dazu gegeben hat, ist nicht festzustellen, jedenfalls konstruierte Mather, angeblich nach Angaben von Cordilliot, seinen Apparat nun aus Eisen, mit ebensolchen *Leitrollen* oben und unten. Die Decke selber war als *gußeiserner Dampfbehälter* ausgebildet, Warenein- und -ausgang war an der oberen Stirnwand angebracht. Der Dampf wurde durch ein Rohrsystem im Kasten selbst verteilt. Apparate dieser Art trifft man noch häufig in älteren Unternehmungen an; der Warenein- und -austritt am unteren Teil der Stirnwand wurde zum Bedürfnis, als es durch Einführung der Sulfoxylate nötig wurde, den Dämpfer möglichst luftfrei zu halten.

Auf einen heute noch nicht vollkommen aufgeklärten Vorgang soll an dieser Stelle noch besonders hingewiesen werden. Wann erfolgte zum ersten Male das *Dämpfen türkischroter Färbeware* zur Entwicklung des lebhaften Türkischrot? Es gelang mir nicht, in der mir zur Verfügung stehenden Literatur diese neue Etappe in der Türkischrotfärberei festzustellen. Weder Persoz, noch Kurrer, noch Kreysig, Vitalis und Runge erwähnen etwas davon. Es kann also als sicher gelten, daß vor 1849, als das Kurrersche Buch erschien, das Dämpfen zur Entwicklung des Rot noch nicht bekannt war. Im Druck war das Aufdrucken der Beize und nachheriges Ausfärben üblich.

Nach der Behandlung der maschinellen Seite der Druckerei wird ein Überblick über die Art der Illumination in jener Zeitepoche und der dazu seinerzeit benützten Mittel erforderlich sein.

Was vor allem die *Illumination von gefärbten Böden* anbelangt, so beschränkte sich diese im 19. Jahrhundert vorzugsweise auf *Indigo* und auch Alizarinrot. Die Ätztechnik ist zur Hauptsache eine Errungenschaft der neueren Zeit, die Zeit vor dem 19. Jahrhundert kannte für diese Zwecke nur die Technik des Reservierens, unter Indigo in besonders raffinierter Weise, im sogenannten *Lapisartikel*. Die zur Erzeugung der Reserveeffekte gebräuchlichen Substanzen waren vor allen Dingen Kupfersalze, Bleisalze, Aluminiumsalze, später auch Zink- und Quecksilbersalze. Eine große Rolle spielte das Kaolin, das Bleisulfat und ein Zusatz von Fetten, wie beispielsweise Schweinefett. Die Anwendung von Mineralölen ist recht alt, ich kann unter meinen alten Rezepten von Reservepappen verschiedene finden, welche Schmierölzusätze enthielten, besonders dann, wenn solche Pappe mit sehr tiefen „Pappgravuren" im Walzendruck angewendet wurden. Als Verdickungsmittel wurde vorzugsweise natürlicher Gummi verwendet, denn dieses Verdickungsmittel allein war imstande, die großen Mengen unlöslicher und zum Großteil spezifisch schwerer Bestandteile der Reserven in Suspension zu halten. Vorzugsweise waren es die heute fast vollkommen vom Markt verschwundenen Madras-Gummi, welche für solche Pappe besonders beliebt waren.

Der Lapisartikel war eine äußerst interessante Kombination der verschiedensten Reservemethoden mit Beizendruck. Die Ware wurde beispielsweise mit einer kupfersalzhaltigen Reserve bedruckt, in der Küpe ausgefärbt und so zunächst weiße Effekte auf mittelblauem Grund erzeugt. In diese weißen Effekte wurde neuerdings die gleiche Reserve eingepaßt, nur daß man bestimmte Stellen frei ließ, die sich dann bei neuerlichem Küpen hellblau färbten. Nach dem abermaligen Säuren erhielt man dann weiße und hellblaue Partien unter Mittelblau. In den weißen Stellen wurden dann weiter Druckfarben von verschiedenem Gehalt an essigsaurer Tonerde eingepaßt, durch Liegen an der Luft fixiert und dann in Alizarin ausgefärbt. So entstanden weiße, hellblaue, rosa und rote Effekte nebeneinander. Man konnte außerdem durch Anwendung von bleisalzhaltigen Reserven, dann in Kombination dieser und hellblau Indigo, gelbe und grüne Effekte erhalten[300]).

Wir haben uns bisher mit dem Reservedruck beschäftigt, der in der Epoche, die wir soeben behandelt haben, fast ausschließlich der Illumination gefärbter Böden diente. Die Zeugdruckerei beschäftigt sich aber bekanntlich nicht allein mit der Herstellung dieser Art von Artikeln, sondern auch mit dem direkten Aufdruck auf weiße Gewebe.

---

[300]) Vgl. Persoz, Traité d'impressions IV, S. 344 ff.

Wir wissen, daß die Palette der Koloristen damals nur geringe Variabilität zeigte. Vor mir liegt ein kleines, offenbar selten gewordenes Büchlein von W. Stein, Professor der Chemie an der polytechnischen Schule zu Dresden, aus dem Jahre 1874, „Prüfung der Zeugfarben", der die damals bekannten Farbstoffe aufzählt. Es sind die folgenden:

I. Rote Farben: Krapp, Cochenille, Lakdye, Kermesbeeren, Rotholz, Orseille, Saflor, Anilinrot (Fuchsin), Phenylrot (Corallin), Safranin.

II. Gelbe Farben: Krapp auf Zinnbeize, Gelbholz, Quercitron, Rhamnusbeeren, Fisetholz, Wau, Orleans, Curcuma, Anilingelb, Pikrinsäure.

III. Blaue Farben: Indigo, Königsblau (Turnbulls-blau), Anilinblau, Blauholz.

IV. Violette Farben: Anilinviolett, Hoffmanns Violett, Perkins Violett, Krapp mit Eisen.

V. Orange Farben: Anilinorange, alle anderen durch Kombination von Rot mit Gelb erhalten.

VI. Grüne Farben: Anilingrün, Küpenblau + Gelbholz, Chromgrün, Schweinfurtergrün.

VII. Braune Farben: Anilinbraun, Catechu, Krapp auf Tonerde + Eisenbeize, Manganoxyd, alle anderen Mischungen.

VIII. Schwarze Farben: Anilinschwarz, Chromschwarz aus Blauholz, Mischungen von Küpenblau, Blauholz und Gelbholz, Blauholz und Curcuma.

Läßt man aus dieser Liste die Anilinfarben beiseite, so wird man dann die Pigmente haben, welche dem Koloristen im Anfang des 19. Jahrhunderts zur Verfügung standen.

Sieht man von den neuen Teerfarbstoffen, welche die uns zunächst interessierende Epoche anfangs des 19. Jahrhunderts noch nicht kannte, ab, so blieben dem alten Koloristen nur der Krapp (Alizarin), der Indigo, der Catechu, die Farbhölzer Gelbholz und Blauholz, Kreuzbeeren und eine Anzahl von anorganischen Pigmenten, wie Chromgelb, Chromorange, Chromgrün, Berlinerblau und Manganbister.

Alizarin, d. h. Krapp wurde noch, als Kurrer sein Handbuch herausgab, auf weißen Böden nur nach dem Färbeverfahren erzeugt in der Weise, daß man die Beize aufdruckte, dieselbe fixierte und in Krapp ausfärbte. So konnte je nach der Konzentration der Druckfarbe an Beize entweder ein Rot oder ein Rosa erzeugt werden.

Der erste, der versucht hat, *Beize und Farbstoff in der Druckfarbe zu vereinigen,* scheint nach Angaben Schützenbergers Gastard im Jahre 1837 gewesen zu sein, der schon ein Dämpfen der bedruckten Ware empfohlen hat. Persoz, der dieses Verfahren erwähnt (IV, S. 34), hegt entschiedene Zweifel darüber, ob in dieser Weise sich die Vereinigung des gebildeten Farblackes mit der Faser vollziehen werde. Wir wissen, daß heute, wenn irgendwo noch Alizarin gedruckt wird, nur mehr nach diesem Prinzip gearbeitet wird, daß heute sogar nach einem erstmals von Wilhelm [301]) ausgearbeiteten Verfahren auch ungeölte Ware ge-

[301]) Bull. Soc. Ind. Mulhouse.

druckt werden kann. Das Lizarol D von Höchst wurde nach der Wilhelmschen Arbeitsweise eingeführt.

Es scheint also, daß das Dämpfen der direkten Drucke mit Alizarin viel früher üblich wurde als das Dämpfen von Färbeware, welch letztere zu dieser Zeit noch ausschließlich durch die bekannten Avivage-Operationen in Seife und Zinnsalz den lebhaften Ton erhielten.

Die Applikation des *Indigo im direkten Druck* geschah nach zwei verschiedenen Verfahren, und zwar dem *Fayence-Druck,* welcher Druckfarben benützte, die Schwefelarsen neben Eisenoxydulsalzen enthielten, und den Indigo, welcher der Druckfarbe inkorporiert war, mit Hilfe von sogenannten Ätzkalkküpen reduzierte und so zur Fixierung auf dem Substrat brachte. Das *Pinselblau* wurde in der Weise erzeugt, daß man Indigo entweder mit Schwefelarsen in alkalischem Medium reduziert aufdruckte und dann nach zweitägigem Stehen und Waschen in fließendem Wasser reoxydierte, oder daß man als Reduktionsmittel Zinnoxydul in alkalischem Medium benützte und im übrigen zur Fixation gleich verfuhr wie beim Fayenceblau, oder daß man mit der bedruckten Ware in eine Kalkküpe ging, um nachher zu waschen.

Den ersten Versuch, um den *Indigo als Dampffarbe* zu verwenden, erwähnt Schützenberger (Farbstoffe 1870, II, 565). Er soll darin bestanden haben, daß man eine Mischung von Indigo, Traubenzucker mit Ätznatron aufdruckte und dämpfte. Eine gewisse Fixierung des Indigos wird ja zweifellos eingetreten sein; jedenfalls erkennen wir darin die Grundidee des Schlieper-Baumschen Verfahrens, bei welchem der Traubenzucker nicht in der Druckfarbe untergebracht war, sondern durch Präparation auf die Ware gebracht wurde. Im letzten Falle sitzt das Reduktionsmittel in der Faser selbst und ergibt daher naturgemäß bessere Fixation, daher auch intensivere Drucke, als wenn dasselbe in der Druckfarbe selbst untergebracht ist.

Der Kuriosität halber sei hier noch mitgeteilt, daß Schlumberger (Schützenberger, Farbstoffe II, 565) Reduktion von Indigo mit *Cyankalium und Zinnoxydul* für den Druck auf weiße Ware bewirkte.

Für Brauntöne war die Anwendung von *Katechu* gebräuchlich, das man seit dem Jahre 1832 mit Chromsalzen auf der Ware befestigte. Der Farbstoff wurde damals in verdünnter Lauge oder verdünnter Essigsäure aufgelöst, verdickt und aufgedruckt und dann mit chromsaurem Kalium oxydiert, nachdem man zur Fixierung gedämpft hatte.

Für *Schwarznuancen* wurde damals ausschließlich Blauholz verwendet, das aufgedruckt und dann mit Bichromaten zu Schwarz oxydiert wurde.

Im *Alizarinartikel* arbeitete man vor der *„cuve décolorante"* ausschließlich auf vorgebeizter Ware und ätzte auf derselben mit arseniger Säure und Weinsäure die Tonerde weg, um dann beim späteren Ausfärben weiße Effekte zu erzielen, ein Verfahren, das übrigens auch noch viel später, weit ins 20. Jahrhundert hinein, ausgeübt wurde. Durch Applikation von Schwarz konnten auch dunkle Effekte in solchen Waren erzeugt werden. Es wurde auch die Beize, konzentrierte für Rot, verdünnte für Rosa vorgedruckt, mit oder ohne Anwendung von vorgedruckten Reserven, wobei auch Weißeffekte erzielbar waren, dann nach Fixierung der Tonerde, durch Ausfärben die feinsten Effekte erzeugt, wie wir sie in dem schon öfter angezogenen Werk von Persoz im III. Band bewundern können.

Daß die Anwendung von Ölbeizen schon eine Errungenschaft der älteren Zeiten war, soll hier nur nebenbei erwähnt werden. Das alte Steinersche Altrot verlangte ein mehrmaliges Passieren der Ware in reinem Tournantöl, um die hervorragenden Resultate der Färbung, auch hinsichtlich Echtheit, zu geben.

Hinsichtlich der Türkischrotöle, bekanntlich Schwefelsäureester der Ricinolsäure, bzw. das Natrium- oder Ammoniumsalz derselben, von Wuth im Jahre 1876 zum ersten Male dargestellt, muß auf den Vorläufer derselben, das schwefelsaure Öl, von Runge hingewiesen werden. Runge hat schon im Jahre 1834 in seiner Farbenchemie[302]) auf das von ihm durch Behandlung von Baumöl mit Schwefelsäure dargestellte Präparat hingewiesen, das er in alkalischer Lösung zur Präparation von in Türkischrot zu färbenden Tüchern mit Erfolg benutzte. Es ist nun vielleicht der richtige Platz, über den Koloristen dieser Epoche und seine Kenntnisse etwas zu sagen.

Chemische Kenntnisse durfte man beim Koloristen alter Observanz kaum suchen, was er aber in hohem Grade besaß, war guter Geschmack, und wenn man bedenkt, daß den Koloristen um das 18. Jahrhundert herum nur wenige Pigmente zur Verfügung standen, so muß man staunen, was die Leute damals mit den beschränkten Mitteln der Koloristik zustande brachten. Wer im „Musée industrielle" von Mülhausen die alten Drucke ansieht, besonders das wundervolle Tischtuch auf türkischrotem Grunde, der stellt bei unseren alten Kollegen ein hervorragendes koloristisches Können fest.

Die Verfahren, die damals der Illumination von Geweben dienten, waren der direkte Aufdruck, dann vor allem die Reservage; bezüglich der letzteren Technik können die Koloristen des 19. Jahrhunderts als Meister bezeichnet werden. Die Mittel, welche ihnen damals für diese Zwecke zur Verfügung standen, waren beschränkt. Indigo und Krapp waren die Pigmente, welche zum direkten Aufdruck, vorzugsweise aber zu Fondfärbungen zur Verfügung standen; mineralische Pigmente, wie Chromgelb, Chromorange, Zinnober, Berlinerblau, dann einzelne Farbhölzer, besonders Blauholz, Gelbholz, auch Kreuzbeeren und Katechu für die Illumination.

Wie außerordentlich mühsam damals die Ausarbeitung von neuen Artikeln und Verfahren war, kann jeder gegenwärtig arbeitende Chemiker-Kolorist erwägen, wenn er bedenkt, daß chemische Kenntnisse damals vollkommen fehlten. Denn wir selbst haben trotz unseren vollkommen anderen Grundlagen immer noch genug Schwierigkeiten beim Einführen neuer Verfahren zu überwinden.

Die Ausdauer und Geduld unserer Kollegen vor hundert Jahren ist daher bewunderungswürdig, aber ebenso bewunderungswürdig ist die Schönheit und der Geschmack, wie sie, mit primitivsten Mitteln erzielt, die damaligen Textilerzeugnisse auszeichneten.

---

302) I. S. 213.

Geradezu unerschöpflich waren die alten Koloristen im Schaffen neuer Kombinationen auf Indigo und Türkischrot. Eine schöne und vollständige Sammlung von Indigoartikeln *verdanken wir* Herrn Dr. Tagliani[302a]). Sie stellt auch eine nahezu vollständige Beschreibung der Entwicklung der Illuminationstechnik auf Indigo dar, eine Technik, welche bedauerlicherweise seit einigen Jahrzehnten nahezu der Vergessenheit anheimgefallen ist. Schon heute ist dieselbe nahezu vollkommen dem Bereich der jungen Kollegen entrückt, es ist dies deshalb bedauerlich, weil gerade die Illuminationstechnik auf Indigo, dann in ebenso hohem Maße auf Alizarinrot, eine wunderbare Schule für die koloristische Laufbahn war. Damals mußte jeder selbst seine Versuche machen, heute sind es die Farbenfabriken, welche diese Aufgabe übernommen haben, meines Erachtens nicht immer zum Vorteil einer Förderung der jungen Kollegen in Richtung geistiger Entwicklung und materieller Entlohnung ihrer Arbeit.

Dieser meiner guten Meinung vom Koloristen von damals, welche sich auf den Erzeugnissen der damaligen Zeit aufbaut, steht allerdings eine andere gegenüber, welche ich Ihnen hier nicht vorenthalten möchte, obwohl ich diese Charakteristik nur ausnahmsweise gelten lasse:

Jean Rhyner aus Basel schreibt 1766 folgendes über den damaligen Koloristen[303]) S. 34:

„Nos coloristes pour la plupart sont des manœuvres ignorants qui font tout à l'aventure, sans savoir pourquoi; ils sont avec cela des charlatans détestables, qui cherchent à cacher leur ignorance sous le voile d'un galimatias de recettes qu'ils n'entendent pas, et avec lesquelles ils mettent à tout moment les fabricants en risques et en dépenses superflues. Nombre de ces drôles passent leur vie à courir d'une fabrique à l'autre, pour tâcher de gagner la confiance des nouveaux entreprenants, auxquels ils promettent des merveilles et les endorment pour peu de temps, pendant lequel ils en tirent ce qu'ils peuvent; et quand ils aperçoivent qu'on commence à douter de leur habilité, ils changent de place et vont figurer ailleur." —

Ferner S. 36:

„Une grande qualité du coloriste, et par laquelle je finirai cet article, c'est que cet ouvrier doit être véritique et ne pas chercher à pallier ou à nier les fautes qu'il aurait commises, et les mettre sur le compte d'un autre ouvrier, parceque par cette blamable action, il déroute le directeur occupé à redresser les mal-réussites." —

Eine intensive Förderung, besonders hinsichtlich Produktivität, erfuhr der Zeugdruck durch die gewaltigen *Fortschritte der reinen Chemie im 18. Jahrhundert.* Die im Jahre 1774 einsetzende Großproduktion von Schwefelsäure, dann nach der Entdeckung des Chlors von Scheele im Jahre 1774, die Darstellung des Chlorkalks im Jahre 1798 haben vor allem auf die Textilveredlung in dem Sinne gewirkt, daß die Bleiche der Gewebe, die früher je nach der Witterung wochen- und monatelang dauerte, auf ebensoviel Tage

[302a]) Lehne, Färber-Zeitung 1912.

[303]) Dollfuss-Ausset, Matériaux pour la coloration des étoffes. II Vol. 1. Paris 1865. Ich verdanke das Buch Herrn Dr. Herzog aus Winterthur; dasselbe enthält außerdem sehr wertvolle Beiträge über die Geschichte des Zeugdruckes.

abgekürzt werden konnte. Die Rasenbleiche fiel weg, nachdem der Bürger Chaptal im Jahre 1798 das Chlor zum Bleichen der Gewebe anzuwenden gelehrt hatte.

Die Chlorbleiche konnte allerdings erst von dem Zeitpunkt an allgemein Aufnahme finden, als man im Chlorkalk (Erstdarstellung 1799 durch Tennent) eine bequeme Form eines Chlorträgers kennenlernte, mit welcher Substanz das Bleichmaterial überall in weit stabilerer Form als in wäßriger Lösung zur Verfügung stand, und weit angenehmer zu handhaben war, als das aus Braunstein, Schwefelsäure und Kochsalz dargestellte gasförmige Chlor von Chaptal.

Mit dem Jahre 1811 treten wir in eine neue Epoche in der Entwicklung des Zeugdrucks ein; mit der *„cuve décolorante"* von Daniel Köchlin beginnt die chemische Arbeit eine entscheidende Rolle zu spielen. Hier wird zum ersten Male bewußt ein chemischer Prozeß zur Illumination gefärbter Fonds herangezogen.

Eigentlich ist dieser Prozeß älteren Datums und soll schon vor 1811 in England ausgeführt worden sein, aber Daniel Köchlin hat ihn aus seiner primitiven Form zu einem kontinuierlich arbeitenden Verfahren ausgearbeitet.

Wir können beim Studium der Entwicklung dieses Verfahrens eine ganz eigenartige Beobachtung machen, die sich später bei Anwendung anderer Ätzverfahren merkwürdigerweise vielfach wiederholt, mit Ausnahme des Sulfoxylatätzprozesses, nämlich die Feststellung, daß diese vielfach erst in einer technisch kaum durchführbaren Form versucht wurden.

Daniel Köchlin verwendete nämlich zunächst die direkte Methode des Aufdrucks von Chlorkalk, den er aber nur mit Kaolin verdicken konnte, da bekanntlich alle anderen Verdickungsmittel organischer Natur bei diesem Körper versagen. Köchlin erkannte sehr rasch das Unzulängliche dieser Arbeitsweise und drehte den Prozeß, der im Aufdruck von mit Kaolin verdickter Chlorkalklösung und Verhängen der Stücke an der Luft, um durch ihren CO_2-Gehalt das Cl frei zu machen, bestand, einfach um, indem er Weinsäure verdickt auf die Ware aufdruckte und durch eine Passage in einer konzentrierten Chlorkalklösung örtlich das Cl frei machte, das dann an den bedruckten Stellen die Ätzung glatt bewirkte.

Damit war ein ganz neues Moment für die Illumination gefärbter Böden gegeben und in die Reihe der bis dahin das Feld behauptenden Reserven eine Bresche geschlagen.

Wenn die Reservetechnik aber ausschließlich auf rein empirischer Basis aufgebaut war, so konnten diese auf wohl definierten chemischen Reaktionen aufgebauten „Enlevage-Prozesse" zweckmäßig nur mit Kenntnis der Chemie und chemischer Methoden durchgeführt werden. Von diesem Zeitpunkt an beginnt der Einfluß des bewußten chemischen Schaffens in der Praxis der Koloristen eine stets zunehmende Bedeutung zu gewinnen, und die Zeugdruckerei wird damit ein *Zweig der angewandten Chemie.*

Diesen Einfluß erkennen wir deutlich in einem bald nach dem Ätzen des Türkischrot von Thompson im Jahre 1826 ausgearbeiteten Verfahren zur örtlichen Veränderung des Indigos, dem Farbstoff, der neben dem Alizarinrot damals als Fondfarbe noch größte Bedeutung hatte.

Zwar hatte Daniel Köchlin schon seinerzeit versucht, seine *„cuve décolorante"* auch auf Indigofärbungen anzuwenden, hatte aber Mißerfolge gehabt, weil dieses Pigment gegenüber Chlorkalklösung lange nicht so widerstandsfähig ist als Türkischrot.

Thompson kannte das Verhalten von *Bichromat im sauren Medium* gegenüber Indigo und baute darauf sein neues Verfahren zum Ätzen von Indigo[304]) auf. Wie wir dies bei der *„cuve décolorante"* gesehen haben, so finden wir auch hier wieder, daß das ursprüngliche Verfahren zunächst das praktisch unvollkommenere war. Thompson imprägnierte nämlich die indigoblaue Ware mit Bichromaten und druckte dann eine Druckfarbe auf, welche neben Oxalsäure noch Schwefelsäure, beides verdickt mit Stärke, enthielt. Weiße Ätzen erhielt er wohl, aber das Verfahren litt an schweren Nachteilen; vor allem war die mit Bichromaten imprägnierte Indigofärbung empfindlich am Licht, dann war die Haltbarkeit der stark sauren Druckfarbe naturgemäß eine nur sehr beschränkte, ebenso die der Ware an den bedruckten Stellen.

Erst Camille Köchlin gestaltete durch bloße Umkehrung das Verfahren in ein praktisch durchführbares, durch Aufdruck von Bichromat und Passage in einem Gemisch von Schwefelsäure und Oxalsäure. Es geschah dies im Jahre 1874, und lange Zeit blieb dieses Verfahren das einzige Ätzverfahren auf Indigo; wer die komplizierte Arbeit mit den Reserven kennt, kann sich von der Sensation eine Vorstellung machen, welche dieses elegante Ätzverfahren in der koloristischen Welt hervorrief.

Weniger bedeutungsvoll, da nur auf hellen Fonds anwendbar, war das *Verfahren von Mercer,* der 1845 Indigo so ätzte, daß er die blaue Ware mit *Ferricyankaliumlösung* imprägnierte und verdickte Lauge aufdruckte. Auch dieses Verfahren war, besonders von wirtschaftlichen Gesichtspunkten betrachtet, zunächst am Schwanze aufgezäumt; erst v. Gallois, dann Freiberger haben es, ebenfalls durch bloße Umkehrung, Aufdruck von Ferricyankalium und Passage in Lauge, zu einem praktischen, auch heute noch auf Bromindigo angewendeten, gemacht.

In diese Zeit fällt eine recht wichtige Entdeckung, und ich möchte sagen, daß trotz des Perkinschen Mauveins der *Eintritt der synthetischen Farbstoffe in die Textilveredlung* erst auf das Jahr 1834 anzusetzen ist, in welchem Runge die Beobachtung machte, daß man eine sehr schöne schwarze Farbe erhalte, wenn man salpetersaures Anilin mit Kupferchlorid auf 100° C erhitze; damit war nun wohl nur das reine Pigment dargestellt. Für die Textilveredlung wertvoller war seine Feststellung, daß in Bleichromat gefärbtes Gewebe sich in salzsaurem Anilin langsam dunkelgrün färbe. Die erste Etappe der Anilinschwarzapplikation war erreicht und die weitere Entwicklung nur mehr eine Frage der Auswahl der geeigneten Oxydationsmittel und der zweckmäßigen Apparatur. Die eigentliche Bildung von Anilinschwarz *auf der* Faser gelang allerdings erst 1862, also beinahe 30 Jahre nach der Beobachtung Runges; das für die Druckerei so wichtig gewordene Dampfschwarz oder, wie wir es nach dem Erfinder nennen, „Prudhomme-Schwarz" gelangte erst

---

[304]) Kurrer, Druck- und Färbekunst II, S. 444.

1880, nach Konstruktion eines geeigneten Dämpfers, des Mather-Plattschen Schnelldämpfers, zu allgemeiner Anwendung.

Auf die sehr dürftige Palette der Koloristen am Anfang des 19. Jahrhunderts habe ich schon früher hingewiesen. Im Jahre 1856 begann auch hier die Wendung mit der in England gemachten bedeutungsvollen Erfindung des eigentlich zweiten synthetischen Farbstoffes, des *Mauveins,* durch Perkin. In rascher Folge erschien 1858 das Fuchsin, von A. W. Hoffmann erfunden, von Verguin in die Technik eingeführt, dann das von Caro dargestellte Vesuvin, nach den bedeutenden Untersuchungen von Peter Gries über die Einwirkung von salpetriger Säure auf aromatische Amine im Jahre 1858.

Mit dem Erscheinen der ersten basischen Anilinfarben tauchte naturgemäß das Problem zu deren Fixierung auf vegetabilischem Material auf. Für die animalischen Fasern boten sich infolge der natürlichen Affinität dieser genannten Produkte zum Substrat keine Schwierigkeiten. Auf vegetabilischem Material aber waren die Färbungen sowohl hinsichtlich Intensität als auch Echtheit mehr als mangelhaft. Produkte dieser Art kannte man vordem nicht, so daß gewisse Anhaltspunkte für die Möglichkeit ihrer Fixierung fehlten. Ich habe in der Literatur nachgeforscht, wer der eigentliche Erfinder der *Tanninfixierungsmethode* für basische Farbstoffe gewesen sein könnte, und es ist mir nur gelungen, eine Stelle im Schützenbergerschen Handbuch (Deutsche Ausgabe 1868) I, S. 534, zu finden, wo ein gewisser Gratrix in Salford bei Manchester, dann ein P. Javal in Thann genannt sind, welche Anilinblau mit Galläpfelaufguß versetzten und den gebildeten Niederschlag dann in Essigsäure, Alkohol oder einer Mischung beider gelöst der Verdickung zugesetzt hätten. Das Gewebe war außerdem auch mit Zinn präpariert und die Fixierung geschah durch eine Dämpfoperation. Es war dies im Jahre 1861. Allerdings hatten schon im Jahre 1856 Calvert und Lowe gefunden, daß man die Anilinfarben mit Tannin aus ihren Lösungen fällen könne. Schützenberger weist dann auf den einfachen Weg hin, der auch heute ausschließlich begangen wird, den Farbstoff in Essigsäure zu lösen, der Verdickung zuzugeben, dann noch das Tannin zuzufügen, zu drucken und dann dämpfend zu fixieren.

Eine *eigentümliche Fixierungsmethode* wird ebendort erwähnt, nämlich das Bedrucken eines mit zinnsaurem Natron präparierten Gewebes mit einer verdickten Lösung von Tannin, Dämpfen und Fixieren in einer Lösung von Gelatine. Man färbt dann in einem schwach essigsauren Bad des jeweiligen Farbstoffes. Um die unbedruckten Stellen des Gewebes zu reinigen, wird noch mit etwas schwach angesäuertem Wasser gekocht.

Diese Methode, welche sehr an das Verfahren der Alizarinrotfärberei auf vorgedruckter Beize erinnert, dürfte unzweifelhaft älter sein, da wohl niemand nach Kenntnis der neuen, direkten Methode sich dieses umständlichen und wohl kaum einwandfreie Resultate gebenden Verfahrens bedient hätte.

An derselben Stelle ist auch schon die Nachbehandlung von Tannindrucken mit Brechweinstein erwähnt (S. 536), leider ohne Angabe, wer der Erfinder dieser Methode war, und wann dieselbe zuerst angewendet wurde. Nathaniel Lloyd und E. G. Dale scheinen die ersten gewesen zu sein, die

Brechweinstein anwandten (1861). Von älteren Versuchen, die Anilinfarben auf Geweben zu fixieren, sei Bleiseife genannt, welche von der Dalmarnack Printing Company empfohlen wurde[305]).

Diese Farbstoffe wurden seinerzeit von den Koloristen infolge ihrer großen Lebhaftigkeit mit großer Freude auch der Zeugdruckerei dienstbar gemacht. Die *Enttäuschung* folgte aber auf dem Fuße; die früher verwendeten Pflanzenfarbstoffe erwiesen sich in ihren Echtheiten den neuen synthetischen Produkten weit überlegen, so daß lange Zeit ein gewisses Mißtrauen gegen diese „Teerfarbstoffe" bestehen blieb. Erst nachdem Gräbe und Liebermann im Jahre 1868 das künstliche Alizarin aus dem Steinkohlenteer darstellten, und besonders nachdem es sich infolge der Erfahrungen mit dem neuen Produkt in der Praxis erwies, daß tatsächlich zwischen der Echtheit dieses Pflanzenfarbstoffes und des auf synthetischem Wege dargestellten entsprechenden Produktes keinerlei Unterschied bestand, begann man die künstlichen Farbstoffe mit größerem Vertrauen anzuwenden.

Zwölf Jahre später erfolgte die *Synthese des Indigos* durch von Bayer im Jahre 1880, doch vergingen mehr als 20 Jahre, bis dieser wichtige Farbstoff der praktischen Verwendung zugeführt werden konnte. Ich habe den Übergang vom natürlichen zum künstlichen Produkt selbst erlebt und weiß, wie groß das Mißtrauen gegen diesen künstlichen Farbstoff damals noch war. Man vermißte in demselben das Indigobraun, das Indigorot, die steten Begleiter des natürlichen Farbstoffes, und als die Badische Anilin- & Soda-Fabrik überzeugend nachwies, daß die natürlichen Verunreinigungen keinerlei Einfluß auf die fertige Färbung ausübten, vermißte man den Indigoleim, ohne den es ebenfalls nicht gehen sollte. Diese Schwierigkeiten und Widerstände wurden überwunden und heute, in der Epoche der indigoiden und anthrachinoiden Farbstoffe, besitzen wir Produkte, die, was Echtheit anbelangt, über alles Lob erhaben sind, obwohl, das muß auch hier nochmals hervorgehoben werden, keines die Widerstandsfähigkeit des alten Türkischrot, wohlvermerkt des Altrot, erreicht.

Um das Jahr 1880 begann man auch die *unlöslichen Azofarbstoffe* hinsichtlich ihrer Verwendbarkeit auf der Faser zu studieren, nachdem Peter Gries durch Darstellung der Diazoverbindungen im Jahre 1858 ein neues Gebiet organischer Synthese erschlossen hatte. Die ersten Anläufe dazu wurden in England gemacht und schon damals suchte man die Lösung des Problems in der Bildung der Pigmente auf der Faser selbst durch Imprägnierung derselben mit dem Naphtol und darauffolgender Kupplung in der Diazolösung. Die ersten Färbungen waren mangelhaft, unschön und befriedigten nicht, da die Naphtole als solche in wäßriger Lösung verwendet wurden. Als man die Naphtolate anwandte, sah die Sache schon besser aus, aber erst mit dem Zusatz von Türkischrotöl zur Naphtollösung wurde die Vollkommenheit hinsichtlich Lebhaftigkeit des Farbtons erreicht. Wer diesen guten Gedanken gehabt hat, vermochte ich nicht festzustellen, jedenfalls stammt er aus den Er-

---

[305]) Dollfuss-Ausset, Matériaux pour la coloration des étoffes 1865, S. 364 bis 365.

fahrungen in der Türkischrotfärberei, obwohl die Wirkung des Türkischrotöles dort und hier auf vollkommen anderen Ursachen beruht[306]).

Bemerkenswert war der erste in der Literatur verzeichnete Versuch zur unmittelbaren Erzeugung der unlöslichen Azofarbstoffe auf der Faser durch Erhitzen eines Gemisches des primären Amins mit dem Naphtol und Ammoniumnitrat und Ammoniumchlorid. In der Kälte war eine solche Mischung beständig: druckte man sie auf die Faser auf und dämpfte, so spalteten sich die Ammonsalze und es erfolgt Diazotierung in „Statu nascendi" und Farbstoffbildung (G r ä ß l e r D. R. P. 14 950, 1880).

Bedauerlicherweise zeigten sich neue Schwierigkeiten, wenigstens für die Anwendung dieser Farbstoffe im Zeugdruck, weil die Färbungen sich gegen die zum *Ätzen* bis zu diesem Zeitpunkt verwendeten Verfahren vollkommen ablehnend verhielten. Gegen Oxydationsmittel waren die Pigmente außerordentlich widerstandsfähig, und reduktiv wirkende Ätzen, die wirksam genug gewesen wären, diese Farbstoffe zu spalten, waren damals noch nicht bekannt. Um daher zu Illuminationen zu gelangen, blieb nichts anderes übrig, als örtlich die Bildung des Pigmentes dadurch zu verhindern, daß man Mittel anwandte, welche die Diazoverbindung zersetzten oder in nicht kupplungsfähige Substanzen überführten. Solche Körper wurden in gewissen Reduktionsmitteln, Kaliumsulfit, dann Zinnchlorür gefunden.

Man suchte zwar in voller Erkenntnis der stark reduktiven Eigenschaften des Zinnchlorürs dieses zum Ätzen derartiger Azofarben heranzuziehen, und die Farbwerke Höchst, welche damals dieses Gebiet besonders intensiv bearbeiteten, brachten auch im Jahre 1896[307]) Präparate in den Handel, welche auf Zinnchlorürbasis aufgebaut waren. Leider waren die Ätzungen trotz länger dauernden Dämpfens mangelhaft und außerdem die Festigkeit der Ware an den bedruckten Stellen kräftig gestört. Z ü b l i n und Z i n g g machten dann noch auf ein weiteres Verfahren aufmerksam, mit welchem es ihnen gelungen war, Paranitranilinrot zu ätzen; es ist dem S c h l i e p e r-B a u m schen Ätzverfahren auf Türkischrot nachgebildet, man druckte auf vorgefärbte, in Glukose präparierte Gewebe starkes Alkali und erhielt auf diese Weise nicht nur gute Weißätzen, sondern unter Anwendung von Indigo und Bleisalzen auch blaue, gelbe und grüne Buntätzen. Das Verfahren ist im L a u b e r schen Handbuch des Zeugdrucks „Neuerungen im Zeugdruck", Leipzig 1898, S. 56 bis 61, woselbst auch schöne, das Verfahren illustrierende Muster zu finden sind, genau beschrieben. Bedeutung haben diese Ätzungen nie erlangt, man verwendete damals nahezu ausschließlich die Reserven auf in Naphtol präparierter Ware. Beachtenswert ist, daß bis vor dem Erscheinen des Naphtol AS und dessen Homologen das Beta-Naphtol das einzig technisch verwendete Naphtol blieb und Paranitranilin, dann Metanitranilin sowie Alpha- und Betanaphtylamin die vorzugsweise verwendeten Basen waren.

Mit dem Jahre 1900 treten wir in eine vollkommen neue Epoche des Zeugdrucks, welche durch die damals erstmals praktischer Verwendung zu-

---

[306]) Färber-Zeitung 1913, S. 227.

[307]) Zirkular Nr. 137, Farbwerke Höchst, Höchst a. M.

geführten Hydrosulfite eingeleitet wurde, ein. Diese Substanzen waren zwar schon lange bekannt, aber ebenso bekannt war deren Unbeständigkeit. Stahl beobachtete die *Existenz der hydroschwefligen Säure* schon 1718. Schönbein stellte schon 1853 deren gewaltige reduktive Wirkung fest, aber erst Schützenberger gelang 1869 die Darstellung des Na-Salzes der hydroschwefligen Säure. 1881 begannen Bernthsen mit Reinking, Bazlen und Labhart ihre Untersuchungen über die Konstitution der hydroschwefligen Säure und ihrer Salze, und endlich im Jahre 1900 bis 1905 brachten die B. A. S. F. hydroschwefliges Na in Form einer alkoholischen Paste in den Handel.

Es kann nicht genug hervorgehoben werden, daß schon weit früher, zwar unbewußt vielleicht, unterschwefligsaure Salze zu Ätzungen verwendet wurden. Peliza und Zuber verwendeten schon im Jahre 1899 „weiße Enlevagen auf p-Nitranilinrot und anderen Azofarbstoffen, vermutlich Bisulfitverbindungen der Ketone oder Aldehyde und Zinkstaub". In dem kleinen Ratgeber der Farbwerke Höchst[308]) finden wir gleichfalls eine Ätzfarbe angeführt, welche neben Zinkstaub und Bisulfit Formaldehyd als Stabilisierungssubstanz der Druckfarbe enthielt. Trotzdem in allen diesen Druckfarben, dem Darsteller derselben wohl unbewußt, nicht allein die Salze der hydroschwefligen Säure das wirksame Agens darstellen, sondern unzweifelhaft schon die unter dem Namen Hydrosulfit NF später bekannt gewordenen Formaldehyd-Sulfoxylate enthalten waren, muß mit Nachdruck betont werden, daß es damals in den Augen der damaligen Koloristen reine Zinkstaubätzen waren.

Die von der B. A. S. F. in den Handel gebrachte alkoholische Paste des Natrium-Hydrosulfits kam in der damals vorliegenden Form im Druck infolge ihres unbeständigen Charakters nicht zur Verwendung, wohl aber in der Färberei.

Aber sehr rasch fand man, daß diese Mittel durch Zusatz von Aldehyden oder Ketonen in eine stabile Form überzuführen seien, welche erst im Dampfe die hydroschweflige Säure regenerieren und so Ätzwirkungen auszulösen imstande waren. Diese Erkenntnis verdanken wir dem seinerzeitigen Chemiker der Zündelschen Manufaktur in Moskau, Georges Thesmar[308a]). Mit der Darstellung der stabilen Formaldehyd-Sulfoxylate, von den Farbwerken Höchst zuerst unter dem Namen Hydrosulfit NF, später von der B. A. S. F. als Rongalit C in den Handel gebracht, begann eine gewaltige Wandlung in den bisher üblichen Zeugdruckmethoden.

Diese Ätzmethoden ließen sich aber nicht recht auf die Indigofärbung übertragen. Für *Indigo* kamen immer noch die Chromätzungen zur Anwendung und dann später die im Jahre 1885 von Jeanmaire aufgefundene Methode zum Ätzen mit Chloraten unter Anwendung von Ferricyaniden als Katalysatoren. Ganz eigenartigerweise stoßen wir hier auch wieder auf den merkwürdigen Umstand, daß dieser Chloratätzprozeß wiederum in seinem Entstehungszustand am Schwanz aufgezäumt wurde; Persoz war der erste,

---

[308]) 1908, S. 267.

[308a]) Vgl. Haller: „Wer war der Erfinder des Hydrosulfits NF?", Textil-Rundschau 1948, S. 115.

der versuchte, Indigo mit *Chloraten zu ätzen;* er imprägnierte aber das Gewebe mit wäßriger Chloratlösung, um dann auf die getrocknete Ware Oxalsäure aufzudrucken. Erst Jeanmaire machte das Verfahren zu einem technisch verwertbaren, indem er Chlorat, Katalysator und organische Säure in derselben Druckfarbe unterbrachte. Dämpfen löst dann die oxydierende Wirkung aus. Man hat nach diesem Verfahren lange Jahre Indigo geätzt und hat damit gegenüber dem Chromatätzverfahren den großen Vorteil gehabt, daß die Bildung von Oxycellulose zwar nicht vollständig unterdrückt werden konnte, aber auf ein geringes Maß beschränkt blieb. Immerhin hatte auch diese Ätze ihre großen Nachteile; die Farbe war nicht haltbar, sie mußte sehr vorsichtig hergestellt werden, da das Erwärmen von Chlorat mit organischen Verdickungsmitteln immer eine bedenkliche Sache blieb. Die mit Chlorat bedruckte Ware war sehr leicht entzündbar, und eine Menge von Explosionen und Bränden in Druckereien waren auf die Anwendung dieser Chlorate, zu denen sich später für besonders intensive Oxydationsprozesse das äußerst labile Aluminiumchlorat gesellte, zurückzuführen.

Inzwischen waren die Versuche, Indigofärbungen mit Reduktionsmitteln zu ätzen, fortgesetzt worden, und die B. A. S. F. hatte mit *Zinkstaub* und *Acetin* wohl eine Ätzung von Indigofärbungen durch längeres Dämpfen erzielt, die gebildete Verbindung war aber vermutlich ein gelbgefärbtes Überreduktionsprodukt und von der Faser nicht mehr entfernbar[309]).

Die Reduktionskraft der neuen Hydrosulfitverbindungen führte zwar beim Aufdruck auf Indigoblau und Dämpfen den Farbstoff glatt in Leukoindigo über, aber es war zunächst unmöglich, denselben restlos von der Faser zu entfernen und ein reines Weiß zu erzeugen.

Es gelang mir nun im Jahre 1905 nach einer Beobachtung, daß ein kochendes Seifenbad das Indigoweiß quantitativ von der Faser abzuziehen vermag, die erste praktisch verwertbare Methode zum Ätzen von Indigo mit Sulfoxylaten auszuarbeiten. Ich verlegte die Seife in die Druckfarbe und zog in heißem Wasser ab; damit war die erste Weißätze mit Hydrosulfit auf Indigofond geschaffen[310]).

Ein großer Nachteil haftete aber diesen Hydrosulfitätzen noch an, die Labilität der Ätzungen nach dem Dämpfen. Der gebildete Leukoindigo war sehr leicht reoxydabel, diesem Mangel konnte durch Zusätze von Zinkoxyd, später durch Anthrachinon nur teilweise abgeholfen werden. Ich selbst hatte sofort nach Gelingen der Hydrosulfitätze den Gedanken, das Indigoweiß an den Ätzstellen selbst in eine nicht mehr reoxydable Verbindung überzuführen. Es gelang mir dies durch Zusatz von Resorcin und Zinkchlorid zur Ätzfarbe. Ich habe dieses Verfahren in einem Pli-cacheté in Mühlhausen niedergelegt, aber die entstehende gelbe Verbindung war nicht mehr löslich.

Den Vogel hat dann aber Reinking abgeschossen, der mit Hilfe von quaternären Ammoniumverbindungen zu einer Benzylierung des Leukoindigos und so zunächst zu einer stabilen, orangegefärbten Verbindung mit seinem Leukotrop O gelangte. Aber auch diese war nicht wasser- bzw.

---

309) D. R. P. 97 593.

310) D. R. P. 191 878.

alkalilöslich, gab aber brauchbare, lebhafte Orangeeffekte. Sehr rasch wurde auch das Problem von Reinking dadurch endgültig gelöst, daß er das Leukotrop O

$$C_6H_5 - \overset{CH_3\ \ CH_3}{\underset{Cl}{N}} - CH_2 - C_6H_5 \rightarrow C_6H_5 - \overset{CH_3\ \ CH_3}{\underset{Cl}{N}} - CH_2 - C_6H_4 - SO_3H$$

sulfurierte und dadurch ein in Alkali lösliches Sulfoderivat des benzylierten Leukoindigos bildete. Mit diesem Leukotrop W war auch die letzte Schwierigkeit überbrückt und dürfte heute das Ätzen von Indigo, soweit es überhaupt noch ausgeübt wird, wohl ausschließlich nach diesem Verfahren vorgenommen werden.

Nun war nicht allein das Weißätzen eine recht sichere Sache geworden, auch das Buntätzen, und zwar unter Verwendung von Küpenfarben wurde bald verwirklicht. Das Buntätzen von Indigo bestand lange Jahre in der Anwendung der Chromatätze in Verbindung mit anorganischen oder organischen Pigmenten unter Anwendung von Albumin als Fixierungsmittel. Auf Basis der später verwendeten Chloratätze hat sich ein Buntätzartikel nie recht entwickeln lassen. Allein durch Anwendung von naphtolierter Ware mit Chloratätzfarben welche diazotiertes p-Nitro-Orto-Anisidin enthielten, ließen sich lebhafte Rotätzen ausführen. Leider versagte bei solcher naphtolierter Ware jede gleichzeitige Anwendung von Weißätzen, da das Naphtol durch Oxydationsmittel in braune, sehr stabile Verbindungen übergeführt wurde.

Ich habe dann durch Kombination der alten Jeanmairschen Fixationsmethode von anthrachinoiden Küpenfarben mit Zinnsalz und Eisenvitriol und Passage in heißer Lauge mit der modernen Sulfoxylatleukotrop-Ätze sehr schöne und absolut echte Buntätzen auf Indigo erhalten können[310a]).

Kombinationen von Chloratätzen und diazotierten Basen und dieser soeben gekennzeichneten Buntätze mit Küpenfarben auf naphtoliertem Indigofond ließen es zu, das durch Küpenfarben nicht erzielbare Rot in den Artikel hineinzubringen.

Damit war auch dieses bedeutsame Gebiet, die weiße und bunte Illumination des Indigofonds auf dem Ätzwege, dem Zeugdruck erschlossen worden.

Es war ein eigenartiger Zufall, daß fast gleichzeitig mit der Darstellung der Hydrosulfite die Entwicklung der neuen Küpenfarbstoffe einsetzte. Der Indigo war bis zum Jahre 1900 der einzige verwendete Küpenfarbstoff. 1901 erschloß Bohn mit dem Indanthren X ein ganz neues Gebiet und 1908 stellte Engi den Tetra-Bromindigo dar und erschloß damit das Gebiet der indigoiden Küpenfarbstoffe. 1905 wurden von der B. A. S. F. zum ersten Male Na-Hydrosulfit der Textiltechnik zur Verfügung gestellt. Wie außerordentlich wichtig dieses eigentümliche Zusammentreffen war, wird sofort

---

310a) Indigo Rein B. A. S. F. Leukotropverfahren 1914, S. 47.

klar, wenn man sich an die ersten Versuche erinnert, welche zur Fixierung des Indanthren X im Druck gemacht wurden. Es gelang damals lange nicht, diese hervorragenden Produkte im direkten Druck zu fixieren, da ein geeignetes Reduktionsmittel nicht zur Verfügung stand. Erst Jeanmaire löste das Problem im Jahre 1901 dadurch, daß er eine schon längst bekannte, zum Druck von Indigo angewendete Methode anwandte, die darin bestand, den Farbstoff mit Eisenvitriol und Zinnsalz aufzudrucken und durch eine Alkalipassage die Reduktion und damit die Fixierung des Farbstoffs zu bewirken (B. A. S. F., F. P. 309 503 vom 24. August 1908). Das Verfahren bestand in einem Aufdruck des Gemisches von Eisenvitriol, Zinnsalz und Weinsäure und nachträgliche Passage in 20° Bé heißer Natronlauge. Tatsächlich wurde lange Zeit nach diesem Verfahren gearbeitet, und es ist bekannt, daß dasselbe auch heute noch die intensivsten und schönsten Drucke gibt. Es ist das einzige, welches gestattet, auch das Indanthrenblau RS in seiner blumigen Nuance zu fixieren. Das später von der B. A. S. F. empfohlene Verfahren mit Zinnoxydul ergab keine so guten Resultate. Erst die Anwendung der Sulfoxylate gestattete dann, besonders nach Anwendung des Sieberschen Pottascheverfahrens, die befriedigende Fixierung dieser Produkte.

Wir haben zum Schluß noch zwei bedeutungsvolle Erscheinungen auf dem Gebiete des Stoffdrucks zu verzeichnen, und zwar den Ausbau der Entwicklung der Technik der Anwendung der unlöslichen Azofarbstoffe auf Grund der Entdeckung des Beta-Oxynaphtoesäureanilids, des *Naphtol AS,* dann die der *Indigosole.*

-Was die erstere Gruppe anbelangt, so wurden nach Einführung der auf Basis von Beta-Naphtol allein herstellbaren, praktisch interessanten Farbtöne lange Jahre keine bemerkenswerten Fortschritte mehr gemacht, will man davon absehen, daß die Darstellung der haltbaren Sulfoxylate naturgemäß auch auf diesem Gebiete die Möglichkeit der weitestgehenden Illuminationen zuließ.

Das wurde mit einem Male anders, als im Jahre 1914 von den Farbwerken Griesheim-Elektron das Naphtol AS und nach ihm eine ganze Anzahl Homologe das Gebiet der unlöslichen Azofarbstoffe zu bevölkern, und auf demselben langsam aber stetig fortschreitend, die Urbewohner, die auf dem Beta-Naphtol aufgebauten Pigmente, zu verdrängen begannen. Der endgültige Sieg der Naphtol AS-Derivate war nicht zweifelhaft, denn die beiden Lager kämpften mit zu ungleichen Waffen, auf der einen Seite mangelhafte Echtheiten, dann unzulängliches Farbtonsortiment, auf der anderen Seite hervorragende Solidität nach den meisten Richtungen und unbegrenzte Möglichkeiten in der Illuminationstechnik, besonders nach Einführung des Variaminblaus.

Im Prinzip bleibt die Anwendung der neuen Naphtole der der alten analog; die Substantivität der ersteren kam mehr der Anwendung in der Färberei als dem Zeugdruck zugute. Die mit den Azophorrotfarben schon seinerzeit angestrebte Stabilisierung der Diazoverbindungen wurde auch hier durch die Einführung sogenannter Diazosalze verwirklicht. Größer war aber der Fortschritt durch Kombination der Naphtole und Nitrosamine in einem Produkt, erst den Rapidechtfarben, später in vollkommenerer Form in den Rapidogenen. Es sei an dieser Stelle daran erinnert, daß schon vor langen Jahren die B. A. S. F. denselben Gedanken durch sein Nitrosamin zu verwirklichen suchte, das sich aber infolge seiner Unbeständigkeit nicht einzuführen vermochte. Das Problem der Ausschaltung der Naphtolpräparation für den direkten Druck wurde erst durch die Erfindung der Rapidechtfarben, Rapidogene und Rapidozole, in befriedigender Weise gelöst.

Die außerordentliche Labilität der Leukoderivate der Küpenfarbstoffe wurde von den Koloristen stets als eine wenig erfreuliche, Unsicherheit in der Applikation auslösende Eigenschaft dieser Produkte empfunden. Die koloristische Welt horchte daher auf, als man von stabilen Leukoderivaten der Küpenfarbstoffe hörte, welche durch einfache Operationen in die Pigmente selbst zurückgeführt werden könnten. Wir verdanken diese Körper Dr. B a d e r und S ü n d e r. Die mannigfaltige Anwendung derselben hat uns gelehrt, einem wie großen Bedürfnis sie mit ihrer Erfindung entgegengekommen sind. Was an den Produkten, außer ihren interessanten Applikationen, an der auch Dr. H. P e r n d a n n e r erfolgreich durch seine Erfindung des Nitritverfahrens mitgearbeitet hat, besonders interessiert, dürfte deren molekulardisperse Verteilung in ihren Lösungen sein. Man erhält dadurch nach der Regeneration eine weitaus feinere Ablagerung der Pigmente, *in-* und außerhalb der Faser, was bekanntlich eine bessere Reibechtheit bewirkt, eine Eigenschaft, welche die auf gewöhnliche Art auf Geweben befestigten Küpenfarbstoffe nicht zeigen.

So ist die vorläufige Entwicklung des Zeugdrucks würdig abgeschlossen und wir befinden uns gegenwärtig gewissermaßen in einer *Ruheperiode,* in einer *Schonzeit* für den Koloristen, der nun emsig beschäftigt ist, das Gebotene im Rahmen seiner Arbeit gründlich zu verwerten. Solche Schonzeiten müssen sein, will man nicht den klaren Blick für das Zweckmäßige verlieren. Die älteren Koloristen können sich ja noch der Zeiten erinnern, wo die Hydrosulfite eingeführt wurden und wo die neuen Applikationsmethoden dieser interessanten Produkte so niederprasselten, daß sie nicht wußten, wo ihnen der Kopf stand.

Die allgemeine Übersicht über den Stand des Zeugdrucks möge in wenigen Worten dermaßen charakterisiert sein, daß eine ganze Anzahl von Farbstoffgruppen, welche früher eine hervorragende Rolle in der örtlichen Applikation spielten, in stetem Zurückweichen vor anderen sich nach besonderer Richtung hin entwickelnden Gruppen befinden. Vor allem sind es die *Beizenfarbstoffe,* welche langsam aber sicher zunächst von den *Küpenfarbstoffen,* neuerdings von den Azofarbstoffen verdrängt werden. Auf bestimmten Anwendungsgebieten, im Möbeldruck vorzugsweise, werden sie noch lange ein Anwendungsgebiet haben. Aber wie Chronos seine eigenen Kinder frißt, so droht auch den Küpenfarbstoffen ein Krieg, der wohl nicht mit einer völligen Niederlage derselben enden wird, aber in der Verdrängung aus bestimmten bisher innegehaltenen Positionen. Den Indigo sehen wir aus seiner weltbeherrschenden Stelle schon längst vertrieben und seine Bedeutung blieb heute vorzugsweise die eines Rohstoffs für bestimmte indigoide Küpenfarbstoffe. Den Besiegern des Indigos, den anthrachinoiden

Küpenfarbstoffen, drohen die unlöslichen Azofarbstoffe der Variaminblaugruppe und anderer Basen. Ein Gebiet, das den Küpenfarben wohl noch lange unbestritten bleiben wird, ist das des Buntätzdrucks auf farbigen ätzbaren Böden. Sie werden dort deshalb noch lange eine wichtige Rolle spielen, weil sie auf allen Faserstoffen mit Ausnahme von Wolle Anwendung finden können.

In der Applikation der Rapidechtfarbstoffe und Rapidogene erblicken wir den erfolgreichen Versuch, den Mather-Platt, bekanntlich der „locus minoris resistentiae" der Druckerei, auszuschalten.

Im großen und ganzen sind zwar die Methoden der Illumination einfacher geworden und für den Koloristen daher leichter überblickbar. Während man aber unmittelbar nach dem Kriege noch *nur mit Baumwolle, Wolle und Seide arbeitete,* sind dem Koloristen neue Schwierigkeiten durch die unendliche Zahl von Fasern und daraus hergestellten *Mischgeweben* erstanden, denen er seine Methoden anzupassen hat. Solange es sich dabei um auf Cellulosebasis ausgebaute Faserstoffe handelt, sind unüberwindliche Schwierigkeiten bei der Illumination nicht vorhanden, wo aber animalisches Material, besonders Wolle, mitverwendet ist, steht man vielfach vor noch ungelösten Aufgaben.

Wenn ich zum Schluß noch einige kurze Worte über die ältere Literatur über den Zeugdruck verliere, so geschieht das deshalb, weil ich nochmals darauf hinweisen möchte, daß diese im Vergleich zu anderen Disziplinen eigentlich recht spärlich ist. Von dem alten Werk des Cennino Cennini habe ich schon berichtet. Das 1760 erschienene Büchlein von Chevallier des Quarelles hat uns auf Veranlassung von Kollegen Reinking die B. A. S. F. in einem Neudruck in dankenswerter Weise wieder zugänglich gemacht. Außerordentlich wertvolle Angaben finden wir heute in dem dreibändigen Werk von Runge, dem ersten Beobachter des Anilinschwarz. Ich möchte von der alten Literatur dieses Werk wohl als das originellste und das inhaltsreichste und auch heute anregendste hervorheben. Runge gingen die Farben und ihre Anwendung in der Textilveredlung über alles. Er schreibt im ersten Brief seines Werkes über Farbenchemie, nachdem er sich etwas auf einem chemischen Gebiete verbreitet hatte, wörtlich: „Mit Blei und Zinnsalzen lassen sich unauflösliche Verbindungen darstellen, die die Möglichkeit einer genauen wissenschaftlichen Untersuchung gewähren. Hierzu fordere ich meine Freunde und Genossen freundlichst auf, *da ich zu meinen lieben Farben zurückkehren muß.*" Wir sehen hier die Einstellung eines Idealkoloristen, der in ein persönliches Verhältnis zu seinen Farben getreten ist.

Nach Runge hat v. Kurrer ein mehrbändiges Werk, „Die Druck- und Färbekunst", stammend aus dem Jahre 1848, geschrieben, welches eine Übersicht über alle damals gebräuchlichen Arbeitsmethoden in Färberei und Druck gibt. Derselbe Verfasser hatte, wie ich schon in der Einleitung erwähnte, schon im Jahre 1840 eine Geschichte der Zeugdruckerei geschrieben, die eine große Zahl von interessanten Angaben über Zeugdruckereien enthält, die heute längst nicht mehr bestehen. Zu erwähnen ist noch der 1824 erschienene „Grundriß der Färberei" von Vitalis, der auch über den

Zeugdruck eine Menge Angaben enthält und besonders deshalb wertvoll ist, weil sowohl Dingler als auch v. Kurrer dazu Beiträge geliefert haben. Aus dem Jahre 1830 stammt ein dreibändiges Werk von Kreysig über den Zeugdruck. In dem 1848 erschienenen „Traité de l'impression" von Persoz besitzen wir ein hervorragendes Werk auf dem Gebiete des Zeugdrucks und besonders ein Werk, aus dem man, wie bei Runge, noch heute eine Menge von Anregungen schöpfen kann. Was uns dasselbe besonders wertvoll macht, ist, daß Persoz überall historische Notizen, den Zeugdruck betreffend, einschiebt. Auch das 1867 erschienene Schützenbergersche Werk „Traité de matières colorantes" enthält eine Fülle von Material und ist besonders deshalb wertvoll, weil in ihm schon die ersten, damals neuen synthetischen Farbstoffe und ihre Anwendung berücksichtigt sind.

Nach dieser Zeit blieb es lange ruhig, bis Lauber im Jahre 1880 mit seinem Lieferungswerke über den Zeugdruck begann. Die Erstausgabe dieses Werks bestand aus einer großen Zahl von Lieferungen, von denen wohl jede an einem anderen Ort erschienen ist, und die Zeugnis ablegen von dem Wandertrieb der damaligen Koloristen. Das Werk ist lange Jahre das Standardwerk der Zeugdrucker geblieben.

1910 erschien das Werk von Dr. Elbers, „Die Bedienung der Arbeitsmaschinen in der Textilindustrie", das seinerzeit sehr begrüßt wurde, da dasselbe auch der maschinellen Seite der Zeugdruckerei in ausgiebigem Maße gerecht geworden ist.

Wenn wir nun das ganze Gebiet der Zeugdruckerei so gewissermaßen aus der Vogelperspektive überblicken, können wir sieben einzelne Epochen unterscheiden, welche folgendermaßen charakterisiert sein sollen:

1. *Primitive Epoche.* Von den Uranfängen des Zeugdrucks bis ungefähr zum Anfang des 18. Jahrhunderts, also ein Umfang von vielen hundert Jahren, in denen bemerkenswerte Fortschritte weder hinsichtlich Technik noch Variabilität der Pigmente zu verzeichnen sind. Erstes Auftreten der Baumwolle in der Zeugdruckerei.

2. *Zweite Epoche,* beginnend mit dem Aufschwung der wissenschaftlichen und technischen Chemie im 18. Jahrhundert und der Entwicklung der anorganisch-chemischen Industrie. Gleichzeitig fällt die Entwicklung der europäischen Baumwollindustrie in diesen Zeitraum und mit derselben die erste Entwicklung der mechanischen Druckverfahren. Diese Periode erstreckt sich bis zum 19. Jahrhundert.

3. *Dritte Epoche.* Von Anfang des 19. Jahrhunderts beginnt mit der Erfindung der *„cuve décolorante"* von David Köchlin im Jahre 1811 der Einfluß der Chemie auch auf die textilen Applikationsverfahren. Die Zeugdruckerei wird von nun ab ein Zweig der angewandten Chemie.

4. Als *vierte Epoche* muß die Einführung der Dämpfverfahren zum Befestigen von Farben auf dem Gewebe bezeichnet werden. Dieselbe beginnt mit dem Jahre 1815 und endet mit dem Jahre 1822, als v. Kurrer das Dämpfen auch zum Fixieren von Druckfarben auf Baumwolle verwendete.

5. Die *fünfte Epoche* beginnt mit dem Auftreten der ersten synthetischen Farbstoffe im Jahre 1857.

6. Die *sechste Epoche* beginnt mit der technischen Darstellung von Hydrosulfit und der Entdeckung der haltbaren Hydrosulfitderivate durch Bildung der Aldehyd-Doppelverbindungen und deren Anwendung in der Zeugdruckerei; gleichzeitig die Entwicklung der Küpenfarbenindustrie in den Jahren 1890 bis 1900.

7. Die *siebente Epoche* beginnt mit dem Auftreten des Naphtol AS und seiner Homologen, der Rapidechtfarben und Rapidogene, womit eine ganz neue Illuminationstechnik eingeleitet wurde, welche wirksame Ergänzungen durch die fast gleichzeitig eingeführten Indigosole fand. Mit den neuen Naphtolen sowie den Indigosolen konnten eine ganze Anzahl von neuen Artikeln geschaffen werden, insbesondere auf dem Gebiete der Illumination von Anilinschwarz und dem der unlöslichen Azofarbstoffe.

B. Theoretische und physikalische Grundlagen des Zeugdrucks.

Man pflegt den Zeugdruck als örtliche Färbung zu bezeichnen und glaubt auf Grund dieser Definition alle bei der eigentlichen Färbung gemachten Erfahrungen auf die örtliche Applikation übertragen zu können. Diese Einstellung ist grundsätzlich falsch, schon vom ganz allgemeinen Gesichtspunkte aus betrachtet, da das Medium, in welchem sich die Färbung vollzieht, im einen und im andern Fall verschieden ist. Bei der eigentlichen Färbung haben wir vorzugsweise, in der Praxis wohl immer, Wasser, in dem das färbende Prinzip gelöst wird oder suspendiert ist, im Falle der örtlichen Färbung, dem Zeugdruck, ist es ein Kolloid, eine viskose Masse, meist aus Stärken, Tragant, Gummi sowie ähnlichen Substanzen bestehend.

Daß der Mechanismus im einen Fall des Druckens und im andern Fall der Färbung völlig verschieden ist, läßt sich durch ein Beispiel illustrieren. Das einbadige Färben von Alizarinrot ist bis heute noch nicht gelungen, d. h. das Färben aus einem Bad, in welchem alle Komponenten des endgültigen Farblackes enthalten sind. Es gelingt dies aber aus kolloidem Medium, der sogenannten Verdickung, einwandfrei. Die für die örtliche Färbung verwendete Druckfarbe, wie in diesem Falle das Färbebad heißt, enthält alle farbbildenden Substanzen, Beizen, Alizarin, später sogar das Öl in friedlicher Gemeinschaft nebeneinander. Die damit erzielten örtlichen Färbungen sind, was ihre Echtheiten anbelangt, denen gleichwertig, die auf dem intermittierenden Wege, der normalen Färbung, entstanden sind. Nun wird sich der Laie fragen, warum ist es nicht möglich, einfach die in der Färberei mit so gutem Erfolg verwendete wäßrige Färbeflotte in irgendeiner Weise als solche auf das Gewebe zu übertragen? Ein einfacher Versuch, das Auftropfen einer Farbstofflösung auf ein gut gebleichtes Gewebe, wie es im allgemeinen für den Zeugdruck Verwendung findet, wird sofort erkennen lassen, warum ein solches Vorgehen niemals zu brauchbaren Druckeffekten führen kann. Läßt man eine wäßrige Lösung eines Farbstoffs auf ein gut benetzbares Gewebe tropfen, so wird der farbige Effekt der dadurch entsteht, sich nicht auf den Raum des gefallenen Tropfens begrenzen lassen. Die Benetzbarkeit des Gewebes, die auf Kapillarwirkung beruht, wobei das Gewebe als Ganzes betrachtet werden soll, veranlaßt die aufgesaugte Flüssigkeit über die Grenzen des Tropfens hinauszutreten und mehr oder weniger farbige, nicht scharf umgrenzte, verschwommene Ringe zu bilden. Diese Verhältnisse wurden erstmals von Runge[311]) genauer studiert, wobei es ihm gelang, durch Ineinanderfließenlassen von Lösungen, in denen Salze aufgelöst waren, welche sich gegenseitig ausfällten, ganz interessante Figuren zu erzeugen. Diese Arbeit stellt aber eher eine Spielerei dar und ist meines Wissens nie technisch ausgewertet worden. Auf eine wissenschaftliche Grundlage hat dann das Phänomen der Kapillarität erstmalig Goppelsröder gestellt, der seine Arbeiten auf diesem Gebiete in einem umfangreichen Werk[312]) niedergelegt hat.

Man erkennt also, daß, um scharf umgrenzte Effekte bei der örtlichen Färbung zu erhalten, der Wirkung der Kapillarität des Substrates entgegengearbeitet werden muß.

Was diese Kapillarwirkung allein anbelangt, so muß man sich überlegen, daß ein Baumwollgewebe zwischen den einzelnen Fäden eine große Zahl von leeren Räumen zeigt (Webfach), da die einzelnen Fäden niemals so aufeinander liegen, wie das Original und sein galvanoplastischer Abguß, sondern mehr oder weniger weite Zwischenräume lassen, deren Größe abhängig ist von der Struktur und der webtechnischen Einstellung des jeweiligen Gewebes und der dafür verwendeten Garnnummer. Der Kapillarität wird aber auch durch schwere Benetzbarkeit des Substrates entgegengewirkt. Läßt man beispielsweise einen Wassertropfen auf ein rohes Baumwollgewebe fallen, so wird man beobachten, daß geraume Zeit vergeht, bis der Tropfen vom Substrat aufgenommen wird; ist ein Gewebe ordnungsgemäß gebleicht, indem die wasserabstoßenden Fette und Wachse der Rohfaser entfernt sind, so wird der Tropfen vom Gewebe sofort aufgesaugt[313]).

Nun haben wir bei der Aufsaugung von Flüssigkeiten neben der relativ groben Wirkung der Kapillaritätskräfte auch noch mit der Diffusion in die einzelnen mit Flüssigkeit in Berührung kommenden Elemente des Gewebes, den Fasern, zu rechnen. Dieser Prozeß verläuft wesentlich langsamer als die kapillare Aufsaugung und erfolgt nicht, wie vielfach angenommen wird, durch kapillare Wirkung des Lumens der Faser. Eine Kapillarwirkung z. B. der einzelnen Baumwollfaser kommt deswegen kaum in Frage, weil diese in der überwiegenden Anzahl der Fälle einseitig geschlossen ist.

Wir haben also beim Aufbringen von Flüssigkeiten oder Lösungen auf Gewebe mit zwei Faktoren, die für den Zeugdruck von eminenter Bedeutung sind, zu rechnen, der Kapillarität durch die Struktur des Gewebes und mit der Benetzungsfähigkeit des Elementes, der Faser.

Beim Ausfließen von Flüssigkeiten auf der Faser und der Unterdrückung derselben im Interesse scharfer Begrenzungen der Effekte im Zeugdruck,

---

[311]) Der Bildungstrieb der Stoffe, veranschaulicht in selbständig gewachsenen Bildern. 1855, Verlag Mittler und Sohn, Berlin.

[312]) Kapillaranalyse, beruhend auf Kapillarität und Adsorbtionserscheinungen, Basel 1901.

[313]) Vgl. auch Persoz, Traité d'impressions II, 408 (1846).

handelt es sich in erster Linie um das Paralysieren der kapillaren Kräfte des Gewebes. Diesem Zwecke dient zunächst das besondere Medium, in welchem die farbbildenden Substanzen untergebracht sind, die man unter der Bezeichnung *Verdickung* kennt.

Worauf beruht nun die spezifische Wirkung dieser viskosen Behelfe, von denen oben eine Anzahl genannt wurde? Wie man in der Homöopathie Gleiches mit Gleichem bekämpft, so auch hier. Man setzt den kapillaren Kräften des Gewebes zumindest gleichwertige, besser aber hochwertigere entgegen, und dies in Form viskoser Substanzen, den sogenannten „Verdickungen".

Ich habe mich seinerzeit in verschiedener Richtung mit den Funktionen dieser Verdickungen beschäftigt und muß gestehen, daß es mir zunächst nicht restlos gelungen ist, völlige Klarheit in diese Verhältnisse zu bringen. Die gewonnene Erkenntnis ist spärlich und fragmentarisch geblieben, läßt aber immerhin zu, sich bestimmte Vorstellungen vom Zwecke und von der Arbeit dieser Verdickungen zu machen.

Da es sich im Rahmen dieser Arbeit erübrigt, in ausführlicher Form von den Verdickungen zu sprechen, sondern der Zweck der Aufgabe ist, vorzugsweise die Funktionen dieser Substanzen kennenzulernen, so sei hier auf die einschlägigen Werke über Zeugdruck verwiesen, wo alle für die reine Technik interessierten Eigenschaften der Verdickungen niedergelegt sind[314]).

Das hauptsächliche Merkmal der Verdickung ist ihre hohe Viskosität oder Zähigkeit. Wir haben es mit ausgesprochenen Kolloiden und speziell Gelen zu tun, deren Wasseraufnahmevermögen recht bedeutend aber nicht unbeschränkt ist. Diese Gele haben ausgesprochenen emulsoiden Charakter, da sie in ihrer Mehrheit gegen Metallsalze, auch dreiwertige Elektrolyte, wie beispielsweise Aluminiumsalze, beständig sind, bzw. beständig sein müssen. Die Aufnahme von Flüssigkeit durch diese Gele ist natürlich, sobald man die Druckfähigkeit derselben berücksichtigt, eine beschränkte, wechselt aber je nach dem Produkt, das zur Verdickung verwendet wurde.

Bei dieser Gelegenheit soll hier noch auseinandergesetzt werden, was unter Druckfähigkeit einer Druckfarbe zu verstehen ist. Unter Druckfähigkeit bezeichnet man die Eigenschaft einer Druckfarbe, in den Gravuren, bzw. Haschüren der Druckwalze zu haften, ohne aus denselben auszufließen. Zur Klarstellung dieser Verhältnisse ist ein kleiner Seitensprung in das mechanisch-technische Gebiet, das ja hier nicht besonders behandelt wird, unerläßlich. Die Druckfarbe wird auf die Ware in verschiedener Weise übertragen; für die hier interessierenden Verhältnisse kommen nur zwei Druckmethoden in Frage, und zwar der Relieftiefdruck, wozu der Handdruck, Perrotinedruck und Reliefwalzendruck gehören, dann das Drucken im Tiefdruck mit Hilfe von gravierten Kupferwalzen, allenfalls auch der Filmdruck. Im ersten Falle sind es erhabene Partien, welche die Druckfarbe auf das Gewebe übertragen, im zweiten Falle vertiefte Stellen der Druckwalze (offene Stellen der Schablonengaze). Im ersten Falle wird mit einem Model von der auf einen Filz aufgestrichenen Druckfarbe von den erhaben gearbeiteten druckenden Partien

[314]) Handbuch des Zeugdrucks von v. G e o r g e v i c. H a l l e r und L i c h t e n s t e i n, Leipzig 1930, I. S. 399. Chemische Technologie der Baumwolle, H e r z o g sche Sammlung, Berlin 1928, S. 193.

des Models die Druckfarbe aufgenommen und dann von Hand, oder wie beim Reliefmaschinendruck, maschinell, an bestimmten Stellen der Ware abgegeben, bzw. *aufgedruckt,* da eine geringere oder größere Pression zum Übertritt der Farbe auf die Ware notwendig ist. Man erkennt sofort, daß für eine derartige Übertragung eine bestimmte Zähigkeit, welche das Haftvermögen der Druckfarbe an den druckenden Stellen bedingt, erforderlich ist, um zunächst das Abfließen der Farben von den erhabenen Partien der Druckmodel zu verhindern; dann deshalb, um ein Ausquetschen der Farbe auf der Ware nach der Anwendung der gekennzeichneten Pression zu vermeiden. Die Druckfarbe muß deshalb eine bestimmte Viskosität haben, es ist bedauerlich, daß es bisher trotz gewisser Versuche nicht gelungen ist, einen bestimmten Maßstab für diese zu konstruieren[315]). Hier ist ein Gebiet, auf welchem der Kolorist rein gefühlsmäßig, allerdings unterstützt durch die Erfahrung, arbeitet.

Im zweiten Fall rotiert die mit den Gravuren versehene Walze auf einem ebenfalls rotierenden Zylinder, dem Fournisseur, manchmal auf einer Bürste in Zylinderform, die wie der Filz im Handdruck die Druckfarbe übertragen. Im Moment belegt sich naturgemäß die ganze Oberfläche der Walze mit Farbe; da dieselbe aber nur in den vertieften gravierten Stellen bleiben soll, so sorgt ein auf der Walze liegendes Rakelmesser dafür, daß bis auf die vertieften Stellen, in welche dieses wegen der deshalb in den Gravuren eingearbeiteten Haschüren nicht eingreifen kann, die übrige Farbe von der Oberfläche entfernt wird. Es ist hier leicht zu verstehen, daß die Druckfarbe eine bestimmte Zähigkeit besitzen muß, um nicht aus den vertieften Stellen der Druckwalze herauszulaufen und dann nach Übertragung auf die Ware vom Druck der Pression an den bedruckten Stellen nicht verquetscht zu werden und so weit größere Partien der Ware zu bedecken, als im Muster vorgesehen sind.

Nach diesem kleinen Exkurs auf das technische Gebiet kehren wir zum Studium der Struktur und das Verhalten der Verdickungen zurück.

Ich habe seinerzeit die üblichen Verdickungen, und zwar als Verdickungsmittel allein, dann auch in der geläufigen Kombination, beispielsweise Stärke-Tragant, einer eingehenden Untersuchung unterworfen. Es war naturgemäß wesentlich, Einblick in die Struktur dieser aus den sogenannten Verdickungsmitteln zu erhaltenen Gele zu gewinnen. Ich werde mich darauf beschränken, das wiederzugeben, jedoch nur die wichtigsten dieser Substanzen, wie Stärke, Tragant und Gummi für die folgenden Ausführungen berücksichtigen. Alle drei Pflanzenprodukte — die Stärke eine Reservesubstanz, die beiden anderen Körper, die durch die Metamorphose der Cellulose im Pflanzenkörper gebildeten Schutzstoffe bei Verletzung von Kambialschichten, möglicherweise auch Exsudate nach bakteriellen Infektionen.

Lesen wir nun, was die alten Klassiker des Zeugdrucks über die Wirkungen der Verdickung zu sagen wissen. Zunächst wäre hier Persoz[316]) zu nennen, der zunächst den kapillaren Kräften des Gewebes volle Beachtung schenkt.

---

[315]) Lunge und Zilchert, Zeitschr. für ang. Chemie.

[316]) Traité d'impressions II, 408 (1846).

Selbstredend darf eine gute Verdickung die Verbindung des färberischen Prinzips mit der Faser nicht hindern. Die auffallende Erscheinung, daß Stärke ergiebigere Drucke erzeugt als die gleiche Druckfarbe bei Anwendung von Gummiverdickung, erklärt er mit der geringeren Konzentration an fester Substanz bei der Stärkeverdickung gegenüber der Gummiverdickung.

Runge[317]) behauptet, daß beispielsweise Tonerde mit Stärke eine chemische Verbindung eingehe, während dies bei Gummi nicht der Fall sei. Es betrifft dies allerdings einen Spezialfall — das Drucken von Alizarinrot. Ferner weist er auf die Eigenschaft von Gummilösung, chemische Niederschläge, die sich in bloßem Wasser rasch absetzen, in Schwebe zu halten, dann auf die Eigenschaft des Stärkekleisters, Wasser festzuhalten, hin, was Gummi und Tragant in weit geringerem Maße tun.

v. Kurrer[318]) macht darauf aufmerksam, daß die Verdickung lediglich die Rolle des Vehikels für Beizen und Farbstoffe spielt. Je geringer beispielsweise die Gummimengen sind, die angewendet wurden, ohne Fluß zu erzeugen, um so glänzender und intensiver erscheinen die Farben nach dem Auswaschen.

Schützenberger[319]) erwähnt, daß Stärke durch längere Einwirkung von Wasser von 190° C in Dextrin und Zucker übergeführt wird. Auch Gummi soll nach Erhitzen in geschlossenen Gefäßen reduzierende Eigenschaften zeigen. Die intensiveren Drucke kämen von der hygroskopischen Eigenschaft der Stärke, weil auch Glyzerinzusatz zu Gummiverdickung die Töne satter mache.

Lauber[320]), der alte Praktiker, hat für derartige theoretische Erörterungen nichts übrig und begnügt sich, die Eigenschaften und den Nachweis der verschiedenen Verdickungen und deren Wertbestimmung zu rekapitulieren.

Am eingehendsten beschäftigt sich Justin-Müller[321]) mit der Frage nach der Wirkung der Verdickungen und bedient sich schon der Erkenntnisse der jungen Wissenschaft von der Chemie und Physik der Kolloide. Die Verdickungen sind Micellarsole, homogene oder heterogene Lösungen. Zu den homogenen rechnet er die Gummilösungen, zu den heterogenen den Tragant. Als Micellarsole sind die Stärkeverdickungen zu bezeichnen. Gibt man zu einem Stärkekleister Trangantlösung zu, so nimmt derselbe das gebundene Wasser des Stärkekleisters auf und homogenisiert die Mischung. Essigsäure soll bei längerer Einwirkung auf Stärkekleister bei höherer Temperatur lösliche Substanzen bilden, eine Erkenntnis, die für die Funktionen der verschiedenen essigsauren Druckfarben nicht ohne Bedeutung ist.

Müller-Jakobs[322]) äußert sich folgendermaßen über die Funktionen der Verdickung: „Die Erzeugung von gefärbten Mustern auf Geweben durch Drucken basiert genau auf denselben Gesetzen von Diffusion und Dialyse wie

[317]) Kunst, zu drucken II, 44 (1842). Vgl. hiezu auch: Mell. Textil Ber. 1950/49.
[318]) Druck- und Färbekunst (1850).
[319]) Die Farbstoffe I, 77 (1868).
[320]) Handbuch des Zeugdrucks I.
[321]) Färber-Zeitung 1910, 278.
[322]) Textile Coloriste Oktober—März 1884—1885.

beim Färben, mit dem Unterschied, daß die Verdickungsmittel den Diffusionsprozeß modifizieren. Dieselben (Stärke, Dextrin, Gummi, Albumin) sind im allgemeinen Kolloide und verhindern das Eindringen der Beizen und Farbstoffe in die Interstitien der Faser oder sie setzen der Imbibitionskraft der Baumwolle eine Grenze und ermöglichen die Erzeugung klarer Muster. Der Diffusionsprozeß findet langsamer beim Trocknen statt, daher ist das längere Hängen in einer warmen Atmosphäre notwendig, besonders wenn, wie bei der Tonerde-Acetatbeize, eine Dissoziation stattfindet. Wenn keine Dissoziation in der Druckfarbe, die mit Verdickungsmitteln erzeugt wird, stattfindet, dann kann das Pigment oder Chromogen (S. 120) nicht mehr in die Interstitien der Faser eindringen und die Farbe wäscht sich aus. Die Bildung der Farbe innerhalb der Membrane wird befördert durch Dampf von 100 bis 105° C. Der Dampf öffnet, wie das kochende Wasser beim Färben, die Interstitien der Faser. Die sogenannten Körperfarben wie Ultramarin und Chromgelb, unlösliche Niederschläge, die mit Albumin verdickt aufgedruckt werden, bleiben in den durch den Dampf koagulierten Albuminen. Die Faser selbst färbt sich nicht. Die Reserven haben die Aufgabe, die Diffusion an gewissen Stellen des Gewebes zu verhindern, wozu Wachs, Paraffin und so weiter gerne gebraucht werden. Für Indigo werden als Reserven Substanzen benützt, welche mit dem darauffolgenden Färbebad Membranen bilden und so die Wirkung auf die bedruckten Stellen verhindern."

Müller-Jakobs vertrat die Ansicht, die im großen und ganzen bis vor kurzem die maßgebende war und gewissermaßen noch ist, da die neuen Versuche den Druckprozeß zu studieren, eigentlich lediglich eine Vertiefung der Erkenntnis im Mechanismus zur Folge hatten, nicht eine grundsätzliche Umstellung der Anschauung.

Wenn auch hinsichtlich der Wirkung der Verdickungsmittel kein Zweifel besteht, so war man sich aber über die Ursache dieser Wirkung bisher doch im klaren. Makroskopische Untersuchungen, wie beispielsweise Viskositätsbestimmungen, wurden häufig an Druckverdickungen vorgenommen, die aber nur geeignet waren, die stets mehr oder weniger empirische Arbeit der Koloristen in dieser Richtung einigermaßen zu orientieren. Der Viskositätsgrad allein ist noch kein Kriterium für die Eignung einer Substanz als Verdickung.

Wenn wir uns noch über die Anschauungen vom Feinbau der Gallerten orientieren, wie sie in der Literatur zu finden sind, so ist in erster Linie die Micellartheorie vom Feinbau der organisierten Körper nach von Nägeli zu nennen, über die das wesentliche in einem früheren Abschnitt niedergelegt ist. Was für den Feinbau der Faser gilt, gilt hinsichtlich der allgemeinen Gesichtspunkte von Substanzen von viel ausgebildeterem Quellungsvermögen, den üblichen Verdickungsmitteln.

Eine andere Auffassung vom Feinbau der organischen Körper vertritt Bütschli[323]). Für ihn besteht der Feinbau der Gallerten aus einem System von Waben, deren submikropische Wände aus amorphen Stoffen oder zähen Flüssigkeiten bestehen sollen. Die Waben selbst sollen mikroskopische

[323]) Untersuchungen über Strukturen, Leipzig 1898.

Flüssigkeitstropfen einschließen[324]). Man nennt daher diese Auffassung die „Bütschlische Wabentheorie". Bütschli hat sich bei seinen Untersuchungen der Methode bedient, die Gallerten auf dem Deckglas in möglichst dünner Schicht aufzutragen und diese dann durch geeignete Mittel zum Gerinnen zu bringen. Für Gummi verwendet er beispielsweise Alkohol und hat dadurch ein feinschaumiges Gerinnen erzielt. Er findet so Wabenräume, welche mit Luft gefüllt sind, deren Hohlräume miteinander kommunizieren. Er hat weiter die Größe dieser Hohlräume in höchst geistreicher Weise gemessen und konnte deren Durchmesser zu 1 bis $1\frac{1}{2}$ μ bestimmen. Zsigmondy fand einen viel feineren Aufbau als Bütschli; ihm kamen die neuen ultramikroskopischen Untersuchungsmethoden zugute, über die Bütschli noch nicht verfügte, obwohl letzterer in der Handhabung der schiefen Beleuchtung eine meisterhaft gehandhabte Untersuchungstechnik bewies.

Eine außerordentlich eingehende Untersuchung widmet Bütschli den Stärkegallerten. Schon am eingetrockneten Weizenstärkekleister beobachtet er, am Rand der eingetrockneten Masse, deutlich eine wabige Struktur; auch auf der auf erkaltendem Kleister sich bildenden Haut stellt er eine körnig wabige Struktur fest (loc. cit. Tafel III des zugehörigen Atlas der mikrophotographischen Aufnahmen).

Nun wurde vielfach angezweifelt, daß diese Strukturen, die Bütschli bei der Gerinnung seiner Gele sah, im unveränderten Gel auch tatsächlich vorgebildet und demselben eigentümlich sind. Wäre dies tatsächlich der Fall, so würde damit die Wirkung der Druckfarbenverdickung ausreichend erklärt sein. Alle Gerinnungsmittel, mit denen Bütschli operiert, insbesondere Chromsäure, aber auch Alkohol, können Veranlassung zu Strukturen geben, die als ausgesprochene Kunstprodukte angesehen werden müssen.

Nach neueren Untersuchungen von Zsigmondy[325]) sind die Gele ultramikroskopische Teige, also im Gegensatz zur Bütschlischen Auffassung, einer großen Zahl von festen feinsten Teilchen, Micellen, welche voneinander durch Flüssigkeitshäutchen getrennt sind, vergleichbar.

H. R. Procter[326]) lehnt beispielsweise eine Mikrostruktur von Gelatinegallerten ab. Er nimmt ein Netzwerk von molekularer Struktur an, das jenseits der mikroskopischen Sichtbarkeit liegt.

Möller[327]) glaubt in Gelatinegallerten eine fibrilläre Netzstruktur annehmen zu müssen, welche die Masse der Gallerte nach allen Seiten durchzieht und die vermutlich von ultramikroskopischen Dimensionen ist.

Baumann[328]) hat sich in seiner größeren Arbeit: Untersuchung über die ultramikroskopische Struktur von Gallerten mit Hilfe des Spalt- und Kardioid-Ultramikroskops, insbesondere mit den Bütschlischen Arbeiten über die Strukturen von Gelatinegallerten beschäftigt und konnte bei Gerin-

---

324) Bütschli, Mikroskopische Schäume und Strukturen des Protoplasmas, Leipzig 1892.

325) Kolloidchemie 1920, 102.

326) Koll. chem. Beiheft *2*, 243 (1911).

327) Koll. Zeitschr. *20*, 243.

328) Zeitschr. für anorg. Chemie *73* (1911).

nung mit Hilfe von Chromsäure und auch Alkohol nur eine körnige Struktur feststellen. Die Gelmikrostruktur ist seiner Ansicht nach eine im wesentlichen amikroskopische.

Auch von Weimarn[329]) betrachtet den primären und wahren Bau der Gallerten als einen feinkörnig vektorialen.

Wir haben oben von den kapillaren Kräften gesprochen, welche die Kapillarwirkung des Gewebes beim Druck paralysieren. Das war zunächst eine Annahme, die unter Beweis zu stellen ist. Diesen Beweis sollte die mikroskopische bzw. ultramikroskopische Untersuchung der gebräuchlichen Verdickungen erbringen.

Vor allem war der Weizenstärke-Kleister das gegebene Objekt. Schon Meyer[330]) hat sich mit der Struktur dieser Gallerten befaßt; das Resultat dieser eingehenden mikroskopischen Untersuchungen ist die für uns sehr wichtige Erkenntnis, daß die Stärkegallerten porös sind. Die miteinander in Verbindung stehenden Hohlräume enthalten das Dispersionsmittel, welches in denselben leicht beweglich ist. Obwohl in der Druckereipraxis die Verkleisterung der Stärke in einer Weise geschieht, daß ein möglichst homogener Kleister entsteht, es geschieht dies dadurch, daß nach der Verkleisterung noch längere Zeit, mindestens zehn bis fünfzehn Minuten auf 100° unter Rühren erhitzt wird, so erreicht man kaum, daß beide Amylosen, die Beta-Amylose sowohl wie die Alpha-Amylose homogen in Lösung gehen, so daß die praktischen Stärkekleister ein wesentlich anderes ultramikroskopisches Bild ergeben, als das nach der Meyerschen Verkleisterungmethode durch Erhitzen im Autoklaven zu erhaltende, welches allerdings die Lösung beider Amylosen gewährleistet.

Das ganze Verhalten der Verdickungsmassen zwingt unwillkürlich dazu, eine feinere Struktur derselben anzunehmen; da die Aufklärung dieser möglicherweise vorhandenen Strukturen für die Deutung der Vorgänge beim Druck von größter Bedeutung sind, habe ich es unternommen, auf einem etwas anderen Wege als Bütschli zu der erstrebten Erkenntnis zu gelangen.

Die Struktur wird vielleicht durch gegenseitige Anordnung von dichteren oder weniger dichten, vermutlich im Wassergehalt voneinander abweichenden Schichten gekennzeichnet sein. In welcher Weise diese Anordnung vorhanden ist, ob im Sinne der Bütschlischen Wabentheorie oder ob ein System von aneinanderhängenden mehr oder weniger dicht gelagerten Kugeln im Sinne Meyers, hatte die Untersuchung zu ergeben.

Als Untersuchungsobjekt dienten die drei meist gebrauchten Verdickungsmittel, Gummi-Cordofan 1 : 1, eine Lösung von Tragant im üblichen Verhältnis von 65 : 100 und eine 10 %ige Weizenstärke, im Autoklaven bei 138° C hergestellt.

Was zunächst den Weizenstärkekleister anbelangt, so wurde an demselben durch ultramikroskopische Untersuchung[331]) der lockere Zusammenhang der Gallerte festgestellt. Das Ganze ist durchzogen von größeren und kleineren Kanälen und Hohlräumen, welche mit einer Flüssigkeit erfüllt

[329]) Koll. Zeitschr. Beiheft *1*, 373 (1910).

[330]) Koll. chemische Beiheft *5*, 33 bis 39 (1913).

[331]) Koll. chem. Beihefte *8*, H. 1 und 2.

sind, die große Menge von Submikronen enthält. Diese Beobachtung stimmt mit der von Meyer überein, die er an Arrowroot-Stärke gemacht hatte. In den Stärkekleister inkorporiertes Alizarin findet man restlos in Kanälen und Hohlräumen in der darin befindlichen Flüssigkeit wieder.

Um nun gewisse eventuell vorhandene Strukturen im Stärkekleister unmittelbar der mikroskopischen Beobachtung zugänglich zu machen, wurde von mir die Bildung von Niederschlägen mit Salzen, welche erfahrungsgemäß den Stärkekleister chemisch nicht beeinflussen, herangezogen[332]). Dies auf Grund folgender Überlegung: Ist in den Gelen und Solen von Verdickungsmitteln eine Struktur vorhanden, welche in ihrer Größenordnung

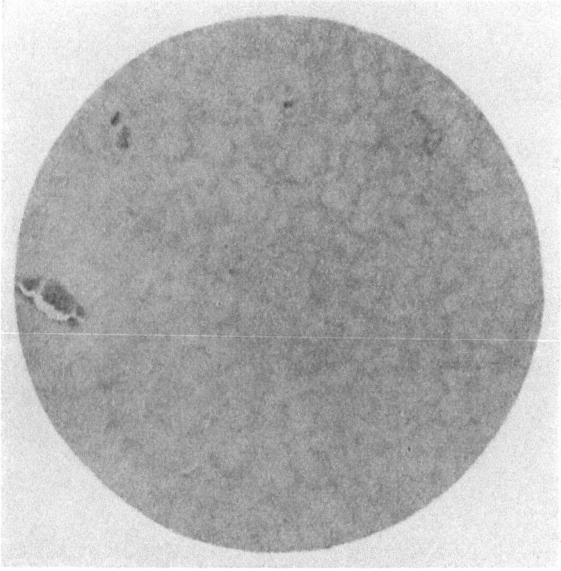

Abb. 36. Stärkekleister 0·5 : 1.

naturgemäß gröber als die micellare sein müßte, so sollte sich diese bei Niederschlagsbildung im Innern der Gallerte durch eine gewisse Orientierung der gebildeten Niederschlagsteilchen in bestimmten Richtungen äußern. Sind feine Wände von fester oder auch zähflüssiger Substanz im Sinne Bütschlis vorhanden, so könnte möglicherweise durch Adsorption feiner Niederschlagsteilchen an den Wandungen der Kanäle und Hohlräume eine Differenzierung in der Lagerung der Teilchen eintreten. Eine solche Differenzierung müßte für den Fall der Meyerschen Anschauung vom Bau der Gallerten, dann auch wohl für den Fall der Zsigmondyschen Strukturauffassung beobachtbar sein. In der Tat zeigte sich nach Bildung von Berlinerblau inmitten der Gallerte eine Anordnung der Teil-

332) Mell. Textilberichte 1929.

chen in wundervoller netzförmiger Anordnung. Recht schöne und instruktive Bilder derartiger Netzkonstruktionen erhält man auch bei primärer Behandlung dünner Stärkekleister-Aufstriche zunächst mit Jod, dann Silbernitrat und Trocknen am Licht. Bezüglich der technischen Einzelheiten und der Mikroaufnahmen dieser Strukturstudien sei auf die Originalpublikation (loc. cit.) verwiesen.

Während nun die Kanäle und Hohlräume beim Stärkekleister sich in der Größenordnung, am Durchmesser bestimmt, von ca. $1/2$ bis $1\ \mu$ bewegten, finden wir beim Tragant nach derselben Methode viel weitmaschigere Netzstrukturen, was nicht wundern darf, wenn man bedenkt, daß man für Stärke-

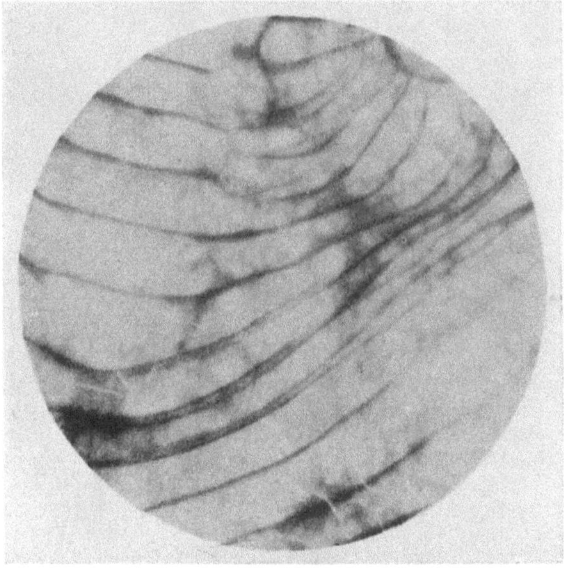

Abb. 37. Berlinerblau-Einlagerung in Gummilösung 1 : 1

kleister 10% an fester Substanz, von Tragant aber nur ca. 6% für die Verdickung verwendet. Die Hohlräume zeigen einen im Durchschnitt nahezu doppelt so großen Durchmesser als bei der Stärke.

Bei Gummi Cordofan bzw. arabicum sind die Verhältnisse zwar prinzipiell dieselben, die resultierenden Niederschlagsorientierungen sind aber vollkommen verschieden von den Bildern, wie sie bei Stärke und Tragant beobachtet werden. Man stellt ebenfalls eine netzförmige Anordnung der Teilchen fest, die Maschen sind aber weit enger, etwa ein Zehntel der bei Stärke festgestellten. Auch diese Resultate kann man sich erklären, wenn man sich daran erinnert, daß Gummilösung 50% an fester Substanz enthält, das Gerüst also ein viel dichteres sein muß als beispielsweise beim Tragant, außerdem beobachtet man bei Gummi vielfach wundervolle Membranbildungen, welche bei Verschiebungen eigenartige Figuren bilden.

Da nun Stärkekleister für sich allein als Druckverdickung wegen seiner gallertigen, nicht viskosen Beschaffenheit schwer verwendbar ist, war es von Interesse, die übliche Verwendung von Stärke als Stärke-Tragant-Verdickung in analoger Weise zu untersuchen. Rein theoretisch sollten sich eigentlich bei Mischung beider die charakteristischen Netzstrukturen der Komponenten gewissermaßen durchwachsen. In der Tat ergibt die Beobachtung eines solchen Gemisches eine unverkennbare Netzstruktur, doch stellt man eine eigenartige Verfilzung fest, die ein etwas verworrenes Bild zeigt.

Wir finden also einen eigenartigen, aber für die Aufklärung der Wirkung der Verdickung sehr wertvollen Fall des Durcheinandergreifens von zwei

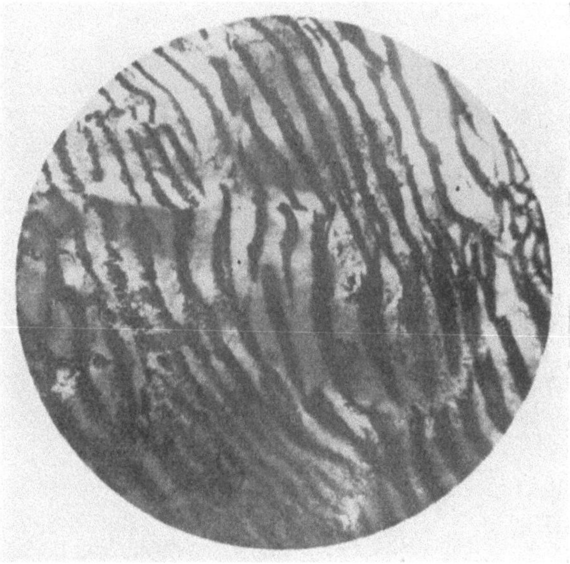

Abb. 38. Silberchromat-Einlagerung in Tragant 65 : 1000.

Netzstrukturen, so daß wir einen schwammähnlichen Aufbau derartiger Verdickungsgemische annehmen müssen (Abb. 36—39).

Die Resultate, welche aus den soeben gekennzeichneten umfangreichen Untersuchungen an Verdickungen hervorgehen, kann man folgendermaßen zusammenfassen:

1. Eine auffallende Orientierung von Niederschlagsteilchen, die eine typische Netzstruktur verraten, welche in der Verdickungsmasse zweifellos vorgebildet ist und nicht als Kunstprodukt anzusehen ist.

2. Die insbesondere bei Gummilösungen beobachtete Bildung von Membranen bei Bildung von Niederschlägen durch bestimmte Salze in der Masse.

Diese Niederschlagerzeugung im Innern der Verdickungsmasse war lediglich ein Hilfsmittel zum Sichtbarmachen von allenfalls vorhandenen Strukturen. Im direkten Druck kommen solche Verhältnisse nicht vor. Die für die Bildung der örtlichen Färbung erforderlichen Substanzen werden der fertigen Verdickung sukzessiv einverleibt und das Ganze durch Verrühren in grober Form homogenisiert, feiner aber durch Durchpressen entweder durch feine Siebe oder aber durch geeignete Gewebe.

Es wird uns nun, nachdem wir den schwammähnlichen Aufbau der Verdickungsmasse erkannt haben, zweifellos die Art interessieren, wie sich die farbbildenden Substanzen in diesem Netzwerk verteilen und der Ort, wo diese innerhalb desselben zu finden sind. Dazu eignen sich wasserlösliche Farbstoffe weniger, besser schon Produkte, die als Suspensionen im Handel sind, Küpenfarbstoffe und Beizenfarbstoffe.

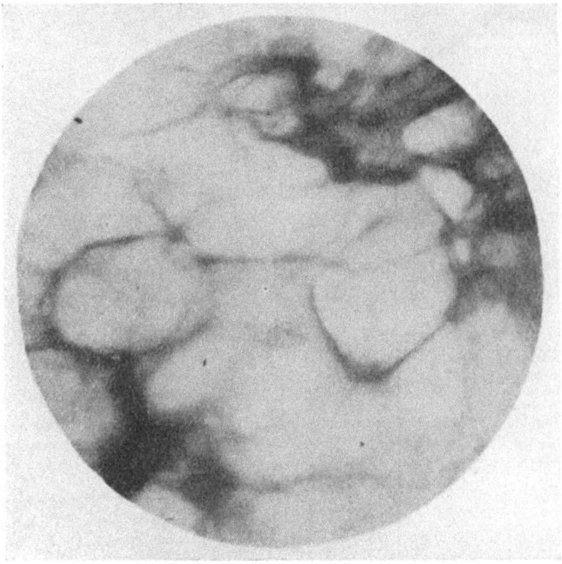

Abb. 39. Berlinerblau-Einlagerung in Tragant 65 : 1000.

Ich habe nun seinerzeit (loc. cit.) Alizarin in eine solche Stärkegallerte verteilt, dann das Ganze durch Durchpressen durch ein Stück Kattun homogenisiert und die Masse bei Dunkelfeldbeleuchtung untersucht. Man erkennt sofort, daß die goldglänzenden Alizarinteilchen sich ausschließlich zwischen den gequollenen Blasen der Stärkekörner liegenden Kanälen und Hohlräumen befinden, wo sie sich im Dispersionsmittel mit lebhafter Brownscher Bewegung auf das schönste nachweisen lassen. Die Stärkepartikel bzw. die Wände des Gelgerüstes sind vollkommen frei davon. Wir dürfen aber annehmen, daß auch die Anteile der Beizsalze in diesen Kanälen zu finden sein werden, obwohl hier die Möglichkeit einer direkten Beobachtung kaum besteht.

Wir sehen also, daß die Kapillarräume der Verdickung das Rezeptaculum für die farbbildenden Substanzen bilden, von denen einzelne, wie die Beizen, wäßrige Lösungen darstellen. Es ist nun verständlich, daß das Einverleiben von wäßrigen Lösungen oder Suspensionen ein Auseinanderweichen der elastischen Gerüstwandungen der Verdickung zur Folge haben muß, denn es erfolgt eine erhebliche Gewichts- und Volumenzunahme. Solange sich nun diese Zunahme in bestimmten Grenzen bewegt, wird der Druckeffekt nicht merklich beeinflußt werden, sobald aber übermäßige Mengen von Lösungen bzw. Suspensionen eingerührt werden, wird der Zusammenhang des Gelgerüstes gelockert, möglicherweise treten verschiedene, vorher selbstständige Kanäle und Hohlräume durch Reißen der Scheidewände miteinander in Verbindung und die kapillaren Kräfte werden dadurch reduziert. Es kann so weit kommen, daß dieselben so stark verringert werden, daß sie denen des Gewebes nicht mehr in ausreichendem Maße standzuhalten vermögen; wir werden beim Druck beobachten, daß als Folgen dieser Überladung der Verdickung an flüssiger Substanz sich unscharfe Konturen der Druckeffekte durch Fluß zeigen. Was wir hier beim Stärkekleister demonstrierten, gilt in gleicher Weise naturgemäß für jede verdickende Substanz, nur, daß da und dort die Menge der ohne Nachteil für den Druckeffekt einverleibbaren Flüssigkeitsmenge eine andere sein wird. Wir erkennen die verringerte Druckfähigkeit einer Druckfarbe durch unzulässige Zusätze von wäßriger Substanz in der Praxis daran, daß die Viskosität einen anderen Charakter annimmt; die Farbe rinnt vom Rührer nicht mehr in „langen", zusammenhängenden Massen, sie reißt ab, sie wird, wie man sich auszudrücken pflegt, „kurz".

Es wird nun auch das weitere Schicksal einer nach oben gekennzeichnetem Prinzip aufgebauten Druckfarbe nach dem endgültigen Aufbringen auf das Gewebe interessieren. Nach dem Druck erfolgt, makroskopisch gedacht, das Trocknen der auf das Gewebe gebrachten Druckfarbe im Trockenraum, in der Mansarde. Durch die Verdampfung der erheblichen Flüssigkeitsmengen der Druckfarbe werden die kapillaren Räume, in denen die farbbildenden Substanzen gelagert sind, einschrumpfen. Das Lumen derselben verengert sich, um sich bei völliger Trocknung zu schließen. Die an den dichteren Wänden des Gelgerüstes adsorbierten festen, farbbildenden Substanzen rücken beim Zusammenziehen der Kapillaren im Verlauf des Eintrocknungsprozesses mit den allenfalls anwesenden Beizsalzen zusammen. Es bildet sich sukzessive der farbbildende Lack, der mit den trockenen Verdickungssubstanzen eine Membran, gewissermaßen einen komplexen Film an den Druckstellen bildet. Wenn man in diesem Zustande eine von der Druckfarbe getroffene Fläche unter dem Mikroskop untersucht — es muß hier hervorgehoben werden, daß nur ein kleiner Teil des Querschnittes durch ein bedrucktes Gewebe die Verbindung mit der Druckfarbe feststellen läßt —, so wird man feststellen, daß vielfach recht unregelmäßige Auflagerungen der Druckfarbe auf die Faser erfolgen. Der Querschnitt einer solchen Faser zeigt nur äußere Auflagerung der trockenen Druckfarben[232a]).

Die den Drucker besonders interessierende Frage ist, welche Vorgänge sich nun von dem Zeitpunkt des Aufbringens der farbbildenden Substanzen bis zu ihrer sogenannten Fixierung auf dem Substrat abspielen. Diesbezüglich sind bis heute keine konkreten Anhaltspunkte gewonnen worden. Wir sind

[232a]) Teintex, 1950, 257.

auf Vermutungen angewiesen, welche allerdings durch neue Erkenntnisse über das Verhalten von Farbstoffen bzw. Farblacken auf der Faser eine gewisse Wahrscheinlichkeit beanspruchen dürfen.

In den allermeisten Fällen — als eine charakteristische Ausnahme darf die Fixierung von unlöslichen Farbstoffen auf der Faser gelten — wird der Übergang des färbenden Prinzips von der trockenen Druckfarbe auf bzw. in die Faser durch einen mehr oder weniger langen Aufenthalt der Ware in einer Dampfatmosphäre mit oder ohne Druck bewirkt. Was sich bei diesem Aufenthalt im Dampf auf der Faser abspielt, entzieht sich aus leicht begreiflichen Gründen der direkten Beobachtung. Wir können durch Analogieschlüsse, welche andernorts gemacht wurden, ferner an der Veränderung der chemischen Eigenschaften der verdickenden Substanzen gewisse Anhaltspunkte gewinnen, welche auf die Veränderunge im Innern der Druckfarbe schließen lassen.

Vor allem käme eine Beobachtung in Frage, welche ich seinerzeit gemeinsam mit A. Ruperti[333]) gemacht habe — die Erscheinung der physikalischen Farbstoffkondensation der Faser. Erhitzt man nämlich Färbungen in Wasser, auch im Dampf kürzere oder längere Zeit, so gibt die mikroskopische Untersuchung vor und nach diesem Prozeß ein recht verschiedenes Bild, vielfach begleitet von einer bemerkenswerten Farbtonänderung. Die vor der Behandlung mehr oder weniger homogene Färbung wird nach derselben inhomogen; in besonders charakteristischen Fällen erreicht man eine völlige Entfärbung der Faser; die mikroskopische Untersuchung ergibt, daß, wenn es sich um Baumwolle handelt, die Farbstoffe von der Oberfläche der Faser völlig verschwunden sind und sich zum vorwiegenden Teil im Lumen in Form wohl ausgebildeter Kristalle wiederfinden. Das kann man bei unlöslichen Azofarbstoffen, bei Küpenfarbstoffen[334]) beobachten. Substantive Farbstoffe zeigen lediglich eine Inhomogenität; ja sogar Chromgelbfärbungen verändern ihren Aspekt auf der Faser auf diese Weise. Auch bei Alizarinrot können entsprechende Veränderungen beobachtet werden.

Es liegt nun außerordentlich nahe, dieses Verhalten der Farbstoffe für den Übertritt auf die Faser verantwortlich zu machen. Überlegt man sich nämlich, daß die Farbstoffteilchen, immer Baumwolle als Substrat vorausgesetzt, um von der Oberfläche der Faser ins völlig farbfreie Lumen zu wandern, den Weg durch die mächtige Zellwand nehmen müssen, so liegt es durchaus im Bereich der Möglichkeit, daß sich der gekennzeichnete Vorgang, der Übertritt der Pigmente aus der Verdickung auf die Oberfläche der Faser auch so vollzieht. Daß beim Aufenthalt von bedruckter Ware im Dampf Quellungen in der trockenen Druckfarbe, welche die Wanderung der Pigmentteilchen erleichtern, erfolgen werden, ist anzunehmen. Die physikalische Kondensation von Farbstoffen in Wasser und Dampf von höhrerer Temperatur und die Wanderung der Farbstoffteilchen durch die Faserwand ins Lumen beruht sicherlich ebenfalls auf einem Auseinanderweichen der Micelle im Innern der Faserwanderung und in einer dadurch erfolgenden Erweiterung der Micellarinterstitien.

[333]) Mell. Textilberichte 1925, 669.

[334]) Helv. Chim. acta *17*, 761; *33*, 1165 (1950).

Neben den soeben geschilderten Vorgängen müssen wir annehmen, daß die Verdickungssubstanz als solche, ganz besonders dann, wenn infolge der Erfordernisse die Druckfarbe sauren oder alkalischen Charakter annimmt, bei dem durch Dämpfen erfolgenden Fixieren der farbbildenden Körper chemisch nicht unverändert bleibt. Ich habe derartige Untersuchungen an einer sauren Alizarindruckfarbe angestellt[335]), wobei betont werden muß, daß außer der sauren Reaktion der Druckfarbe noch Beizsalze in derselben anwesend waren, die naturgemäß während des Dämpfprozesses weitere Säuremengen durch Dissoziation produzieren. Es konnte nun nach zweistündigem Dämpfen bei ca. $1/2$ atü festgestellt werden, daß die vor dem Dämpfen positive Reaktion der Stärke mit Jod entweder völlige Farblosigkeit ergab oder aber die charakteristische weinrote Farbe der Dextrine. Ebenso war die

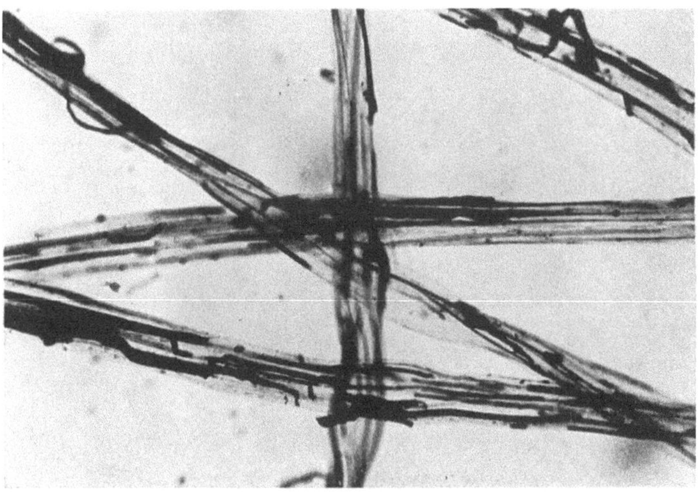

Abb. 40. Mit Chlorantinlichtrot 5GLL (Ciba) bedruckte Viskose vor dem Dämpfen.

Reaktion mit F e h l i n g scher Lösung in den filtrierten Waschwässern der Druckproben stark positiv, so daß offenbar während des Dämpfprozesses die Verdickungssubstanz weitgehend in zum Teil lösliche Produkte abgebaut, jedenfalls aber in ihrem Chemismus weitestgehend modifiziert wurde.

Wir sehen, daß die physikalische Farbstoffkondensation, Hand in Hand mit weitgehenden Veränderungen der Substanz der Verdickung, möglicherweise den Übertritt der Pigmente aus der Druckfarbe auf die Faser vermittelt. Da in dieser Richtung unmittelbare Beobachtungen bisher nicht zur Verfügung stehen, so können wir nur von einem Versuch sprechen, die sonderbaren Vorgänge im Dampf mit den bekannten Tatsachen in Verbindung zu bringen (Abb. 39 u. 40).

Das Obenstehende bezieht sich auf den direkten Druck, im Prinzip dürften sich dieselben Vorgänge beim Ätzdruck abspielen. Auch hier werden

[335]) Koll. chem. Beihefte *8*, H. 1 bis 25.

wir die Verdickung nicht mit flüssigen Zusätzen überlasten dürfen, ohne Gefahr zu laufen, daß sich diese Überladung in zu geringer Paralysierung der Kapillarität des Gewebes und damit durch unscharfe und verschwommene Konturen des Ätzeffektes äußert. Bei den Buntätzen ist die Folge solcher Übersättigungen der Druckfarbe meist die Bildung von weißen Höfen, den bekanten Aureolen.

Was für den direkten Druck und den Ätzdruck gilt, läßt sich nicht ohne weiteres auf den auch heute noch in einigen Spezialfällen angewandten Reservedruck übertragen. Grundsätzlich unterscheidet sich der Reservedruck durch das Überflüssigwerden eines Dämpfprozesses. Da die Wirkung der Reserve zur Erzeugung von Weiß- oder Bunteffekten unter Färbungen in der örtlich begrenzten Verhinderung des Färbevorganges auf zum Teil mechani-

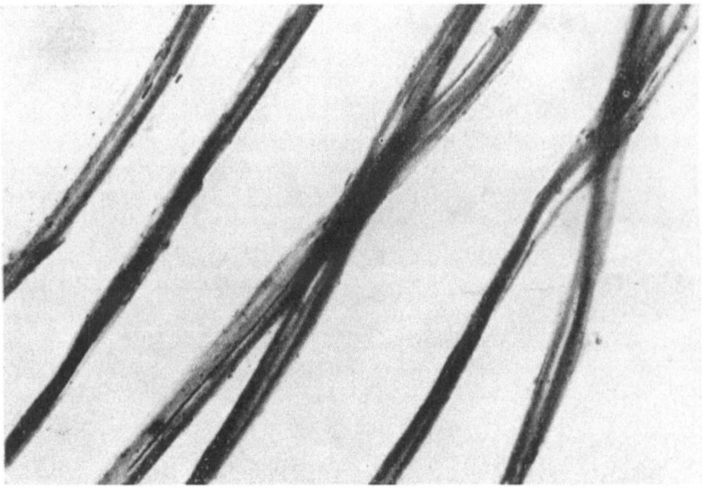

Abb. 41. Obiger Druck auf Baumwolle nach 2maligem Dämpfen (je 7 Min.) im Mather Platt.

schen, zum Teil chemischen Einflüssen beruht, kommt ein Dämpfprozeß nur in ganz vereinzelten Fällen in Betracht.

Eine Rolle spielt der Reserveprozeß heute vor allem noch bei der Ilumination von gewissen Küpenfärbungen, welche nicht ätzbar sind. In der alten Indigoillumination spielte der Reserveartikel eine bedeutende Rolle, heute gehört diese Technik weitgehend der Vergangenheit an, doch soll hier im Interesse der Charakterisierung der Wirkung der Reserven das, was an diesem Illuminationsverfahren theoretisch interessiert, behandelt werden. Wenn wir den einfachsten Fall ins Auge fassen, die Reservierung von weißen Effekten auf blauem Grund (Indigo), so wird auf weiße Ware eine Reserve aufgedruckt, welche die Aufgabe hat, bei der folgenden Färbung in der Küpe den Indigo an der Anfärbung der bedruckten Stellen zu hindern. Derartige Reserven haben eine eigenartige Zusammensetzung; da ein großer Anteil an der Druckfarbe aus unlöslichen mineralischen Substanzen, wie Kaolin, Bleisulfat, besteht, kommt nur Gummi als Verdickung in Frage, da Gummi allein die fast 50% des Gewichtes der Druckfarbe ausmachenden Mengen unlöslicher Stoffe in suspenso zu erhalten vermag. Neben diesen Substanzen kommen als mehr chemisch wirkende Körper vorzüglich Kupfer- und Bleisalze in Frage, wobei sich beim Ansetzen der Reserve beispielsweise durch Umsetzung von Kupfersulfat und Bleiacetat weiße Pigmente in der Druckfarbe selbst bilden. Vielfach wurden dem Gemisch noch Mineralöle zugesetzt, um erstens der Druckfarbe größere Geschmeidigkeit zu geben, zweitens aber wohl auch aus dem Grunde, die bedruckten Stellen schwer benetzbar zu machen. Wenn man weiß, wie außerordentlich leicht Indigofärbungen durch rein mechanische Verhinderung der Einfärbung, beispielsweise durch den Unterbindungsprozeß, zu reservieren sind, wird man den Reserven oben gekennzeichneter Zusammensetzung in erster Linie mechanische, erst in zweiter Linie chemische Wirkungen zuschreiben.

Das Durchnehmen oder vielmehr Eintauchen am Sternreifen in die kalte Indigoküpe kann ein gleichmäßiges Einfärben nur auf der unbedruckten Rückseite bewirken, wogegen Reserven an den bedruckten Stellen den Farbstoff auch bei wiederholtem Eintauchen, das bei den üblichen dunklen Tönen unvermeidlich war, vom Gewebe fernzuhalten vermochten.

Da solche Drucke in der Mehrzahl im Reliefdruck, entweder Hand- oder Perrotinendruck ausgeführt wurden, war die Menge der auf das Substrat aufgebrachten reservierenden Substanzen so beträchtlich, daß die Reservewirkung trotz starker Beanspruchung in wiederholten Färbe- und Reinigungsoperationen einwandfrei war.

Die Wirkung ist daher als rein mechanische aufzufassen und erfordert kaum weitere Erörterungen.

Vollkommen anders sind die Wirkungen von Reserven unter Küpenfarbstoffen, die als warme Küpen zur Verwendung kommen. Wenn bei der kalten Indigoküpe die rein mechanische Reservewirkung die Hauptrolle spielt, ist es bei der warmen Küpe der vorwiegend chemische Einfluß auf die Küpenflüssigkeit, welche dem Reserveeffekt zugrunde liegt. Schon die Küpenansätze zeigen große Abweichungen, im Falle des Indigo Zinkstaub und Kalk, im andern Falle Natronlauge und Hydrosulfit als Desoxydatoren. Da für eine warme Küpe eine mehrfache Passage im Färbebad im Hinblick auf den Reserveeffekt nicht tunlich ist, hat man Reserven zu verwenden, die in der kurzen Zeit der Passage der Ware durch das warme Färbebad, sowohl das Reduktionsmittel Hydrosulfit als auch das Lösungsmittel für die Leukoverbindungen, die Natronlauge, in ihrer Wirkung aufheben. Das kann nur mit Mitteln geschehen, welche im Färbebad unlöslich werden; die alten Bleireserven wären aus naheliegenden Gründen im vorliegenden Falle unbrauchbar gewesen, sie haben schon in der Indigo-Natronlauge-Hydrosulfitküpe versagt. Als besonders geeignet für die warmen Küpen haben sich nun Zink-, Mangan- und Cersalze bewährt. Wohl war das bei der Passage in der Küpe sich bildende Zinkhydroxyd im Überschuß der Natronlauge löslich, doch nicht so leicht, daß die Lösung bei der Passage von knapp 20 Sekunden stattgefunden hätte. Dagegen sind sowohl Zink- als auch Mangan- und Cersalze durch ihr ausgesprochenes Membranbildungsvermögen ausgezeichnet. Wir haben vorhin die chemische Phase der Reservewirkung auf die Paralysierung der Desoxydatoren geschoben; das ist wohl die erste Phase, aber von rein mechanischer Wirkung sind die bei der Fällung der Hygroxyde in der Gummiverdickung sich bildenden Membrane. Diese Membrane wirken wie eine halbdurchlässige Schicht; sie verhindern den Zutritt der dispersen Leukoverbindungen der Küpe. Ich erinnere bei dieser Gelegenheit an die oben erwähnte Membranbildung durch Berlinerblau, durch doppelte Umsetzung von Ferrocyankalium und Ferrichlorid in der Gummilösung selbst gebildet.

Man kann sich von der Wirkung einer solchen halbdurchlässigen Schicht ein recht anschauliches Bild machen, wobei die Schicht nicht einmal sehr dicht zu sein braucht. Man füllt in eine Soxhletsche Extraktionshülse eine Suspension von Cibanongelb GN, taucht einen Baumwollappen hinein und geht rasch mit der Hülse in eine bereitstehende angesetzte Küpe von Cibanonblau RS; das Füllen und Eintauchen in die Küpe hat sehr rasch hintereinander zu geschehen. Man wird nach kurzer Zeit beobachten, daß sich der Inhalt der Hülse blau färbt. Diese Blaufärbung kann zwei Ursachen haben; einmal könnten von der Blauküpe Anteile in die Hülse gedrungen sein und dort die Blaufärbung hervorgerufen haben, oder es könnte lediglich Lauge und Hydrosulfit durch die Hülse gedrungen sein und innerhalb derselben den leicht reduzierbaren gelben Farbstoff in der ihm eigenen blauen Küpenfarbe verküpt haben. Was geschehen ist, darüber gibt der Zustand des im Innern der Hülse befindlichen Baumwollappens Auskunft. Wird dieser ausgewaschen, so färbt er sich langsam oliv, dann rein gelb, in der dem Cibanongelb GN eigenen Farbe. Von der blauen Küpe sind also nicht die kleinsten Anteile ins Innere der Hülse gedrungen; die Wirkung der Hülse, wohl gequollen durch die Wirkung des Alkalis, war hinreichend, um die Leukoverbindung des Cibanonblau RS zurückzuhalten. Für den Praktiker ergibt sich daher die überraschende Folgerung, daß es gelingen muß, Küpenfarbstoffe unter Küpenfarbstoffen zu reservieren. In der Tat hat die Praxis von dieser Erfahrung Gebrauch gemacht, und gerade die dort erhaltenen Resultate zeugen von der Richtigkeit der oben ausgeführten Erklärungen der Reservevorgänge.

Man kann nämlich in einer Zink- und Mangansalze enthaltenden Reserve beispielsweise Cibanongelb GN unterbringen, auf weiße Ware aufdrucken und dann in einer Cibanonblau RS-Küpe ausfärben und erhält dann gelbe Reserveeffekte auf blauem Grund. Der Effekt kommt in der Weise zustande, daß im Färbebad die Reservesalze eine halbdurchlässige Hydroxydmembran bilden, die wohl der Lauge und dem Hydrosulfit den Durchtritt gestatteten, nicht aber der kolloiden Leukoverbindung des Cibanonblau RS. Gewissermaßen unter dieser Membran wird dann das Cibanongelb GN verküpt und färbt die reservierten Partien ein, ohne vom durchtretenden Blau in irgendeiner Weise beeinflußt zu werden.

Trotz aller dieser Erkenntnisse hat der Vorgang des Druckes noch außerordentlich viel problematisches an sich; fast jeder Artikel, jede einzelne Fabrikation stellt uns vor neue Rätsel. Vor allem ist es der Aufenthalt in der Dampfatmosphäre, das Dämpfen, welches noch völlig undurchsichtig in seiner

Wirkung ist. Wir können hier zwar allerhand Vermutungen äußern, solange sich aber eine direkte Beobachtung, und zwar unter dem Mikroskop, nicht ermöglichen läßt, wird es eben bei Vermutungen bleiben. Zweifellos sind es Quellungszustände der Faser, die für die Fixierung der Farbstoffe auf der Faser maßgebend sind; der Drucker weiß ja nur zu gut, daß die geringere oder größere Feuchtigkeit des Dampfes, wodurch eben die Quellung der Faser beeinflußt wird, für die bessere oder schlechtere Fixierung seiner Farben von entscheidender Bedeutung ist. Leider fehlt ihm heute noch ein absolut zuverlässiger Apparat, der ihm gestattet, den Feuchtigkeitsgrad seines Dampfes nicht allein zu bestimmen, sondern auch konstant zu halten. Alles was bisher auf dem Gebiet versucht wurde, ist unvollkommen und vor allem unzuverlässig, denn die Dampfzufuhr zum Dämpfer selbst ist weitgehend abhängig von dem Dampfbedarf im Betrieb, der unkonstant ist, selbst wenn man über eine Dampfquelle verfügt, die allein den Dämpferanlagen zur Verfügung steht und von der geringeren oder größeren Gewissenhaftigkeit derjenigen, die die Kessel bedienen.

Man vergesse auch nicht, daß die Zusammensetzung der Dampfatmosphäre im Dämpfer selbst den mannigfaltigsten Schwankungen unterworfen ist. Nehmen wir den Druck von Küpenfarbstoffen als Beispiel. Die Druckfarbe enthält Formaldehyd-Sulfoxylat, das sich im Dampf in Formaldehyd und Hydrosulfit spaltet. Der Formaldehyd entweicht und mischt sich mit dem Dampf. Bei starken Partien kann diese Formaldehyd-Beimischung sogar recht erheblich sein, trotzdem im strömenden Dampf gearbeitet wird und die Atmosphäre im Innern des Dämpfers sich demnach stets erneuert. Man denke an die Entwicklung von Anilinschwarz durch Dämpfen, wobei unverändertes Anilin, dann Oxydationsprodukte des Chlors in die Dampfatmosphäre entlassen werden. Alle diese heute noch unübersichtlichen Faktoren sind zweifellos in der Lage, die Quellungsverhältnisse der Faser weitgehend zu beeinflussen.

Andererseits müssen wir auch den Vorbehandlungen der Ware eine gewisse Beachtung hinsichtlich des Verlaufes der Druckvorgänge schenken. Denken wir beispielsweise an die Präparation der Gewebe mit den Anilinschwarz-Komponenten und an den Verlauf der Reaktion innerhalb der Dampfatmosphäre, wobei recht energische chemische Umsetzungen nicht allein an der Oberfläche sondern auch im Innern der Faser verlaufen.

Auch das früher und heute noch zu bestimmten Zwecken erforderliche Behandeln der Ware mit Lösungen von Sulfoxylaten muß die Quellungsfähigkeit der Faser in größerem und geringerem Maße beeinflussen. Das heute übliche „Laugen" von für den Druck bestimmten Waren schafft zweifellos einen Zustand der Faser, der sich auf die Quellung im Dampf sicherlich auswirken dürfte. Auch die Präparation von Geweben in den alkalischen Lösungen der verschiedenen Naphtolate wird sich in ähnlicher Weise äußern. Darum wird sich eine Ware, die vor dem Druck schon eine Färbeoperation, also Auf- oder Einlagerung von Fremdsubstanzen erfahren hat, sicherlich im Dampf anders verhalten als ein Material aus unbehandelter Baumwolle.

Man vergesse ferner nicht, die heute in großen Mengen zum Druck gelangenden Gewebe aus Kunstseiden hinsichtlich ihres Verhaltens im Dampf zu beachten. Jeder Drucker weiß nur zu gut, daß, wenn er auf Baumwolle gute Resultate erhält, das beim Druck derselben Druckfarbe auf Fasern aus regenerierter (desorganisierter) Cellulose durchaus nicht auch der Fall zu sein braucht. Es ist z. B. auffallend, daß scheinbar, trotz der höheren Quellungsfähigkeit der desorganisierten Cellulose, Drucke auf diesem Material in sehr vielen Fällen wesentlich heller ausfallen als die entsprechenden auf Baumwolle.

Wir erkennen aus diesen wenigen Beispielen, wie wünschenswert die experimentelle Bearbeitung gerade das Gebiet der Wirkung des Dampfes zur Aufklärung der Fixierungsvorgänge im Druck wäre. Es sei zwar ohne weiteres zugegeben, daß die apparativen Schwierigkeiten große sind, daß möglicherweise die Resultate, die sich an einzelnen Individuen der Faser feststellen lassen, wohl schwerlich ohne weiteres auf die Verhältnisse im Großen übertragen lassen würden. Aber schon allein gewisse Anhaltspunkte über die Wirkung verschieden zusammengesetzter Atmosphären auf die Faser zu gewinnen, wäre im Interesse der Sicherheit der Arbeit in Druckereibetrieben außerordentlich wertvoll, denn daß wir gerade auf dem Druckgebiet in den verschiedensten Stadien der Fabrikation noch im Dunkeln tasten, wird jeder Drucker ohne weiteres zugeben müssen.

Aus diesem und dem früheren Kapitel sehen wir, daß uns sowohl Färbe- als auch Druckvorgänge noch Probleme in reichlicher Fülle stellen. Es könnte meines Erachtens in dieser Richtung viel mehr geschehen, wenn die Praktiker sich daran gewöhnen könnten, auch dem Mechanismus von Färberei und besonders von Druck ein höheres Interesse zuzuwenden. Viele Beobachtungen, die aus der Praxis geliefert werden, können wertvoll für theoretische Erwägungen verwendet werden. Daß das Hauptziel des Praktikers in erster Linie der einwandfreie Effekt sein muß, ist jedem, der selbst praktisch gearbeitet hat, geläufig genug, aber unbeschadet dessen, können Beobachtungen Hand in Hand gehen, die theoretisch sehr interessant und letzten Endes auch der sicheren Betriebsführung dienen. Diese Färbetheorien können aber nur in enger Fühlungnahme mit den praktischen Erfahrungen das richtige Bild von dem geben, was tatsächlich vorgeht; die Laboratoriumsarbeiten dienen nur der Vertiefung und der Durchdringung, der Beobachtung in der Praxis.

Was den Zeugdruck anbelangt, so sind hier die Vorgänge, die zur örtlichen Färbung führen, trotz verschiedener aufklärender Arbeiten auf dem Gebiet noch recht undurchsichtig. Wir erkennen die Bedeutung der Verdickung nur in großen Zügen, wir wissen, daß sie vor allem die Aufgabe hat, als Vehikel für die farbbildenden Substanzen zu dienen, als Vehikel in dem Sinne, daß sie die Vermittlung der druckenden Walze mit dem Substrat übernimmt. Dann aber kommt ihr weiter die bedeutungsvolle Aufgabe zu, die kapillaren Kräfte des Substrates zu paralysieren und dadurch die farbbildenden Substanzen möglichst im Rahmen des beabsichtigten Musters, der Zeichnung, zu halten. Je besser die Verdickung diesem Zwecke dient, um so kongruenter werden Zeichnung und Druck sein. Wir dürfen heute annehmen, Korrekturen werden in dieser Richtung auch hier folgen, daß der kapillare oder poröse Bau der Verdickungsmasse die Ursache dieser Wirkung ist.

Was sich aber zwischen Aufdruck und Fixierung, wobei auch hier „Fixierung“ einen relativen Begriff darstellt, abspielt, können wir nur ahnen, besitzen aber dafür keinerlei experimentelle Unterlagen. Der Übertritt des Farbstoffs aus der Verdickung auf das Substrat ist in einen dunklen Schleier gehüllt, den wir vorderhand nicht zu lüften vermögen. Wir können allenfalls Quellungszustände annehmen, obwohl der Verlauf der Quellungen bei Temperaturen von 105 bis 110° C bisher nicht studiert worden ist. Außerdem ist durch die Annahme einer bloßen Quellung wohl nicht alles getan, da das Wesentliche, der Übertritt der farbbildenden Substanzen auf das Substrat, also die Wanderung von Pigmentteilchen durch relativ mächtige Schichten der Verdickungen auf die Faser sich der direkten Beobachtung entziehen. Wir wissen aber, daß dieser Übertritt nur unter geringen Verlusten an Pigment erfolgt[336]); ob die Wanderungen der Teilchen von der Oberfläche der Faser in das Lumen derselben, wie wir sie bei der physikalischen Farbstoffkondensation anzunehmen gezwungen sind, möglich ist, bedarf noch der Bestätigung durch das Experiment.

In neuester Zeit haben sich neue Druckmethoden ein Feld erobert; die Fixierung farbiger Effekte bedarf nach diesen Methoden der Dämpfoperationen nicht mehr, wie wir sie bisher gewohnt waren, es ist lediglich trockenes Erhitzen nötig, um zu einer Härtung der Pigmente fixierenden Harze zu kommen.

Zu dieser neuen Art der Befestigung vorgebildeter Pigmente auf der Faser werden gewisse Mittelsubstanzen herangezogen, in allerletzter Zeit synthetische Harze, die auf der Faser aushärten.

Früher verwendete man für diese Zwecke Leinölfirnis, Ei- oder Blutalbumin und Casein. Da diese Druckmethode immer mehr an Bedeutung zunimmt, weil sie vor allem ein sehr schnelles Produzieren erlaubt, soll sie als Abschluß meiner Arbeit berücksichtigt werden.

Pigmentdrucke.

Die ältesten Erzeugnisse des Zeugdruckes gehören in die Kategorie des Pigmentdruckes, das heißt der Befestigung von mehr oder weniger fein verteilten farbigen, unlöslichen Substanzen, den sogenannten „Pigmenten“ auf dem Gewebe. Diese Befestigung erfolgt mittels des einfachen Vorgangs des Aufklebens durch Vermittlung einer Klebemasse, welche naturgemäß die Eigenschaft besitzen muß, in Wasser unlöslich zu sein, außerdem aber noch den Operationen des Waschens, auch unter Anwendung von alkalischen Waschmitteln, mehr oder weniger energisch Widerstand zu leisten. Auch die Reibechtheit sollte befriedigend sein, obwohl bei dem Charakter dieses durchaus oberflächlichen Druckes besonders rigorose Forderungen nicht gestellt werden dürfen. Das älteste angewendete Bindemittel zwischen Substrat

[336]) Mell. Textilberichte 1922, 21.

und Pigment ist das Leinöl, welches bekanntlich die Eigenschaft besitzt, an der Luft infolge oxydativer Prozesse in unlösliche Verbindungen überzugehen und so das inkorporierte Pigment mit einem beachtlichen Grad von Widerstandsfähigkeit mit der Faser verbindet. Wir finden in dieser älteren Form des Zeugdruckes das Prinzip des Pigmentdruckes, wie es sich auch bei den modernsten Verfahren ohne weiteres erkennen läßt, nur daß die Überführung der Bindesubstanz in einen unlöslichen Körper in recht verschiedener Weise ausgelöst wird. Ich kenne nur einen einzigen Fall, wir werden später eingehend auf denselben zu sprechen kommen, in welchem dieses Prinzip durchbrochen wird, es ist das Elbersche Indigograu[337]), das auf die Verwendung eines Bindemittels überhaupt verzichtet und doch eine recht beachtliche Solidität in der Verbindung Faser—Pigment aufweist.

Das erste Zeugdruckerzeugnis, das wir kennen, die „Tapete von Sitten"[338]), ist ein Leinöldruck, und auch die später aufgefundenen Drucke des 16. Jahrhunderts sind auf Grund der Anwendung von Leinöl hergestellt. Ob später schon oxydiertes Leinöl, der bekannte Leinölfirnis, in derselben Weise angewendet wurde, um die Zeit abzukürzen, welche zur Erhärtung des Leinöls nach dem Druck erforderlich ist, ist nicht bekannt und wohl auch schwer nachweisbar. Daß aber Firnis in neuerer und neuester Zeit zur Pigmentfixierung auf Geweben im Druck angewendet wurde, ist bekannt[339]).

Der Leinöldruck hat sich vermutlich, Belege fehlen aber meines Wissens, bis weit ins 18. Jahrhundert erhalten, wenn es galt, Pigmente auf Geweben als Illumination zu fixieren. Aber nicht allein Pigmente wurden so auf Gewebe appliziert, sondern man versuchte auch Wollstaub in dieser Weise zu verwenden, um örtlich samtartige Effekte zu erzeugen, indem zunächst Leinöl oder Leinölfirnis aufgedruckt und dann Wollstaub auf den nassen Druck aufgestreut wurde. Nach Abklopfen der nicht aufgeklebten Wolle wurden so Samteffekte geschaffen. Ja, es wurden in dieser Weise ganze Gewebe mit Leinöl getränkt und mit Wollstaub bestreut, wobei man Samte zu erzeugen suchte[340]).

Im 19. Jahrhundert finden wir aber an Stelle des Leinöls, das infolge des unangenehmen Geruches, das es den Geweben erteilte, wohl gerne verlassen wurde, ein neues Mittel zur Fixation von Pigmenten auf Geweben, das Albumin, entweder zunächst als Eiweiß oder später als Albumin aus dem Blut der Schlachthäuser gewonnen. Persoz[341]) erörterte in seinem klassischen Werke die Anwendung des Albumins sehr eingehend und beschreibt, wie man damit Ruß, Ultramarinblau, Eisenoxyde, Chromooxyde und andere Pigmente durch Inkorporieren in Albuminlösungen, Aufdrucken und Erhitzen der bedruckten Gewebe bis zum Unlöslichwerden des Bindemittels, illuminieren kann. In dem Persozschen Werke sind Muster derartiger Drucke verschiedentlich zu finden (vgl. loc. cit. IV, S. 185). Wir treffen in der Folge auch mannigfaltige Anwendungen des Albumins zur Fixierung

---

337) Z. f. Farben-Industrie (Buntrock) 7, 57 (1905).
338) Reinking, Melliand Textilber. 1926, S. 230.
339) Z. f. Farben- und Textilchemie 1902, S. 10.
340) Forrer, Die Kunst des Zeugdrucks vom Mittelalter bis zur Empirezeit 1898.
341) Traité d'impressions Paris 1846 I, S. 313.

von Pigmenten, beispielsweise zur Illumination auf Anilinschwarzfond, wozu dann auch die lebhaften, künstlich hergestellten Lacke aus basischen Farbstoffen verwendet wurden. Ferner wird Albumin auch zur Herstellung von bunten Ätzeffekten auf Indigo mit Hilfe der Chromatätze gebraucht, da Albumin mit Bichromaten ohne Schwierigkeit kombiniert werden konnte.

An Stelle von Albumin trat später für gewisse Zwecke, beispielsweise zur Fixierung von Metallpulvern, das Kasein, welches in schwach alkalischer Lösung ein vorzügliches Verdickungsmittel darstellt. Als Alkali wurde Ammoniak verwendet, das beim Trocknen verdunstete und das nun unlöslich gewordene Kasein zurückließ.

Sehr viel später verwendete Stephan[342]) zum Druck von Metallpulvern ein Gemisch von Formaldehyd und Phenol und leitete damit hinüber zu dem heute zu so großer Bedeutung gelangten Anwendungsgebiet der modernen Kunstharze in der Textilveredlung.

Dann hat der Verfasser seinerzeit auch die Viskose (Zellulosexanthogenat) zu Pigmentdrucken verwendet[343]). Er druckte damit Zinkoxyd auf, dämpfte und erhielt so auf Baumwollgeweben Damasteffekte. Die sich aus der Viskose zurückbildende Zellulose hat als Fixierungsmittel gedient.

In neuerer Zeit hat nun der Pigmentdruck einen neuen, ungeahnten Aufschwung genommen. Der Anstoß dazu ging von Amerika aus, wo Kunstharz-Halbkondensate zur Fixierung von Pigmenten auf Geweben zur Anwendung gelangten. Die unter dem Namen „Ari-Dyes" bekannten amerikanischen Drucke waren auf dieser Basis hergestellt. Man verwendete dazu Kunstharz-Halbkondensate, welche mit dem Pigment aufgedruckt, und dann die volle Kondensation zum Kunstharz durch Erhitzen der Gewebe auf über 100° C bewirkt wurde, wobei das Pigment vom sich bildenden Harz auf dem Gewebe festgehalten wurde. Die ersten Erzeugnisse dieser Art ließen aber die gewünschte Reibechtheit vermissen, was einen Hinderungsgrund für die allgemeine Anwendung bedeutete. Außerdem war die Herstellung der Druckfarben an gewisse, gesondert gelieferte Verdickungsmassen und Verdünnungen gebunden. Die theoretische Begründung des Druckvorgangs erschien reichlich phantastisch und unwahrscheinlich. In der Folge wurden diese Verfahren mehrfach verbessert und modifiziert, die Reibechtheit wesentlich erhöht, obwohl sie beispielsweise für Hemdenstoffe noch ungenügend war.

Nach dem Erfolg, der diesen „Ari-Dyes" in Amerika beschieden war, bei den sehr seichten Gravuren, welche deren Aufdrucke erforderte, und der außerordentlich hohen Produktion, die dadurch ermöglicht wurde, begann man sich nun auch auf dem Kontinent mit dieser neuen Methode des Aufdrucks von Pigmenten zu beschäftigen. Die „Orema-Farben" der Ciba sind auf ähnlichen Prinzipien aufgebaut; als Verdickung dient eine Masse von ausgesprochenem Emulsionscharakter. Die Drucke mit Orema-Farben sind sehr lebhaft, erhärten das Gewebe kaum, da die verdickende Emulsion sich nahezu restlos verflüchtigt. Die Echtheit der Drucke ist sehr gut, und es lassen sich auch damit Hemdenartikel herstellen.

[342]) Färber-Ztg. 1913, 330; Bl. Mulh. 1913, 56, 234.

[343]) Z. f. Farben- und Textilindustrie *3*, 81 (1904).

Wenn diese Einleitung etwas ausführlich ausgefallen ist, so ist es deswegen geschehen, um über diese Drucke auch entwicklungsgeschichtlich einen Überblick zu vermitteln. Zweck der eigentlichen Arbeit aber soll eine Untersuchung über die Art und den Charakter der Lagerung der Pigmente auf der Faser sein, die, wie wir sehen werden, gewisse Parallelen mit verschiedenen alten Druckmethoden aufweist.

Ich habe schon oben auf das ganz eigenartige und zweifellos unerwartete Verhalten von Indigoteig in vollkommen neutraler Verdickung aufmerksam gemacht, der mit ungewöhnlicher Stärke-Tragant-Verdickung in Gegenwart von Olivenöl gedruckt und dann zwei Stunden bei Überdruck gedämpft

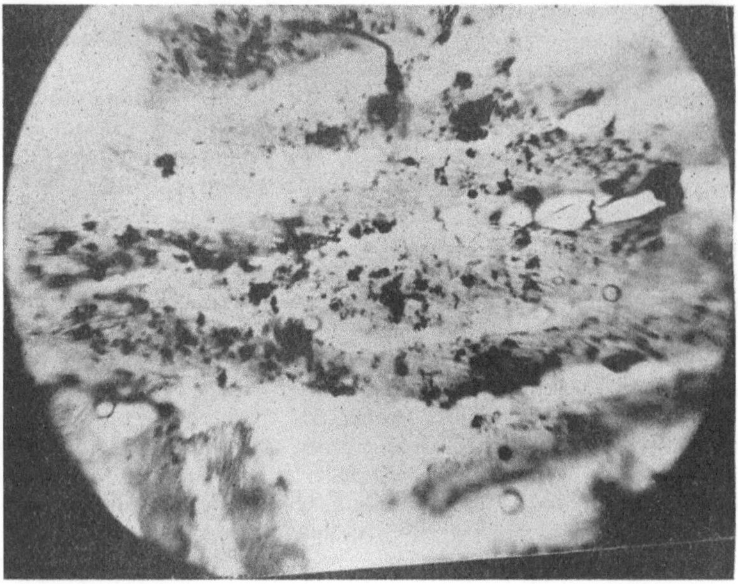

Abb. 42. Elbers'sches Indigograu (200fach vergrößert).

wird und zu einer lebhaften grauen Nuance, dem nach dem Erfinder genannten „Elbersschen Indigograu", geführt hat. Dieser Grauton hatte, trotz der Abwesenheit irgend eines Bindemittels, eine recht beachtliche Echtheit, welche es gestattet, daß man denselben sogar mit Alizarinrot kombinieren konnte. Unter dem Mikroskop entrollte sich bei den mit dem Indigo bedruckten Fasern ein eigenartiges Bild (Abb. 42). Der Faser aufgelagert findet man nämlich den Indigo in relativ sehr grobdisperser Form, wobei sogar eine Kontinuität der Auflagerung fehlt und die einzelnen Korpuskeln nebeneinander gelagert sind, wobei zwischen den einzelnen derselben vollkommen pigmentfreie Partien des Fadens erscheinen[344]), also eine scheinbar sehr lockere Verbindung von Substrat und Pigment enthüllt

[344]) Vgl. Koll. Z. 25, 49 (1919).

wird. Beim Zufließenlassen von alkalischem Hydrosulfit zum Präparat erkennt man deutlich die um die einzelnen Fadenpartien einsetzende Verküpung und die Einfärbung derselben, nun aber in vollkommen homogener Weise. Als Pigmentdruck resultierte ein Grau, nachdem nun aber die Verküpung und Färbung erfolgt war, unter außerordentlich hoher Dispergierung der Pigmentteilchen, finden wir als Folge der veränderten Auflagerung die normale Farbe des Indigo, ein Blau.

Aber auch mit andern Färbungen lassen sich Parallelen mit dem sogenannten Pigmentdruck feststellen. Nehmen wir beispielsweise das alte Türkischrot, vor allem aber auch das modernere Alizarinrot, so finden wir eine ganz außerordentlich kräftige Verbindung von Farbe mit dem Substrat; ja die Echtheit des alten Türkischrot ist auch heute noch trotz allem unerreicht, ohne daß man von einer Vermittlung von Farbe und Substrat durch eine eigentliche Bindesubstanz sprechen könnte, will man nicht die Fettbeizen, welche aber vollkommen anderen Zwecken dienen, als solche ansehen. Eine mikroskopische Untersuchung von in Türkischrot gefärbten Fasern, ganz besonders bei Anwendung von Quellungsmitteln, belehrt uns aber von der durchaus oberflächlichen Ablagerung des Pigmentes, des Türkischrotlackes, und die bekannte hohe Widerstandsfähigkeit desselben beruht ausschließlich auf Adhäsion, oder anders ausgedrückt, auf der Attraktion durch die van der Waalsschen Kräfte[345]). Wenn ich aber vom Türkischrotlack als von einem Pigment gesprochen habe, so ist diese Bezeichnung meines Erachtens durchaus berechtigt, da ja dieser Lack, das heißt das Aluminium-Calcium-Alizarinat, im Verlaufe des Färbeprozesses selbst als unlöslicher Körper gebildet wird.

Ich habe ein Muster einer alten Türkischrotfärbung aus dem Jahre 1840 zur Verfügung[346]), hergestellt nach dem alten, äußerst komplizierten Färbeverfahren. Unter dem Mikroskop erscheint die Baumwollfaser als sehr homogen gefärbt und macht den Eindruck, als ob sie mit einem substantiven Farbstoff gefärbt wäre. Wenn nun aber Äthylendiamin-Kupfer zufließt, um die Quellung der Faser zu bewirken, erkennt man deutlich die nur oberflächliche Pigmentierung der Faser; die Auflagerung des Farblacks ist aber außerordentlich fein und homogen.

Für die Zwecke der vorliegenden Untersuchung handelt es sich aber nicht darum, eine Färbung zu untersuchen, sondern ein durch Druck appliziertes Alizarinrot. Aber auch diese Färbung zeigt unter dem Mikroskop einen auffallend homogenen Charakter. Um aber die Art der Ablagerung zu studieren, müssen Quellungsmittel zu Hilfe genommen werden. Schwefelsäure vom spez. Gewicht 1,535 ist nicht geeignet, da sie den Lack aufspaltet, Äthylendiamin-Kupfer löst die Faser zu rasch. Als brauchbar für den vorliegenden Zweck hat sich vorzugsweise konz. Natronlauge erwiesen. Diese quillt die Zellwand und läßt die Pigmentauflagerungen, welche natürlich der Quellung nicht folgen, deutlich erkennen. Außerordentlich deutlich

---

[345]) Z. f. Farben-Industrie 1907, 345, daselbst auch Abbildungen der Ablagerung der Lacke.

[346]) Persoz, Traité d'impressions 1846, III, S. 207.

lassen sich diese Verhältnisse bei der Beobachtung im polarisierten Licht bei gekreuzten Nicols erkennen.

Man könnte in diesem Fall die Ansicht vertreten, daß das Öl der Präparation, das bekanntlich im Laufe der Prozedur in eine schwerlösliche Form übergeht, gewissermaßen als Bindesubstanz zwischen Farblack und Faser wirke. Wir wissen aber, daß durch die Schlußoperationen des Färbeverfahrens, während der sogenannten „Avivierung", diese Ölanteile wohl ziemlich vollständig von der Faser entfernt werden; daß außerdem das Öl kein Konstitutionselement des Farblackes darstellt, wissen wir seit langem.

Mit dem Alizarinrot ist zu vergleichen der Druck mit Mangano-Manganit, der früher ab und zu zur Illumination weißer Böden verwendete „Manganbister", der heute aus dem Repertoire der Koloristen verschwunden ist. Der Druck erfolgte in der Weise, daß das Gewebe in einer Lösung von Manganochlorid präpariert und dann mit Natronlauge bedruckt wurde. Das zunächst gebildete Mangano-Hydroxyd oxydierte sich langsam an der Luft zu Mangano-Manganit; dieser Prozeß konnte aber durch Behandlung mit Chlorkalklösung beschleunigt werden.

Untersucht man nun solche Drucke, welche ohne irgend eine Anwendung von Bindemitteln eine bemerkenswerte Solidität aufweisen — ich habe das Material einem alten Druck von Persoz entnommen[347]) —, so findet man, wenn man konz. Natronlauge als Quellungsmittel verwendet, daß Mangano-Manganit als hellbraunen Überzug der bedruckten Teile der Faser, noch fest mit derselben verbunden. Also auch hier eine sehr solide Verbindung Faser—Pigment ohne jede Klebesubstanz[348]).

Wir haben aber noch andere Parallelen. Vor allem wäre da auf die unlöslichen Azofarbstoffe, zum Beispiel das Paranitranilinrot und die verwandten Pigmente hinzuweisen, von denen schon Gnehm und Rötheli[349]) aussagen, daß „Pigmentfarben und auf der Faser erzeugte Azofarben rein mechanische Präzipitate auf der Faser" seien. Auch hier wird das Gewebe mit der einen Komponente präpariert, denn Naphtol und Druck der verdickten Diazolösung sind trotzdem eine zum Teil die Echtheit des Alizarinrotes erreichende Befestigung des Pigmentes auf der Faser ohne jede Vermittlung durch eine klebende Hilfssubstanz. Ich habe die Paranitranilinrotfärbung seinerzeit, auch unter Zuhilfenahme von Quellungsmitteln, wie Kupferoxydammoniak gründlich untersucht[350]) und die damals beobachteten Vorgänge bei der Quellung folgendermaßen beschrieben: „Die Faser scheint bei Dunkelfeldbeleuchtung (für Beobachtungen im durchfallenden Licht verweise ich auf die Arbeit von Minajeff[351]), deren Resultate ich vollkommen bestätigen kann) hellblaurot gefärbt. Die Faser erscheint opak und läßt starke Auflagerungen des Farblackes erkennen. Einzelne aufgelagerte Teilchen leuchten intensiv im gelben Licht. Bei Behandlung mit Kupferoxydammoniak löst sich vorerst der rote Farblacküberzug in eine An-

[347]) Traité d'impressions III, S. 146.

[348]) Textil-Rdsch. *5,* 95 (1950).

[349]) Diss. Zürich 1898.

[350]) Chem. Ztg. *36,* 159 1912).

[351]) Z. f. Farben-Industrie 1907, 310.

zahl von feinen, nun goldgelb leuchtenden Teilchen auf, dann quillt die Zellwand auf und hinterläßt einen ebenfalls im gelben Lichte leuchtenden Nebel, in dessen Zentrum sich die im Lumen abgelagerten Lackteilchen als goldig glänzender Strom fortbewegen."

Dieselben Beobachtungen lassen sich auch an mit Bleichromat bedruckten Geweben machen.

Bei allen den soeben erwähnten Drucken stellen wir einen zunächst vollkommen homogenen Überzug der Faser mit der farbigen Substanz fest; erst bei Anwendung von Quellungsmitteln lösen sich gröbere Teile von der Faser los, welche dann aber rasch in Teilchen submikroskopischer Größenordnung zerfallen. Man hat daher anzunehmen, daß in allen den vorbesprochenen Fällen, bei welchen das Pigment auf der Faser selbst gebildet

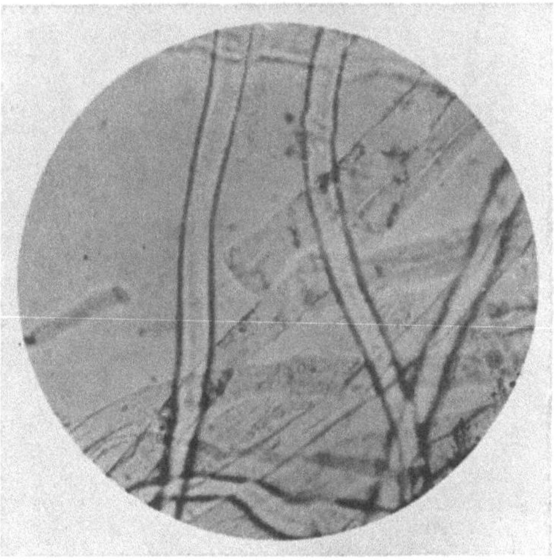

Abb. 43. Ablagerungen von Ari-Dyes auf Baumwollfaser (Faser in NaOH gequollen, 200fach vergr.).

wird — eine Ausnahme macht das Elbers' sche Indigograu —, sich primäre Teilchen genannter Größenordnung bilden, welche sich dann auf der Faser zu den dichteren, homogenen Auflagerungen kondensieren, wenn man sich so ausdrücken will. Alizarinrot, besonders das nach dem alten Verfahren hergestellte, dann Paranitranilinrot, Manganbister und andere haben auf der Faser durchaus den Charakter von Lasurfarben, das heißt, sie erscheinen in Wasser eingelegt bei durchfallendem Licht unter dem Mikroskop durchscheinend, und die Faser ist wie mit einem Firnis überzogen.

Untersucht man nun andererseits typische Pigmentdrucke, bei denen das Pigment mit Hilfe einer Klebesubstanz auf der Faser befestigt wird, beispielsweise die in Amerika zuerst in großem Maßstab in der Textildruckerei eingeführten „Ari-Dyes", so bietet sich unter dem Mikroskop ein vollkommen anderes Bild. Das Pigment sitzt hier auf der Faser in verhältnismäßig grober Form, und es lassen sich in der Klebesubstanz die einzelnen

Pigmentteilchen deutlich als örtliche, keineswegs homogene Überzüge erkennen (Abb. 43, 44). Versucht man die Faser beispielsweise in Natronlauge zu quellen, so erfolgt mit der Quellung auch eine Ablösung dieser Auflagerung von der Faser. Die grobe Auflagerung der Pigmentmassen auf der Faser bewirkt in der Praxis eine unbefriedigende Reibechtheit der Drucke[352]).

Ein ähnliches Bild zeigt sich bei der Untersuchung von Drucken mit den sogenannten „Orema"-Farben der C i b a. Der Druck vollzieht sich inmitten einer als Verdickungs- und Fixierungsmedium dienenden reinen Emulsion, und man erhält nach einer durch Temperaturerhöhung vollzogenen Fixierungsoperation nach dem Druck Pigmentierungen, welche eine bemerkenswerte, ja für Pigmentdrucke hervorragende Echtheit, auch Reibechtheit, besitzen. Letztere Eigenschaft ist eine besonders glückliche

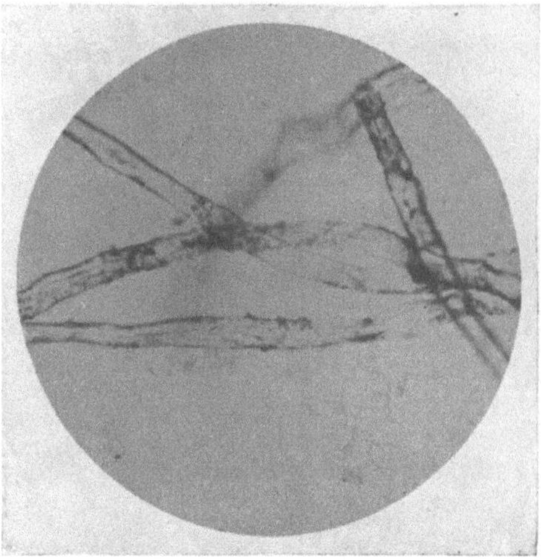

Abb. 44. Orema-Druck, Ablagerungen des Pigmentes auf der Baumwollfaser (in NaOH gequollen, 200fach vergr.).

Auswahl der in labilem Zustande befindlichen Harzkomponente, welche durch die Temperaturerhöhung in unlöslichen Zustand übergeführt wird, zu verdanken. Unter dem Mikroskop zeigt sich das Pigment in grober, wenig homogener Form inmitten der Fixierungsmasse auf der Faser gelagert, welche man durch Färbung mit sauren Farbstoffen sichtbar machen kann. Wenn man einen Blinddruck mit der Emulsion herstellt, das heißt ohne Verwendung von Pigment, und nachträglich normalerweise härtet, so färbt sich dieser Druck beispielsweise in Ponceau in schwefelsaurem Medium intensiv rot. Untersucht man nun die Faser hinsichtlich der Ablagerungsart des Kunstharzes, so findet man dasselbe als inhomogen verteilte, rote Masse auf der Faser sitzen, die besonders augenfällig erscheint, wenn man die bedruckte Faser in konzentrierter

352) Färber-Ztg. (Lehne) *23*, 260 (1912).

Natronlauge quellen läßt. Farbstoffe, welche das Harz färben, sind ferner Tartrazin, Chromotrop 2B, im Ganzen also alles saure Farbstoffe in saurem Bade. Merkwürdig aber ist, daß beispielsweise Cibacetfarbstoffe, wie zum Beispiel Cibacetsaphirblau, das Harz nicht färben. Dagegen ist bemerkenswert, daß das Harz aus Jod-Jodkali-Lösung sehr erhebliche Mengen Jod aufnimmt. Auf ein eigentümliches Verhalten der mit dem Harz bedruckten Stellen der Gewebe soll noch hingewiesen sein. Diese Drucke färben sich nämlich in einer Lösung von Diaminblau 3R nicht blau, sondern korinthrot, wie das bekannterweise die Wolle tut. Die unbedruckten Stellen färben sich normal blau.

Durch Quellung in konzentrierter Natronlauge treten die Pigmentmassen besonders deutlich hervor, lösen sich aber nicht von der Faser los. Bei der Behandlung der bedruckten Fasern mit Äthylendiamin-Kupfer erfolgt die bekannte Quellung und die Pigmentauflagerungen werden ring- oder bandartig auf der gequollenen Faser zusammengeschoben und werden dadurch besonders deutlich sichtbar.

Wir erkennen also, auf Grund der oben vorausgegangenen experimentellen Untersuchungen, zwei prinzipiell verschiedene Methoden, Pigmente auf Geweben zu befestigen. Die eine läßt die illuminierenden Pigmente auf der Faser selbst entstehen, wie beispielsweise die unlöslichen Azofarbstoffe, indem man die eine Komponente der Faser inkorporiert und die zweite Komponente durch Aufdruck appliziert, Naphtol einerseits und Diazoverbindung anderseits.

Die zweite Methode besteht darin, daß man sich der fertigen Pigmente bedient und dieselben durch eine Mittelsubstanz durch Aufdruck auf die Faser bringt, und diese Mittelsubstanz, das Aufklebemittel gewissermaßen, durch bestimmte chemische oder physikalische Beeinflussung in einen solchen Zustand überführt, welcher die Entfernung durch Waschen oder Reiben möglichst vollständig verunmöglicht und so das inkorporierte Pigment in dauernder Verbindung mit der Faser hält.

Eine dritte Methode, sie betrifft aber einen Ausnahmefall, besteht darin, daß man das Pigment einer neutralen, auswaschbaren Verdickung inkorporiert, auf das Gewebe aufdruckt und die Verbindung von Pigment und Faser durch eine längere Dämpfoperation vermittelt. Es handelt sich hier um das E l b e r s sche Indigograu (loc. cit.), das aber in der Gruppe der Pigmentdrucke in seiner Art einzig dasteht und über dessen Entstehung nur Vermutungen bestehen. E l b e r s selbst äußert sich über die Entstehung seines Indigograu folgendermaßen[353]): „Gerade so wie beispielsweise der Siedepunkt schwer flüchtiger Öle durch Überleitung von Wasserdampf so bedeutend erniedrigt werden kann, daß dadurch eine Destillation von Körpern möglich ist, dessen Siedepunkt weit über der Temperatur des Wasserdampfes liegt, so kann auch durch den gespannten Dampf der Sublimationspunkt des Indigo, der gewöhnlich erst bei 288° C sublimiert, unter dem Einfluß des Dampfes schon während der Dämpfoperation zur Sublimation gebracht werden. Infolge der Kapillarität des Gewebes und der

353) Z. f. Farben-Industrie 7, 57 (1908); ib. Heft 13 (1902).

Affinität der Faser zum Farbstoff wird die Sublimation nicht nach außen, auf die Wandungen des Dampfkastens usw., sondern in die tieferen Schichten des Gewebes geleitet."

Wie man aus der beigefügten Mikrophotographie (Abb. 42, S. 228) erkennen kann, scheint diese Erklärung Elbers nicht ganz den Tatsachen zu entsprechen, da deutlich ersichtlich ist, daß die Indigoteilchen der Faser nur sehr oberflächlich aufsitzen. Man kann es außerdem anheimstellen, ob bei den obwaltenden Bedingungen, 0,5 atü und Einbettung des Indigo in die neutrale Masse der Stärke-Tragant-Verdickung, Sublimation in einer Dampfatmosphäre überhaupt eintreten kann oder nicht. Bis zu eingehenden Untersuchungen über diese Verhältnisse müssen wir uns mit der Elbersschen Erklärung abfinden.

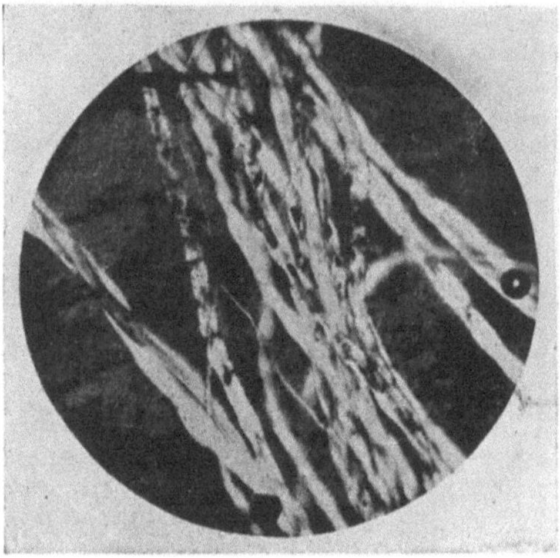

Abb. 45. Naphtol AS-D, Echtrot KB-Base, Druck auf Baumwolle, polarisiertes Licht bei X-Nicols.

Wenn wir uns zunächst mit der ersten Methode der Pigmentfixierung auf Geweben durch Aufdruck beschäftigen wollen, so ergibt zunächst die mikroskopische Untersuchung, daß die Pigmentschicht auf der Faser ausgesprochen lasurartigen Charakter hat. Die Auflagerung ist sehr homogen, durchscheinend, und es wird der Lasurfarbencharakter besonders augenfällig, wenn man die bedruckte Faser der Wirkung geeigneter Quellungsmittel, bei Azofarbstoffen beispielsweise konzentrierte Natronlauge, aussetzt (Abb. 45). Quellungsmittel, welche zuletzt die Faser lösen, wie das Äthylendiamin-Kupfer, zeigen dann natürlich sofort die Ablösung der Pigmentschichten, wobei man mit dem Ultramikroskop den Zerfall derselben in Teilchen submikroskopischer Größenordnung ohne weiteres beobachten kann. Wir müssen also annehmen, daß die Pigmentschicht der Faser aus den bei der Pigmentbildung sich bildenden Submikronen durch bestimmte auf der Faser wirksam werdende Kräfte erfaßt und auf der Faser in bestimmter Weise orientiert, die uns im Mikroskop erkennbar werdende lasierende Schicht bilden. Bei chemischen und physikalischen Veränderungen des Substrats, bei Baumwolle beispielsweise bei der Desorganisierung der Faser durch bestimmte Quellungsmittel, wird die Wirkung dieser Kräfte aufgehoben, und die zunächst homogene Pigmentschicht zerfällt wiederum in die sich aufbauenden Primärteilchen. Wir kennen nun diese Oberflächenkräfte, die sehr erheblich sein können, unter dem Namen „van der Waalssche" Kräfte. Über die Art dieser Kräfte können wir heute kaum etwas Endgültiges und Sicheres aussagen, wir erkennen sie zunächst nur in ihrer Wirkung. Diese Kraftwirkungen sind zweifellos auch in den amikronischen Dimensionen von der Größe der Teilchen, also auch von der Größe der Moleküle, nicht unabhängig, in kolloiden Dimensionen aber sind sie bestimmte Funktionen des Dispersitätsgrades. In diesen Pigmentaggregaten sind aber zwischen den einzelnen Bausteinen gewisse Bindungskräfte wirksam, die der ganzen Pigmentauflagerung auf der Faser den innern Zusammenhalt verleihen, welche wir als Kohäsion bezeichnen. Wir erkennen also zunächst die van der Waalsschen Kräfte als die Ursache der Adhäsion an das Substrat und die Kohäsion als diejenige des innern Zusammenhaltes der Pigmentschicht. Wir erkennen weiter, daß zur dauernden Verbindung zwischen Faser und Substrat ohne jede Mittelsubstanz eine sehr hohe Dispersion des Pigmentes, wie es sich durch unmittelbare Vereinigung der Komponenten durch chemische Umsetzung auf der Faser bildet, „conditio sine qua non" ist. Sinkt die Dispersion unter eine bestimmte Größe, so werden die van der Waalsschen Kräfte im Ausmaße der Verringerung der Dispersion immer weniger wirksam, um dann bei einer bestimmten Größenordnung, beispielsweise wenn der Suspensionscharakter erreicht ist, ihre Wirksamkeit vollkommen zu verlieren. Nun darf aber nicht vergessen werden, darauf aufmerksam zu machen, daß bei der in der geschilderten Weise erfolgten Pigmentierung, wie ich nachgewiesen habe[354]), auch eine gewisse Tiefenwirkung nachzuweisen ist, insofern eine sehr engbegrenzte Zone der Niederschlagsbildung unterhalb der äußeren Oberfläche, also innerhalb der äußersten Schichten der Faser, festzustellen ist. Dieselbe ist aber so schmal, daß sie am farbigen Effekt selbst kaum etwas beizutragen in der Lage ist.

Bei Anwendung der zweiten Methode wird das Pigment nicht auf der Faser selbst gebildet, sondern in fertigem Zustande verwendet. Naturgemäß ist der Dispersitätsgrad dann ein weitaus geringerer. Man hat es mit mehr oder weniger feinen Pulvern zu tun, welche sich in Wasser zu mehr oder weniger feinen Suspensionen verteilen lassen, kaum aber je kolloide Lösungen mit Teilchen submikroskopischer oder gar amikroner Größenordnung bilden. Als solche wären sie auch niemals befähigt, in einer indifferenten Verdickung inkorporiert auf die Faser gedruckt, von derselben festgehalten zu werden. Eine Ausnahme bildet das früher angeführte Indigograu. Um die Verbindung Pigment—Substrat mit den gewünschten Echtheiten zu bilden, bedarf es einer Mittelsubstanz, eines Klebemittels, wozu früher Albu-

[354]) Textil-Rdsch. 5, 94 (1950).

min und Kasein, heute bestimmte Kunstharze dienen. Daß Klebestoffe mit der Unterlage Verbindungen rein mechanischer Art von oft unerhört festem Zusammenhang bilden können, wissen wir aus dem Resultat des bekannten Experimentes von in einer Porzellanschale eingetrockneter Gelatinlösung, wo die trocknende, sich zusammenziehende Gelatinemasse Stücke aus der Porzellanschale herausreißt und so die Kohäsion der Porzellanmasse durch die gewaltigen Adhäsionskräfte überwindet. Auch die heute in diesen Pigmentdrucken verwendeten labilen Kunstharze oder Halbkondensate, wie man sie zu bezeichnen pflegt, vermitteln eine sehr bemerkenswerte Festigkeit von Faser und Pigment nach erfolgter Bildung der endgültigen Kondensation durch bestimmte physikalische Einflüsse, wie Temperaturerhöhungen von kürzerer oder längerer Dauer, welche man als „Härtung" bezeichnet. Über den mikroskopischen Aspekt, den die auf dieser Basis erzeugten Pigmentdrucke haben, wurde aber schon berichtet; gegenüber der auf der Faser erzeugten, welche als „Lasurfarben" zu bezeichnen sind, haben wir hier Effekte von ausgesprochenen „Deckfarben". Im letzteren Falle wirken die Adhäsionskräfte nicht auf das Pigment, da dessen Dispersität weit jenseits der optimalen liegt, sondern beschränken ihre Wirkung in ähnlicher Weise wie auf die in der Porzellanschale befindliche trocknende Gelatine, auf die Mittelsubstanz, welche ihrerseits das Pigment inkorporiert enthält.

Angesichts der oben geschilderten Vorgänge und Wirkungen sollte man logischerweise durch allmähliche Steigerung des Zerteilungsgrades der jeweiligen, als Pigmente dienenden Substanzen zu einem Punkte gelangen, wo dieselben auch in einer neutralen, auswaschbaren Verdickung von den van der Waalsschen, bei den Adhäsionserscheinungen wirksamen Oberflächenkräften erfaßt zu werden vermögen, ähnlich wie wir es bei dem Elbersschen Indigograu vermuten dürfen. Eine gesonderte Mittelsubstanz würde in einem solchen Falle natürlich überflüssig; wie sich das auf die Echtheiten, besonders Wasch- und Reibechtheit der erhaltenen Drucke auswirken würde, ist zunächst natürlich nicht vorauszusehen. Man darf aber bei geeignetem Dispersitätsgrad des Pigmentes mit befriedigenden Ergebnissen rechnen, weil schon im Falle des Indigograus mit Teilchen von verhältnismäßig niederem Zerteilungsgrad die für diesen Druck immerhin beachtliche Echtheit erzielt wurde. Ich möchte Drucke, die wie der Elberssche Indigodruck ohne jede Anwendung einer Mittelsubstanz zustande kommen, als „substantive Pigmentdrucke" bezeichnen. Sache der praktischen Koloristen ist es nun, diese interessante Seite systematisch auszubauen, denn es wäre eigenartig, wenn sich dieses merkwürdige Phänomen auf einen einzigen Repräsentanten beschränken sollte.

MIX
Papier aus verantwortungsvollen Quellen
Paper from responsible sources
FSC® C105338

If you have any concerns about our products,
you can contact us on
ProductSafety@springernature.com

In case Publisher is established outside the EU,
the EU authorized representative is:
Springer Nature Customer Service Center GmbH
Europaplatz 3, 69115 Heidelberg, Germany

Printed by Libri Plureos GmbH
in Hamburg, Germany